A E S T H E T I C S

中国社会科学院哲学研究所美学室
北京第二外国语学院跨文化研究所
联合主办

名誉主编
李泽厚
主　编
滕守尧
执行主编
聂振斌 刘悦笛

2008

南京出版社

图书在版编目(CIP)数据

美学．第2卷／滕守尧主编．—南京：南京出版社，2008.3

ISBN 978-7-80718-362-4

Ⅰ.美…　Ⅱ.滕…　Ⅲ.美学—文集　Ⅳ.B83-53

中国版本图书馆CIP数据核字(2008)第027637号

书　　名:美学(第2卷)2008
主　　编:滕守尧
出版(发行):南京出版社
社址:南京市成贤街43号3号楼　邮编:210018
网址:http://www.njcbs.com/www.njcbs.net
联系电话:025-83283871(营销)　025-83283883(编务)
电子信箱:webmaster@njcbs.com
责任编辑:吴新婷
封面设计:书衣坊·朱赢椿
印　　刷:南京大众新科技印刷有限公司
(发行、经销):全国新华书店
开　　本:787×1092毫米　1/16
印　　张:18.75
字　　数:410千字
版　　次:2008年3月第1版
印　　次:2008年8月第2次印刷
书　　号:ISBN 978-7-80718-362-4
定　　价:38.00元

南京版图书若有印装质量问题可向本社调换

美学

第2卷
（总第九卷）
2008

中国社会科学院哲学研究所美学室
北京第二外国语学院比较文学与跨文化研究所
合办

目　录

［实践美学论辩］

实践短记之二

李泽厚

1 审美与艺术

《美学四讲》等拙著曾认为，审美（或美感）本与艺术无干，它出现在人类使用—制造工具的操作—劳动过程中，即生存个体在实现目的的活动中与某些自然规律的重合时所产生的身心快慰感受或情感。它之所以区别于动物的同类快感，在于使用—制造工具的操作活动所拥有更多种类的心理功能在这里得到了确认。其中，要特别提到的是想象功能和理解功能，由于它们与动物本能性的情欲和感知觉产生了更为复杂的组合、交织、渗透，便逐渐形成了变化多端似乎难以穷尽的心理结构，即我们所谓的“美感双螺旋”。虽然这只是哲学假说，所谓情欲、感（知）觉、想象、理解，也只是非常粗糙疏略的心理集团的称谓，其中还有更为繁复细密因素的关系和结构，这将是今后百年生理学—心理学等实证科学研究的问题。审美以这种心理众多功能活动，与“理性内化”的认识能力和“理性凝聚”的道德能力区别开来。Kant 所说审美具有的“无概念”、“非功利”、“非目的性”而为人类所“共有”，我以为正是描述这一区别的特征所在，至今仍然适用。

作为所谓审美对象化的艺术，从古至今，并不只有审美作用，它更主要是社会功利的。有时明显一些，有时隐晦一些而已。今日被认为仅供观赏的“艺术”，如礼仪性的古代舞蹈、建筑、雕刻、绘画等等，在当时都具有非常明确的功利目的。它们作为精神的信仰、寄托，费时费工地人为制作出来，我曾称之为“物态化生产”，即精神生产，与供人们现实生存的“物质生产”相映对。只是随着时间流逝，即这种物态化生产品的功利内容和目的性质日益失去或褪色，变成了所谓的“艺术”或“艺术作品”，即成为仅为调动“美感双螺旋”的审美对象。由于在这种专为精神心理需要（信仰、寄托、鼓舞、慰安等等）的符号性的物态化生产中，美感四要素集团交织渗透和组配得到了比在使用—制造工具的物质生产活动中远为自由、充分的开拓、扩大和发展，即这种组配有更强烈的情欲冲动、更刺激的感知、更自由的想象和理解等等，使这种符号性（物态化）精神生产，标志着人类心理组配的质的飞跃。它作为“美感双螺旋”的独立对象化的艺术“形式”，使人类最终告别动物界。它最先是远古人类的舞蹈仪式活动以及随后的洞穴壁画、陶器纹饰、大小雕刻、庙堂建筑等等。

从字源学看，也如此。“艺术”（Art）一词，无论中西均源于技术。艺术本技术，指的是物质生产活动中的技术操作所达到人的内在目的性与外在规律性的高度一致。艺术是技术熟练的一种界定。有如庄子讲的那个庖丁解牛的著名故事，即“技进乎道”，亦即合目的与合规律、天道与人道纯然一体。

技术有多种多样。从下层工匠到上层贵族均可拥有。中国古代有六艺(礼、乐、射、御、书、数)。这些技艺由于合目的与合规律的一致,都包含有审美的因素,但由于其中的美感双螺旋一般都局促在专业活动的狭隘限制中,只有在上述巫术礼仪突破了物质实用要求,这些技艺才逐渐从非常实用的日常生活具体要求的局限中分离出来。所以,不是物质生产作品,如劳动工具、一般衣着或房屋而是专门为精神需要的物态化生产的人工作品的技艺,更成为审美对象即“艺术作品”。

艺术的本源既离不开物质生产的技术和精神生产的符号,审美依附着这两层生产也不断发展。从历史看,作为专供审美观赏的 fine art,是在宫庭、贵族、士大夫庇护下成长起来,并且是比较晚近的事情。脱离“敦人伦,助教化”功利目的的中国文人画是宋元以来才有,西方摆脱信仰要求的艺术作品则更晚一些。

简而言之,艺术与审美并不同源,却有关联:即艺术的物质形式方面(身体的动作与状态、物质的材料、色彩与结构等等)均由集中、提炼、发展物质生产的技艺而来,它们与内容(精神需要)的结合,成了后世的所谓“艺术”。艺术使审美双螺旋得到了真正的独立和不断的发展。艺术是有用之用,审美是无用之用。从而从审美心理来界定和探究“艺术”和“艺术作品”与从其他视角来探究、界定,便有不同的标准和不同的理论。世界每时每刻都在产生亿万件人工制品,如何区分艺术与非艺术,好艺术(作品)与坏艺术(作品),从审美心理角度来看,就将以它们能否和如何调动双螺旋或四要素的状况和境地来区分和决定。

以上这些,旧著《美学四讲》等均已讲过,这里再重复一次而已。

现在面临的是 Marcel Duchamp 的现代或后现代艺术问题。我曾说,当 Duchamp 把便壶放在展览厅(《泉》),便宣告了艺术的终结。艺术终结与历史终结同步,即一个不需要自巫术礼仪以来鼓舞或影响群体的“艺术”的散文时代开始,所有艺术都成为装饰和娱乐。本来,自巫术礼仪以来的艺术中就有装饰、娱乐的方面或因素,现代使它们独立而自由发展开来,产生了再一次的形式解放。艺术消亡,审美却泛化普及。《美学四讲》曾强调“社会美”即现代工业产品、城市建筑到各种日常用具、衣饰,到人们的身体活动、生活节奏、工作方式,都在一定程度一定意义上或渗入或追求或走向审美。中国古代“乐与政通”,强调从音乐即人的内心审美视角来测量和构建人际的和人与自然的秩序与和谐,正是实践美学提出“社会美”的中国传统资源。

Duchamp 的重大意义在于,他以他的“艺术作品”抹平了艺术与生活的界线(《泉》),推翻了传统艺术的神圣、崇高或优美(有胡子的蒙娜丽莎),也否认了生活有确定的秩序(有钩子的地板)。他提示的是艺术和生活的荒诞性和虚无性。他明确说过他本意就是在出美学的洋相,是在“打击美学”(“discourage Aesthetics”,见 Duchamp1962 年写给 Han Richler 的信)。他很清楚,他的作品不再是审美对象。艺术与非艺术、好(“艺术”)作品与坏作品的区分不再存在,艺术于是终结。

Duchamp 本已宣告艺术终结,但 Duchamp 之后,模仿蜂起,各种“概念艺术”“行为艺术”“装置艺术”大行其道。非审美对象的“艺术”在商业炒作中获得了极大发展,成了精英主流。是否艺术?好坏如何?并无标准。A. Danto 的 Artworld 理论和 G. Dickie 的 Institutional Theory 也应运而生。一切都组配在资本操作之中,加快运行,相互支撑,喧嚣热闹,成了发达社会的高级装饰。

从重视审美心理的实践美学看,因为摄影技术所带来的巨大冲击,西方造型艺术(特别是绘画和室内雕塑)由印象派、后印象派走入彻底解构图像的 Picasso 的立体主义和以后的抽象表现主义、J. Pollock 等等,乃势所必至。它们与从 Duchamp 到概念艺术、行为艺术等等,相反相成地共同体现了上述的"艺术终结":由自我表现的抗议、颓废和脱离现实的"纯粹艺术",变成了抹平自我、大众享受和现实消费的商品生产。其中一些作品由于仍能调动或引起审美双螺旋的活动(例如即使突出理解刺激但还不只是概念认识,或突出感知刺激但还不只是生理快感或不快感),即在创作和接受心理中仍有其他因素的"自由游戏"而成为审美对象,而为实践美学可以认同的艺术作品。

一般说来,实践美学更为重视的,并不是当今博物馆的这些收藏品,而是现代日常生活的审美化。如上所说,装饰和娱乐本来在原始艺术中便存在,但一直从属在群体社会需要的"内容"之中。如今在历史终结后,它们"脱魅"解放,独立发展,成为今天广大人们日常生活的重要成分。这个历史性的重要事实,使实践美学更为认同 Dewey 的美学理论。

John Dewey 也抹平生活与艺术的界线,但与 Duchamp 的方向正相反。Dewey 把日常生活中的"完满"经验而不是任一经验作为艺术,即非常重视人们日常生活经验的完满性,这与实践美学直接相通,这才是实践美学所重视的"艺术终结"的要点所在。因为在这里,人人都可以是艺术家,人人都可以在自己的日常生活中去获得由实现双螺旋适当运作的完满经验,去创造它的新组配和新结构,从而人人都可以去创造艺术和欣赏艺术。"旧时王谢堂前燕,飞入寻常百姓家",任何人的这种成功作品都有权利进入展览厅、博物馆,供他人观赏。所谓"成功",仍然是它能启动美感双螺旋,使人获得非概念认知、非伦理教导、非生理快感(或不快感)的某种满足或享受,即审美愉悦。尽管双螺旋中任何因素均可在现代条件下极度夸张或独立,从而与概念认知、伦理教导、生理快(不快)感可以有更为直接密切的偏重或关连,但不管如何"极度",也一般不会成为概念认识(文学变成理论,唱歌变成读报),或成为令人烦躁不安、生理厌恶或痛苦的装饰和娱乐。Foucault 对性、对死亡的"极度"体验毕竟没有普遍的审美意义。

在今日铺天盖地而来的"当代艺术"湍急浪潮中,如何顾惜和发展审美和艺术的伟大历史成果,珍视它们对丰富人性的重要作用,是实践美学所关注的课题。实践美学不轻易接受由商业运作和少数精英所判定的"艺术",怀疑那些根本缺乏标准而为金钱操控的混乱。实践美学将固守以美感经验为核心和本体来开展自己的叙说,而与其他美学理论区分开来。

2 审美与人性

"人性"是中外古今用得极多而极为模糊混乱的概念。它有时指人的动物性或人的感性欲求,如指责禁欲主义"扼杀人性",有时又指人的社会性或人的理性特征,如指责纵欲主义"行同禽兽"。如以前拙文所认为,简单一句话,人性不是神性(因人有维系动物性生存的生理需要),也不是动物性(因人有控制、主宰生理需要的力量或能力)。人性是这两方面的各种交织融合。"人性"概念之所以模糊含混,就因为两方面的"交织融合"非常繁复,难以厘清。

拙文《情本体、两种道德和立命》所提的"人性能力",主要就人之所以不同于动物的道德心理而言。我所讲的"人性能力"除了"理性凝聚"这一人的道德心理、意志力量即"自由意志"之外，还有"理性内化"即人所拥有而区别于动物的理性认识能力，如逻辑、数学、辩证观念(见《批判哲学的批判》和《实用理性与乐感文化》)和以"理性融化"(以前用"狭义的积淀"，今改此词)为特征的审美能力。所有这些能力都只是一种心理的结构形式。形式不能离开"质料"(aristotle)或"内容"(hegel)，质料或内容则由社会时代所提供而不断发展变易，"形式"也正是在这不断变易发展的长久历史中所积淀而形成和发展，并非先有此形式，或"人性"乃上帝神明所赐予。这是历史本体论不同于一切先验论、形式论之所在。

我已多次说明，在认识(理性内化)和道德(理性凝聚)中，理性的控制、主宰占据上风。动物性生理需求因素压而不张。与它们有很大不同，作为"理性融化"，审美的理性不居主宰地位，从而人的动物性和人的个体性在审美中便远为鲜明和突出。理性与感性的关系、结构和状态，在审美中也远为复杂和多样。这使审美在整个人性形成和发展中具有了独特的开放性和可能性。本来，个体因先天秉赋和后天教养不同，即使由同一理性主宰(内化和凝聚)，人性能力(认识能力和道德能力)便各有不同。面对同一生死祸福的选择决定，面对同一事物的认识、理解，人们经常很不相同。这里由智愚善恶之分，但这一区分也仍然是通由理性规范和理性标准来确认的。

审美能力却不然。由于并非理性主宰感性，而是理性融化在感性中，它失去了可能遵循的理性规范。尽管审美与生理快感仍然不同，审美快乐不同于吃饱穿暖动物性生存需求得到满足的生理快乐，但仍与纯理性的快乐(包括追求知识、科学发现的知性愉快和履行义务、实现道德的精神满足)不同。审美一方面与人的感性生存的基本力量如性、无意识、暴力(尼采所谓毁灭的快乐，某些宗教徒的受虐快乐)等等相关联，人类基因研究将使未来对人性的这种动物性方面获得更多的了解甚至改进。另方面，它又可以是某种超感性生存的心理境界或状态，包括神恩天启、天人合一的神秘经验等等，它们也将为未来科学所研究或解密。

审美作为这种人性能力的特征，如前所述，Kant 早已指出，却不断被人误解。例如当代美学对 Kant 无功利说的排斥和反对。

就广义说，作为生理族类，人的几乎任何活动和心理，都一般是有关、有助、有益、有利于人的生存需要，从而是"功利"的，它甚至可以包括人的无意识、做梦等等。当然审美于此也不例外。但就狭义说，人的活动和心理却可以有两种超功利超因果的样式。一是超出个体(一己小我)功利，如道德伦理的行为和心理。这种超一己功利的活动和心理，仍由理性主宰决定，仍有概念、目的和某种大功利(如为了上帝或为了民族、国家、群体的利益而献身)。

另一种是包括这些大功利、概念、目的也没有的活动和心理，这就是审美。Kant 的审美"非功利"所描述的便是这种心理特征，它与"无概念"、"无目的"连在一起，不可分割。它构成了人所特有的 common sense(共通感)，即一种特有的人性能力。这可以是人性的某种最高成果。

之所以说它可以是人性最高成果，不但是由于它超越了一般的个体功利，而且也超越了舍己为人(或为上帝)的道德目的，而是一种"非目的的目的性"。这个所谓的"非目的的目的性"指向的正是人的全面成长，即人的各项内在功能的开拓和实现，它包含了我所谓的"立美启真"、"以美储善"和"以美立命"。

所谓"以美启真"，即在审美双螺旋结构中由自由想象的审美感受可以导致科技认识的发现和发明。所谓"以美储善"，是由审美感受导致情本体和物自体的信仰与追求，人由是于生死无所住、心无所烦畏而“立命”。所有这些，在〈论实用理性与乐感文化〉等文中均有论述。该文提出美学作为“第一哲学”，就是因为审美既是人性能力的最初萌芽，却又可以是不断发展成长的最高成果，它是人性中最为贯串而又最为开放的部分。它之所以开放，正是由于非确定概念所能规范、非理性目的所能主宰，而是充满了各项心理要素相交织、渗透、融合、冲突，以不确定性、无规范性为特征，从而开辟了多样可能的缘故。

总之，我着意讨论的人性能力问题，是一种形式结构，我以为脑科学将来可以作出根本性的解答。例如“理性凝聚”，其生理基础可能即是大脑中枢神经的认识—思维区域对情感—意志区域某种特殊通道的建立。这通道是经由实践（人类）和教育（个体）长期过程才形成。这就是我所谓的文化心理结构或积淀形式或人性能力。“理性内化”和“理性融化”同此。其中，作为“理性融化”的审美，其神经通道更基本，也可以发展得更复杂更开放。这即是前科学形态的先验心理学即历史本体论的哲学视角。历史本体论和实践美学认为，它们都来自人类文化，而非来自上帝神明，并认为这种心理结构形式的建立对人之所以为人十分关键，从而它应为教育学提供深刻的理论依据。这是人性问题的核心课题。

3　审美形而上学

由于审美与感性从而总与动物性情欲相联，声（music）色（sex）快乐便成为今日大众文化审美感受的时尚。但与此相关又相对抗，寻找“纯”精神境界的“超越”，又使审美不止于娱乐、装饰的快乐，而强烈指向某种超生物性的生存状态或人生境界的追求。但它依然不“纯”，仍然不可能像中世纪苦行僧那样，追求脱离此动物性肉体生存。并且恰恰相反，它只能是在此动物性肉体存在基础上追求超脱。这就是我所讲的“人自然化”中身体—心理的修炼与自然—宇宙的节奏韵律相合拍一致以导致的“天人合一”等神秘经验。这也是我所讲的“情本体”的某种落实。

“情”即是“爱”。有如基督教义所言，有肉欲之爱（eros），有心灵之爱（agape）。在以情欲论为核心的“儒学四期”的历史本体论这里，由于无另一个世界的设定，使这两种爱本身以及其交织和区划更为复杂和多样。

人总想要活下去，这是动物的强大的本能（人有五大动物性本能：活下去、食、睡、性、社交）。但人总要死，这是人所独有的自我意识。由于前者，就有人的维持生存、延续的各种活动和心理。由于后者，就有各种各样五光十彩自迷迷人的信仰、希冀、归依、从属。人“活下去”并不容易，人生艰难，又一无依凭，于是“烦”生“畏”死出焉。“生烦死畏，追求超越，此为宗教。生烦死畏，不如无生，此是佛家。生烦死畏，却顺事安宁，深情感慨，此乃儒学。”（《论语今读》4，8）

因为人生不易，又并无意义，确乎不如无生。但既已生出，很难自杀，即使觉悟“四大皆空”、“色即是空”，悟“空“之后又仍得活。怎们办？这是从庄生梦蝶到慧能和马祖“担水砍柴，莫非妙道”、“日日是好日”，到宋明理学“以其情顺万物而无情”“廓然大公，物来顺应”等等所寻觅得到的中国传统的人生之道。这里没有灵肉二分的超验归依，而只有在这个世界中的审美超越。这涉及“在时间中”和“时间性”。

“在时间中”是占有空间的客观时间，是社会客观性的年月时日，生死也正在拥有这个占据空间的年月时日的身体。

“时间性”是“时间是此在在存在的如何”(Heidegger)的主观时间。所谓“不朽”(永恒)也正是这个不占据空间的主观时间的精神家园。似乎只有体验到一切均“无”(无意义、无因果、无功利)而又生存,生存才把握了时间性。Heidegger 所“烦”“畏”的正是由于占有空间的“在时间中”,所以提出“先行到死亡之中去”。

其实,按照上述中国传统,坐忘、心斋、入定、禅悟之后,因仍然活着,从而执著于“空”“无”,执著于“先行到死亡中去”,亦属虚妄。Heidegger 所批评的“就存在者而思存在”“把存在存在者化”,倒是中国特色,即永远不脱离“人活着”这一基本枢纽或根本。从而“重生安死”,正是“就存在者而论存在”,而不同于 H 氏“舍存在者而言存在”之“奋生忧死”。本来无论中西,“有”(中国则是“易”、流变、生成)先于“无”,“有”更本源。“无”是人创造出来的,即因自己的“无”生发出他者(事物、认识)之“无”,从而“有”即“无”。于是,只有“无之无化”,才能“无”中生“有”。只有知“烦”、“畏”亦空无,才有栖居的诗意。这也才是“日日是好日”,才是“万籁虽参差,适我莫非新”。

中国传统既哀人生之虚无,又体人生之苦辛,两者交织,形成了人生悲剧感的“空而有”(参阅《论实用理性与乐感文化》)。它以审美方式到达没有上帝耶稣、没有神灵庇护的“天地境界”。存在者以这种境界来与存在会面,生活得苍凉、感伤而强韧。鲁迅《过客》步履蹒跚地走在荆棘满途毫无尽头也无希望的道路上,“知其不可而为之”,明知虚无却奋勇前行不已。生命的意义、人生的价值就在此行程(流变)自身。这里不是 Being,而是 becoming,不是语言,而是行走(活动、动作、实践),不是“太初有言”,而是“天何言哉”。这就是中国传统的“道”(Way or Dao)。这就是流变生成中的种种情况和情感,这就是“情本体”自身。它并无僵硬固定的本体(noumenon),它不是上帝、灵魂、理、气、心、性的道德形而上学或宇宙形而上学。

Augustine 说,“现在是没有丝毫长度的”(《忏悔录》)。Heidegger 说,“此在的有限性乃历史性的遮蔽依据。”“昨日花开今日残”是“在时间中”的历史叙述,“今日残花昨日开”是“时间性”的历史感伤。感伤的是对“在时间中”的人生省视,这便是对有限人生的审美超越。

“逝者如斯夫,不舍昼夜”(《论语》)。孔老夫子这巨大的感伤便是对这有限人生的审美超越,是“时间性”的巨大“情本体”。这“本体”给人以更大的生存力量。

所以,“情本体”的基本范畴是“珍惜”。今日,声色快乐的情欲和精神上无所归依,使在“在时间中”的有限生存的个体偶然、独特分外突出,它已成为现代人生的主题常态。在商业化使一切同质化,人在各式各样的同质化快乐和各式各样的同质化迷茫、孤独、隔绝、寂寞和焦虑之中,如何去把握住自己独有的非同质的时间性,便不可能只是冲向未来,也不可能只是享乐当下,而该是“珍惜”那“在时间中”的人物、境迁、事件、偶在,使之成为“时间性”的此在。如何通过这个有限人生亦即自己感性生存的偶然、渺小中去抓住无限和真实,“珍惜”便成为必要和充分条件。“情本体”之所以不去追求同质化的心、性、理、气,只确认此生偶在中的千千总总,也就是“珍惜”之故:珍惜此短暂偶在的生命、事件和与此相关的一切,这才有诗意地栖居或栖居的诗意。任何个体都只是“在时间中”的旅途过客而已,只有在“珍惜”的情本体中才可寻觅到那“时间性”的永恒或不朽。

从男女双修到十字架上的真理,从汉挽歌、古诗十几首到“居家自有天伦乐”,从唐诗对生活的眷恋到宋诗对人生的了悟,从苏轼到《红楼梦》,从今日的你、我、他(她)到过去、现在、未来，在时间性的珍惜中才有“一室千灯，交相辉映”的奇妙和辉煌。并无某个超验的存在而有千千万万的时间性的情本体。人生虚无，有此则“无”中生“有”。

可见，此“有”并非纯灵、理式、精神，而仍然是与这个血肉身躯有所关联的心灵境界。并非舍弃这个血肉的“不完满”去追求纯粹精神的完满，“完满”就在这不完满中。那离此肉身的“完满”，作为自欺欺人的幻相，也许可以短暂感受，却既不可能持久常住，也不真是“留此灵魂，去彼躯壳”（康有为、谭嗣同）。蔡元培之所以提倡审美代宗教，就在于审美既不排除寻觅这种宗教精神的“完满”经验，又清醒意识这种“父母未生我时的本来面目”仍然不过是肉体身心与无意识的宇宙节律相通相连的某种心理状态而已。它仍然是生发在感性血肉躯体上的人生境界，它是审美的心境超越。

从而，作为人类学本体论所能确认的敬畏对象，就不是纯灵性或纯精神性的上帝神明，而是与人一样虽非血肉却同为物质的宇宙总体。宇宙作为总体，其存在及其“规律”不可知，这也就是超出人类学的“物自体”，这就是那神秘之所在。“天何言哉，四时行焉，百物生焉”。（《论语》）“天地有大美而不言，四时有明法而不议，万物有成理而不说”（《庄子》），这难道不可敬畏、寻觅和归依吗？150 亿年前的大爆炸作为宇宙起源难道不比《圣经》创世纪更令人惊震、敬畏（E. O. Wilson：《论人性》）？有如基督徒之于上帝，Heidegger 之于 Being，对中国人来说，“崇拜成为一种专属一己个人的真诚的审美经验（aesthetic experience）。事实上，它非常相似于面对太阳从远山树林中落下去的那种经验。对人来说，宗教乃意识的最终实在，有类于诗”（林语堂：《生活的艺术》）。这也就是历史本体论所讲的“人自然化”的最高境地：既执着人间，又回归天地，由“以美启真”、“以美储善”到“以美立命”。

人觉醒，接受自己偶然有限性的生存（“坤以俟命”），并由此奋力生存，不怨天，不尤人，下学而上达（“乾以立命”）。人意易疲，诸宗教主以信仰人格神立教，让众生归依皈从。但在后现代之今日，神鞭打的宗教魔方已难奏效，“人是什么”和“人是目的”终将落实在美感双螺旋充分开展的人性创造中，落实在时间性的情本体中，落实在此审美形而上学的探索追寻中。

2006 年 12 月 7 日草于三亚银泰度假酒店（Resort Intime）。
窗临大海，听涛声拍岸未已。

［编者附记］李泽厚先生的《实践美学短记之二》是《美学》复刊第 2 期（总第九卷）所约的第一篇稿子，它也是《实践美学短记（2005）》（见《美学》复刊第 1 期）的续篇，初稿在 2006 年的冬季从美国邮寄到编者手里，经过了前后几次的文字修改，直到 2007 年夏末在北京定稿，现先发表于“实践美学论辩”栏目中，以飨读者。

[美学原论]

再论文化的本质与美学理论建构①

聂振斌
(中国社会科学院哲学所)

一 文化的本质与性能

文化是人类的伟大创造,人类不满足于天赋自然,因而另立一个与自然界相区别的文化精神世界,由此将人与动物从根本上区别开来。这个精神世界靠物质存在而显现,靠人的心力和思维活动而创化。不断地创化,不断地积累,逐渐形成一个与自然界相区别、相对立的文化世界:这个世界与自然界一样层次深邃,结构复杂,形态多样,极有限的个人眼光很难看到它的全貌和本真。所以人们对它有无数种称谓:诸如物质文化、非物质文化、政治文化、制度文化、器物文化、精神文化等等。实际上,这是根据文化外在形态所作的分类,而不是对文化内涵的分析,也不是解释文化的性质和功能,因而都未透视出文化的本质。

就文化本身而言,可以分为三大层面:一是客观化的形而上层面,如各种书籍所载的理论、言说、事件、人物、故事,各种艺术作品所表现的形象、情节、场景、境界,各种器物、文物上的形象、图案、装饰、文字等所表现的精神、观念、信仰、理想等;二是人的心理层面,如知、情、意和由知情意而形成的意识活动、思维方式;三是现实层面如制度、法律、工具、技术、仪式规范、生活方式、交流方式、风俗习惯等,文化精神是这些"物质存在"的本质与灵魂。三个层面可分为两种形态:一是外在的客观化形态(一与三),文化则附丽于物质实体上或通过物质形式表现出来,物质实体或物质形式是文化的外形式;一是内在的主观心态即心理结构和思维方式,这是文化的内形式,内形式是潜在的,看不见的,却是存在的。虽然文化的内容依赖于物质实体或物质形式而外化,而客体化,但物质实体或物质形式可以更换而内容不变。但文化的内容与其内形式(即人的心理结构和思维方式)却是密不可分地联系在一起。这种双重形式对于文化内容(本质)的意义、作用是不一样的。黑格尔说:"关于形式与内容的对立,主要的必须坚持一点:即内容并不是没有形式的,反之,内容既具有形式于自身内,同时形式又是一种外在于内容的东西。于是就有了双重的形式。有时作为返回自身的东西,形式即是

① 2006年曾发表《文化的本质和美学理论建构》一文(山西大学学报2006年第1期),意犹未尽,几个重要问题如文化的性质和功能,多是点到为止,虽有观点却缺乏充分论证。对于美学理论建构只是批评以往的缺陷,而没有正面建树。本文既是弥补前文的缺陷,又是前文某些重要观点的进一步展开并进行充分的论证,故曰"再论"。

内容。另外作为不返回自身的东西,形式便是与内容不相干的外在存在。”[①] 文化所附丽的物质存在正是与内容(本质)“不相干”的外形式,人的心理结构和思维方式则是文化的内形式,是文化创化的根源之地,是“作为返回自身的东西”而存在,也就是说,人的心理结构是文化实践的历史形成的,而文化又是心理结构(通过思维活动)产生的,二者是一而二、二而一的关系,如同鸡生蛋、蛋生鸡一样。人的心理结构及其思维活动是文化创造的机制,因而规定着文化的本质(内容)。所以我认为,文化的本质是人的意识,是精神性的,而不是自然物质,也不是人造物质;人造物质如社会存在、工具、机器等是文化的产物,而不是文化。

文化的性能,可以说是“万能的”,他使人类走出动物界而变得强大无比。文化的性能,要而言之,可以从三个方面得到说明:

第一,文化作为人的能力具有“人化”性能即创化性能。漫长的人类历史已经证明,人类运用文化不断地创造一个与自然界相区别的人造世界,也可以称作文化世界。自然界是天地“造化”的结果,是“自在之物”,而文化世界是“人化”的结果,是人的本质力量的对象化。这个文化世界包括物质存在(人造的“第二自然”)和精神世界两个方面。社会存在、人类居住的环境是人造的物质存在,是“第二自然”,宗教、道德、法律、科学和意识形态的各个部门(如哲学、历史、文学艺术等等)是人造的精神世界,社会存在和精神世界都是人的创化能力的表现。这个人造的文化世界,马克思在《巴黎手稿》中称作“人化的自然界”。这个“人化的自然界”,并不像有的人所解释的那样,是专指社会生产实践对自然界的征服、改造,而是还包括人对自然万物的意识化、情感化,后者更直接体现了文化的精神本质。马克思说,自然万物无论作为自然科学研究对象,还是作为艺术创作对象,“都是人的意识的一部分,人的精神的无机自然界,是人为了能够宴乐和消化而必须事先准备好的精神食粮”[②]。自然万物之所以成为人类的“精神食粮”不是物质实践的产物,而是精神活动的产物。而且,马克思在谈“人化的自然界”时,着重谈的是人的感官感觉而不是人的生产能力。“只是由于属人的本质的客观地展开的丰富性,主体的、属人的感性的丰富性,即感受音乐的耳朵、感受形式美的眼睛,简言之,那些能感受人的快乐和确证自己是属人的本质力量的感觉,才或者发展起来,或者产生出来。因为不仅是五官感觉,而且所谓的精神感觉、实践感觉(意志、爱等等)——总之,人的感觉,感觉的人类性——都只是由于相应的对象的存在,由于存在着人化了的自然界,才产生出来的。五官感觉的形成是以往全部世界史的产物。囿于粗陋的实际需要的感觉只具有有限的意义。”[③] 可以说明,马克思所说的“人的本质力量”主要是指人的精神力量,马克思谈论的“人化”主要是指人的精神创化,包括科学认识和艺术想象两方面。不然的话,就无法解释自然万物何以能成为审美对象或“精神食粮”。作为“精神食粮”的文化作品也可以当成商品进行交易,例如文物、艺术品都可以进入市场。买卖者都可能是为了赚钱,是从功利主义出发,但实际上那是一种精神性的交易,是用金钱买某种精神产品,并不受经济规律的支配,而是受人们的人文价值观念的支配,也无普遍适用的客观标准。占有这种“商品”的人,即使不是审美心理需要(即不是为了欣赏和精神享受),而是为了赚钱或其他功

---

① 黑格尔:《小逻辑》,贺麟译。商务印书馆 1980 年版,第 278 页。

② 马克思:《1844 年经济学—哲学手稿》,刘丕坤译。人民出版社 1979 年版,第 49 页。

③ 同上,第 79 页。

利目的，那也不是艺术品自身性能的表现，而是艺术品占有者价值观的体现。总之，文化产品不能吃，不能穿，只能供人学习、认知、体验、评论、欣赏、娱乐——满足人类精神生产和精神生活需要。

第二，文化作为观念、意识对创造实践和生产劳动具有先在的制约性能，使人的生命活动有自觉的意识，感到是自由的。马克思在《巴黎手稿》中，指出人和动物的根本区别是人有自觉的意识，因此人的生命活动(包括生产劳动)是自由的，并且人把自己的生命活动变成自己的意志和意识的对象[①]。实际上，都是在说人和动物的根本区别是人有意识有精神，即有文化，而动物没有。马克思在《资本论》中，在谈到人和动物的劳动区别时，重申了上述的观点。他说："蜘蛛的活动与织工的活动相似，蜜蜂建筑蜂房的本领使人间的许多建筑师感到惭愧。但是最蹩脚的建筑师从一开始就比最灵巧的蜜蜂高明的地方，是他在用蜂蜡建筑蜂房以前，已经在自己的头脑中把它建成了。劳动过程结束时得到的结果，在这个过程开始时就已经在劳动者的表象中存在着，即已经观念地存在着。"[②] 这与唯物主义认为意识、观念起源于社会物质生产实践的情形是不同的：不是物质存在是第一性的，精神是第二性的，而是精神(文化)是第一性的，精神决定某种物质存在形式。克罗齐说："人类用理论活动认识事物，用实践活动改变世界；用前一活动把握世界，用后一活动创造世界。但第一种形式是第二种形式的基础。""一个行动，无论多么小，若没有认识活动在先，就不可能是真正的行动，即不能是意志促使的行动。"[③] 当然，在精神起源问题上克罗齐同马克思的看法是不同的，或者说是根本相反的。但在文化精神从混沌世界产生并形成独立的系统之后，精神与物质的关系不是单向性的，而是双向互动的，不仅物质存在制约精神，精神也制约物质存在。在这一点上，二者的看法是完全一致的。作为文化的科学理论与人文学理论，常常先于物质存在，并对改造客观世界的实践起先导作用。也就是说，某种社会存在可能先于某种文化精神而制约某种文化精神，文化精神也可能先于某种社会存在而制约某种社会存在。过去那种单向性的"社会存在决定论"是不符合历史事实的，也不符合马克思的完整观点。马克思紧接蜜蜂造蜂房那段话，又说："他不仅使自然物发生形式变化，同时他还在自然物中实现自己的目的，这个目的是他所知道的，是作为规律决定着他的活动方式和方法，他必须使他的意志服从这个目的。"这即是说，观念、意识制约物质实践活动不是随意的，它又受客观世界规律的制约，因为观念、意识是对物质运动规律的认识与顺应。不顺应客观规律，就不可能"在自然物中实现自己的目的"。这似乎是在说明客观存在支配文化精神，但能否正确认识和掌握客观存在规律仍然决定于文化精神，所以"决定"不是单向度的，而是互动的。再者，马克思在这里谈的是认识论，并不包括艺术创造；因为艺术创造不是"在自然物中实现自己的目的"，而是在文化精神中实现自己的意志追求。文化精神无时无刻不渗透在人的生命活动、伦理关系和求生存求发展的社会实践活动以及艺术创造、审美活动中，培养着人的各种能力和人格，影响着、制约着人的智慧、德行、情感、才干……人的整个生活，从物质到精神，从生产实践到审美娱乐以及个体的成长，伦理关系的确立，社会秩序的维护，哪一方面不是

---

① 见《1844年经济学—哲学手稿》，第50页。

② 《马克思恩格斯论艺术》。中国社会科学出版社1982年版，第279页。

③ 克罗齐：《美学的理论》，田时纲译。中国社会科学出版社2007年版，第70、72页。

文化在直接起作用?

第三,文化作为人的心理结构和思维方式,具有意向性的潜能。这种性能是指向未来的,对于人的意志、动机、目的等具有引领、诱导作用。也可以说,人的意志、动机、目的是由一定的文化设定的,是定向发展的,因此人的生命活动是受文化支配的。但这种文化的定向作用却有积极的、肯定的与消极的、否定的性质区别。某种文化可以提升人性,使人向上攀登而成为"君子"或"天使",对人起积极作用;某种文化也可以堕落人性,使人向下沉沦而变成"小人"或"魔鬼",对人起消极作用。文化的这种二重性不仅表现在个体的道德、人格修养方面,更表现在社会政治的善与恶两方面。这又是一个文化教育者,不能不仔细分辨的重要问题。文化的性能只能创造各种物质形式,并不能直接创造或改造物质实体,对于物质实体的创造或改造,是通过工具、技术的物质形式实现的。但文化精神却是工具、技术的设计者,是工具、技术创造、运用的先导和灵魂,没有文化也就没有工具和技术。关于技术,克罗齐说:"技术肯定不是精神的一种特殊活动。技术是认识;或说得更确切些,正如我们所见,当认识本身作为实践行动的基础而服务时,一般就称呼'技术'。"[①] 也就是说,作为精神活动的认识和作为实践活动的技术是两回事,虽然技术是来自于精神活动的认识。文化精神不能直接生产物质财富,不能直接满足人们的实用需要,但是文化精神却可以激发或调节人的意志倾向、情感需求和欲望冲动,成为物质生产的精神动力,可以制约技术、工具的正确运用,为人类造福,为人类行善。某种文化精神也可以使人滥用知识、智慧,违背道德、正义和大多数人的利益,搞阴谋诡计,欺诈行骗,巧取豪夺,唯利是图,以满足个人或极少数人的野心、欲望,成为社会罪恶。某种文化也可以使人滥用技术、工具、武力,凌弱暴寡,称王称霸,为所欲为,给人类制造灾难。这正是古代道家老庄之所以讨厌文化,主张"无为"的原因所在。在"技术主义"统治下,在市场经济的氛围中,在人的欲望大膨胀的今天,文化的消极性方面有了更大的滋生环境,人性随之堕落,而要人性复归,正需要充分发挥文化的积极性方面,要用人文精神加以制约和引导。通过人文教化培养人的道德情操,增强人文关怀,使人文精神和科学技术、社会文明和经济实力得到均衡发展。

从以上对文化性能的分析可以说明,文化与社会是不同的,文化是社会意识而不是社会存在。文化的性能都是通过人的意志、情感、知性或意识、思维体现出来,表现为一种无形的精神力量,不同于物质运动和劳动生产实践所体现的物质能量。有人把社会存在说成是文化,正在于没有认清文化的精神本质及其性能,因而与社会存在相混淆。人类文化活动所创造的"第二自然"如经济实力(工厂、机器、生产力等)、政治机构(各种组织、军队、权力等)、社会党团组织等都属于社会存在系统。这些社会存在,都是一定文化的产物或一定文化的载体,与文化有密切关系,但却不是文化。社会与文化的根本区别在于:社会是物质存在或"人造的自然",文化是人的意识,是"人造的自然"的原因和精神动力;社会内涵各种物质力量,而文化则内涵各种精神力量;前者为"硬件",有形有质,看得见,摸得着,后者为"软件",无形无质,看不见,摸不着,但却是存在的。社会运动服从于物质世界的必然规律即社会规律,而社会规律同自然规律、机械运动规律一样,是客观的、外在于人的,不以人的意志为转移。但文化活动,文化的发展,却是在人的意志追求、情感需要和求知欲望驱动下进行的,不能说文

① 克罗齐:《美学的理论》,田时纲译。中国社会科学出版社 2007 年版,第 79—80 页。

化运动的规律也是不以人的意志为转移。

二 文化传承、创化的主要途径

教育与学术是人类精神活动中两大主要形态，是文化本体中的两大主要系列，是文化传承与创化的根本途径。传承与创化是联系在一起的，但教育偏重于传承，而学术偏重于创化。教育和学术研究都必须把科学与人文学、理性与感性两个方面并重、统一起来，才能得到健全发展。不能偏废，不能急功近利。教育与学术不能只灌输知识而不培养德性，不能只要理性而不要感性，当然也不能反其道而行之，这样使人性残缺不全，社会也不可能和谐。教育与学术也是“理”与“用”的统一，不能只见“用”而不知“理”；也不能只知“理”而不知“用”。知“理”而不知“用”，便是空疏；知“用”而不知“理”，就是肤浅。中国古代有“体用无二”、“知行合一”之谓，也是“理”与“用”相统一的意思。实际上，凡学理都有“用”，只是“用”有远近广狭之分而已，即有眼前之用与长久之用、局部之用与全局之用、狭隘之用与普遍之用、物质之用与精神之用的种种区别。目光短浅之人，常视长久之用、全局之用、普遍之用、精神之用为“无用”。他们所说的“无用”，乃是如庄子所说的“无用之用”，是大用。文化上的“有用”与“无用”，在历史上一直是个争论不休的问题。庄子之所以提出“无用之用”，正是针对那些眼光短浅之人，只见物质利益而不见文化精神所发的议论。中国社会进入现代以后，这种争论依然很突出。王国维说：“天下有最神圣最尊贵而无与于当世之用者，哲学与美术是已。天下之人嚣然谓之曰‘无用’，无损于哲学美术之价值也。至为此学者，自忘其神圣之位置而求以合当世之用，于是二者之价值失。夫哲学与美术之所志者真理也；真理者，天下万世之真理而非一时之真理也，其有发明此真理（哲学家），或以记号表之（美术）者，天下万世之功绩而非一时之功绩也。唯其为天下万世之真理，故不能尽与一时一国之利益合，且有时不能相容，此即其神圣之所存也。”（《论哲学家与美术家之天职》）这即是说，哲学和艺术具有超越性，具有永恒而普遍的价值，虽于一时一地而“无用”，而于旷世久远却有大用。哲学用概念体系表现这种价值，而艺术则用形象体系表现这种价值，前者属于理性文化，而后者属于感性文化。王国维批评中国古代文化传统的一个突出缺陷是：重实用而忽视学理；重政治，而轻视其他职业，以当政治家为最高尚。中国古代的哲学家如孔子、墨子，诗人如屈原、杜甫，都想在政治上有所作为，而不安心于做一个纯粹的学者和艺术家。中国古代文化以实用理性为满足，缺乏超政治、超功利的哲学思辨和科学抽象。这种唯政治功利主义，从古流传至今，遂成一种积习难改的社会风气，从而妨害学术和教育的独立发展。他在《教育小言十三则》中说：“吾国下等社会之嗜好集中于利之一字，上中社会之嗜好亦集中于此而以官为利之代表，故又集中于官之一字。”“以官奖励职业，是旷废职业也，以官奖励学问，是剿灭学问也。”“今之人士之大半舍官以外无他好焉，其表面之嗜好于官之一途，而里面之意义，则今日道德学问事业等皆无价值之证据也。夫至道德学问实业等皆无价值，而唯官有价值，则国势之危险何如矣！”王国维的这些批评，在今天更有针对性，更具针砭意义。

教育是人类完善自身的一种“人化”方式，必须理性教育与感性教育统一，体智德美全面发展。从本质上说，教育和文化是同义的。蔡元培在《美术的进化》中把文化归结为教育，是很有见地的。他说：“前次讲文化的内容，方面虽多，归宿到教育。教育的方面，虽也很多；他的内容，不外乎科学与美术。科学的重要，差不多人人都注意了。美术一方面，注意的还少。"[①] 蔡元培所说的科学包括自然科学和社会科学两方面，他所说的"美术"就是"美的艺术"，也就是我们所说的"艺术"，包括文学艺术各个部类。蔡元培把教育的内容归结为科学和美术，当然不是指教育的具体科目，而是用科学与美术把教育内容概括为理性教育和感性教育两个方面。理性教育即科学教育，早已为人们所重视，而感性教育，即艺术教育、审美教育，却一直被人们所忽视，甚至被遗忘了。而遗忘了，人文精神的培养就无从谈起。所以在上个世纪的新文化运动中，蔡元培大声疾呼"文化运动不要忘了美育"。他说："现在文化运动，已经由欧美各国传到中国了。解放呵！创造呵！新思潮呵！新生活呵！在各种周报日报上，已经数见不鲜了。但文化不是简单，是复杂的。运动不是空谈，是要实行的。要透彻复杂的真相应研究科学。要鼓励实行的兴会，应利用美术。科学的教育，在中国可算有萌芽了。美术的教育，除了小学校中机械性的图画音乐以外，简截可说是没有。"[②] 蔡元培先生所批评的现象，现在依然存在，甚至更严重了。很长一个历史时期，人们从政治功利主义出发，偏重科学知识和应用技术教育，用政治教育阶级教育取代道德教育、情感教育和人格修养。这种片面教育，已经半个多世纪了。其消极影响直到几十年后的今天才充分暴露出来：道德堕落，情感粗野，诚信扫地，不知廉耻，社会文明下滑，弄虚造假成风，作奸犯科殃及全社会，人们普遍失去安全感，哪里还有"社会和谐"！历史已经证明，道德教育、审美教育、艺术教育不是可有可无的，不仅不能砍掉，也不能削弱！从人性的培养来说，只有把理性教育和感性教育结合起来，把科学教育与艺术教育结合起来，相济互补，均衡发展，才是教育的正路。一个人，既有清醒而高尚的理性精神，又有敏锐而丰富的感性能力，才是健全的人格。

学术研究是文化的高级形态。大而言之，学术可区分为两个方面：一方面是科学（包括自然科学和社会科学），另一方面是人文学如哲学、美学、伦理学、语言学、文学艺术、历史学等。科学研究自然、社会，是对社会规律以及自然规律、机械运动规律的认识、掌握、运用，这种文化功能是人的知性能力的表现，是站在自然、社会事物的对立面考察、了解、研究，而且要避免意志情感成分参与其中，因而其内容、结论是客观的，这就是学术中的科学认识论。科学教育的主要任务就是培养认识能力和技术能力，属于工具理性教育，落实于劳动生产实用，主要目的是满足人的物质生活需要。因此，科学学术就是要研究如何认识、利用自然、社会的必然规律，为人类造福。要告诫人们，物质生产和技术运用不能违背客观的必然规律，违背了就要受到自然规律的惩罚，如今日之地球，由于人类破坏了其生态平衡，因而自然灾害频频发生，使人类蒙受巨大灾难，其实是人类自作自受。人要生存发展，不仅要研究自然与社会，也必须认识和不断地完善自身，提高精神境界。这不仅需要科学，更需要人文学。人文学以人为研究对象，主要研究人的意志追求和情感需要，目的是培养人的德性，健全人格，提高人的精神生产和生活能力。具体地说，人文学研究是为了认识和掌握人性发展的自由规律，如何培养、教育人的情感、意志、德性、智慧、能力（包括认识能力在内的各种能力等），使人得到自由发展的一套理论、规则、方法、途径、仪式等，以提高社会文明和人文精神。人性的自由发展规律，不同于物质运动的必然规律，它不是外在于人的，不靠物质力量强制

---

① 《蔡元培美学文选》，北京大学出版社 1983 年版，第 118 页。
② 同上，第 83 页。

人们接受，而是通过人的意志活动、情感活动，启发、提高人的自觉意识，激发、调节人的意志、情感、欲望需求，从而达到化感人、培养人的目的。不仅要了解客观必然规律，更要研究如何超越客观的必然规律，以服务于人的意志追求和情感需要的自由规律。人的意志追求和情感需要，应该是高尚的精神的，因而才能超越必然规律的束缚而获得自由快乐。

三　文化是人的精神活动的本体

文化世界是由两种不同的存在方式构成的：一个是人造的物质存在，社会存在与生存环境等，同自然界有些相似，所以称作“第二自然”；一个是人造的精神存在，又称之为文化精神世界。两种存在方式，存在两种生产（物质生产与精神生产）和两种生活（物质生活与精神生活）。两种生产和两种生活，密不可分地联系在一起。从根本上说，都是人类文化创造活动的结果。人类文化产生之后，任何创造活动（包括物质生产和创造）都是由文化精神预设或支配的。因此，文化是一切精神现象的本体，教育与学术是这个本体中的两大主要形态和系统，是文化传承、创造的两大主要途径。因此教育和学术等都直接受文化本体的制约与规定，而社会物质实践活动则是它们的外部条件。学术、教育以及文学艺术等之间的关系，是以文化为母体的同宗关系。它们同文化的关系都是部分与整体的关系，比之同物质生产、社会存在的关系更直接，更密切，是显而易见的。任何一种学术研究，任何一种教育方式，任何一种艺术－审美活动，都是在某种文化整体环境中进行的，作为整体的文化环境不可能不制约不影响学术研究、教育方式和艺术－审美活动。学术上的理论建构，教育上的传道、授业、解惑，艺术上的创造与欣赏，决不能越过自己的文化母体而直接去和社会存在、自然万物相联系。

长期以来，由于受到唯物主义一元论的影响，把一切文化精神活动都附丽于社会生产实践上而没有自身的独立性；一切文化创造活动都要到物质世界找根源，找规定性。唯物主义一元论认为，世界的本源是物质的，文化精神不过是物质世界的派生物，与物质存在是同根的。这种唯物主义一元论把美的“起源”与美的“本质”当成一个东西，认为美起源于社会劳动生产实践，因而美的本质也永远受社会劳动生产实践的规定。也就是说，作为文化的美，其本质并不在文化精神之中，而在物质世界的劳动生产实践之中。因此，对于美的创造活动，不是在文化精神活动中找根据，而是要到社会物质实践中求答案。他们歪曲马克思主义唯物论，把普列汉诺夫的“审美起源于社会生产实践”的论断当成美的创造论而大加发挥，把马克思的“劳动创造了美”的半句话进行断章取义，曲解为美的创造论，并标榜是马克思主义美学观点。美的起源，本来是探讨美作为一种精神现象起源于何物何时，是研究美与另一种事物的关系，而美的本质是研究美的自身规定性和创造规律，二者不可能有同一的答案是不证自明的。美是人创化的，属于文化精神领域，其规定性当然来自精神活动。即使承认美起源于社会物质生产实践，也不能把物质生产实践活动永远当成美的产生的直接根源，永远规定着美的本质。因为美作为人的一种文化精神早已远离了它的历史源头，有了自己独立发展的历史长河，有了自身的内在规定性和客观化形态，与自然物质存在和劳动生产实践有了本质区别。正如人原本来自于动物界，但它早已不受动物性的支配而有了人性，是同样的道理。文化精神早已独立于物质世界，有了自身的规定性，有了不同于物质运动的特殊规律，不再直接受物质世界的支配，反而可以改变物质的形态、创造人造的物质世界。前面所援引的马克思的话说，人类的一切创造物，在创造之先已经观念的存在着。“观念的存在”是什么？就是文化。现实世界早已不是物质一元了，而是物质世界、非物质世界、精神世界或者客观世界、主观世界、文化世界多元存在。既成“世界”，自有边界、领域和“主权”，有了“自本自根”(庄子语)。因此探讨美的本质，首先要从文化精神活动本身去寻找，离开文化世界而陷于物质世界而不能自拔，是自贬其品格。

在这种唯物主义一元论的影响下，对于文学艺术的研究，也是放弃文化的观察视角和文化语境的分析，完全从物质存在和社会劳动生产实践去寻求学术研究和精神活动的最终答案——文化本体已经缺失。正如有人指出的那样：“20 世纪整个 40 年代，‘文化’已经从艺术理论的关键词中隐匿踪迹。俄苏艺术社会学研究开始逐渐占据了主导倾向，相应之下，艺术文化学的探索一下子从 20、30 年代的红火转变为 40 年代的日渐沉寂。”“俄苏的艺术理论特别是其艺术社会学模式给建国后的中国艺术文化学的建设也打上了重要印记。换言之，后来的艺术文化学研究逐渐被一种马克思主义的艺术社会学理论所日益取代。”[①] 各种理论建构、学术思想的背景分析和艺术－审美批评，都要从物质决定精神、社会存在决定社会意识、经济基础决定上层建筑等教条出发，去解释思想、理论、艺术－审美活动的本质和根源，而把文化母体这个真正根源抛到九霄云外。也就是说，对待文化精神领域的思想、理论、艺术－审美，都毫无例外地舍弃其自身的规定性而去和物质自然界、社会存在、经济基础打交道，建立关系，结果必然是任凭“他者”驱使、奴役，成为“他者”的“婢女”。“社会存在决定艺术”、“艺术从属于政治”等论调，是谬误，因为它无视文化语境的直接作用。过去出版的文学史、艺术史，都有一种固定的写作格式，首先要介绍某朝某代的社会政治、经济情况，然后才写某朝某代的文学艺术，完全没有文化语境的分析。认为什么样的社会政治经济，直接决定着什么样的文学艺术。其实，社会政治经济的发展与文学艺术的发展并不是同步的，因为不是受同一规律的支配，而是各有自己的特殊规律(详前)，因而发展是不平衡的。马克思说：“关于艺术，大家知道，它的一定繁盛时期决不是同社会的一般发展成比例的，因而也决不是仿佛是同社会组织的骨骼的物质基础的一般发展成比例的。例如，拿希腊人或莎士比亚同现代人相比。就某些艺术形式，例如史诗来说，甚至谁都承认：当艺术生产一旦作为艺术生产出现，它们就不再能以那种在世界史上划时代的古典的形式创作出来；因此，在艺术本身的领域内，某些有重大意义的艺术形式只有在艺术发展的不发达阶段上才是可能的。如果说在艺术本身的领域内部的不同艺术种类的关系中有这种情形，那末在整个艺术领域同社会一般发展关系上有这种情形就不足为奇了。”[②] 这就是说，艺术同社会是各自独立存在的领域，艺术有自身的发展规律，而这种发展规律是来自人的精神需要，是服从于人的意志追求情感需要的“应当如此”，而不是社会存在发展的“必然如此”；一个是“应然律”，一个是“必然律”，二者不可等同，是显而易见的；二者可能相互影响，但不是社会单向性的“决定”作用，而是双向互动的。不能以社会进化论的观点看待艺术的发展，也不能用衡量社会历史的标准来衡量艺术发展史。现代的艺术不一定就比古代的艺术更好，更有价值。因为衡量

① 刘悦笛：《艺术文化学》，李心峰主编：《20 世纪中国艺术理论主题史》。辽海出版社 2005 年版，第 454 页。

② 《马克思恩格斯选集》第 2 卷。人民出版社 1972 年，第 112～113 页。

一种社会是进步还是落后，主要是以经济基础、生产力水平和政治制度为标准，而衡量文化艺术的好与坏，主要是以精神价值、审美价值为标准；用“先进”与“落后”的社会进化论的概念说明艺术的性质和价值意义，是说不通的。因为艺术与社会，其功能、本质是根本不同的。政治强大、经济繁荣，不一定产生具有永恒魅力的文学艺术，不一定出现一流的文学艺术家；而政治黑暗、经济不景气，却常常产生顶尖的大作家、大艺术家及其传世之作。这就告诉我们，社会政治经济与文学艺术的关系并不是单向度的机械的决定与被决定的关系，而是互相制约、互相影响的。这种互相制约、互相影响，都是通过个体的心理结构和思维活动而发生作用，即以文化为中介而发生作用，二者不能直接“对接”。以上所说的种种“决定论”都是离开了文化本体，丢掉了艺术自身，而去研究、分析、批评艺术。单纯从外在的物质环境去看待艺术，如同隔靴搔痒，如同瞎子摸象，矢不中的，便是理所当然的了。

四　价值论与美学理论重构

价值论是人文学的哲学理论基础。道德、哲学、美学、艺术、语言文学、历史学、宗教等都需要这种价值论的支持，理想、信仰、同情、关爱及人性、德性、情操、人格是人文学价值论的基本内容。以往由于“科学万能”，科学认识论也变成“万能”，因而人文学价值论失去了自己的合法地位。重构美学理论和艺术理论，必须更换原有的理论模式，改变其科学认识论的哲学基础，代替以人文学价值论。但是，何谓“价值”？何谓“价值论”？界限还很不清楚，需要从头说起。

（一）“价值”与“价值论”

“价值”是目前学界谈论很多的一个概念。同为“价值”概念，哲学、伦理学、美学与科学、经济学、社会学都用它，其含义和性质相同吗？有人长篇大论，甚至写专著论价值，却对“价值”这个核心范畴不分析不论辩，把经济价值、商品价值、科学价值、人文价值、精神价值……一股脑儿地混在一起，当成一个东西，去给“价值”下定义。说价值是在主客关系中生成的，是客观事物对主体所产生的意义，能满足主体的需要就是价值。可是什么样的“意义”，什么样的“需要”，不需要作出具体区分吗？特别是性质上的区分，是必不可少的。“价值”概念，含义非常复杂：大而言之，如精神价值与物质价值（或功利价值）、人文价值与科学价值；细而言之，如道德价值与审美价值、经济价值与政治价值，等等，如不作出深刻而具体的分析，海阔天空，笼而统之，会使人更增加了疑惑。就其研究方法来说，有人从“唯物主义”出发，大谈主客关系和客体对主体的决定意义，认为社会实践或客观存在决定事物的价值，不以人的主观意志为转移，因而具有普遍意义。他们观察的角度是线性的，是主观对客观，大谈主体性和客观存在的决定性，仍未跳出主客对立的认识论模式。近些年来，很多学者关注价值论的研究，并对目前的研究提出批评。“批评意见主要集中在如下几点：一是认为过去的研究主要局限于主客关系维度而未及主体间关系，导致了对价值本质理解相当程度的遮蔽；二是立足主体需要讨论价值的本质和价值标准，具有浓厚的直接性、经验性色彩，缺乏超越之维的思考；受此影响，功利性色彩明显突出而超功利性、文化性的意味淡薄，尽管也能解释一些价值现象，但引导性方面比较薄弱。三是具有明显的相对主义倾向，缺乏对终极标准的探讨，特别是对于人的价值的研究中，表现得更为突出。一些学者认为，哲学价值论的研究需要确立一种终极性的人道价值，以此作为各种价值的元标准，借以克服价值论研究经验性色彩过浓、个人主义和相对性倾向过重的弊端，体现价值的超越性，为提升人们的思想境界服务。”[①] 因为“价值”概念非常复杂，且有种种性质上、层次上的区别，所以“价值论”或论价值，首先必须明确所论的是哲学的（精神价值），还是科学的（认识价值），或是经济学的（功利价值），等等。

我这里所说的“价值论”是指哲学领域中一种理论系统。从哲学中区分出价值论，是按西方“分类”型文化传统作出的，特别是德国哲学传统把认识论、本体论（或实体论）、价值论区分开来，分别研究不同的对象范围，但又都属于哲学领域。哲学的“价值论”是研究人的精神领域的现象，尤其是道德以及与道德密切相关的性情、信仰、理想等，目的是为了满足人的意志追求与情感需要。蔡元培当年在介绍西方哲学时说：“何谓价值？不外乎于意识中悬一种之鹄的，而欲有以达之。事物之与意志及情感无关者，即无所谓价值。”[②] 也就是说，客观事物如果与人的意志追求和喜怒哀乐的情感无关者，不在价值论的研究范围之内。首先指出了，所谓“价值”是研究意志目的和情感需要以及如何实现意志目的、如何满足情感需要。当然意志目的和情感需要也是极不相同的，官能欲望的、认识的、道德的、审美的、理想的，也都是意志和情感所需要的，都有“价值”在，但却有性质上和层次上的差别，并不都属于哲学价值论范围。蔡元培认为：“哲学者，知识之学也。其接近于实行者，为价值论。价值论者，举世间一切而评其最后总关系者也。其归宿之点在道德，而宗教思想和美学观念亦隶之。”[③] 所以价值论不是研究一般的主客关系，而是主客的“最后总关系”即最高意义上的主客关系。这种关系是超越现实利害关系之上的，是精神性的，因而只能在文化精神中求得。它的目的不在形而下，而在形而上。价值论不同于认识论、物理学、生物学、经济学、社会学等等自然科学和社会科学，而是人文学的哲学理论基础。当代美国学者史密斯说：“人文学情结最显著的性质是它对人的经验中的戏剧性的和评价性一面情有独钟。对人文价值的追求和探索是把人文学教学与自然科学和社会科学教学区别开来的东西。当然，科学也包含着人文价值成分，因而也可以如同在科学史和科学哲学中那样，从人文的角度进行探索。但正如列维所说，‘人文学总是以一种其他学科和教育领域从未有过的热情去拥抱这种价值。’因此，‘人文学的贡献是为人的价值意识提供了一种独特的礼物。’在列维看来，价值基本上都是带有‘情感和意志色彩’的。”[④] 很显然，这里的“价值”是指人文精神，是能满足人的意志自由和情感慰藉的某种理想、信仰和精神境界，而不是经济学的功利价值，也不是科学的认识价值，更不是市场交易中的商品价值。在现实社会中，人们提出要树立正确的价值观，要进行价值观教育，正是针对经济价值、科学价值、商品价值等所缺失的东西，因而需要以人文价值加以补充，加以纠正。所以谈论“价值”，首先要把功利价值和精神价值区别开来；在功利价值中又包括认识价值、实用价值、经济价值、商品价值等等，在精神价值中又分信仰价值、道德价值、审美价值等等。这种种价值既有根本性质上的不同，又有结构系统上的层次、序列的区别，笼而统之地去给一般“价值”下定义，那是费力不讨好的。

---

① 马俊峰：《重视规范价值的研究》。《哲学动态》2007 年第 1 期。

② 《蔡元培选集》，浙江教育出版社 1993 年版，第 34 页。

③ 同上，第 34 页。

④ 拉尔夫·史密斯：《艺术感觉与美育》，滕守尧译。四川人民出版社 2000 年版，第 191 页。

（二）价值论与认识论、本体论的区分不是绝对的

哲学一定要区分出认识论、本体论、价值论或者逻辑学、伦理学、美学吗？似乎也不尽然，中国古代哲学就没有这种分类。中国哲学是整体性的，不把认识论、本体论、价值论区分为各自独立的学科体系，而是综合为一体；对于人的知、情、意是作为人的整体存在进行考虑，不把情感排斥在哲学视域之外，不把情感与理性对立起来。不仅不把情感排除哲学研究之外，而且把情感当成哲学研究的重要问题，甚至是哲学研究的基础。尤其儒家哲学更是如此。蒙培元说："与西方哲学形成对照的是，中国的儒家哲学不仅赋予情感以特殊重要的地位，在人的存在问题上具有重要意义，而且并没有将情感与理性对立起来，而是寻求二者的统一并由此建立起具有普遍有效性的德性之学。儒家的德性之学从心理基础而言是建立在情感之上的，情感固然是心理的、经验的，但就其来源而言又是先天的，不是在后天经验中获得的。所以，情感可以'上下其说'。牟宗三先生有'心可以上下其讲'的说法，在我看来，情也可以如此说，因为在儒家哲学中，心与情常常是在同一个层次上说的，心就是情，情就是心。这不只是一个说法问题，这是一个基本的'旨意'或'信念'。"[①] 儒家讲哲学，论政教，说故实，谈人生，尤其关注人的德性、情欲问题，更注重人文价值。中国古代文化重视对人的研究，对人的意志与情感的研究，远远超过对自然、社会的研究，而且解决情感问题、道德问题主要是通过美感教育、艺术教育的途径。中国古代的哲学、教育、思维方式等，很讲究"艺术"，都具有审美倾向。即使非艺术创造的论说、叙述、记事等等，也常常运用美感形式，生动的比兴，含蓄的寓言，讲究气势，不排斥抒情，情理融合。艺术与哲学、感性与理性融为一体，没有"纯粹理性"、"实践理性"的概念，不区分本质与现象，本质与现象是密不可分的有机整体。作为哲学本体的"道"或"仁"，不是高悬于现象世界之上之外，而是在现象世界之中。中国古代哲学本体论虽区分"体"与"用"，但"体用无二"；"体"与"用"不是分属于两个世界（如西方实体世界与现象世界之分），而是统一于宇宙（天地）之中。这一历史事实告诉我们，价值论虽与认识论、本体论有区别，但三者也是密切联系在一起的，互相渗透，互相补充，不可做绝对观。

人文学价值论和科学认识论尚未清晰地分开，这是中国古代文化与西方文化不同的一个重要表现。这是否是中国科学不发达的认识原因？这种缺乏逻辑分类和科学分析的综合型文化，从感性与理性对立的西方文化的角度看，这是中国古代文化的一大缺陷。而从"诗意存在"的人生角度看，这种理性与感性不截然分开的中国古代文化，正是生命存在的真实反映，是为生态平衡辩护的文化；重视情感的哲学，就是生命哲学，是存在哲学，这是西方后现代主义用以纠正主客对立、感性与理性分离的哲学理论。"缺陷"又变成了优点。如果从全人类的利益出发考察中西文化的不同，便不难发现，中国古代文化有利于生态平衡，有利于人类健康繁衍和可持续地发展。中国文化精神具有"和为贵"的博爱精神，具有"自律"的道德精神，表现出中华民族文化的博大胸襟。而西方近代以来的文化精神主要是竞争占有，是侵略扩张，是欲海难填，表现出强者的利己自私。以自我为中心，只有利于自己的一族，甚至是只有利于一族的极少数人，是破坏生态平衡的文化根源。中西文化上的是非优劣都不是绝对的，处于世界文化大交流、大碰撞的今天，对此是不能不注意辨别的。但是，对于中西

---

① 蒙培元：《情感与理性》，中国社会科学出版社 2002 年版，第 18～19 页。

文化从理论上认识上加以比较、论辩，与我们的文化建设和社会发展实践，往往形成悖论：明知其弊，却又避之不得。不学西方的文化精神，更要被动挨打。但由于我们的社会历史进程比西方发达国家要晚到一二百年，所以，西方人已经反思的问题，已经批判、放弃的东西，在我们这里又常常当成宝贝。在西方，“科学万能”、“技术主义”的弊端早已暴露无遗，这种绝对论的思想观点早已被批判，被抛弃。但在我们这里，因为科学、技术对于我们太重要了，也太需要了。所以“科学万能”、“技术主义”仍然很有用！

（三）价值论的规定性来自文化客体

精神价值是如何产生的，也不是任凭人的主观愿望去胡思乱想。精神价值同样具有客观规定性和标准，但不同于唯物主义那种客观性和客观标准，也不同于科学的实证标准；科学和唯物主义那种客观规定性和标准，是由自然、社会存在的客观属性规定的，其规律和标准是普遍适用的，全世界都是通用的。但是精神价值是由客观化的文化属性规定的，其普遍性和标准，没有那么大的“权威”，它管不了全世界，只能适用于文化相同的民族国家。也就是说，人文学价值论赖以存在的土壤不是自然、社会存在的那种“客观性”，而是某种民族文化事实的“客观性”，人文价值之所以成为“价值”并不决定于自然万物、社会事物的属性，而是决定于这种文化事实的民族性。价值观是有民族性的，也是多元的，有多少个文化民族，就有多少种价值观，不同于“真理只有一个”的科学认识论。当然，不同的民族价值观也有相同、相通之处，因为不同的民族文化有相同相通之处。自然、社会有一个悠久而深厚的客体，文化也各有一个悠久而深厚的客体，二者各有自己的价值领域，其价值属性是不同的。正如有人指出的那样：“自然客体和文化客体分属于不同价值领域，同主体的价值关系是不一样的。自然客体是不依赖于主体的价值需要而产生和存在的，但当它一旦产生并同主体发生价值关系时，就具有了价值属性，就成为具有价值属性的客体。但自然客体的价值属性不是本来就有的，而是同主体发生关系后才派生的，自然客体派生出价值属性后，它的自然本性和规律不会随主体的价值需要而转移或改变，相反，主体的价值需要只有符合和遵循自然客体的本性和规律才能得以满足。因此，可以说，自然客体的价值属性不是内源的，而是外生的，它不是严格意义上的价值实体。社会历史文化客体（下简称文化客体）其本身是主体活动的结果，它的产生和存在就内在地凝聚着主体的价值需要，因此，文化客体的价值属性不是外生的，而是内源的。不但如此，文化客体一旦产生或形成，又同主体构成价值关系。同自然客体的价值属性相比，文化客体就是典型的价值实体。”① 文化精神不同于科学技术，只有一个标准，而各个民族的文化精神都有自己的标准，以区别于其他民族文化精神；由于文化不同，各个民族的价值观是不同的，各有各的文化“价值实体”，决定着各个民族价值观的一致性或民族风格。

长期以来，由于对中西文化的价值根源和价值取向缺乏真正的认识，使我们的文化价值观陷入深深的误区，盲目崇拜西方文化，也盲目地乱批自己的传统文化。看到西方社会富强发达，经济实力雄厚，科学技术先进，因而便认为西方的整个文化也先进于我们。所以便出现了20世纪五四新文化运动的一种偏向：照搬西方文化，并以抛弃自己的传统文化为代价。当然，这种偏向，是一部分激进者的主张，并不是新文化运动所有参与者的观点。但在中国

---

① 胡敏中：《价值规范与价值共识》，《哲学动态》2007年第5期。

大陆上却产生了严重的消极影响,达几十年之久。西方的科学技术的确优越于我们,但这不足以说明西方整个文化都是先进的,都可以移植、模仿。因为科学技术和社会的发展规律是"硬"道理,具有普遍意义,不等于它的人文学价值论也具有普遍意义;中西的人文学价值论不存在一个共同标准,也无所谓"先进"与"落后"。同时,科学技术、社会政治制度和人文学价值论并不是同步发展的,并不遵循一个共同规律,如何可用一个标准去衡量!正如克罗齐所批评的那样:"人们经常沿着一条前进和后退的路线介绍全部科学史。科学是普遍,科学问题在一个大系统中相连,或是一个错综复杂的整体问题。所有思想家都在苦思冥想实在与认识的性质问题:无论是印度沉思者还是希腊哲学家,基督徒还是穆斯林,光头的还是戴穆斯林帽的,戴假发的还是戴博士帽的(正如海涅所说);未来时代也会像我们一样殚精竭虑。这种单线观对科学来说是否正确,需要长时间探讨,但对艺术来说肯定是错误的:艺术是直觉,直觉是个性,而个性不可重复。因此,把人类艺术创造的历史视为沿一条进步和后退的路线展开,是完全错误的。"[①] 也就是说,不能因为科学技术先进,就说艺术也先进,人文精神也先进,因而整个文化都先进。正如一个人有高深的科学知识或高超的技术能力,不见得就有高尚的道德和人文精神是一个道理。先进与否是评价科学创造成果的标准,如技术、工具、制度以及认识论、数学、物理学、经济学、社会学,等等。用这一标准评价人文学的精神产品是说不通的,而要用人文学的"价值"作为标准;价值的有无、大小、高低及其民族性,才能说清人文学中是非善恶美丑问题。不能用历史"进步的概念"作为艺术史的"建构标准",也不应把"进步""理解为想象的进步法则",因为艺术主要是靠想象的,而想象"法则凭借不可抗拒的力量","朝着无人知晓的最终目的地迈进"。[②] 不仅艺术是如此,整个人文精神领域的道德、观念、信仰、理想、风俗习惯、生活方式等也不能用"进步或后退"来衡量,至少不能作主要的或唯一的标准。特别是文学艺术,不能说现代艺术就先进于古代艺术,西方艺术就先进于东方艺术,更不能用现代艺术去淘汰古代艺术,用西方艺术代替东方艺术,来个全球划一;技术、工具等,现代的可以淘汰古代的,西方的可以代替东方的,但艺术却不能!艺术存在与否,不能裁之以物质实用标准,而是用精神价值为标准。许许多多古代的文学艺术至今仍被人们所欣赏,所喜爱,就是因为它有巨大的审美价值和人文价值。东方艺术与西方艺术各有自己的民族风格和价值标准,根源于各自的文化价值实体。文化根源上的替代,谈何容易!二者可以对话交流,融合出新,以便逐渐符合或改变各自的审美心理和欣赏习惯,却不可以随意"置换"。

(四)以价值论作为美学理论的哲学基础

二百多年来,欧美西方社会由于科学技术先进,经济实力强大,成为全世界最富有者。人们都认为这是欧美文化先进的表现,因而西方人把自己的文化看成是世界文化的中心。在此思潮影响下,我们也是把欧洲文化看成是"中心",以它为标准、为模式建设我们的现代文化。实际上,西方的科学技术和人文精神并没有得到均衡发展,而是出现了偏差——人文精神缺失了。我们不加分析,不加辨别,把它们的文化"精华"与"糟粕"都学来了。经过几十年、甚至上百年的历史实践经验的积累和验证,科学技术和器具,学习、模仿、照搬的西方模

---

① 克罗齐:《美学的理论》,田时纲译。中国社会科学出版社 2007 年版,第 185~186 页。

② 同上,第 181 页。

式，的确取得了显著的成果。而人文学科也以同样的方法、途径进行，其结果如何，一言难尽。不少人文学科建立起来了，从无到有，构建了新的理论体系。但经过近百年的历程，回头一看，其哲学理论基础却很不稳固，必须“重构”！在社会实践和社会生活中，片面地接过西方人“发家致富”的文化精神，只讲生存竞争、优胜劣汰，片面地强调欲望是发展的动力，说什么“高消费才有高速度”，放弃道德教育，否定原有的信仰、理想，使人的精神追求成为空白，致使人文精神很快下滑，道德堕落，诚信扫地，贪污腐败，假冒伪劣，作奸犯科，都滋生蔓延起来，弄得人心涣散，怨声载道。这样大面积的灾祸，恐怕是空前的。病根虽然不能完全推到西方文化精神的影响上，却有一部分是不能辞其咎的。胡适先生当年提出“全盘西化”，陈序经先生写专著加以论证，但他们实际上没有做到，而我们做到了，在不少方面我们片面地做到了。

我们的美学学科，是在西方美学思想影响下所建立起来的，美学观念和审美标准是西方化的，范畴、命题、体系是西方模式，而没有自己的民族风格。我们所出版的美学著作，特别是20世纪80年代之前所出版的美学概论、艺术概论之类，更突出地体现了“全盘西化”的模样，而没有自己的文化特色，缺乏自己的文化精神内涵。当然，照搬、模仿在文化交流中是难免的，即是在人文学科，也是有积极意义的。例如，学习西方的思维方式和分析方法，学习建构西方式的逻辑体系等，对于建设中国现代文化都有积极的促进作用。问题在于，只知搬运别人的东西而扔掉自己的传统，长此以往，便妨碍学术创新，妨碍学术发展，这很值得认真思考。用西方的美学理论指导研究中国美学史、艺术史，便有先入为主的理论框架和取舍标准，以此来处理中国古代思想资料，则有削足适履之嫌。例如有人撰写孔孟老庄的美学思想，也要大谈他们对美的本质的论述。其实孔孟老庄乃至整个中国美学思想史上的重要人物，对于纯粹的逻辑抽象的美的本质并不感兴趣。他们所感兴趣的是美的境界，是美的形上精神境界，而不是美的形上概念体系。追求这种精神境界，不像柏拉图那样进行抽象的思辨和逻辑推导，而是进行鉴赏、体验、感悟、洞观，因此在形式上也不见逻辑体系，大谈孔孟老庄如何论述美的本质，无疑是无的放矢。当然，中西美学和中西文学艺术，有许多相同、相通之处，求同，融通，相互印证，相益得彰，是可能的，必要的。但是，更重要的是它们还有不同，甚至相互反对之处，这尤其不能忽视。由于中西文化的不同，才使中西美学各有自己的说论形式，中西艺术各有自己的民族风格。西方艺术以自然科学为其理论基础，侧重于写实和客观描写，结果落实到认识论。中国艺术以道德哲学(价值观)为其理论基础，侧重于写意和主观表现，结果落实到“人文化成”的广义教育实践。二者的思维方式、表现方法、价值取向很不相同，因而可以说，中西美学没有完全相同的范畴、命题和说论形式。西方的范畴、命题、说论形式代替不了中国的；中国的范畴、命题、说论形式也代替不了西方的。正因为如此，中西对话、交流，取长补短，碰撞融合才是必要的，才能有发展，有创新。鉴于以往的经验，进行跨文化的中西美学比较研究是非常必要的。

中国现代美学的哲学思想基础，是从西方挪用来的，不管是唯心主义哲学或是唯物主义哲学，都是在科学认识论的范式下构建起来的。这种科学认识论是主体与客体、感性与理性的根本对立，并把主体性和理性绝对化，排斥整体把握、生命体验、悟性洞观等方法。因此对于物我为一、感性与理性密不可分的艺术－审美境界，却不得要领，常常弄巧成拙。实证也是科学研究之一法，然而艺术－审美的许多现象是个体理解、体验、感悟的结果，是个性化而多样性的，甚至是只可意会不可言传的，体悟没有同一的公式，也无法去实证。西方的实验心理学美学，完全用科学实证方法，即用量化的方法，统计的方法，去实证审美现象，虽然热闹于一时，却终归于失败，远不如思辨的心理学美学和描述的心理学美学更具有生命力，原因正在于此。科学的一套方法，对于研究人的机体和自然属性是有用的，而研究人的无形无质的精神，流动不居的情感，意志追求的理想、信仰，便有些相形见绌了。重构中国现代美学理论体系，首先要从中国古代哲学汲取营养。中国古代哲学是建立在主客一体（文化）基础上的存在哲学、道德哲学，内含丰富的人生观、价值观因素，更接近于美学，与西方科学认识论哲学很不相同。这是一种整体把握的哲学，是我们构建现代中国美学理论的主要思想资源，需要我们认真地加以批判地继承，加以现代转化。我们的美学理论建构，当然需要汲取西方美学思想的新营养，尤其西方后现代主义哲学。西方后现代主义哲学是对主客对立、理性与感性分离的哲学认识论的纠正，强调诗意的存在与生命体验，主张用感性冲破理性的绝对统治，这些都与美学理论有缘，也是我们建构美学理论的重要思想来源。

人文科学视野中的美学

王一川
(北京师范大学艺术系)

什么是美学这一问题,人们已经问过很多回了。尽管我意识到自己这次也问不出什么新东西来,但却不能不有所问,因为我需要弄明白自己倾向于在什么意义上理解和使用美学一词。也就是说,我这里关于什么是美学的追问,主要是为了弄明白自己倾向于在什么意义上理解和使用美学一词。我认为这个问题涉及两方面:一是美学的学科属性,二是美学的学科研究对象。

一　美学的学科属性

美学在今天是被当作一门独立学科来对待的。但这门学科究竟具有怎样的属性,却往往并不清楚。属性,这里是指学科所具有的基本特性。美学的属性就是指美学作为学科的基本特性。要回答美学的属性问题,就需要思考美学与自然科学、人文社会科学的关系。

美学是科学吗?科学(science),又称自然科学(natural science),是关于自然的知识体系,包括数学、物理学、天文学、地理学、地质学、生物学、生理学等。美学与科学之间存在着如下相通之处:第一,美学与科学一样要研究人及其自然环境;第二,美学有时也从科学吸取理论资源。但是,美学毕竟与科学不同。第一,与科学以分解方式分门别类地研究人不同,美学对人的研究是综合的和整体的。第二,与科学以精确的数据和实验方式研究人不同,美学对人的研究往往运用概念、判断和推理方式。这表明,美学不应被归结为科学。

其实,美学常常不是与科学或自然科学、而是与人文社会科学(humanities and social sciences)具有更密切的联系。人文社会科学可以更具体地分成人文学科和社会科学。人文学科(the humanities)是关于人的生活与特性的知识体系,通常包括文学、哲学、历史学、语言学、伦理学和文化学等。"社会科学"(social sciences),是关于人类社会的知识体系,一般包括经济学、政治学、社会学、法学、人类学、心理学、管理学、新闻学和传播学等。一般地说,人文学科往往更多地运用体验、思辨或演绎的方法,社会科学则往往较多地采用归纳、实验的方法。比较起来,美学与人文学科发生更密切的联系。从历史上看,美学先后与哲学、伦理学、语言学和文化学等人文学科发生过紧密的联系,并且有时干脆被归属于这些学科;同时,有时也与社会科学中的心理学、人类学、传播学等结成密切的亲缘关系。这是因为,美学与它们一样要运用概念、判断和推理的方式研究人的生活。所以,可以一般地说,美学是一门人文学科,是关于人的生活的一种知识体系。

然而,作为一门人文学科,美学具有与其他人文学科不同的特殊属性。第一,与其他人文学科从概念角度考察人不同，美学虽然也运用概念，但更注重把握形象。概念是表述事物的抽象性质的词语，形象是呈现在符号中的具体可感物。美学正是对于呈现在符号中的具体可感物即形象的集中探讨。第二，与其他人文学科难免对人作抽象研究不同，美学的研究常常是抽象与具体结合着的，并在这种结合中更突出具体。抽象是指从具体形象中抽取出概念的研究方式，而具体则是指始终不离形象的研究方式。第三，与其他人文学科注重对人作逻辑分析不同，美学在对人作逻辑分析的同时更突出个人体验的重要性。这就是说，作为人文学科，美学研究当然要求运用概念、抽象和分析方式，但相比而言，比其他人文学科更突出形象、具体和体验的作用。对上述三方面加以综合，可以在简化的意义上说，美学的学科属性表现在，它在概念分析与具体体验的结合上尤其重视具体体验的作用。

这样，从属性看，美学不是科学，而是一门人文学科；同时，即便是作为一门人文学科，美学除了运用概念、抽象和分析方式外，还重视形象、具体和体验方式的作用。可以说，美学的学科属性在于，它是一门注意运用概念分析和体验方式的人文学科。

王国维在《人间词话》里分析古典诗词，正从一个方面体现了美学的上述属性。王国维在《人间词话》中分别评论宋祁的《玉楼春·春景》和张先的《天仙子》词句说："'红杏枝头春意闹'，著一'闹'字而境界全出。'云破月来花弄影'，著一'弄'字而境界全出矣。"[①] 只用简短的语言，就形象而具体地传达了对于诗词的"境界"的独特体味。他指出：

> 古今之成大事业、大学问者，罔不经过三种之境界："昨夜西风凋碧树，独上高楼，望尽天涯路。"此第一境界也。"衣带渐宽终不悔，为伊消得人憔悴。"此第二境界也。"众里寻他千百度，蓦然回首，那人却在灯火阑珊处。"此第三境界也。此等语皆非大词人不能道。

这里分别用宋代晏殊《鹊踏枝》、柳永《凤栖梧》和辛弃疾《青玉案》中的词句，形象而生动地阐释了事业和学问的三种境界，以诗喻事、以诗喻学。这种形象阐述方式本身就体现了美学的上述性质。美学当然也可以运用理论思辨的方式，但这种理论思辨方式常常同形象、具体、体验方式结合起来，从而体现出特殊的感召力量。

当然，美学作为一门人文学科，也会时时注意吸收自然科学和社会科学的研究成果，正像自然科学和社会科学并不简单地排斥美学成果一样。

二 美学的研究对象

作为一门注意运用概念分析和体验方式的人文学科，美学的研究对象是什么呢？美学的对象是指美学研究的客体，它应当是美学所关注的焦点或基本点。关于美学的对象，历来存在几种不同看法：第一种，认为美学的对象是美。这个看法把美学的对象仅仅限定在"美"上面，忽略了其他更丰富、复杂的审美现象。同时，说"美学"研究"美"，不过是同语反复而已，没有多少实际意义。第二种，主张美学的对象是审美心理。这个看法突出了人类审美心理在美学中的地位，但忽略了审美的其他方面，如审美形态和艺术品等。第三种，指出美学

---

① 王国维：《人间词话》，滕咸惠校注。齐鲁书社 1981 年版，第 47 页。

的对象是艺术。这正确地突出了美学研究的公认的焦点性问题——艺术，但舍弃了艺术所无法涵盖的其他方面，如自然美、社会美、科技美等。第四种，提出美学的对象是美学中的语言。这是现代欧美"分析美学"的代表性看法，它把美学的对象仅仅限定为美学家的表述语言，这大大缩减了美学的对象。第五种，认定美学的对象是包括审美现象在内的更广泛的文化问题——审美文化，其理由是审美与文化如今已交融在一起。这是对美学对象的过于宽泛的规定。以上五种看法都只是见出了美学的对象的某个局部而忽略了整体，因此无法予以采纳。

美学所关注的是人的生活。但任何人文学科都可能以这样或那样的方式关注人的生活，美学有什么特殊处呢？美学关注的是人的生活的特定方面：人如何通过感觉而在符号形式中生成意义。

第一，美学关注的不是人的生活的理性方面，而是其感觉的方面。美学当然要关心人的理性，而且美学本身就常常以理性沉思方式表现出来，但是，美学首要地关心的是，人如何运用自己的五官感觉去确证自身。确切点说，人的这种审美感觉其实是一种与理性沉思不同的更深沉而难忘的特殊的生命直觉，不妨称为审美体验。审美体验是人生意义的瞬间直觉。所以，美学关心人的审美感觉，具体可以呈现为两方面：一方面是人的审美体验，另一方面是这种审美体验所把握的活的形象。中国人历来重视审美体验的作用。"风急天高猿啸哀，渚清沙白鸟飞还。无边落木萧萧下，不尽长江滚滚来。"（杜甫《登高》）风声、天色、猿鸣、江水、沙洲、飞鸟、无边落木、滚滚长江等，正是由人的视觉和听觉感受组成的审美世界。在这个世界中，人体验到自身的生命运动及其存在价值。"大珠小珠落玉盘"（白居易《琵琶行》），描写的是对琵琶曲的听觉感受。"举头忽看不是画，低耳静听疑有声。"（白居易《画竹歌》）听觉与视觉可以相互补充。"天阶夜色凉如水，卧看牵牛织女星。"（杜牧《秋夕》）触觉也可以弥补或充实视觉感受。人的诸种感觉之间的相互补充与协调，构成了人对世界的整体体验能力。

人的视觉、听觉、味觉、嗅觉、触觉等感觉能力，以及人对画面、声音、味道、气息和物体等形象的体验，都是人类在长期的社会实践中形成的，是人确证自身的存在的一种主要方式。马克思指出："对我说来任何一个对象的意义（它只是对那个与它相适应的感觉说来有意义）都以我的感觉所能感知的程度为限。"[①] 只有凭借感觉，人才能完整地发现对象与自身。由于如此，人的感觉对于人来说才具有了至关重要的意义。"所以社会的人的感觉不同于非社会的人的感觉……因为不仅是五官感觉，而且所谓的精神感觉，实践感觉（意志，爱等等）——总之，人的感觉，感觉的人类性——都只是由于相应的对象的存在，由于存在着人化了的自然界，才产生出来的。五官感觉的形成是以往全部世界史的产物。"[②]

第二，美学关注的主要不是审美体验的内在机制或构成，而是审美体验对人生意义的把握。美学不像自然科学那样关注人的审美体验的物理结构、生理机制或心理机制等方面，而是关注它对人生的意义的发现。所谓人生的意义，也就是指人的生活的价值问题。人在世界上如何凭借感觉去确证自己的生存及其意义，正是美学关注的一个焦点。"相看两不厌，唯有敬亭山。"（李白《独坐敬亭山》）诗人独坐而观赏敬亭山，不是要探索它的物理学、生理学

① 马克思：《1844年经济学—哲学手稿》，刘丕坤译。人民出版社1979年版，第79页。

② 同上，第79页。

或心理学内涵，而是要切身体验它对诗人自身的价值：它像人一样充满感情、甚至比人更能理解人、简直就像人的知音一般。辛弃疾告诉我们，“一日，独坐停云，水声山色，竞来相娱”。自然山水竟可以带给他在人群中难以获得的“欢娱”，因此他无法不发出“我见青山多妩媚，料青山、见我应如是”的感慨（《贺新郎》）。“春山淡冶而如笑，夏山苍翠而如滴，秋山明净而如妆，冬山惨淡而如睡”（郭熙：《林泉高致集·山水训》）。自然界的姿态万千的形式美唤起人的不同的美感，激发起丰富的情感体验活动。对于这类审美体验对人的意义，钟嵘《诗品序》早就作过这样的解释：“气之动物，物之感人，故摇荡性情，形诸舞咏。”说的是自然之气促动事物发生变化，而变化着的事物对人的感官产生感发作用，形成人的内心的丰富的情感、直觉、想象等过程。这种内心活动是这样激烈、这样富于意义，以致人非诉诸歌舞而不能释怀。这也正说明了歌乐舞等艺术所产生的缘由：人对世界的审美体验如此富于价值，以致人不得不通过艺术手段去表现，以便传播给他人，让他人获得同样的感受，而自己也在这种与他人的共享中更真切地体验到人类生活的意义。

第三，美学对审美体验及其意义的关注，总是不离具体的符号形式和活的形象。自然科学和社会科学也关心人的审美体验及其意义，但它们的关心常常可以与具体符号形式相分离，而美学的关心却处处与符号形式紧密结合、并且依靠由符号形式所创造的活的形象进行。在这个意义上，符号形式和活的形象正是审美体验得以发生的中介要素。

先来看符号形式。符号，英文作 symbol，也可译为象征。它通常有两个含义：一是指一件事物可以表达一定的意义，二是指一件事物暗示着另一件事物或某种意义。按德国哲学家卡西尔（Ernst Cassirer，1874～1945）的看法，人类的基本特性在于通过劳作制造“符号”，形成人类意义的系统，这就是“符号的宇宙”（universe of symbol）。“人不再生活在一个单纯的物理宇宙之中，而是生活在一个符号的宇宙之中。语言、神话、艺术和宗教则是这符号宇宙的各部分，它们是组成符号之网的不同丝线，是人类经验的交织之网。”[①] 因此，人在本性上与其说是“理性的动物”、“言语的动物”、“使用和制造工具的动物”，不如说是“符号的动物”。正是符号提示了人的本质，符号化思维和行为构成人类生活中最富代表性的特征。按照马克思主义观点，人类的符号活动归根到底是社会实践的具体形态，因而应当理解为符号实践。符号实践是指人类创造和运用符号以便彼此沟通的过程。而审美正是这种人类符号实践的产物。审美或艺术总是要借助具体可感的符号形式进行，没有这种符号形式就不成其为审美。诗歌、小说、散文、剧本、绘画、书法、电影等作品，总是首先作为符号形式而存在的。“扬州八怪”之一的李方膺（1695～1754）善画松兰竹菊，尤其以画梅闻名，笔法苍劲老到，传达画家的孤傲个性，画如其人。他的《梅花图》就是在纸上以笔墨形式呈现的，这种由纸笔墨组成的视觉可感的形式，正构成了这幅画特有的符号形式。如果离开了这种符号形式，人的审美体验是无法产生的。

再来看符号形式中呈现的活的形象。人在审美体验中把握的不是自然科学、社会科学等所常用的概念，而是活的形象，确切点说，是符号形式中呈现的活的形象。“活的形象”（living image）一词来自德国美学家席勒（J. C. F. Schiller，1759～1805）。什么是“活的形象”？简言之，活的形象正是活生生的生命形象。按席勒的看法，人类有两种对立的冲动：一

---

① 卡西尔：《人论》，甘阳译。上海译文出版社 1985 年版，第 34～35 页。

种冲动是“感性冲动”，即在感觉世界中确证人类本性的冲动，它是受动的；另一种冲动是“形式冲动”，即把感觉世界整理为人类形式的冲动，它是主动的。现代文明的最大悲剧在于“形式冲动”压抑了“感性冲动”，导致了现代人性的分裂。要解决这种人性分裂，就要以第三种冲动即“游戏冲动”来调节感性冲动和形式冲动之间的对立，以便重建“完整的人的形象”[①]。“活的形象”正是这种人性的辩证生成过程的结晶。在席勒看来，真正的人性的生活是“游戏”而不是苦役，是生活在表演中而不是生活在需要中。“活的形象”就体现了一种更高意义上的辩证的“调和”，成为完整、和谐和美丽的人性生活的形象[②]。可以说，活的形象是在符号形式中呈现的富于人生价值的可感形态。这样的例子在文学中十分常见。“春江潮水连海平，海上明月共潮生。滟滟随波千万里，何处春江无月明。江流宛转绕芳甸，月照花林皆似霰。空里流霜不觉飞，汀上白沙看不见。江天一色无纤尘，皎皎空中孤月轮。江畔何人初见月，江月何年初照人？人生代代无穷已，江月年年只相似……。”（张若虚《春江花月夜》）阅读这些诗句，读者头脑里会很自然地浮现起“春江潮水”、“海上明月”、“空中孤月”、“江畔花林”、“空里流霜”等活的形象。而这些活的形象其实正是由诗人创造的汉语符号形式呈现的。进一步看，这些符号形式还可以唤醒读者心灵深处的时空意识以及宇宙情怀。

再来看陆游的《沈园二首》其一：“城上斜阳画角哀，沈园非复旧池台。伤心桥下春波绿，曾是惊鸿照影来。”城楼上的斜阳、画角，似乎同诗人一样哀痛；葫芦池畔的小桥及桥下的满池春水，仿佛也与诗人一样伤心欲绝。这令人想到刘勰在《文心雕龙·物色》中的论述：“春秋代序，阴阳惨舒，物色之动，心亦摇焉”。事物景象的变化会激起人的丰富的体验活动，产生汉语符号与活的形象的创造冲动。在外在媒介的触发下，陆游唤醒了深藏心中的对唐琬的无比深厚的思念之情，情不自禁地想象出唐琬生前的“惊鸿照影”，继而以深情的笔触写下这首诗。“惊鸿照影”，在这里尤具深意。“惊鸿”刻画了唐琬在诗人眼中的绝世美貌；“照影”，记叙了当年唐琬与诗人同游沈园时面对满池“春波”照镜子的情景。当年唐琬以“春波”为镜，如今“惊鸿”已逝、“春波”依旧；诗人睹物思人，就只能以“春波”为镜去回想“惊鸿照影”这难忘一幕了。这里的“春波”实际上扮演了双重镜子角色：既是唐琬展示自己芳容的镜子，同时又是诗人回忆唐琬自照芳容情景时的镜子。这里呈现了照镜子场面的两次重复。但这发生在不同时间里的两次照镜子场面，彼此有着差异。第一次照镜子是当着丈夫的面自照，其娇羞情态与夫妻温情历历在目。唐琬本人的实体与镜中影像相互映照，影像成为实体的活的形象。第二次照镜子，则是唐琬实体缺席后对于当年照镜场面及其影像的追忆。可以说，这里在场的只是对于当年影像的回忆而已，因而属于“影像的影像”。“惊鸿照影”之“影”，也就包含两重意思：一是当年唐琬自照而在水中投下的倩影，二是现今诗人回忆中的唐琬当年自照时的倩影。第一重倩影因为实体的在场而变得意义丰满，第二重倩影则因实体的缺席而显得意义匮乏了。诗人用“曾……来”的搭配句式，似乎在深情怀旧中流露了一种影像皆空的意念。春波依旧，惊鸿无踪，倩影何在？无论如何，正是在这个汉语符号系统中，“伤心桥下”碧绿的“春波”，成为诗人重新目睹唐琬的活的形象的一面镜子。而今天的读者去阅读，也可以透过这些汉字组合而想象出一幕包含着浓厚的体验的活生生的形象来。

---

① 席勒：《审美教育书简》，冯至等译。北京大学出版社 1985 年版，第 77 页。

② 维塞尔：《活的形象美学》，毛萍等译。学林出版社 2000 年版，第 212～213 页。

离开了这些汉语符号形式，上述活的形象就不可能呈现；同理，如果不能够唤起这些活的形象，那么上述符号形式也就失去了意义。

把上述三方面合起来，可以见出美学的对象的三个要点：审美体验，这种体验对人生意义的发现，以及作为它们的中介要素的符号形式和活的形象。这样看来，美学要研究的实际上正是一种特定的沟通方式，这是凭借对于符号形式和活的形象的体验去实现沟通的方式，即是人通过对符号形式和活的形象的体验而实现的人与事物、人与人、人与自我之间的沟通的方式。简要说来，美学研究的正是人的审美沟通。

三　美学的定义

从上面的讨论可见，美学的属性表现在，它是一门运用概念分析和体验方式的人文学科；美学的对象是人的审美沟通，即研究人如何通过对符号形式和活的形象的体验而发现人生意义。这就可以获得美学的定义：美学是一门运用概念分析和体验方式去研究审美沟通的人文学科。简洁地说，美学是研究审美沟通的学科。这样看来，美学的主要问题正是审美沟通，即人与事物、人与人、人与自我等之间通过对符号形式和活的形象的体验而实现的审美沟通。

其实，对于上面有关美学的表述，不能加以唯一化理解，即不能视为唯一正确的最后答案。它与其说是唯一正确的解答，不如说是当前众多可能的思考中的一种而已。通往审美奥秘的路途布满大道小径，我们只不过是“碰巧”选择了一条而已。存在着别种合理化道路，这是正常的事情。

论艺术的审美意象创造

王向峰
(辽宁大学文化传播学院)

艺术家在创作中,以审美情思托之于物象,并以感性形象显现外在的物象与主体的意态的和谐统一,就意味着艺术的意象形象的诞生。因此,意象形象的创造,是各类艺术在创造中实现为审美超越的一种实践追求,它标志着艺术形象创造中主体化物象为意象的审美实现。

一 从两个理论资源来界定意象

我们今天探讨艺术意象的创造,有中外两种理论资源,它们不论从理论上说,还是从实践上说,二者基本一致。

从中国的美学理论来看,可以说是比较早的提出了这个问题。就"意象"这个词来说,最早出现于东汉时期。王充《论衡》中的《乱龙篇》,在谈到意象的起源时说,古代有一种射箭以服猛的仪式:在画布上画上熊麋虎豹鹿豕图形,象征无道诸侯,按等次分别由天子、诸侯、卿大夫、士射之。这种画兽象于布上,并以箭射之,是对无道者的象征性的儆戒,"礼贵意象,示义取名也"。这时被射的物象就有了人的命意。这个"意象"是中国最早的"意象"概念。王充的这个说法是从布象者和射象者角度提出的意象概念,不关创造者的意识,也就是画者虽然是在载体上画一个动物,但画者并没有把自已的情思渗透当中去,因而这个对象仅仅是作为符号来存在,它的命意是射者赋予的,所以还不是艺术创造的意象,而是对已成画图用为意指形象。

真正把意象作为艺术创造的概念提出来,是南北朝梁代的刘勰,他在《文心雕龙·神思》中第一次提出关于艺术创作的意象。他的说法是:"独照之匠,窥意象而运斤。"意思是作者在艺术创造时,应从物象上看出一种意象,再动手创造。这时的对象物上已有创造者的情思,把情思附着于对象物身上,所写出的对象物,就不仅仅是自然对象物。如画山水,这山水已有画者之情的渗透,这就是刘勰《文心雕龙·物色》中在所讲的"流连万象之际,沉吟视听之区:写气图貌,既随物以宛转;属采附声,亦与心而徘徊。"此时的山与水已贯穿着创作者的情思。

在刘勰之后,唐代不少诗人和理论家都继续谈意象的问题。如唐代诗人王昌龄的"久用精思,未契意象";司空图的"意象欲出,造化已奇"。这都是在探求:艺术家在创造时,他面对物的起点,这个物留存在艺术家头脑里边,他必须把外物化为心物,一切皆为我物,成为情境合一之物,有主体向这个物的渗透,这时的物象已是意物相统一的形象对象。他们都认为意象创造是文学诗性的高度,不容易达到;一旦达到,就能神超形越,妙造自然。

西方的意象理论集中体现在西方意象派诗人的观点中。爱尔兰的诗人叶芝，美国的诗人庞德(他直接提出意象主义)，他们都是象征派诗人。叶芝认为在现实世界里边，存在着各种各样和人的心理状态相适应的对象，这时如果进行艺术创造，要表现你的情思，你必须先找到自然界中和你的诗情相对应的对象物，找到那些对象物，也就意味着使你心理当中的情思构成有了载体。拿什么去找这一对象，在这一点上，象征主义认为，这个对象和心里构成是相辅相成的。找到这个自然对象，心理必然被激活。被激活，你就可以把外在对象拿过来，作为心理表现物。这时所表现的外在对象物，常常都是心理的一种存在。在象征主义看来，如果不找到这种对象，诗就无法形成。所以读象征主义的诗歌，在那里看到的所有对象物，你不要把它看成是单纯的对象物，它是心理的一个投影，是心理存在的一个显形。山不仅仅是山，水也不仅仅是水。它是心理情思的对象物，也是心理情思的一个造型。今天我们看诗歌，不管是不是象征主义，其中的山水，都是心理具体状态的呈象。这时读诗歌，就不是空洞的纯理念的存在。象征主义把心理和外在的对象看作是同构的存在，而且心理的情思必须找到外在的显形状态去显现。这样外在的显形状态不仅仅是外在了，它也是诗人内心感受的外化。叶芝特别强调理性与情感的统一，强调理性对情思的重要意义，叶芝指认的象征实际讲的也是意象。

庞德在1912～1913年曾给叶芝当过秘书，二人互有影响。在叶芝的象征主义的带动下，庞德又继续进行诗歌创作，并在理论上提出意象主义诗歌见解，是意象主义诗论的首倡者。他认为“意象是在瞬息间呈现出的一个理性和情感复合体。”[①] 内层是意，外层是象。内层的意包含着主体的理性和情感。这样看来，意象主义的意象和我们当下的理解基本一致。我们今天所主张的意象，意是主体的情思，象是物的意化了的形象。主体的情思投入到物象身上，这就出现了意象。最终点是形象，是外化的形象，而且是经过作家艺术家采用一定的媒介符号，把它创造为可以供别人观赏的对象，成为一个客体，是有自身载体的客体，可以存在于作者和接受者之间的艺术形象。

我们一般所理解的意象，仅仅是意象创造中一个阶段中的成果表现。意象是如何在瞬间呈现出理性和情感的复合体的呢？它是艺术家接触的外在对象世界受到一种激发，激发以后产生为意，是理和情合成体，它显现为形象，这个形象并没有完全脱离开物，所以，意象形象不仅是追求象指性的表现，仍须追求表现的精确性。叶芝和庞德还讲到意象的个体性，意象可以一个一个来区分。甚至于说一个诗人，他写的诗，如果创作出一个意象，总要比没有意象的诗强得多，意象的价值对诗来说是非常重要的。意象可以作为单独的个体来进行考察，因为意象创造时就是按照个体来创造的。

德国美学家康德在《判断力的批判》中谈到审美意象时说：“我们说的审美意象(意象，原文为Idee，宗白华译为观念，朱光潜译为意象)是想象力所形成的那种表象，它能叫人想到很多东西，却又不可能有任何明确的思想即概念，能与之完全相适合，因此也没有语言能充分表达它，使之变成可理解的。”[②] 又说：“想象力(作为生产的认识机能)是强有力地从真的自然所提供它的素材里创造一个像似另一自然来”，“即优越于自然的东西”。这是说意象的创

---

① 戴维·洛奇编：《二十世纪文学评论》上册。上海译文出版社1987年版，第108页。

② 朱光潜：《西方美学史》下册。人民文学出版社1989年版，第399页。

造起自于表象,完成于想象力对于作为素材的表象的超越性的创造。

综上所述,我们可以说:意象是审美情思托之于感性形态创造的意态形象,是凭想象力改制事物表象的艺术呈现。人的情思心理是内在的,无形的,别人看不见,但作为艺术必须外显,让人感知,必须见诸于感性形式。艺术的创造起点起于审美情思,审美情思向外表现时,它必须借助于感性形象的创造,这个感性形象的创造它直接立身于一种具体可感的情态之上。如李商隐的"春蚕到死丝方尽,蜡炬成灰泪始干",他是借一种物象感性形态来讲人的内心对于衷情所在,有一种永不停息的追求。意态充盈于形象之中。想象力是创造这种意象形象的基本动力。

二　意象创造的象由意起

从上述所言可以看到,审美情思、感性形态、意态、形象、想象力,这些都是形成为审美意象形象的中心内容,离开这些就不可能谈到审美的意象创造。如果分别述之,应特别突出以下几点。

首先,意象形象的创造,是主体先具有审美表现的愿望,然后以之取境、取象,主要不是意由境生,而是境由意造。作家艺术家在现实生活中受到某种条件的激发,产生一种愿望,然后据实地加以创造,如杜甫的《石壕吏》,这是如实地具象创造。一般现实主义的小说和诗歌,常常是如此的。浪漫主义或意象派的诗歌,则不是这样,而是意在笔先,象由意造。此意虽是在现实中得到,但这种意却成为一种情结,成为创作的一种生发题材的东西,不仅是创造在一部作品中。如少年雨果,他在巴黎的广场上目睹了法庭对一个女仆的公开行刑,情景惨不忍睹,他形成一种挥之不去的意,就是世道不公,法律残暴,下层人民处在无法生存的地步。他发誓要以笔向这种世道进行终生的斗争。由此,他写出了第一部小说《死囚的末日记》,之后的《巴黎圣母院》、《特洛特・格》、《悲惨世界》、《笑面人》,都是批判反动法律制度的小说。雨果的小说可以说是意象主义小说,拿他的小说对照现实生活,会发现意胜于事,情胜于理,意由境生,境由意造。以意为主和以事为主,这是两个不同的的艺术创造起点。这两种起点,应该说是艺术的两个最基本的创造过程和方式,各有其意义。如果由现实激发审美情思来创作,可以把现实生活写得非常深刻,能够提供生活现象后边隐藏的深刻的本质。这一点我们从现实主义作品可以显见。境由意造,这是作者从现实生活得到感受以后,形成一种审美创造的愿望、情思,甚至于形成情结,而后再去写现实,会写得非常强烈,意象奇特,读后给人以非常大的激发和感动。如我们读屈原、李白,读雪莱、雨果等,都是如此。

其次,意象形象的创造,虚拟性大于写实性。在艺术创造中写实与虚拟是两种相辅相成的基本方法,没有一个艺术家只用单一的方法,但在交合的运用当中,是各有侧重的。如写实状物是艺术创造形象的基本方法之一,画家作画往往从写生、画静物开始。南齐画家谢赫,提出"绘画六法",六法中有一法叫"应物象形",就是真实地写实,就是画什么像什么。写小说、散文、诗歌也要有这种功夫,把生活当中的情境如实地写出来。与上述不同的是虚构和虚拟,就"拟"与"构"来说,它的前提条件要有一个物象,但对它不是如实地模拟,而是想象以为事,内在是虚拟的,如"春蚕到死丝方尽,蜡炬成灰泪始干",物是实有的,但内在赋予则是人的一种意向。春蚕是想象力所形成的物象,表现的是为人所有的一种执著精神,它让人想到很多东西,形象的辐射性非常大,这是艺术家的成功。

最后,意象形象的创造,想象性的创造性特别突出。意象出自心象,它已经把物象过滤升华,因此显现为外化形象以后,就有奇妙的境界。如元代的唐温如《题龙阳县青草湖》:“西风吹老洞庭波,一夜湘君白发多。醉后不知天在水,满船清梦压星河”。这首诗完全是意象诗。水被西风吹老了,在生活中不可能,是诗人自己的心情写照。在西风吹打中神仙一夜长出白发,可是本无神仙,又何来白发多少?都是诗人想象的结果。是诗人自己的情思,被西风掀动,不胜愁苦,但情为虚体,空本难图,必须征之于景象,于是才有湖水老、神仙老的意象发生。这外在的形象,全是诗人的心象。再如《西游记》所创造的形象,严格说是一种意象。作者吴承恩对黑暗的现实非常痛恨,“胸中损斩邪刀,欲起平之恨无力”,只能让情思幻化为两种意象,一个是妖魔世界,一个是无所畏惧的孙悟空。按照他的意,创造出了象,实际这是一部意象小说,直指明代黑暗世界,那里的大多数妖魔在上边都有根子,一打就有保护人出来说:“悟空住手!”它们哪个也损失不了一根毫毛;唯有土生土长的妖魔,在孙悟空的金箍棒下一个也未跑掉。这是对现实世界的变形的意象创造。

三　从心理意象到艺术意象的生成

意象因其在心理系统中的存在形式不同,可以分为高低不同的等次,而作用也大有差别。

第一是直觉中的表象性的意象。这是初级的普泛的意象,它与审美和艺术无直接关系,是人们在生活中应物斯感所产生的境象于心。如“黑云压城”之危势,历险之后的心头余悸,是生活的感受,是经验的印象。这可以成为将来创作的感性材料,但最初积存时,它本身不是艺术。南唐牛希济的词《生查子》记有一个表象材料:“记得绿罗裙,处处怜芳草。”写一个人与情侣在分别时,记着她穿着绿色的裙子,绿色在他心里留下印象;以后一见到绿草就想起了绿罗裙,这时对于绿草也特有深情相移。凡是在心理上成为情结之事物皆有意象意味,意象比印象有更多的主体情感性渗透。

第二是欣赏艺术和自然美形成心理中的审美意象。这是主体在心理活动中对于对象的印象的情思性的升华,它印入内心,思与境谐,悠然神会,呼之可出。“登山则情满于山,观海则意溢于海”,看完《红楼梦》有自己的林黛玉表象,看完《哈姆雷特》有自己的哈姆雷特表象,看完长江、黄河,峨眉、黄山,有自己的心中山水意象,非艺术家的意象创造止于鉴赏中内在的意象的玩味。这种鉴赏意象是外化为艺术形象创造的先在条件。文学艺术家必须培养和训练自己的这种审美鉴赏意象的积累及外化的能力。

第三是艺术审美的外化意象。这是使艺术形象创造成为在对象鉴赏中形成的审美意象更加集中和强烈,并使之外化为物化的审美存在,使出现的形象既是物的,也是人的,既有能指的存在,也有所指的辐射。要进行这种艺术创造必须从化物入手。所谓“化物”,就是作家心里储存着对外在世界的感受,或者就是具体的外在物象的积存,在进行艺术创造时,必须把原来的对象物形象,让它在审美情思中得到融化,这时在心灵底片上出现的东西就不仅仅是外在对象物本身,而是在审美内心已经变象为意象化的形象。艺术家的创造功力,往往取决于化物的程度。人们往往用机械模仿式的照像,比喻低级的反映。意象创造超越自然的意味正在这里。因为化物意味着做为客观对象的东西,已经发生了质的改变,使对象变成一种属人心象的东西。以徐悲鸿所画的马来说,他的马不是为显示马的自然形态而作,而是以马的形态与神情,显示画家的时代感受,人悲则马悲,人喜则马喜,画马成了意向的显现,创造成的是意象。可见画物到极致，就是能使对象物充满人性，强烈地显示作者自身的存在。马克思在《手稿》中讲人化的自然界，就是揭示人的物化创造的规律的理论。如刘禹锡的《乌衣巷》："朱雀桥边野草花，乌衣巷口夕阳斜。旧时王谢堂前燕，飞入寻常百姓家。"这首诗直观看好象都在写景物，实际上都是诗人深感时移世变，繁华衰败的情思的外化形象，所见一切，既是象征的形象，也是意象的形象。

意向是意象形象创造的思维起点。意使象动。意之所指，谓之意向。意，也就是主体的审美心理存在。意是艺术创造的主宰。杜牧在《答庄充书》中说："凡为文，以意为主，气为辅，以辞采、章句为之兵卫。"意在审美创造中居于指挥一切的地位，是非常重要的。创造意象形象，首先遇到的是象，怎样让物象变为意象？关键点在于主体的意向之动，它可使物象按主体的意旨运动发展，终致成形。可见是意向在想象中驱动着物象，使之被造成为具形的意象。

主体创造使意动起来，造成象动，趋向何方？关键在于意向，也就是创造主体的意念趋向，是这个趋向推动着表象的活动。这时所塑造出的形象才是意象的延伸与显形。

欧阳修的《秋声赋》是意向创造意象的具体证明。文中开头写秋天的风声，"初淅沥以萧飒，忽奔腾而砰湃，如波涛夜惊，风雨骤至，其触于物也，鏦鏦铮铮，金铁皆鸣；又如赴敌之兵，衔枚疾走，不闻号令，但闻人马之行声。"接着把风声引入内心。欧阳修动用情思，以"秋"为草木的行刑官，让它在空间大作，担负着对于无情草木的"摧败零落"的天职，不管"物既老而悲伤"，只知"物过盛而当杀"，所以，所到之处"草拂之而色变，木遭之而叶脱"；其色、其容、其气、其意，完全被作者在感悟中加以人格化。秋声，就是这种无情的"肃杀而为心"的跳动之声，它来到"百忧感其心，万事劳其形"的并非"金石之质"的人的身旁，更是让人"噫嘻悲哉"！在这里，秋的肃杀之气，与人的忧思之情，在交织感遇，相荡相摩中，更感人心之不堪以对。这是欧阳修以生命悲苦的意向赋予了秋风的流动，于是秋风到处的一切，都成了承载意向的意象形象。

审美中的意向，还能在对作品的解释中创造出意象意义。《诗经》中有一首《黍离》，其一是"彼黍离离，彼稷之苗，行迈靡靡，中心摇摇。知我者谓我心忧，不知我者谓我何求。悠悠苍天，彼何人哉！"这首诗本来是无具体历史背景记载的，但诗的形象中寓存一种意向，就是在长着高梁和谷子的地方，有一个行路人却对之流连观察，徘徊不忍离去，缘于此处土地与地上所生，让人心生忧苦，悲从中来。这种情态笼罩在人身与物象之上。这是意向衍化在物上，形成了诗的意象。《毛诗序》对于《黍离》的忧心的意向，引之入史，把生长黍稷之地认作西周宫室废墟之地，而行人意向被认作西周东迁的旧大夫回归故国的凭吊之感。这是意向性的解释创生的意象，对此，后世多有承认。

四　意向与意象类型表现

意向支配想象，使想象成为创造意象的动力。在审美意识当中的想象，它是在人的经验基础之上，运用主体情思，按照事物的情景所希望的所可能有的那个方向，来改变和经验记忆当中的实际存在，达到新的形象以意创生。清代的文艺理论家叶燮的著作《原诗》："必有不可云之理，不可述之事，遇之于默会意象之表，而理与事莫不灿然于前者也。"他举杜甫诗"碧瓦初寒外"为例，说诗人在意象中的瓦已由器物变成一种有生命的存在，它能逃离于初寒之外，保有自身的生命之绿，这是想象的结果。“晨钟云外湿”的诗句中，声音是无形的，无形岂能湿？诗人用的是想象，把钟声变成了飞动的物体，它于雨中淋湿，所以声音沉闷。这些描写，形象皆出于意使，创造的都是意象。

意向与想象决定着意象的创造，但无物象也难成意象。我们可以从意象创造的实践经验中，分析其形象类型。

一为仿象意象。仿象是意象的象征，是非常清楚的一种比喻。象征主义的诗歌创造，有一个经验，总是在生活当中找一个对象物，然后让对象物承载自己的意象。如果按照西方的原型理论，心理原型属于集体无意识，是一代代传播，存在于每个人的内心当中。为什么一代代一说到这个对象物，就会引起这种心理，这是集体无意识超个性的共同心理反应，如牛郎织女的传说，一说牛郎织女人们就想到婚姻和爱情的变故，不能团圆的象征。牛郎织女成了意象物。中国人对松、竹、梅、菊理解为坚贞象征。在西方，王冠和国王的权位，十字架和苦难，黑色和死亡，都是意象象征物。

二为兴象意象。它源于中国古代《诗经》的笔法，《诗经》中分法式为赋、比、兴。孔颖达说“兴者托事于物”，“意谓心感于事而又托以物显，取譬引类，起发己心。直接提出“兴象”概念的是唐代的殷璠，他在编《河岳英灵集》的序中，批评齐梁诗风“都无兴象，但贵轻艳”，而对陶渊明则评之为“既多兴象，复备风骨”。殷璠之后，在诗画理论中常用兴象一词以标文艺作品中侧重于写自然景象的情致品位。综合历代学者对“兴”义的研究，给“兴”的基本定义，就是刘勰的“起情故兴体以立”，黄侃对此解释为“触物以起情”。我们从作品中看到的以情引领自然景物表现并在物象中寄寓深情的形象，都可以视之为兴象型的意象。如唐人张九龄的《感遇》：“江南有丹桔，经冬犹绿林。岂伊地气暖，自有岁寒心。可以荐嘉客，奈何阻重深。运命惟所遇，循环不可寻。徒言树桃李，此木岂无阴?”张九龄在唐玄宗时为右丞相，被李林甫排挤，贬为荆州长史，他甚感不平，以吟物寄志，写出了十二首《感遇》诗，此中的经冬犹绿的丹橘，虽岁寒依旧，但却不被人识，就是以橘树自况的兴象性的意象创造。

三为超象意象。超象是美学中一个特殊的关键词，是指超越对物象直接表现而达到一种在别一拟象表现当中实现有一种寄托的形象。中国古代美学从老子提出“大音希声，大象无形”和“善行无辙迹”之后，艺术家的审美创造受到一种启发，即怎样超越直事模仿，在超象创造上显现艺术的奇妙之笔。西晋的陆机在《文赋》中提出：“虽离方而遁圆，期穷形而尽相.”南齐的谢赫在《画品》中提出“取之象外”，“事绝言象”。梁代钟嵘提出“言在耳目之内，情寄八方之表.”唐代司空图提出“超以象外，得其环中。”“离形得似，庶几斯人。”上述种种说法都直接或间接地表明，艺术的表现可以对所表现的对象，予以超象、离形的表现，即所造之形象并不是所要表现的真相，是叶燮所说的那种“言在此而意在彼，泯端倪而离形象，绝议论而究思维，引人入于冥漠恍惚之境”的变形形象。但超象不是不要形象，而是不用直接事实形象，因而这形象是能指符号，所指却在它处。人们一旦以能指找到所指，这时便甚感超象创造的奇妙之处。把现实事象转化为意指符号，不仅意在笔先，更是意化为物，使主体审美创造的意象得以大肆张扬。卡夫卡《变形记》中写小职员格里高尔，在环境情势压迫下因精神紧张不安，一觉醒来竟变成了大甲虫，之后这个异化的人便以甲虫形态生活和思维，他作为人的一切关系全变了，而这个非人的经历，正又深刻地反映了现实关系的极度冷酷和非人性的存在。这是超象的意象小说。此外，像荒诞派的戏剧，也都是超象的意象创造。

四为抽象意象。艺术家在经过对现实人生进行观察分析之后，他把生活情景进行了认知上的抽象，形成为记忆感知，他在外化时既不以抽象的理性判断出现，也不以生活原本形态出现，而是采取这两种方式的综合形式——抽象的具象化的形式加以表现，寓意性的作品，都属此类。鲍姆加通说"寓言是为真理服务的虚构"，正表明寓言的创作者是以真理为引导，在生活物象中化物象为意象，实现思想的具象化，具象的哲思化。以人所共知的《狼和小羊》的寓言为例，这里的狼为吃掉小羊还找藉口，以显示吃得有道理；几条理由（弄脏了上游的水，一个月前骂过他）全为小羊驳倒，最后狼还是用一个不成为理由的理由把小羊吃掉了。在动物世界里，弱肉强食，不要理由。但这种强弱的关系与人世关系有同构性，人把人世的强权与弱者之间的以强欺弱，以大欺小的无数事实，用特定命意纳入狼与羊关系之间，作现实压迫关系的具象揭示，实现了蕴含情感的理性判断以具象意象的呈现，达到了哲思与形象的统一，实现为艺术审美的一种经典表现。

审美的意象形象的创造，不论在实践上还是在理论上，都是一个十分重要的问题，资源与经验都十分丰厚。对于今天艺术家来说，要求得在意象创造上的真正实现，对于前人的经验的参悟与透识，是至为关键之所在。

论审美享受

张　晶
（中国传媒大学文学院）

“审美享受”是人们谈论审美活动时时常涉及的一个概念，在审美主体欣赏一个艺术佳作或面对大自然的美景而感到美不胜收或沁人心脾，总是说自己获得了非同寻常的审美享受。而在美学理论著作中，却很少对审美享受这个概念做出学理上的建构。我们认为，审美享受是审美活动最直接的成果，也是审美活动区别于其他活动的重要标志。如果在美学理论体系中不补足审美享受的链条，将大大减弱美学理论体系的内在分量。尤其是在当代美学的文化背景下，关于审美享受，更需要进行学理的剖判，以使人们更多地获取由从事审美活动带来的人生乐趣与价值。

一

审美享受无疑是属于审美心理学的范畴，指审美主体在面对审美对象时进行审美观照，所获得的美好的、类似于高峰体验式的感受。审美享受是通过审美主体的个体性的审美感知获得的，因之，具有很强的直观性、体验性和个体性的色彩，但它又蕴含着深刻的社会性因素。审美享受又是审美价值论的范畴，审美享受的获得，是人们满足自己的审美需要的标志。审美价值本身就意味着任何的自然、社会、艺术领域中的客体形象对主体审美需要的满足。前苏联著名美学家奥夫相尼柯夫和拉祖姆内依主编的《简明美学辞典》中指出：“人的审美需要，即领会美并按照美的规律进行创作的创作的需要，直接表现在审美享受的追求上。这种需要仅仅在人的劳动和社会活动的条件下形成，虽然它始终是通过个人的特殊个别的精神状态表现出来的。”[①] 揭示了审美享受与审美需要的关系。作为审美主体的人，之所以在对审美对象的观照中获得审美享受，是因为满足了他的审美需要；反过来，他的审美需要，体现为对审美享受的追求。审美需要与审美享受，构成了审美活动中审美价值的动力系统。

马克思从人的本质力量和对异化劳动的批判，对“享受”作了非常深刻的论述，为我们更为全面地理解“审美享受”提供了科学的思想方法。在马克思那里，享受和创造一起，构成了人的本质，而这种本质则是超越了费尔巴哈的抽象的人的“类本质”。马克思指出，人的创造和享受，形成了的社会性质。他说：“社会的性质是整个运动的普遍的性质；正像社会本质创作造着作为人的人一样，人也创造着社会。活动及其成果的享受，无论就其内容或就其存在

---

① 奥夫相尼柯夫、拉祖姆内依主编：《简明美学辞典》，冯申译。知识出版社 1982 年版，第 94 页。

方式来说，都具有社会的活动和社会的享受。”[①] 马克思所讲的“作为人的人”，是社会的人，又是活生生的感性的人。而人的创造与享受，正是构成人之为人的最关键的活动。马克思正是从这个意义上批判了费尔巴哈的抽象的人本论的。马克思于此还有更为明确的阐述，对我们理解“享受”的本质大有益处：“不论是生产本身中人的活动的交换，还是人的产品的交换，其意义都相当于类活动和类精神——它们的真实的、有意识的、真正的存在是社会的活动和社会的享受。因为人的本质是人的真正的社会联系，所以人在积极实现自己本质的过程中创造，生产人的社会关联系统、社会本质，而社会本质不是一种同单个人相对立的抽象的一般的力量，而是每一个单个人的本质，是他自己的活动，他自己的生活，他自己的享受，他自己的财富。因此，上面提到的真正的社会联系并不是由反思产生的，它是由有了个人的需要和利己主义才出现的，也就是个人在积极实现其存在时的直接产物。有没有这种社会联系，是不以人为转移的；但是，只要人不承认自己是人，因而不按照人的样子来组织世界这种社会联系就以异化的形式出现。因为这种社会联系的主体，即人，是自身异化的存在物。人们——不是抽象概念，而为作这现实的、活生生的、特殊的个人——就是这种存在物。”[②] 马克思这段话强调指出的就是人的本质是社会的，而又是个体的、活生生的，是现实的存在物。与费尔巴哈所讲的人的抽象的“类本质”有着明显的不同，马克思认为人的社会性本质，恰恰就是体现在具体的人的活动之中的，也就是在人的创造和享受之中的。创造和享受，既是个体的，又是社会的。而这种本质的体现，主要是由社会的创造和社会的享受。这样，创造和享受，就成了人的本质的体现的最重要的因素之一。恩格斯在这个问题与马克思的观点接近，他更为直接地将享受作为人类社会更为高级的需求和目标，也作为人与动物质的区别。他在致拉甫罗夫的信中指出：“人类社会和动物社会的本质区别在于，动物多是搜集，而人则能从事生产。仅仅由于这个唯一的然而是基本的区别，就不可能把动物社会的规律直接搬到人类社会中来。由于这种区别，就有可能，如您所正确指出的，使‘人不仅为生存而斗争，而且为享受，为增加自己的享受而斗争——准备为取得高级的享受而放弃低级的享受。’在不否定您由此得出的进一步的结论的情况下，我从我自己的前提出发将作出下面的结论。人类的生产在一定的阶段上会达到这样的高度：能够不仅生产生活必需品，而且生产奢侈品，即使最初只是为少数人生产。这样，生存斗争——假定我们暂时认为这个范畴在这里仍然有效——就变成为享受而斗争，不再是单纯为生存资料而斗争，而是也为发展资料，为社会的生产发展资料而斗争，到了这个阶段，从动物界来的范畴就不再适用了。”[③] 恩格斯引申了拉甫罗夫的观点，也由此提出了自己关于享受的重要观点，即为享受而且是“高级的”享受而斗争，就是为了人类的社会的生产发展资料的斗争。恩格斯提出了“生存资料”和“发展资料”的概念，而后者是在前者的基础上进入到更高的层次的。享受主要是对发展资料的需要。如果说动物界还仅仅是能够获取生存资料，而人之所以能够不断超越动物界

① 马克思：《1844年经济学—哲学手稿》，刘丕坤译。人民出版社1979年版，第75页。

② 《詹姆斯·穆勒〈政治经济学原理〉一书摘要》，见《马克思恩格斯全集》第42卷。人民出版社1979年版，第24页。

③ 恩格斯：《致彼·拉·拉甫罗夫》（1875年月日11月12—17日），见《马克思恩格斯全集》34卷。人民出版社1972年版，第163页。

而不断发展，就是因为人不断生产发展资料，而其中的动力乃是人的享受需要。

享受究竟是受动的，还是能动的？是对物的直接的拥有，还是人自己的全面本质据为己有？人们往往认为享受是受动的，而这只是就其表现形态而言，而从本质来说，应该是能动与受动的互动。在审美享受中，这种能动与受动互动的性质就更为突出。马克思非常辩证地阐述了这个问题，从而为我们提供了认识审美享受的性质的钥匙。马克思指出："对私有财产的积极的扬弃，也就是说，通过人并且为了人而对人的本质和人的生活，对对象化了的人和属人的创造物的感性的占有，不应当仅仅被理解为对物的直接的、片面的享受，不应当仅仅被理解为享有、拥有。人以一种全面的方式，也就是说，作为一个完整的人，把自己的全面的本质据为己有。人同世界的任何一种属人的关系——视觉、听觉、嗅觉、味觉、触觉、思维、直观、感觉、愿望、活动、爱——总之，他的个体的一切官能，正象那些在形式上直接作为社会的器官而存在的器官一样，是通过自己的对象性的关系，亦即通过自己同对象的关系，而对象的占有。对属人的现实的占有，属人的现实同对象的关系，是属人的现实的实际上的实现；是人的能动和人的受动，因为按人的含义来理解的受动，是人的一种自我享受。"[①] 马克思所说的"享受"，是全面占有了人的全面本质的高级享受，也就体现了审美享受的本质。马克思所说的"享受"，并不排除对于物的"直接的、片面的享受"，但是决不止于这些，而在更高的层面上，是实现人的全面的本质。人同世界的属人的关系，包括视觉、听觉、嗅觉、味觉、触觉、思维、直观、感觉、愿望、活动、爱等等，体现了审美的特质，同时，享受正是对这些主体的感官与思维的全面发展。在这个意义上，享受当然就不是单纯的"受动"，而是人的能动和人的受动的辩证的运动。马克思在《手稿》中的审美观念，以其出发点来说，就是指向人的全面本质的实现，指向"属人"的现实的占有的。"享受"由此而得到了由单纯的物的拥有到人的感性的丰富性转变的。正是这个意义上，马克思如下对人的审美感性所作的著名论述，尤能见出审美享受与人的本质力量的内在关系，他说："从主体方面来看，只有音乐才能激起人的音乐感；对于不辨音律的耳朵说来，最美的音乐也毫无意义，音乐对它说来不是对象；因为我的对象只能是我的本质力量之一的确证，从而，它只能象我的本质力量作为一种主体能力而自为地存在着那样对我说来存在着，因为对我说来任何一个对象的意义（它只是对那个与它相适应的感觉说来才有意义）都以我的感觉所能感知的程度为限。所以社会的人的感觉不同于非社会的人的感觉。只是由于属人的本质的客观展开的丰富性，主体的、属人的感性的丰富性，即感受音乐的耳朵、感受形式美的眼睛，简言之，那些能感受人的快乐和确证自己是属人的本质力量的感觉，才或者发展起来，或者产生出来。因为不仅是五官感觉，而且所谓的精神感觉、实践感觉（意志、爱等等）——总之，人的感觉、感觉的人类性——都只是由于相应的对象的存在，由于存在着人化了的自然界，才产生出来的。五官感觉的形成是以往全部世界史的产物。囿于粗陋的实际需要的感觉只具有有限的意义。"[②] 这段话对我们今天理解审美享受问题具有非常重要的价值，它告诉我们，审美享受是"感受人的快乐和确证自己是属人的本质力量的感觉"，它是真正的属人的享受，而超越了"粗陋的实际需要的感觉"，如果说后者也是"享受"的话，但它远非马克思所讲的"享受"。马克思在这里其实是将审美

---

① 马克思：《1844 年经济学—哲学手稿》。人民出版社 1979 年版，第 77 页。

② 同上，第 79 页。

享受与一般享受的区别揭示出来。如果说一般意义上的享受,主要表现在对物的占有;而审美享受更为集中地体现了“属人的享受”的审美特质,即人的适应与把握对象的形式的感官愉悦与自由体验。

马克思还论述了由那种“粗陋的实际需要的感觉”到属人的享受的升华过程,并揭示了其社会因素。他说:“因此,私有财产的废除,意味着一切属人的感觉和特性的彻底解放;但这种废除之所以是这种解放,正是因为这些感觉和特性无论在主观上还是在客观上都变成了人的。眼睛变成了人的眼睛,正象眼睛的对象变成了通过人并为了人而创造的社会的、属人的对象一样。因此,感觉通过自己的实践直接变成了理论家。感觉为了物而同物发生关系,但这物本身却是对自己本身和对人的一种对象性的、属人的关系;反之亦然。因此,[对物的]需要和享受失去了自己的利己主义性质,而自然界失去了自己的赤裸裸的有用性,因为效用成了属人的效用。同样地,别人的感觉和享受也成了我自己的所有物。因此,除了这些直接的器官以外,还以社会这种形式形成社会的器官。例如,直接同别人一起共同实现的活动等等,成了我生命与众不同的器官和获得人的生活的一种方式。”[①] 马克思在这里所分析的是,人的享受的社会性和主体间性,一方面,需要与享受是个体化的,一方面,它又是人类所共通的,在与他人的聚合中,才能传达和沟通这种享受的感觉,同时,又由此而确证自己的享受感。在这一点上,康德的表述是“美是不依赖概念而作为一个普遍愉快的对象被表现出来的。”[②] 康德是从先验理性的前提下来谈审美的普遍性的,如他认为,“因此必须认为这种愉快是根据他所设想人人共有的东西。结果他必须相信他有理由设想每个人都同感此愉快。”[③] 康德所说的美的普遍可传达性,是先验的,是无由论证的。而马克思则是将深刻地阐述了享受的个体性和社会性的辩证联系。

二

作为一种价值形态,享受是与快乐有着密切关系的,享受中包含着快乐的体验,这是毋庸置疑的。无论是物质的还是精神的享受,都与主体所感受到的快乐有着不解之缘,不承认这一点,就缺少起码的客观态度。但是,享受不在于对于物质本身,而在对主体来说,客体在对象化的过程中,主体所感受到的体验过程。主体在对客体的体验过程越是丰富,越是沁人心脾,这种享受也就越是高级,越是具有审美的意味。从这个意义上说,享受并非止于快乐。审美享受当然与日常生活的享受固然有很多联系,但又确实有着明显的超越性质。在审美领域中的享受,归其大类,其体验内容大致有关于艺术创作的,有关于艺术欣赏的,有关于自然审美的,等等。我们姑且将审美中的快乐成分称之为“娱乐性”的话,我们就可以理解,娱乐性固然可以是审美享受的感受或体验之一种,但决非全部。审美享受是融合了身体与精神、感性与理性、内涵与形式等多种维度的综合性体验。如在艺术创作的发生阶段,作家或艺术家获得了创作灵感并有了适合的艺术语言予以表现的喜悦,就很难用“娱乐”来解释的。我们在欣赏具有崇高美的艺术品,如德拉克洛瓦的《自由神领导着人民》,所引起的震撼和激

① 马克思:《1844年经济学—哲学手稿》。人民出版社1979年版,第78页。

② 康德:《判断力批判》,宗白华译。商务印书馆1964年版,第48页。

③ 同上,第48页。

励也是无法用娱乐来说明的。萨克斯曲《回家》使人得到的那种心灵的召唤与曲调之美对于人的感官的沁入，也是难用"娱乐"或"快乐"来表述的。在自然美的事物面前，在很多时候，都是无法用"娱乐"或"快乐"来形容的。如你面对着汹涌澎湃的黄河渡口，那种灵魂的激荡与震撼，那种挥之不去的心灵回应，如果仅仅用"快乐"来概括此种心情，那就未免过于肤浅了。当然，有很多具有幽默的、喜剧色彩的作品，如卓别林的喜剧，中国的许多小品、相声，都给人以强烈的娱乐快感，同时，也使人得到隽永而绵长的身心体验。真正给人留下深刻印象、给人以审美享受的娱乐性节目，是使人在笑过之后又产生了回味，对于社会人生起了透视作用；那些仅仅是"搞笑"的东西，不仅事后无法给人留下什么印象，甚至在当时都不能使人笑起来。真正能给人审美享受的喜剧类作品，用中国美学的话来说，也应该是"众作之有滋味者"。这个"味"的内涵，其实是为最为接近"审美享受"的含义的。南北朝时期著名的文论家钟嵘论诗所说："干之以风力，润之以丹彩，使味之者无极，闻之者动心，是诗之至也。"(《诗品序》)这是从诗歌作品的艺术效果而言的，而实际上，"味之者无极，闻之者动心"的心理感受，才是真正的审美享受。著名现象学美学家莫里茨·盖格尔对于艺术效果做了深刻的分析，其实是对审美享受的正面讨论。在他看来，"伟大的艺术家不仅必须具有精神上的深度，而且还必须具有完满的体验。——不论精神上的深度还是生命体验的完满，在艺术作品中都不可或缺，并且要发挥互相映衬的作用。"[①] 这是从一个较高的层面上对审美享受做了规定。盖格尔在其代表性著作《艺术的意味》里，对艺术品带给人们的心理感受以"快乐"和"幸福"加以区分，虽然不够确切，但他旨在说明一般的快乐感与审美享受间的不同。盖格尔也指出了与之相对应的两种艺术的效果，即艺术的表层效果和深层效果。表层效果，给人带来的是局部的、暂时的快乐感或娱乐效果。"深层效果"则是审美主体所获得的总体的幸福感，"它充满了艺术的深层效果，使得它生机勃勃，丰满充实，完美无瑕。""它使生命的力量和人格的活力充分运动起来。"[②] 我们认为，盖格尔的描述，恰恰是审美享受的特征。艺术的表层效果，是相对于我偿所说的"一般性快乐"或"娱乐"而言的，"也许，一出滑稽戏、一个实际生活的笑话，或者一次滑稽歌舞演出，确实能使我们得到娱乐。但是，除了这种娱乐效果(或者叫做快乐效果)之外，艺术的表层效果还包括其他类型的效果。由一首情调感伤的民间歌曲激起的情感只能触及自我的表层。同样，存在于一出情节剧带来的激动或者一个冒险故事那肤浅的紧张状态之中的快乐，问题存在于自我的表层激动之中的快乐，它距离艺术情感所具有的深层效果还很远。就这些艺术的表层效果而言，普通心理学理论是有道理的；这样一种艺术的表层效果是与那些存在于非审美领域之中的效果联系在一起的。它把艺术作品的心理意味和我们从打扑克、吃吃喝喝、赛马，或者从一场学生娱乐中获得的快乐并列起来了。"[③] 无疑，这都是被盖格尔排除于审美享受之外的一般性快乐。这个眼光未免苛刻，它把一般的娱乐类节目给人们的快乐，与那些艺术之外的非审美的快乐相提并论，这表明了盖格尔对于审美享受的更高的期许。

审美享受应该是面对真正的艺术品的艺术体验的高峰点，它不排斥快乐效果本身，但快

---

① 莫里茨·盖格尔：《艺术的意味》，艾彦译。华夏出版社 1999 年版，第 73 页。

② 同上，第 73 页。

③ 同上，第 61 页。

乐效果只能融化于审美享受所产生的总体幸福感之中。盖格尔试图是以“幸福”作为说明审美享受的体验类型的。他说:“不论快乐具有多少种类(例如,那些关于美食的快乐),它们的总和都根本不可能与幸福相等。幸福的根源比这些快乐的根源要深刻得多。幸福是作为一个整体的自我所具有的一种总体状态,是一种充满着快乐的状态;它是从某种宁静状态或者某种崇高状态中产生出来的自我的完善——这种状态包含了快乐的各种条件,但是它本身却不是快乐。——幸福是一个人的状态,而快乐则主要是一个孤立事件的外衣。另一方面,虽然幸福也充满了快乐,但是它却主要是个人的一种状态。”① 以此来理解一般的快乐和审美享受的差异,大致上可以这样认为,审美享受是审美主体在对审美对象进行观照时所产生的一种总体上的、深度的幸福感。盖格尔同样也将艺术的表层效果和深层效果的对比,同快乐与幸福联系起来论列。他这样比较:“存在于快乐和幸福的这种对比,同时也表明了存在于艺术的表层效果和深层效果之间的对比。快乐是存在于生命领域之中的某种反应;人们在一个游戏的激动和悬念中所感受到的快乐,在饮食方面在感官情欲方面所感受到的快乐,以及人们在肉体和心灵的激动中所感受到的快乐——所有这些都属于生命的领域;就这样一些快乐而言,人和动物是相同的。只有艺术的深层效果才能达到人的层次,才能达到自我的更深层的领域,并且因此而把它们自身从快乐的层次上转移到幸福的层次上。停留在表面层次上的艺术效果不可能给人们带来幸福,因为它不可能渗透到幸福植根的人格领域之中去。它只能通过仅在表面上发挥作用的纯粹的快乐来反映内容。”② 由此可见,盖格尔也是将审美享受定位在人的本质上的,而认为一般的快乐并不能反映“属人”的特质,动物也可以得到这种感受;审美享受作为一种人的深层幸福感,又是关涉到人的人格力量的,这是一般的快乐所无须具备的。

三

审美享受的唤起,必定是有一个触发点的;而审美享受的生成,则必定是有一个归结点的。这个触发点,在于审美主体通过审美知觉所把握到的对象的形式特征;这个归结点,则在于对于这种形式特征的意义的领悟。从这个认识来看,克莱夫·贝尔的著名美学命题“有意味的形式”,是可以借来说明审美享受所把握的真正内容的。审美对象的形式感,对于审美享受来说,包括了艺术领域和自然领域,当然社会领域也可以给我们以很多的审美享受,只是主体要以审美态度来对待它们而已。人们所说的“形式”,并不是仅仅指狭义的结构样式,而是指特定的审美对象的感性呈现方式,包括其独特的艺术幻象的呈现。如诗词中的意象与语言之新颖独特,如杜甫诗中的“碧瓦初寒外”、“月傍九霄多”、“晨钟云外湿”、“高城秋自落”等,在意象上有鲜明的独创性价值,读之使人玩味不已。清代诗论家叶燮高度赞赏这些诗句,尤其是论“碧瓦初寒外”云:“然设身而处当时之境会,觉此五字之情景,恍如天造地设,呈于象,感于目,会于心。意中之言,而口不能言;口能言之,而意又不可解。划然示我以默会想象之表,竟若有内、有外,有寒、有初寒。特借‘碧瓦’一实相发之,有中间,有边际,虚实相成,有无互立,取之当前而自得,其理昭然,其事的然也。”(《原诗·内篇下》)再如苏轼咏

① 莫里茨·盖格尔:《艺术的意味》,艾彦译。华夏出版社 1999 年版,第 66 页。

② 同上,第 67 页。

杨花之词《水龙吟·次韵章质夫杨花词》，极尽杨花之神韵，倍受读者推崇，如张炎评其词云："后段愈出愈奇，真是压倒千古。"（《词源》）其他门类的艺术品，无论是音乐、美术，还是电影、电视，形式创造的独特新奇，都是审美享受的必要条件。真正给人带来审美享受的艺术品，是以其独特的形式感、创造性价值召唤着审美主体的知觉敏感的。从进行艺术创造的艺术家本人来说，他所获得的审美享受，是以其独特艺术语言，捕捉到了属于他本人的审美幻象而加以表现，对此，他会长久地沉浸于这种创造性的幸福感之中。曹雪芹之于《红楼梦》，鲁迅之于《狂人日记》，都是如此。诗人为自己找到了新奇独特的意象或诗句而欣喜若狂，如杜甫所说的"语不惊人死不休"；画家为自己创造出挺然秀出的山水画时所体验的欢愉之情："望秋云，神飞扬；临春风，思浩荡。虽有金石之乐，珪璋之琛，岂能仿佛哉！"（王微《叙画》）正是因为这些真正的作家、艺术家才能感受到创造的幸福感，而那些拾人唾液乃至抄袭仿制者是不可能获得这种享受的。无论是作家、诗人或其他门类的艺术家，都曾为自己的创造性追求所深深困惑、苦恼过，而当他们在求索之后，捕捉到了属于他自己的艺术幻象时，那种喜悦、兴奋和激动，是一生也难以忘怀的。苏珊·朗格认为，"在艺术创作中，艺术家所使用的材料必须完全隐没在他所创造出的形式里"①，非常强调形式在艺术创造中的关键作用。我们也同样认为，艺术创造的审美享受，主要是体现在于审美主体对于独特的形式的创造与表现。在艺术欣赏中又是如何获得审美享受的呢？同样，作为欣赏者的审美主体，也是为对象的独特的、新颖的形式感唤起了审美知觉，使之进入兴奋的活跃的状态之中。盖格尔非常肯定地说："每一个艺术作品所具有的审美价值都是独一无二的，它不同于任何其他艺术作品所具有的审美价值。"（《艺术的意味》，第 45 页。）虽然有些独断，但却基本如此，真正的艺术品必然是以独特的、新奇的艺术形式呈现于审美主体面前的，其所以能给欣赏者带来审美享受，关键的媒质是对象所呈现出的形式的独特与精微，如果在形式上没有任何新感观可以触动欣赏者的审美知觉，欣赏者就很难进入审美态度，也就无从谈起审美享受。

属于一个特定的主体的审美享受，其归结点在于其在对于审美对象的独特的形式直观和玩味中升华出、腾跃出具有人生智慧的意义。宋人严羽称为"妙悟"的东西，即是这种审美享受的重要内涵。严羽说："大抵禅道唯在妙悟，诗道亦在妙悟。——唯悟乃为当行，乃为本色。"（《沧浪诗话·诗辨》）从佛学的角度来讲，"妙悟"是对佛教真谛的直观把握，是参透玄机；对于诗学来讲，是要使诗歌在非常有限的艺术形式中蕴含人生的意义与智慧。严羽关于鉴赏诗歌的名言"言有尽而意无穷"，其意也在于诗中意蕴的无限延伸。英国著名美学家 H. 奥斯本提出"鉴赏即敏悟"的命题，奥斯本对"鉴赏"做了很全面的分析，认为"鉴赏是一种复杂而多方面的活动"。他在这里所说的"鉴赏"，可以认为就是审美活动。奥斯本说："我们在谈起某物时，依然可以说这是从审美态度的角度来描述此物的，而不是从分析的角度来思考此物的，不是从情感的角度对其做出反应的，不是评估其实用价值的也不是对其视而不见或忽视此物的。或许，最为根本的一点是以审美的方式关注这一事物，要做到这一点，就需要采用一种特殊的方式感悟对象，需要入乎其内，提高意识，此处将这种方式称为'敏悟'（percipience）。"② 其实，这正是奥斯本关于审美享受的认识，因为他在下面论述审美享受问

---

① 苏珊·朗格：《艺术问题》，滕守尧译。中国社会科学出版社 1983 年版，第 37 页。

② 奥斯本：《鉴赏的艺术》，王柯平等译。四川人民出版社 2006 年版，第 37 页。

题时，对于“审美享乐主义”是持否定态度的。他明确指出了这种分野：“与鉴赏即敏悟这一观点形成对照的是另一种观点，也就是将感性愉悦当做审美体验范式的观点。”[①] “单纯的感性愉悦一直被奉为审美享受的范式”是奥斯本所不同意的。奥斯本从康德关于鉴赏判断的思想升发开去，注重在官能感知基础上的升华活动。他指出：“在康德眼里，审美愉悦来自我们认知官能的升华活动，官能所关注的对象可以使其充分发挥作用。康德还争论说，我们要尽可能地认识大自然，要与我们的环境打成一片，这是认真对待自然的充足理由，看上去好像自然在目的论上已经适应了我们的认知能力似的。这种适应情况主要涉及两种途径：一种是理论理解与科学系统建设的途径，另一种是凭借感性知觉或理智直觉取得直接感悟的途径。当我们把注意力引向某物时，我们就会享受到一种审美体验，就会称该物是美的，而此物不仅特别适合于我们的直接感悟能力，而且能够持续地使感悟能力充分地发挥作用，使其无拘无束，尽其所能，除了理性地思索对象之外，还可以进行理论分析。我们在审美鉴赏中所体验到的愉悦感，也就是我们自由无碍地运用自己的意识能力从对象中获得的愉悦感，这个对象正是适合于上述意识能力充分发挥作用的对象，会使这些能力尽其所能，在增强了的活动中经久不衰。一种训练有素打官司能会被激发到一种非常警觉的高度；在自由而成功地运用这一官能的过程中，我们会体验到一种愉悦感；这一愉悦感不同于感官享受的快感，譬如说，不同于闻一闻蔷薇花所获得的快感。此乃鉴赏的结果，而非鉴赏的构成因素。”[②] 奥斯本并不否认在进行审美活动时，感性愉悦是包含在其中的，不过，奥斯本认为感性愉悦只是审美享受的构成因素，而非结果。同时，奥斯本无疑是认为真正的审美享受是在感性知觉基础上的感悟，或者按他的话来说，就是“敏悟”。我认为，奥斯本虽然是崇尚审美享受中的理性因素的，但还是符合事实的。真正的艺术创造，一定会使欣赏者在审美的激动和涵泳中得到智慧的启迪的。海德格尔认为艺术的本质是在于真理将自身置入作品，他说：“真理，作为所是的澄明和遮蔽，在被创造中产生，如同一诗人创造诗歌。所有艺术作为让所是的真理出现的产生，在本质上是诗意的。艺术的本性，即艺术品和艺术家所依靠的，是真理的自身设入作品。”[③] 尽管海德格尔所说的“真理”与我们所理解的并不完全一致，但是，作为艺术品中的理性之光是同样的。审美享受中蕴含着理性的升华，人们感受到心智的豁亮。这种升华当然不是逻辑思维的产物，而是感性的果实。

四

审美享受是一直包含着情感因素的。艺术作品的创造里不可能没有情感的参与，这是一个基本的常识。刘勰就在论创作时称：“登山则情满于山，观海则意溢于海。”（《文心雕龙·神思》）说的是在通过“神与物游”的过程，以情感的伴随兴发了创作的感兴。完成的作品文本，也是融合着创作主体的情感的，苏珊·朗格将艺术定义为“表现人类情感的知觉形式”，她认为：“艺术是一种技艺，然而这种技艺所要达到的目的却非同一般。在我看来，它的目的就是为了创造出一种表现性形式——一种诉诸视觉、听觉，甚至诉诸想象的知觉形式，

---

① 奥斯本：《鉴赏的艺术》，王柯平等译。四川人民出版社 2006 年版，第 61 页。

② 同上，第 64 页。

③ 海德格尔：《诗·语言·思》，彭富春译。文化艺术出版社 1991 年版，第 67 页。

一种能将人类情感的本质清晰地呈现出来的形式。”[①] 这是概括了艺术的性质的。任何创作过程和作品都是饱含着情感的要素的，这是很容易被人理解的。而在审美享受的意义上，情感也是不可忽视的要素，而且是绵延于这个过程始终的。成功的艺术品最为重要的功能就是激发人们的情感，享受是通过审美感知获得的，奥斯本于此也有很明确的论述，他认为“鉴赏的感知力取决于情感因素。”[②] 奥斯本提出了三点，其一是：任何感官的细微感知都会染上感情色彩，有时还会受到感情的左右。其二是：感知形式上的审美特性，如平衡、和谐、比例、适当等，也可能受到情感的左右。其三是：当一件艺术品的再现内容包括描述情感场景的话，我们对这些情景的理解有一部分是通过对所描述的情感的同情反射。[③] 审美享受之所以与一般的快感相比更为深沉，更为绵延，审美主体的情感感染在其中是贯穿始终的。

关于审美享受问题，在当下的美学研究中是有重要的现实意义的。在审美与日常生活的界限越来越模糊不清的文化现实中，美感与快感也似乎变得难以厘定了。什么是真正的审美享受？目前的美学研究很少提供清晰的答案，但是这个答案确是非常重要的。这里没有提供更为深刻的明晰的答案，但是可以引起学术界的关注与争论，以便使之深入下去。

---

① 阿恩海姆：《艺术问题》，滕守尧、朱疆源译。中国社会科学出版社 1983 年版，第 107 页。

② 奥斯本：《鉴赏的艺术》，王柯平等译。四川人民出版社 2006 年版，第 143 页。

③ 同上，第 144 页。

从人类学实践本体论到个体生存论

——再论李泽厚的实践美学

徐碧辉

（中国社会科学院哲学所）

一　从先验直观到人类学实践本体论

李泽厚的实践美学是从对康德哲学的批判改造中产生建构的。康德哲学的影子在李泽厚哲学中处处可见：康德以其三大批判建构了一个认识论、伦理学和美学三个相互联系和沟通的哲学体系，以美学目的论把认识论与伦理学、自然与人、必然领域与自由领域联通起来，李泽厚根据康德哲学这一构架建构了他的人类学本体论哲学，并也强调美学作为联结认识领域和道德领域的枢纽地位和审美境界是人生最高境界。康德把物自体当作感性认识的最终根源、知性认识的界限和理性思考的对象，李泽厚晚年也把"物自体"作为自己哲学的形而上学依据，提出"人与宇宙的物质共在"作为其情本体学说的形而上学根源；康德的美学是其哲学体系的一部分，李泽厚尽管一再强调审美心理学和各部门美学的重要性，但他自己的美学却始终是一种哲学美学，包括晚年他提出情本体论，也并非从心理学角度建构的美学，而依然是一种哲学学说。

当然，李泽厚的哲学本身就是从对康德的研究、探讨开始的，其早期的哲学著作《批判哲学的批判》正是一部研究分析康德的"批判哲学"并对之进行批判改造的著作。李泽厚正是在批判继承康德哲学的思维方式、哲学架构和基本理论结构的基础上建构了自己的"人类学本体论哲学"。康德哲学的思辨性、深刻性同样在李泽厚的哲学中体现出来。康德哲学区分现象与本体、必然与自由两大领域并试图以美学目的论联通二者的思维方式也为李泽厚所继承，其双重性、矛盾性也鲜明地体现在李泽厚的哲学上。康德把现象与本体世界区分开来，制造了一系列"二律背反"，如认识论中时空有限与无限、因果关系（必然）与自由的二律背反，伦理学中善与幸福的二律背反等。李泽厚试图以马克思的实践哲学批判继承和改造康德的批判哲学，因此，在他的哲学中也存在许多相互对立的矛盾，他的目标则是把这些相互对立的矛盾方面结合、统一起来。比如：总体（类）与个体；必然与自由；人与自然；工具本体（物质生产）与心理本体（情本体）；类（群体）主体性与个体主体性；理性与感性（社会性与生物性）；自然的人化与人的自然化；外在自然的人化与内在自然的人化；狭义自然的人化与广义自然的人化；社会性道德与宗教性道德……

他始终强调的是从人类总体生存发展的历史过程去理解、解决这些问题与矛盾，把哲学建基于人类的社会历史基础之上，使康德哲学中看起来神秘的先验的认识、伦理和审美结构有一种后天的、人类学的实践根源与依据，从而在保留康德哲学的深刻性的基础上去掉康德哲学的神秘性，把它从一种先验哲学改造为历史唯物论的实践哲学。实践美学只有在这个基础去理解、阐释才能真正了解它的意义、历史作用、局限性与发展空间。

康德哲学的二元论在认识论、伦理学和美学上都鲜明地体现出来。在认识论，客体方面有现象与本体、感性存在与物自体的对立；主体方面有感性与知性的对立。康德设置了一个超感性的"知性直观"来作为现象与本体、客体与主体、感性现象与物自体的过渡。康德认为，知性与直观在根源上是分离的。知性来自主体自身，虽具有普遍性却是空洞的；直观来自感性对象，虽具体却又被动。只有把二者结合起来才能得到完整的认识。"知性直观"正是这种结合。对于"知性直观"来说，本体与现象之间并没有区别，人所不能认识的"物自体"并不存在。在伦理学，客体与主体的分割表现为必然与自由、自然与人的对立与分割。自然界受因果关系支配，属于必然领域，人类则追求自由。受必然性支配的必然如何产生自由的人？人类道德如何与自然联结起来？康德设置了一个超感性的"理知直观"来把握自然界的目的，并从自然界的必然领域过渡到人类的自由境界。而整个批判哲学由认识向伦理、由必然到自由的过渡，即由"自然向人生成"，则是依靠审美判断力。审美判断力由纯粹美走向依存美、由美走向崇高，也是从客体到主体、从自然界的必然向道德领域的自由的运动。纯粹美主要存在于自然界的形式之中，依存美则依赖于人作为主体的文化道德修养；美主要体现于自然，崇高则主要体现于社会领域。而判断力之所以能够担当起从必然的现象界的认识到自由的本体界的道德的过渡，是因为判断力依靠超感性的"自由直观"，就在现象感性的形象本身中直观到自由，自由不再是存在于本体的抽象的道德领域，而就在对象的感性形象中可以体现、表现出来。所以，在审美判断力领域，现象与本体、必然与道德（自由）、机械论与目的论不再是对立、分割的，而是统一的，一体的。把它们统一起来的，正是人的自由直观。

但是，超感性的知性直观、理知直观和自由直观从何而来？受因果必然性支配的自然为什么能以目的论去看待？为什么自然能够"向人生成"？这是李泽厚针对康德哲学提出的问题。李泽厚认为，康德并没能解答这一问题，只是把它们归结为一种人类的神秘的先验的能力，并最终走向了上帝，回到了自然目的论；道德本体论最后也不得不走向道德神学论。也就是说，康德把在认识论领域驱除去的上帝在伦理领域又请了回来。上帝从前门被请出去，又从后门被迎回来。这样，康德从科学走向了宗教，从自然走向了上帝，从机械论走向了目的论。而实际上，在李泽厚看来，被康德说得很玄妙的超感性的"知性直观"、"理知直观"和"自由直观"并非先验的认识能力，它们是人类在漫长的社会实践活动中由改造内外自然所获得的一种文化心理结构和能力。人类社会实践活动在客体和主体两方面都取得了成果。客体方面，改造了自然界，使自然界从与人类敌对的力量变而为服从人的目的，成为人的"无机身体"、"人的本质力量的对象化"，也就是被"人化"，成为人的自由的体现；在主体方面则改造了人的心理结构，使原本是动物性的心理变成人的文化心理结构，使社会性的理性的因素内化、凝聚、积淀到心理结构中。所以，看似先验的"知性直观"、"理知直观"和"自由直观"实际上仍是人类实践的产物。这样，"自然向人生成"并非通过神秘的目的论，而是通过人类的主体性的实践活动。是人类自己的社会实践，人类漫长的、艰苦的改造和征服自然的伟大历史实践活动使得自然逐步向人生成，从而使人从自然的领域迈向自由的领域，而不是什么神秘的自然本身的目的论原因实现这一点的。

李泽厚明确地说：

> 人类学本体论即是主体性哲学。如前所述，它分为两个方面，第一个方面即以社会生产方式的发展为标记，以科技工艺的前进为特征的人类主体的外在客观进程，亦即物质文明的发展史程。另一方面即以构建和发展各种心理功能（如智力、意志、审美三大结构）以及其物态化形式（如艺术、哲学）为成果的人类主体的内在主观进展。这是精神文明。两者以前一方面为基础而相互联系、制约、渗透而又相对独立自主地发展变化的。人类本体的这种双向进展，标志着“自然向人生成”即自然的人化的两大方面，亦即外在自然界和内在自然（人体本身的身心）的改造变化。①

这样，李泽厚用马克思的历史唯物论的实践论融入、改造了康德的先验哲学，一方面保留、继承了康德的二元论思维方式，承认康德在自然与人、思维与存在、客体与主体、必然与自由之间所划定的界限，认为二者之间的对立是近代哲学中一个没能解决的难题，承认康德的批判哲学弥合二者之间对立的巨大努力和取得的成就，另一方面，扬弃了康德哲学中神秘的先验直观（即主观合目的形式，包括知性直观、理知直观和自由直观），把这种直观改造为人类通过改造自然（包括客体自然和主体自然，即人类的心理结构）所获得的文化—心理结构，即理性的、社会性的因素内化、凝聚、积淀到内在的、感性的、个体性的心理之中去，成为一种看似先验、实则仍是后天的获得性的文化—心理结构。这种文化—心理结构在认识领域是“理性的内化”，表现为数学和逻辑等知识结构，其物态化对象化的形态便是科学和认识论；在伦理领域是“理性的凝聚”，表现为看似先天的“良知”、“良心”等，其物态化对象化的形态是伦理学；在审美领域则是“理性的积淀”，表现为看似先天的审美判断力或审美共通感，其物态化对象化形态便是艺术。这样，在康德那里不无神秘的超感性的“先验直观”（包括知性直观、理知直观和自由直观）被改造成为具有实践性、客观性、普遍性与社会性的人类实践成果，成为可以理解、可以解释的人类后天实践活动成果。

同时，李泽厚也保留了康德哲学把审美看成是认识与道德之间的桥梁、通过审美的自由直观联结自然与人、客体与主体、现象与本体这种哲学架构。所以，李泽厚一直强调，在康德哲学中，伦理学高于认识论，美学高于伦理学。康德是从审美走向道德，从机械论走向目的论，从美走向崇高，从纯粹美走向依存美。美之所以能担当起联结必然与自由、认识与伦理、自然与人之间的桥梁的任务，正是因为美具有无目的的合目的性，这种无目的的合目的性便来源于人的先验的自由直观，一种神秘的审美共通感。而李泽厚则去除了康德美学的目的论色彩，代之以审美的“自由积淀”说。他认为，不是自然界的神秘的目的，而正是人的实践活动，使人的心理不再是动物性的自然生理感受，而成为积淀了历史实践成果的文化心理结构。人吃饭不仅是充饥，而且是美食，两性关系不是交配，而是爱情，这正是因为社会性、理性的因素融入了感性、生物性心理之中，才使人具有了这种超生物性的心理结构。

如何改造人的心理，如何把社会性、理性的因素融入、内化、铸造到人的心理之中，使之既保留自由的感性直观，又超越动物性的心理，成为人化的心理，这成为李泽厚一直关注的

---

① 李泽厚：《批判哲学的批判》。台北风云时代出版公司 1990 年版，第 326 页。

问题。20世纪80年代，在《美学四讲》和几个"主体性提纲"中，李泽厚明确地提出了建立"新感性"的学说，即"内在自然的人化"学说，把文化心理结构学说具体化；同时又提出了与"自然的人化"相对应的"人的自然化"学说，把文化心理结构学说从自然的单向度的人化过程扩展为自然的人化与人的自然化的双向进展过程，以此来回答现代科技和哲学提出的人的心理异化的问题。新世纪伊始，他又进一步把80年代后期提出的"情本体"学说具体化，使新感性学说从心理学层面进入哲学层面，成为一种哲学学说，成为人类学本体论哲学在个体生存论维度的解释和延伸。这使他的实践美学潜在地具备了从人类学哲学美学走向个体生存论美学、从对美和美感的人类学的根源性、历史性回溯分析和本体论研究走向具体的生存论形态研究的发展空间。

但是，在这个过程中，总体(类)与个体、理性(社会性)与感性(自然性)、人与自然、工具本体与心理本体始终是他无法摆脱的二元对立的矛盾。因而，如何克服这些矛盾，如何在他一直强调建基的历史唯物论基础上建立起真正的实践美学学说，如何把对美和美感的人类学实践本体论观点的解释进一步深入运用到对美和美感及艺术的具体问题的分析研究中，把它们运用到各具体的门类美学中去，从而真正建立起以实践观点去分析和解释美学的各方面问题的系统美学学说，还任重而道远。

二 作为哲学美学的"实践美学"

李泽厚的美学是哲学美学，而非心理学美学或艺术哲学。这一点他曾多次强调。在他看来，美学是一个家族系统，是一个不断生成开放的系统，可以衍生出许多门类美学、部门美学，但是，对美学最为关键、决定美学理论创新和变革的仍是哲学美学。"没有哲学，如何在总体上去把握和了解世界自己，去寻索和表达对人生的探求和态度呢?"① 历史上的大美学家都是大哲学家，只有从哲学上对世界有了系统化的理论把握，才可能真正建立起一种新的美学理论。"所以，尽管我提倡美学的分化和科学化，提倡实用美学、科学美学等等，但我仍愿强调保留这块哲学的自由天地。"② 哲学美学也就是美的哲学。美的哲学探求的是人类生存的基本价值和意义这类根本的问题，涉及随时代而发展的人类学历史本体论。

如前所述，人类学历史本体论的思路沿自康德的先验哲学。康德的问题是，感性的、后天的人类感知是如何认识先验的、理性的世界本体的，也就是说，人类的认识是如何可能的。康德的解决办法是设立一种超感性的"先验直观"(包括知性直观、理知直观和理性直观)，但这种先验直观从何而来呢？康德给出的答案是不可知的。所以康德从二元论走向了不可知论。而李泽厚则认为，康德这种所谓先验的认识结构从人类学角度来说其实还是有经验根源的，它源自于人类漫长的社会历史实践，是在长期的社会历史实践中社会性的理性所内化、凝聚、积淀而来。因此康德哲学的问题"认识如何可能"的前提是"人类如何可能"。"认识如何可能，根本上源起于人类如何可能。只有从后一问题出发，从人类的社会存在来看人类的社会意识，包括因果之类的认识范畴，才能历史唯物主义地解答问题，也才是贯彻'不离

① 李泽厚：《美学四讲》，见《美学三书》。安徽文艺出版社1999年版，第449页。

② 同上，第449页。

开人的社会性'这一实践的观点。"[①]

这样，李泽厚把康德的先验哲学改造成为人类学实践本体论哲学，而美学正是这个哲学的一个关键部分和环节。在李泽厚的人类学实践本体论哲学中，美的本质是与人的本质密不可分的。它们同样起源于人对自然的人化改造，是自然人化的产物。

> 如果从原始人的石器到现代的大工业的物质文明，标志着人对自然不断征服的尺度，标志着自然与人的现实的历史关系，那么，美与审美也标志着这一点。不同的是：它呈现在主客体的感性直接形式中，与工业作为人所特有的外部物质形式相映对。如果说，工业（广义的）、文明（社会时代的）可作为打开了书卷的心理学尺度，那么，美和审美（艺术）则可作为收卷起来的工业与文明的尺度。美的本质与人的本质就是这样紧密联系着的，人的本质不是自然进化的产物，也不是什么神秘的理性，它是实践的产物。美的本质也是如此。[②]

所以，李泽厚的美学是他的人类学历史本体论哲学的美学表达，是一种人类学历史本体论美学。这一点对于理解李泽厚的美学至关重要，这也是许多李泽厚的批评者所忽视的。批评者们认为李泽厚的美学有过于注重和强调美的理性、社会性的一面，忽视了美的感性存在；强调美的群体性而忽视美的个体性；强调历史的社会的积淀，忽视个体创造和个体心理对社会历史结构的突破；强调美的物质性、现实性，而忽视美的精神性、超越性。他们认为，美的本质不在于历史的积淀，而恰在于对这种积淀的突破；不是"积淀"而是"积淀"的扬弃，不是人类的实践成果而是成果的超越，才是现代美学的理论基础。"积淀说"最多可以成为对美的历史过程的艺术史的描述，却无法作为对美的本质的哲学原理。[③] 等等。

这些批评从个别观点来说有一定的道理。李泽厚早期的哲学重点在于把美学从康德哲学的先验性中改造过来，在于强调美学的历史唯物论基础，因此，他着重强调的是美的历史实践基础，是美感的社会性、理性积淀。这个特点一方面沿自于20世纪50年代美学讨论中论战的需要，另一方面也是他建立美学的哲学基础的需要。而80年代以后，当确立人类学实践本体论即美学的历史唯物论基础之后，他已经把关注的重点投向美感，投向已经积淀起来的心理本体本身，也就是说，投向个体的生存境遇和生存的状态。因此，说李泽厚"忽视"美的个体性，这种批评基本上是没有根据的。李泽厚的美学是一种哲学美学，其哲学基础就

---

① 李泽厚：《批判哲学的批判》。台北风云时代出版公司1990年版，第191页。

② 同上，第527页。

③ 参见高尔泰：《美是自由的象征》（人民文学出版社1986年版）；刘晓波：《选择的批判——与李泽厚对话》（上海人民出版社1988年版）；杨春时：《超越实践美学，建立超越美学》（《社会科学战线》1994年第1期）；杨春时：《走向"后实践美学"》（《学术月刊》1994年第5期）；曹俊峰：《"积淀说"质疑》（《学术月刊》1994年第7期）；潘知常：《实践美学的本体论之误》（《学术月刊》1994年第12期）；陈炎：《"实践美学"与"实践本体"》（《学术月刊》1997年第6期）；尤西林：《朱光潜美学观中的心体——重建中国实践哲学—美学一个关节点》（《学术月刊》1997年7期）；韩德民：《从"实践"到"主体性"的迁移——李泽厚与20世纪中国美学》、李西建：《中国实践美学问题的发展历程》（见汝信、王德胜主编《美学的历史——20世纪中国美学学术进程》，安徽教育出版社2000年版），等等。

是他所说的人类学历史本体论。[①] 也就是说，李泽厚是从人类历史发展过程中去探索作为人类精神现象的美的本质的，是把美和美感放到人类社会的历史实践中去探索、理解的。他所理解、分析的美是在实践—历史过程中生成、在实践—历史中发展的，它建基于人类学哲学基础之上。因而，它的基本问题是探讨自然如何生成为美，作为生物性存在的人类如何具有超生物性的审美心理结构。

> “自然向人生成”，是个深刻的哲学课题，这个问题又正是美学的本质所在。自然与人的对立统一的关系，历史地积淀在审美心理现象中，它是人所以为人而不同于动物的具体感性成果，是自然的人化和人的对象化的集中表现……美不只是一个艺术欣赏或艺术创作的问题，而是“自然的人化”这样一个根本哲学——历史学问题。美学所以不只是艺术原理或艺术心理学，道理也在这里。[②]

无论是“积淀说”，还是“实践论”，亦或是“主体性”学说，他所要探讨的，是人作为一种生物族类如何能产生超生物性的审美心理，美是如何在人类历史实践活动中形成的。个体的、感性的心理如何能产生社会性的、理性的认识和审美心理结构。他强调说：

> 具有血肉之躯的个体的“我”历史具体地制约于特定的社会条件和环境，包括这个个体的物质需要和自然欲求都有特定的社会的历史的内容。看来是个体的具体的人的需要、情欲、存在恰好是抽象的，不存在的；而看来似乎是抽象的社会生产方式、生产关系却恰好是具体的、历史现实的、真实存在的。永恒不变的共性也许只是动物性，不同的生存、婚姻、美味、爱情都具体地制约和被决定于社会环境和历史。[③]

由于这种人类学历史本体论视野，李泽厚美学的重点始终是在美的根源与美的本质这类有关美的哲学问题上，是从自然与人、必然与自由、社会总体与个体的关系的历史运动变化过程中去探讨美和美感的本质。这样，他的立足点始终是作为类存在的人，大写的人，也就是他所说的“大我”，而非个体的、感性具体的“小我”。在他看来，看起来是具体的现实的

① 一般论者都把李泽厚看作是中国“实践美学”的创始人和主要代表，把他的美学称为“实践美学”。实际上，李泽厚一直称自己的哲学为“人类学本体论哲学”或“主体性实践哲学”，其美学则是人类学本体论哲学的美学表达或“主体性实践哲学的美学观”。“实践论”或“历史唯物论”的确是李泽厚的人类学本体论哲学的核心和基础，因此，称其为“实践美学”也无不可。李泽厚在 2004 年“实践美学的反思与展望”学术研讨会上才正式接受“实践美学”的称号。由于论者对“实践”本身的理解的偏差，往往望文生义，以为李泽厚的实践美学就是直接以“实践”去解释美和美感的本质甚至解释审美现象。但正如一些学者曾经指出过的，实践只是实践美学的哲学基础。实践美学只是强调要从实践中去理解美和美感的本质。而具体说来，美和美感的本质并非实践本身，而是在实践中内外自然的“人化”。美的本质则是一种“自由的形式”，形式指的是主体对于客体对象的主动造形力量，其次是指客体对象外观上的形式规律或性质。可参看《美学四讲》中有关美与美感的章节。

② 李泽厚：《批判哲学的批判》。台北风云时代出版公司，1990 年，第 516 页。

③ 李泽厚：《美学四讲》，见《美学三书》。安徽文艺出版社 1999 年版，第 467 页。

个体需要、情欲等其实只是一种抽象的动物性，作为共性的人性也许只能是动物性的欲望和需求。只有当它们积淀、保存、内化、凝聚了社会性、历史性的内涵以后才能真正成为具体现实的人性表现。

当然，新时期以来，也正是李泽厚在中国哲学界最先突出个体、个性的价值和意义。早在《批判哲学的批判》中，他即已指出："个人存在的巨大意义日益突出，个体作为血肉之躯的自然存在物，在特定状态和条件上，突出地感到自己存在的独特性和无可重复性。"[①] "随着整个世界的迈进，在审美艺术中最先突出表现的个性的独特性、丰富性、多样性，个体的重要意义，将在整个社会生活的各个方面充分展示和发展起来。而个性和个体潜能的多方面和多样性的发展，正是未来社会的一大特征。"[②] 在20世纪80年代前期的发表的论文《康德与建立主体性论纲》和《关于主体性的补充说明》等作品中，他更直接批判了70年代和80年代流行的苏式马克思主义哲学体系严重忽视个体的生命价值，把个体看作历史的巨大机器上的无足轻重的齿轮或历史长河中的一粒沙粒的思想。

> 历史唯物论离开了实践论，就会变成一般社会学原理，变成某种社会序列的客观主义的公式叙述。脱离了人的主体(包括集体和个体)的能动性的现实物质活动，"社会存在"便失去了它本有的活生生的活动内容，失去了它的实践本性，变成某种客观式的环境存在，人成为消极的、被决定、被支配、被控制者，成为某种社会生产方式和社会上层建筑巨大结构中无足轻重的沙粒或齿轮。这种历史唯物论是宿命论或经济决定论，苏联官僚体系下的"正统"理论就是这样。[③]

尊重个体生命价值的独特性和无可重复性，在社会的历史的运行之中呈现个体的价值和意义，使得偶然来到世上的个体的个性在社会历史中散发独一无二的光彩，这些问题正是李泽厚的美学所努力探寻的。正是顺着这一思路，在后期，他提出了"情本体"学说，作为对高科技时代工具本体无限膨胀、异化问题严重突出的美学回应，作为在大众文化背景下个性看似得到高扬实则被解构的时代精神的一种纠正和补弊。情本体学说强调的是"心理成本体"，以"情"作为克服"理"与"法"的异化的手段。但情本体学说同样也是从哲学角度对个体生存的意义和价值的美学解释。"情本体"学说之"情"不是一个心理学概念，而是一个哲学概念；情本体学说也非心理学美学，而仍是一种哲学美学，是其人类学历史本体论哲学美学或主体性实践美学的一种衍生和延伸。

可见，李泽厚的美学始终是一种哲学美学。他的问题不在于"积淀说"或实践论中过于强调人的社会性、群体性，而在于他始终未能走出总体(类)与个体、理性与感性、必然与自由二者之间的矛盾冲突，始终使自己的学说处于二者之间的紧张对立之中。哲学家深邃的的思维和宽广的视野使他的理论具有他的同代人所无法比拟的深刻性，但过于宽泛的理论兴

---

① 李泽厚：《批判哲学的批判》。台北风云时代出版公司1990年版，第528页。

② 同上，第529～510页。

③ 李泽厚：《康德哲学与建立主体性论纲》，见《李泽厚哲学美学文选》。湖南人民出版社1985年版，第154页。

趣却也限制了他的美学的具体化和深化。当他讨论到具体的美学问题时,往往总是不由自主地回到这些问题所得以产生、存在的根源上去,从精神回归物质,从心理回到哲学,从现实回到历史,从感性回归理性。他就像在总体与个体、感性与理性、历史与心理之间走钢丝一样,始终无法摆脱二元论的处境而真正深入到具体的美学问题之中,从而真正建立起系统完整的美学理论。这才是李泽厚美学的问题所在。

李泽厚曾多次讲过,实践美学实际上并未真正开始。许多问题他都只是提出了一些总体性、宏观性的看法,却未能作深入具体的研究与说明。这是李泽厚的遗憾之处。作为具有高度思辨理性思维的哲学家和具有深厚艺术修养的诗人,李泽厚本应该写出一部专门化、系统化的表述自己哲学思想的哲学著作和比《美学四讲》更为详细、更为系统化的美学专著,他却始终未能写出。他的兴趣太广泛,领域太广泛,局限了他在一个领域作深入细致的研究。

三　实践本体论与历史唯物论

一般论者大多注意到"实践"概念在李泽厚实践美学中的重要地位,却没有注意到实践是跟历史唯物论相联系在一起的。事实上,在李泽厚那里,实践论与历史唯物论是二而一、一而二的。实践论也就是历史唯物论,历史唯物论也就是实践论。李泽厚所说的实践具有明确的内涵,它是指人类使用和制造工具的物质生产活动,而且,这一使用和制造工具的物质生产活动是整个人类存在的基础,是人类认识、伦理和审美活动的基础。正是使用和制造工具的实践活动使得外界自然和人的内在自然存在都被人化。从外在自然来说,它被改造、征服、利用,它的规律为人所掌握、运用,从而人可以利用它为人的目的服务。从内在自然来说,在实践过程中,社会性、理性的因素内化、凝聚、积淀到心理之中,本是生物性、动物性的人的心理,变成为人的心理,成为文化心理结构,从而才可以产生认识、伦理和审美活动。反过来说,历史唯物论并不只是生产力与生产关系的自我运动,它是由人的实践活动构成的,因此,人是历史的主体,人是目的。从而人不是历史机器上的一颗螺丝钉,历史长河之中一粒沙尘,而是具有主体性、情感性的活动主体。"人是目的"就不是康德意义上的神秘的自然目的论中的目的,而是由于人类的历史实践活动建造、构筑而成的现实的目的。认识论、伦理学和美学正是在这个意义上奠基于实践论之上。

关于实践概念,李泽厚反复强调的是,它的内涵就是使用和制造的工具的物质生产。他说:

> 在当代哲学中,"实践"一词已经用得极多,它泛滥到几乎包容了一切人类活动,从日常生活、饮食起居到理论研究、文化活动等等。在马克思早年手稿以及《关于费尔巴哈的提纲》等著作中,的确强调的是理论与实践相统一的感性的人的活动,即 praxis(实践),praxis(实践)一词也确乎包括了人类整个生活活动。但也是从早年起,马克思同时强调了劳动、物质生产、经济生活在整个人类社会中的基础地位和决定性的意义,日益认定物质生产是整个社会生存、社会生活即社会存在的根本,特别是自马克思历史具体地探讨了社会生产方式诸问题,确定基础与上层建筑的理论,明确提出历史唯物主义学说后,马克思的实践哲学便进一步加深和具体化了。
>
> 我以为,马克思的实践哲学也就是历史唯物主义。因之,应当明确在形态极为繁多

的人类实践活动中，何者是属于基础的即具有根本意义的方面，我以为这就是历史唯物主义强调的经济基础，而其中又是以生产力为根本的。生产力——这不就正是人们使用工具、制造工具以进行物质生产的实践活动么？[①]

从这种实践观点出发，康德哲学的问题就可以变成一个更为基础、也更具有现实性的问题，从康德所强调的“认识如何可能”变为“人类如何可能”，并且只有回答了“人类如何可能”，才能真正解决“认识如何可能”的问题。也就是说，李泽厚实际上用历史唯物论改造了康德哲学，把哲学的重心从认识论转为实践论，转为历史本体论：

认识如何可能，根本上源起于人类如何可能。只有从后一问题出发，从人类的社会存在来看人类的社会意识，包括因果之类的认识范畴，才能历史唯物主义地解答问题，也才是贯彻“不离开人的社会性”这一实践的观点。从起源说，人的实践活动不同于动物的生存活动，最根本之点在于他使用工具、制造工具以进行劳动。人所独有的双手和直立姿态便是使用工具的成果。人类使用工具制造工具的劳动实践活动的特点，不但在于伸延了肢体器官，更重要的是它开始掌握外界自然的规律来作用于自然……[②]

是 practice 而不是 praxis，才是我们哲学的基本范畴，而实践哲学与历史唯物主义的统一，也正是建立在这个 practice 之上。[③]

总之，实践哲学即历史唯物主义，具有严格的科学性和革命性，是二者的有机统一。它以生产劳动和社会发展的客观规律为根本基础，以历史行程超向自由王国为奋斗目标，科学地研究和制定符合客观发展规律的每一特定历史时期的任务。[④]

在西方哲学史上，培根以前，哲学的重心是本体论，是探讨宇宙本体和起源的哲学。无论是唯物主义还是唯心主义，都建立在朴素的猜测和思辨基础之上。自培根以来，随着近代科学的发展，包括数学、物理学和化学上的一系发现，以及恩格斯所谓科学上的三大发现等等，使得哲学认识论本身成为哲学的重点。康德以前，无论是经验论还是唯理论，都具有极大的片面性。经验论走到极端，便成为贝克莱式的唯我论和休谟式的不可知论，而唯理论走到极端，成为沃尔夫和莱布尼茨式的独断论。康德的功绩在于，他试图把经验论和唯理论综合起来，既保留经验论的感觉论，又使得这种感觉论具有普遍性，这就是他所谓“先天综合判断”如何可能的问题。同时把科学与宗教调和起来，为科学发展开辟道路，也为宗教信仰留下空间。但康德的“先天综合判断”究竟如何可能，他最终还是没有解决，只能归结为神秘的“先验直观”。而马克思的实践论哲学，则把哲学的重心重新拉回到了本体论，但不是像古希腊人那样，对宇宙本体和起源的一些朴素猜测，而是从人类历史的实践活动中去探讨人类生存、发展的道路。这样，哲学回到了本体论，但不是宇宙本体论，而是历史本体论，实践本体

---

① 李泽厚：《批判哲学的批判》。台北风云时代出版公司 1990 年版，第 245 页。

② 同上，第 191 页。

③ 同上，第 455 页。

④ 同上，第 456 页。

论,人生本体论。但马克思和恩格斯并未真正从哲学角度明确提出历史本体论概念,而只是提出了一些至关重要的原则、观点。从这个意义上说,李泽厚的历史本体论概念,是对马克思哲学的一个合理引伸和发展。

如果说,希腊人的哲学重点在于追问"世界的本体是什么",近代哲学的重点在于追问人类"如何认识世界",则马克思主义的实践哲学的重点在于探讨"人类如何生存"、人类历史的本体是什么。这样,哲学从古代的形而上学追问到近代的认识论追问,到马克思主义的历史本体论追问,从宇宙落实到社会,从外界的物质存在回到了人。对宇宙空间的认识,对世界存在形态的探讨,这些问题终究可以从科学上得到解决。但人类自身的命运,人本身生存的意义和价值,这些问题,却永远会是每一代人都会面临的问题。因此,哲学从物质世界领域回到社会领域,从物质本体论(或者唯心主义的精神本体论)回归历史—实践本体论,这是一个必然的趋势。而回到历史、回到实践,回到社会,以往那些关于世界、关于宇宙的各种形而上学猜测也就被解构了。随着科学的发展,它们将成为科学研究和探讨的对象,却不再是哲学思辨的对象。正因如此,所以海德格尔认为,马克思是古典形而上学哲学的解构者。从这个意义上,李泽厚的历史本体论哲学的提出,是中国哲学家对马克思哲学的一个极大的发展,是在 20 世纪 70 年代中国的社会历史条件下提出来的中国式马克思主义的一个学说。

李泽厚写作《批判哲学的批判》是在 20 世纪 70 年代,发表于 70 年代末。在那个时期,我国哲学界受当时流行的苏联斯大林哲学体系的影响,把马克思主义哲学说成是辩证唯物主义和历史唯物主义两个部分,其中,辩证唯物主义又是基础,历史唯物主义只是"辩证唯物主义在历史领域的推广、运用"。在辩证唯物主义中,实践概念只是作为认识论概念出现的,跟历史、跟人本身的存在似乎没有关系;而在历史唯物主义中,历史就是生产力与生产关系的自我运动,人只是作为生产力的一个要素才起作用,完全忽视了人本身存在的意义和价值。最多只是作为一个集合概念"人民群众"才有意义。它强调只有人民群体是历史创造和发展的动力,却并没有提出个体生存本身的意义和价值问题。这样,被恩格斯称为马克思一生对人类最重要贡献的历史唯物论,便只作为辩证唯物论在历史领域的一个个案,一个事例,它本身独立自足的意义完全被忽视了。而在这样一个历史唯物主义体系中,历史活动最重要的因素、历史的主体——人,则在"人民群体"的名义下被抽象掉了,消失了。个体、个性在这个体系中完全没有自己的位置。李泽厚在他的《批判哲学的批判》中,把实践论与历史唯物主义贯通起来,提出实践论就是历史唯物主义,历史是由人的实践活动所造成的,生产力不是别的,正是人使用和制造工具的实践活动。这样,实践主体的地位便被突出、彰显出来,从而使得哲学从没有主语的、互不相干的辩证唯物主义和历史唯物主义两大块变成为以人为主体的主体性实践哲学,为 80 年代的思想解放和新一轮现代性启蒙运动提供了理论依据,并为以后进一步探讨个体生存的意义和价值留下空间。我想,这才是《批判哲学的批判》作为一部纯粹的哲学著作而引起巨大反响和震动的原因所在。

不仅如此。在后来的《康德哲学与建立主体性提纲》和《关于主体性的补充说明》等论文中,李泽厚进一步明确地批判了黑格尔式的历史理性主义忽视个体本身的价值的倾向。他认为黑格尔有一种泛逻辑主义和唯智主义倾向,并"在今天的马克思主义哲学中留下了它的印痕和不良影响。它忽视了人的现实存在,忽视了伦理学的问题。"[①] 他直截了当地批评道:"从黑格尔到马克思主义,有一种对历史必然性的不恰当的、近乎宿命的强调,忽视了个体、自我的自由选择并随之而来的各种偶然性的巨大历史现实和后果。"[②] 并再次强调:"唯物史观是马克思主义哲学的核心和主题。唯物史观就是实践论。实践论所表达的主体对客体的能动性,也即是历史唯物论所表达的以生产力、生产工具为标志的人对客观世界的征服和改造,它们是一个东西,把两者割裂开来的说法和理论都背离了马克思主义。"[③]

出版于本世纪的《实用理性和乐感文化》中,也许是吸收了批评者的意见,或是受了批评者的影响,李泽厚扩大了实践的内涵,把实践区分为狭义和广义和两个方面:

> "实践"概念至少需分出狭义和广义的两种(《批判》曾区分 practice 和 praxis)。狭义即指上述基础含义,广义则包容宽泛,从生产活动中的发号施令、语言交流以及各种符号操作,到日常生活中种种行为活动,它几乎相等于人的全部感性活动和感性人的全部活动,其中还可分出好几个层次。而狭义、广义之分只是一种"理想型"的理论区分,在现实中,二者经常纠缠交织在一起。物质操作与符号操作、物化劳动与物态化劳动、物质活动与精神活动,便经常难以截然二分。今日技术与科学、生产力与科技的交织,更说明着这一点。同样,"实践"本是人类独有的超生物性的行为活动,但人作为动物族类有生物性的活动和需要,如吃饭、性交、睡觉、群体中的交往等等,因此在很大的一部分的人类实践活动中,超生物性与生物性也是经常渗透、重叠、错综、交织在一起的。因此,这狭义、广义的区分只有哲学视角的意义。《批判》之所以强调实践的基础含义(狭义),是为了强调人类主要依靠物质生产活动而维系生存,其他包括语言交流、科学艺术、宗教祈祷等等广义的实践活动,都以这个基础为前提,如此而已。[④]

历史唯物论和实践论的贯通,使得李泽厚的人类学本体论有了一个宏阔、坚实的哲学基础。历史唯物论,也是他以后再三说明、反复强调的。这使得他以后对个体生存意义的注重,对个体感性生命价值的强调,对个体如何从偶然性的被抛入世界的状态中摆脱出来,赋予这个偶然性、一次性的生命以意义,以偶然性主动去建造、构筑必然性,等等,显得其来有自,顺理成章,具有坚实的背景和基础,而非空喊口号而已。而对实践概念的狭义与广义的区分,使得个体感性的活动作为一种广义的实践活动与使用和制造工具的物质生产活动之间有了一种理论上的内在联系。

四 从人类学实践本体论到个体生存论

作为一个生物族类而具有超生物性的人类是李泽厚实践哲学或人类学历史本体论哲学

① 李泽厚:《康德哲学与建立主体性的哲学论纲》,见《实用理性与乐感文化》。三联书店 2005 年版,第 210 页。

② 同上,第 214 页。

③ 同上,第 208 页。

④ 李泽厚:《实用理性与乐感文化》,见《实用理性与乐感文化》。三联书店 2005 年版,第 4 页。

的立足之点。这一点是从康德和马克思而来的。康德哲学对人的认识结构(超感性的知性直观)、道德本体(超感性的理知直观和道德形而上学)和审美结构(超感性的审美直观,主观合目的性)的探讨,正是把人看成一个"类",从人与自然、人与动物的区别入手,来探讨人类的精神结构,从而解答近代哲学中经验论和唯理论没能解决的"人类的认识何以可能"的问题,并提出人类精神归宿问题——康德把它归结为文化道德的人,一种具有超感性的先验理性的人,一种道德的自我完善与进化。从而,认识、道德和审美结构正是人类的心理结构。马克思哲学中,人就是"类"的存在物。马克思说:"实际创造一个对象世界,改造无机的自然界,这是人作为有意识的类的存在的自我确证。""正是通过对对象世界的改造,人才实际上确证自己是类的存在物。""人的感觉、感觉的人类性——都只是由于相应的对象的存在,由于存在着人化了的自然界才产生出来的。五官感觉的形成是以往全部世界史的产物。"[①] "任何人类历史的第一个前提无疑是有生命的个人的存在……一当人们自己开始生产他们所必需的生活资料的时候,他们就开始把自己和动物区别开来。人们生产他们所必需的生活资料,同时也就间接地生产着他们的物质生活本身。"[②] "共产主义……是存在和本质、对象化和自我确立、自由和必然、个体和类之间的抗争的真正解决。它是历史之谜的解答,而且它知道它就是这种解答。"[③] 马克思的"类"概念来源于费尔巴哈。但是,在费尔巴哈那里,人作为"类"区别于动物之处仅仅在于人的抽象的感性、爱,而马克思则批判地改造了费氏哲学,把人的类本质特征定位于人类对世界的实践改造,认为正是这种实践改造活动使人成为有意识的类的存在,使人区别于动物的存在。

在这一点上,李泽厚完全继承了马克思的学说。他所要建立的哲学称之"人类学本体论"(有时候又称为"人类学历史本体论")。他所要探讨的是人作为"类"如何建立起不同于动物的认识、道德和审美的心理功能和结构——在他看来这种心理功能和结构正是历史、实践的产物,是一种文化心理结构——以及这种结构如何落实到个体的心理之中。他是从历史中寻找现实的根源,从总体中去寻找个体的依据,从社会性中去解释个性,从理性中解释感性。因此,他的出发点是作为总体的"人类"。他说:

> 人类学本体论即是主体性哲学。如前所述,它分为两个方面,第一个方面即以社会生产方式的发展为标记,以科技工艺的前进为特征的人类主体的外在客观进程,亦即物质文明的发展史程。另一方面即以构建和发展各种心理功能(如智力、意志、审美三大结构)以及其物态化形式(如艺术、哲学)为成果的人类主体的内在主观进展。这是精神文明。两者以前一方面为基础而相互联系、制约、渗透而又相对独立自主地发展变化的。人类本体的这种双向进展,标志着"自然向人生成"即自然的人化的两大方面,亦即外在自然界和内在自然(人体本身的身心)的改造变化。康德哲学的贡献在于它突出了第二方面的问题,全面提出了主体心理结构——包括认识、伦理和审美的先验性(普遍

---

① 马克思:《1844 年经济学-哲学手稿》。人民出版社 1983 年版,第 50、51、79 页。

② 《马克思恩格斯选集》第 1 卷。人民出版社 1972 年版,第 24～25 页。

③ 马克思:《1844 年经济学哲学手稿》。人民出版社 1983 年版,第 73 页。

必然性）问题。[①]

"自然向人生成"的两个方面即是外在的、我们所生存的自然环境与我们内在的身体和心理的人化改造。在李泽厚看来，外在自然的人化过程和成果即是美，而内在自然的人化则是美感。他的人类学本体论哲学把康德所提出来的先验的主体的心理结构改造成为经验的、历史－实践本体的。那么，动物性的身体—心理如何变成人的身体—心理的？认识、伦理和美感结构是如何产生的？这就是李泽厚的人类学历史本体论所要讨论和回答的问题。在《批判哲学的批判》中，他已谈到"自然向人生成的两个方面"、"人类本体的双向进展"；出版于80年代后期的《美学四讲》则进一步明确地提出"内在自然的人化"的概念，并提出内在自然人化的问题是建立"新感性"，也就建立"心理本体"，其中又主要是心理本体中的"情本体"的问题。这样，从早期的文化——心理结构说到后来的"心理本体"的提出，李泽厚的人类学本体论哲学实现了向外向内、由外在自然的人化转向内在自然的人化，由从前强调美与美感的物质生产社会实践根源转向了美感心理结构本身，从人类学实践本体领域转向了个体生存领域，试图在人类社会历史实践的本体之中给个体生存以意义，在社会实践的必然性中给个体的自由以立足之处，体现个体生命的偶然性和独一无二的价值。在《美学四讲》中，他强调的是使个体的心理本身成为本体，让个体感性本身成为熔铸了社会理性的审美心理，从而建立起被建构的新感性。

于是，人类学本体论中的"积淀"最终落足为偶然的、个体的感性生命价值：

积淀既由历史化为心理，由理性化为感性，由社会化为个体，从而，这公共性的、普遍性的积淀如何落实在个体的独特性存在而实现，自我的独一无二的感性存在如何与这共有的积淀配置，便具有极大的差异。这在美学展现为人生境界、生命感受和审美能力的个性差异。这差异具有本体的意义，即那似乎是被偶然扔入这个世界，本无任何意义的感性个体，要努力去取得自己生命的意义。这意义不同于机器人的"生命意义"，它不能逻辑地产生出来，而必需由自己通过情感心理来寻索和建立。所以它不只是发现自己，寻觅自己，而且是去创造、建立那只能活一次的独一无二的自己。人作为个体生命是如此之偶然、短促和艰辛，而死却必然和容易。所以人不能是工具、手段，人是目的自身。[②]

他大声呼吁：

回到人本身吧。回到人的个体、感性和偶然吧。从而，也就回到现实的日常生活中来吧！[③]

---

① 李泽厚：《批判哲学的批判》。台北风云时代出版公司1990年版，第326页。

② 李泽厚：《美学四讲》，见《美学三书》。安徽文艺出版社1999年版，第595页。

③ 同上，第595页。

回到个体、感性、偶然和日常生活中来，也就是要真正建立起个体生存意义和价值的人生本体论，也就是他所谓“心理成本体”哲学指向。这也是李泽厚整个哲学的指向所在。具体表现为情本体理论的确立。

五　情本体

出版于21世纪的《实用理性和乐感性文化》中，李泽厚集中论述了“情本体”理论。这里，他发挥20世纪80年代思想史研究的独特优势，把中国传统儒家重情的思想引入他的学说。情本体理论本是人类学历史本体论哲学逻辑发展的结果。但这里，关于“情”的具体内涵，他引入了原典儒学的“孝”的学说。他认为，儒家以亲子情为核心、以自然血缘生理关系为基础的孝亲之情，是作为人生本体之“情”的基础，把这种情幅射、弥散开来，建立一个充满人情味的社会，这才是新世纪所要寻求的和谐社会。

他对比了原典儒学与宋儒的区别，指出，宋儒把原典儒学以“孝”为核心改造成为以“仁”为核心，试图建立起一个超验的道德本体，但终究归于失败。因为在中国不像西方有本体与现象、此岸与彼岸“两个世界”的区分。在西方，支配哲学的基本观念是“两个世界”，两个世界在哲学上表现为多种二元因素之间的相互对立、分割，即现象与本体、物质与精神、存在与意识等等之间的对立，在宗教上则表现为此岸与彼岸、尘世与天堂、今生与来世等的对立与冲突。西方的哲学要致力于弥合这两个世界的裂痕，而宗教则是要人舍弃现世、此岸、尘世、人间的幸福以保证永生、来世的幸福。但是在中国，并没有这样一种“两个世界”的传统。中国的“巫史传统”使得中国只有“一个世界”，在现象与本体、此岸与彼岸、物质与精神之间并没有不可逾越的鸿沟。所谓“道”并非某种脱离现实物质世界的超验本体，而常常是起源于、存在于、植根于现实世界的，因此，人们通过某种直接体验或悟解的方式是可以把握它的。一花一世界，一树一菩提。因此，在中国没有超验本体，本体就在经验世界之中，在日常生活世界之中，在人的感性生活过程之中。通过某种艺术或内心直接体验和领悟活动，可以直接超越人的现实存在，摆脱现实存在境遇对精神和心灵的羁绊，从而达到精神高度自由的人生境界。因此，宋儒把“仁”作为儒学的核心，想要以此为基础建立起某种超验的道德本体，却由于始终与经验缠绕在一起而归于失败。

就情感而言，中国传统的情感与西方基督教对上帝的情感也有极大差别。李泽厚对比了西方基督教建立在罪感文化基础上的绝对理性化的、否弃自然人性的情感论和中国传统建立在乐感文化基础上的感性自然情感论。他认为，基督教的情感其实是一种绝对理性主义的情感，它通过理性确认对上帝的皈依，对上帝毫不犹豫、绝对服从，这种服从以否弃人天生自然的亲情、友情、爱情等世俗情感为前提。在基督教的情感中，人类的灵魂要经过惨厉的磨炼、痛苦、煎熬，最后洗清一切世俗情感的杂质，在对上帝的无条件服从中得到灵魂的洗礼与升华。阿伯拉罕杀子献祭就是一个很典型的例子。它是以一种反理性主义的形式表达了一种绝对理性主义思想和情感态度。

相反，儒家以血缘亲情为核心的孝—仁观念，对人的自然情感不但不否定，而且还把它看作是人生最根本的、最重要的东西，是人的情感之所由来和建立的基础。在儒家的观念中，理想的社会里，人与人之间相亲相爱，正是由血缘亲情经过“推己及人”、“老吾老以及人之老、幼吾幼以及人之幼”这样的心理过程而建立起来的。人类学本体论主要继承了儒家这种建立在血缘亲情基础上的普遍仁爱学说：

> 儒家所倡导的伦常道德和人际感情却都与群居动物的自然本能有关：夫妻之于性爱，亲子、兄弟之于血缘，朋友之于群居社会本性。从而儒家的情爱可说是由动物本能情欲即自然情感所提升（社会化）的理性情感。虽然最初阶级（无论是原始民族或儿童教育）都有理性的强制和主宰，但最终是以理性融化在感性中为特色，与始终以理性（实际是知性特定观念）绝对主宰控制有所不同。中国文化传统对经由内心情理分裂、灵肉受虐、惨厉苦痛即由理性在残酷冲突中绝对主宰感性而取得升华，是比较陌生的。[①]

但是，"情本体"之"情"并非完全是自然情感，它是自然情感的升华，在某种意义上也是对自然情感的超越。通过"推己及人"的心理过程，由这种孝亲之情可以升华出对他人、社会及整个宇宙的广泛的关爱与同情，因而它并非一种局限于血缘亲子情感的狭隘的个体的自私之情，而是具有广泛性、社会性、普遍性。"儒家的'情'是以有生理血缘关系的亲子情为基础的。它以'亲子'为中心，由近及远，由亲至疏地辐射开来，一直到'民吾同胞，物吾与焉'的'仁民爱物'，即亲子情可以扩展成为对芸芸众生以及宇宙万物的广大博爱。"[②]

出于自然之情而超越自然之情，基于血缘之爱而超越血缘之爱。一方面是生物性、本能性的血缘亲情，另一方面是社会性、超生物性的普世之爱。经李泽厚阐释、改造过的奠基于原始氏族社会的血缘自然关系的儒家"孝亲"之说在21世纪工业化、现代化条件下重新焕发出了生命力，成为新世纪中没有信仰、没有精神家园的中国人的人生本体和精神家园。从李泽厚对中国式的亲情与基督教等宗教情感的分析中可以看出，他对宗教情感的把握非常准确。西方式的宗教体验与情感是一种崇高的情感，它完全脱离人的自然欲望，否弃人的感性生命和感性存在，它把肉体存在本身看作是一种罪恶，人一生下来就带着先天性的原罪，因而人的所有行为就是赎罪，只有把自己完全献身给上帝，其灵魂才能在肉体死后得救。这种情感固然伟大、崇高，有着巨大的牺牲精神和奉献精神，它可以带来心灵的巨大的激荡和灵魂的升华之感，使人有一种圣洁、崇高的光辉。但是，它不适合中国的传统与国情，而且，完全舍弃自然亲情，否定自然性的情感，这实际上是拔除了人生存于世的根。如果人生在世仅仅是赎罪，如果一定要舍弃现世的愉悦才能使灵魂得救，那么人又何必生在世上！在中国人看来，天地之生人，是一件伟大的贡献，是宇宙万物有灵、宇宙充满人情味的证明，所谓"天地之大德曰生"是也。对于这个来到世上的生命，不但不能否弃，而且必须充分爱护。因此，儒家学说虽然把"仁"地位提得很高，把人的道德品行、人格操守看得很重，但另一方面，它却也提倡抓往易逝的生命，体验、享受人生之快乐。所以儒家最高的精神境界有两种，一曰"孔颜乐处"，它是由道德人格操守的磨炼升华而来的人生愉悦，是由道德而达到的审美境界。二曰"曾点气象"，它是人直接以感性生命去体验、领受、感悟天地万物之美而达到的精神高度和自由愉悦的境界，它直接就是审美境界。两种境界都是人生至境，但"曾点气象"作为审美境界来说更富有代表性，它成为中国传统文化在现世中实现审美超越、达到人生至境的代

---

① 李泽厚：《第四提纲》，见《实用理性和乐感性文化》。三联书店2005年版，第76页。

② 同上，第74页。

表。在这种境界中，人与自然、天与地、内在心灵与外在社会，都处在一个非常和谐、非常协调的状态。人是自然的人，享受的人，审美的人，同时也是社会的人，道德的人。这就是李泽厚所讲的"以美储善"。美与善、美与真达到了完美的融合。

> 自 Hegel 将理性高扬至顶峰后，作为巨大反动，人的感性存在、感性生命成为哲学的聚焦。无论 Marx、Nietzsche、Freud、Dewey、Heidegger 都如此。历史本体论承续这一潮流，将美学作为第一哲学，正是将人的感性生命推到顶峰。它以为不是认识，不是道德，不是心、性、理、气、道，不是上帝、灵魂、物质、绝对、精神，而是多元且开放的情感，才是生命的道路、生活的真理、人生的意义。它不可能定于一尊。作为文化积淀，不但因人而异，而且变化多端。它以"以美启真"、"以美储善"和"审美优于理知"来实现个体生命的潜能和力量。①

这样，李泽厚提出美学将是未来的第一哲学，美学是人类学本体论的起点也是终点。

> 美学作为"度"的自由运用，又作为情本体的探究，它是起点，也是终点，是开发自己的智慧、能力、认知的起点，也是托寄自己的情感、信仰、心绪的终点。上篇讲理知认知的形式，这篇讲情感信仰的形式，而以人和宇宙物质性协同共在为本根，成为人类学历史本体论。它以审美始(发明发现)，以审美终(天地境界)。它肯定理性是人性形成的关键，展望理性更为广阔的未来。它尽管反对理性作为"本体"吞并认知和情感，但更反对现在正时髦和流行着的各种形态的反理性主义。它坚信科学发展将有益于人类，强调深入探究复杂多端的情理结构，因为这与人的个性潜能的健康发展和精神生命的情感直实有关。反复唠叨，如斯而已。②

李泽厚的人类学本体论哲学走到这里画上一圆满的句号。从人类始，以个体终；从人类的物质生产实践始，以个体生命境界终；从社会性、理性始，以感性、情感终。但这个情感又不是纯粹心理的非理性的情欲之情，而仍是积淀、融合了理性和社会性的人性化的情。他反复强调的是关键在于情与理的不同比例的配置、组合。哲学家的理性与诗人的感性在情本体学说中得到高度统一。强烈的人生沧桑和诗性在此显露无遗。也可以说李泽厚以哲学家的身份走进中国的学术界，却以诗人的身份淡出。他早年的论著严谨、理性，思辨性极强，把对人类的炽热情感隐藏在冷静的理性的学术探究之中，显示出哲学家的智慧与思辨性。但从中已可以窥见出某些诗人的特质。特别是其名噪一时、至今长盛不衰的《美的历程》，其诗性语言与理性思辨结合得天衣无缝。而从《美学四讲》开始，诗人的气质更多地显露、张扬出来。也许是人近黄昏，其写作姿态更自由潇洒，热烈奔放，而其人生的苍凉之感也更加显露无遗。这也许正是有人曾经说过的"李泽厚确实老了"。但他不是老而衰朽，相反，其思想却是老而弥新，其文风是老而更加诗化。这也许是孔子所谓"从心所欲不逾矩"之境界吧？正

---

① 李泽厚：《第四提纲》，见《实用理性和乐感性文化》。三联书店 2005 年版，第 108 页。

② 同上，第 115 页。

如他自己所说，他的学说以美学始，以美学终。但其实还应该加一句，以思辨的美学始，以激情的美学终。

李泽厚的哲学的出发点虽然是作为类存在的“总体的人”，但是，他的着眼点却是作为独一无二的“个体”的生存，他的哲学最后是要为这种偶然的、感性的、却是独一无二的个体生存提供一种精神上的归宿。不论这种归宿是否恰当，不论是否同意他的观点与结论，但他的读者却不能不为他的作品中所流露出来的对于人类的深挚的热爱所打动，不能不为其中的沧桑之感和苍凉之感所震憾，不能不为他给我们写下如此深挚动人的著作，创设出如此具有学理性却又深具人生情味、诚挚情感的学说而感动。李泽厚的学说与著作总是有一种悲怆之感，一种对于人类命运与未来的强烈关注，一种责任感、道义感，也许正是这一点，才使他的学说在20世纪80年代风靡一时，独领风骚，成为那个热情而浪漫的年代的学术代表；而也许正是他的学说这种气质，才使得90年代以后，在大众文化兴起之后、在“躲避崇高”成为潮流、痞子精神成为时尚的时代，遭受冷落的命运。然而，任何时代、任何社会，不论其主流精神状态如何，对人的精神的关怀，对人的命运的关注永远都是需要的，因而，李泽厚的学说在今天也才有它独特的价值与魅力。

从学理上看，正如我们前面所言，李泽厚的实践美学充满着一系列内在的矛盾，一系列二律背反。这种二律背反，一方面使它具有无比的深刻性，另一方面也留下了诸多看上去相互矛盾的地方。这些矛盾对立的方面如何真正内在地统一起来，真正成为有机地相互联系和作用的因素，如何具体地贯通起来，还是需要深入研究的问题。

比如作为实践美学的核心概念的“自然的人化”理论。自然的人化理论作为一种哲学美学理论固然是完整的，它在解释美和美感的本质问题上有着无可比拟的优势。它一方面避免了把美看成与人无关的纯粹自然的性质和形式的机械唯物主义，坚持了从人类社会实践过程中去探讨美的本质、美是人的实践的产物这一马克思主义哲学基本立场；另一方面也反对把美看成是人的主观意识的外化的主观唯心主义，坚持了美的客观性和美感的普遍性，使美和美感能够在客观性和普遍性的前提下相互沟通，从而为不同民族、时代和地域之间寻找共通的审美观提供了哲学理论基础。但是，作为美学理论来说，李泽厚实践美学的自然人化理论并非已经完美无缺，成为一个自足体系。恰好相反，它留下了许多问题，这些问题是进一步发展实践美学所必须面对和解决的。

自然的人化解释的是仅仅是美的起源，是从起源上来解释美和美感的本质。但是，自然的人化实际上只是美和美感的必要条件，而非充分条件。这也就是说，自然的人化是美得以产生的前提，只有自然的人化才能产生美，美的本质也只能通过自然的人化去解释、理解。但自然的人化并不必然产生美；除了自然的人化，美作为一种价值得以产生还有其他一些条件。那么，在自然人化的过程中，哪些是美的，哪些是丑的，如何认定其美与丑，它们的尺度如何确定？这涉及到形式美、美的形式结构等具体的美学问题。李泽厚的实践美学强调，“美是一种自由的形式”，那么，什么样的形式才是“自由的形式”？此外，自然的人化应该有一个度，这个“度”在哪里？如何掌握这个“度”？李泽厚后期提出“人的自然化”概念作为“自然的人化”概念的逻辑对应，认为“人的自然化”正是对今日社会里工具本体对人的心理异化的一种纠正，是建立心理本体(情本体)的哲学基础。但是，人如何自然化？“自然的人化”与“人的自然化”如何相互统一起来？因为，李泽厚一再强调，“自然的人化”是“人的自然化”的基础，那么，这个基础的界限如何确定？“自然的人化”到达怎样的程度可以提“人的自然化”？

再者，按照李泽厚的人类学历史本体论，认识论、伦理学和美学都是自然人化的成果。李泽厚分别以“理性的内化”、“理性的凝聚”和“理性的积淀”来区别它们。但是，理性是如何内化、凝聚和积淀的？在理性的内化、理性的凝聚和理性的积淀之间，是否存在某种共通的因素？为什么同样的自然人化过程，会产生理性的内化、凝聚和积淀的不同结果？“以美启真”和“以美储善”具体如何实现？认识论、伦理学和美学之间如何沟通？李泽厚曾经谈到“先有伦理，后有认识。认识规则（语法、逻辑）是从伦理律令中分化、演变出来的。”并强调“这一点至为重要”。[①] 但他只是提出这个概念，却并没有论证。

所以，李泽厚的实践美学尽管已经有了一个坚实的哲学基础，可以从哲学上圆满地解答美的本质问题，但是，深入到具体的美学领域，它还有许多有待研究和解决的问题。对这些问题的具体细致地研究，才是中国美学理论向前推进的理论生长点。

---

① 李泽厚:《第四提纲》，见《实用理性与乐感文化》。三联书店 2005 年版，第 245 页。

[中国古典美学]

四时之外

朱良志
(北京大学哲学系)

中国人有独特的时间观,我们在过程中看待生命,生命是一绵延的流,绵绵不绝,以时间统空间,世间的一切都在时间的流动中活了。中国人的时间观念中还有一种超越的思想,即所谓"荣落在四时之外",就是悬隔时间,截断时间之流,撕开时间之皮,到流动时间的背后,去把握生命的真实,拷问永恒的意义,思考存在的价值。它是中国哲学内在超越思想的重要表现形式之一,是中国美学中极富价值的思想。

一、撕开时间之皮

不为时使,是中国艺术形上思考中的重要内容。董其昌说:"赵州云:诸人被十二时辰使,老僧使得十二时辰。惜又不在言也。宋人有十二时辰中莫欺自己之论。此亦吾教中不为时使者。"① 董其昌这段艺术哲思,受到禅宗赵州大师的启发。有一位弟子问赵州大师:"十二时中如何用心?"赵州说:"你被十二时使,老僧使得十二时,你问那个时?"有人说,赵州说出的话像金子一样闪光,这句话就闪烁着金子的光辉。在赵州看来,一般人为时间(十二时辰)所驱使,而他是驱使时间的人。他如何驱使时间?他不是淡忘时间、控制时间,而是超然于世界之外,过去、现在、未来,佛学称为三际,就像他的谥号(真际)所显示的那样,他要建立一种真实的时间观,追求一种生命的"真际"。这样的时间观以超越具体时间为起点,以归复生命之本为旨归。

陈洪绶　蕉荫丝竹图

刘禹锡《听琴》诗云:"禅思何妨在玉琴,真僧不见听时心。秋堂境寂夜方半,云去苍梧湘水

① 《画禅室随笔》卷4,《禅说》。

深。”琴声由琴出，听琴不在琴；超越这空间的琴，超越执着琴声的自我，融入无边的苍莽，让琴声汇入静寂夜晚的天籁之中，故听琴不在琴声。而夜将半，露初凉，心随琴声去，意伴妙悟长，此刻时间隐去，如同隐入这静寂的夜晚，没有了“听时心”，只留下眼前永恒的此刻，只见得当下的淡云卷舒、苍梧森森、湘水深深。诗中所说的“真僧不见听时心”，就是对时间的超越，在此在把握永恒。

“意气不从天地得，英雄岂藉四时推”①，这是禅门一幅有名的对联。禅宗认为，要做一个“英雄”——一个真实的、本然的人，就必须自己成为自己的主人，不要匍匐在万物之下、他人之下、既成的理念之下，更不要匍匐在欲望之下，要斩断时空的纠缠，从而高卧横眠得自由，不知有汉无论魏晋，才是真英雄。

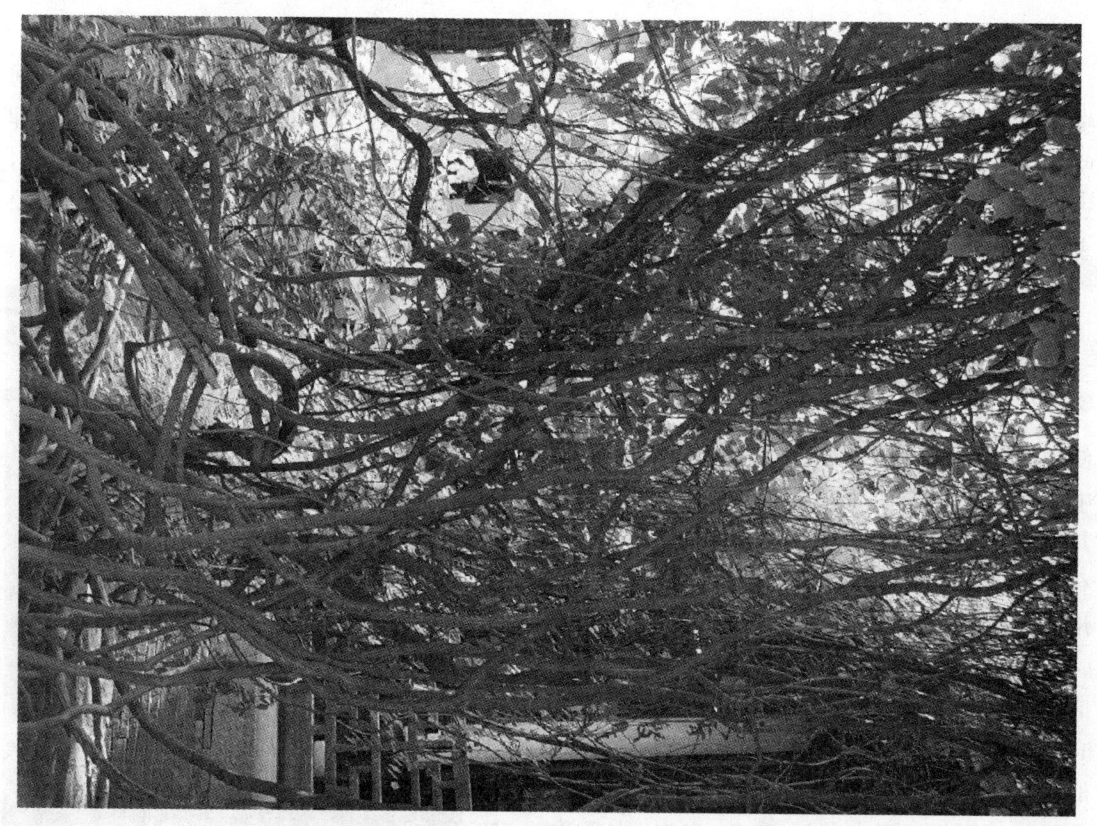

大明寺　古藤

时间性存在意味着一种表象的存在。对于中国艺术来说，艺术家不要做世界的陈述者，那是一种为时间所驱使的角色；而要做世界的发现者，即超然于时间之外的真实存在者。艺术的主要功能在于“发现”，而不在于记录。在常人的意念中，时间是无可置疑的，我们人人都有一颗听时心。但中国哲学和艺术却对时间产生怀疑。我们早已习惯于过去、现在、未来一维延伸的秩序，感受冬去春来、阴惨阳舒的四季流变，徜徉于日月相替、朝昏相参的生命过

① 《古尊宿语录》卷10，汾阳善昭语。

程。但对于赵州，对于中国很多艺术家来说，这些都是惯常的思维，正因这种意念根深蒂固，所以人们很容易被时间所驱使、所碾压，成为时间的奴隶。人们用时间的眼去认识世界，世界的真实意义从人们的心灵中不知不觉遁去了。

时间性存在是一种情理的存在。在时间的帷幕上，映现的是人具体活动的场景，承载的是说不尽的爱恨情仇，时间意味着秩序、目的、欲望、知识等等，时间意味着无限的一地鸡毛，时间也意味说不完的占有和缺憾。“昔我往矣，杨柳依依，今我来思，雨雪霏霏”；“昔年移柳，依依汉南；今看摇落，凄凄江潭。树犹如此，人何以堪”，时间记载了人们多少遗憾和缺憾，失落和茫然。中国艺术要撕开时间之皮，走到时间的背后，去寻找自我性灵的永恒安顿，摆脱时间性存在所带来的性灵痛苦。

中国画学中有“时史”的说法。清戴熙说：“西风萧瑟，林影参差，小立篱根，使人肌骨俱爽。时史作秋树，多用疏林，余以密林写之，觉叶叶梢梢，别饶秋意。”这则画跋涉及两种看世界的方法：一是“时史”之法。时史，就是世界的叙述者；一是对时史的超越。关于“时史”，画史上多有所论。恽南田评董其昌画说：“思翁善写寒林，最得灵秀劲逸之致，自言得之篆籀飞白。妙合神解，非时史所知。”“时史”难以理解董思白处理寒林的秀逸高远之法。南田评当时二画人说：“吾友唐子匹士，与予皆研思山水写生。而匹士于蒲塘菡萏，游鱼萍影，尤得神趣。此图成，呼予游赏，因借悬榻上。若身在西湖香雾中，濯魄冰壶，遂忘炎暑之灼体也。其经营花叶，布置根茎，直以造化为师，非时史碌碌抹绿涂红者所能窥见。”“以王郎之劲笔，乃与世俗时史并传。”醇士和南田所说的“时史”就是元明人所说的“画史”，董其昌《画禅室随笔》说：“张伯雨题元镇画云：无画史纵横习气。”

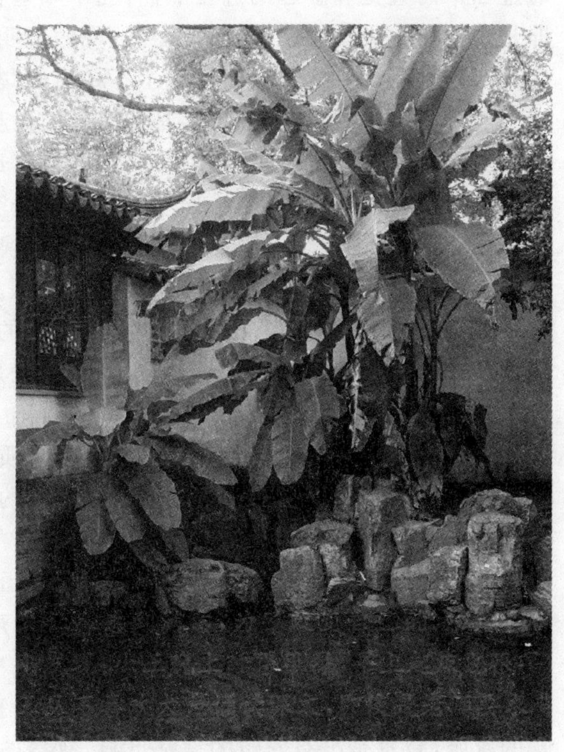

拙政园一角

“时史”（或曰“画史”），是受时间限制的艺术家，他以写实的方式来表达，只能“碌碌抹绿涂红”，不能超越物象，发现世界背后的真实。以写实为根本之法，即使画得再像，那也只是一个表面的真实，这样的创作者只是世界的描画者，而不是世界的发现者。在南田、醇士等艺术家看来，时史之人不能“妙合神解”——以心灵穿透世界的表象，契合大化的精神。他们有纵横之气，无天真幽淡之怀，斤斤于求似，念念于知识，时时不忘目的，处处隐藏斗心。

非时史的思维，是一种别样的胸次，它撕开时间之皮，感受生命的海洋深层的脉动。时史，所重在史，而艺术家所重在诗。没有诗，则没有艺术。真正的艺术不是陈述这个世界出现了什么，而是超越世界之表相，揭示世界背后隐藏的生命真实。艺术的关键在揭示。诗是艺术家唯一的语言。

我们看醇士的两则题画跋："青山不语，空亭无人，西风满林，时作吟啸，幽绝处，正恐索解人不得。"醇士似乎以手轻轻地撕开时间，为我们展现一个幽绝的世界，在这样的世界中，青山不语，空亭无人，偶尔风吹长林，作漫天的吟啸。无限的青山，空阔的原畴，在空亭中吞吐。他又说："崎岸无人，长江不语，荒林古刹，独鸟盘空，薄暮峭帆，使人意豁。"江岸无人，一片寂静，在幽寂中，但见得荒林古刹，兀然而立；而在渺远的天幕下，偶见一鸟盘空，片帆闪动，正如空山无人，水流花开，悠然显现。在这里，超越了空间，喧嚣的世界远去，敻绝的世界象征人超然孑立的情怀。时间也被凝固，古木参差，古刹俨然，将人的心理拉向莽远的荒古。当下和莽古构成巨大的空白地带，通过古"榨取"人对现在的执着，否定现在时间的虚幻性，通过当下的直觉和渺远的过去照面，当下和远古画面的重叠，创造一种永恒就在当下、当下即是永恒的心灵体验。"使人意豁"的"豁"是明亮，人的心灵在当下永恒的顿悟中一时明亮起来，从"无明"走向"明"，从物我了不相类的"寂"走向天乐自呈、天机鼓吹的境界。

醇士所描写的"幽绝处"，乃是一个新的世界。这个世界可用佛学香象渡河截断众流来比之。醇士的这个世界是"迥绝"的，"迥"说其远，是对"时史"的超越；"绝"说其断，断的是一切外在的拘限。艺术的"迥绝处"，就是截断众流。它包括两方面，一是从空间上说的孤。孤和群相对，在中国哲学看来，群是人的看法，世界的联系性存在于人的意识之中，世界本身并没觉得与他物有联系，世界的本来面目就是孤。当然这孤并非孤独感，人的孤独感，出自人有所依待，但世界本身却没有这样的依待，它的孤是孤迥特立，而不是孤独感。二是时间上的截断，没有了时间之流，三际已破，静和寂就是截断时间后所产生的心理感受。静表面上与喧闹相对，而所谓归根曰静，意思是，在生命的深层，有永恒的宁静。静是一种超越的感觉。在宁静中，悬隔了世界的喧闹，悬隔了物质的诱惑，悬隔了悲欣的感受，所谓静绝尘氛，将自己和人活动的欲望世界隔开。归根曰静的思想说明：我们在静中体味到本真世界，获得了终极的意义，在心灵的悬隔之中完成了形上的超越；从林林总总的表象中撤身，在这里和永恒照面。而永恒是一点也不玄妙的事。永恒就是放下心来，与万物同在。关于寂，空寂，寂寥，寂寞，死寂，没有声响的寂寥，是一个"无声"的世界，其实不是没有声音，而是无听世俗之音的耳朵，世界照样是花开花落，云起云收。我们似乎寂寞，但这寂寞就如同上面所说的孤独一样，它与凡常的寂寞完全不同。凡常的寂寞，是一种无所着落感，寂寞是寻找一种安顿的家园，寂寞是没有安慰的空茫世界，忽然如置于荒天迥地之中，突然间面对地老天荒，寂寞就如同那个在古道西风中徘徊的游子。寂寞是有所求，有所往，有目的地；有那个微弱的灯光映照着的家等待着。这样的寂寞是表象的。而在悬隔时间之后，万物自生听，太空恒寂寥。这寂寥不是心中有所期待需要安慰，不是心中有目的地需要跋涉，这就是终极的家园，在这家园中似乎撇开了一切安慰和照顾，它是无所等待、无所安慰的，是一个永恒的定在，一个绝对的着落，是生命的永恒锚点。所以这寂寞，空空落落，却给人带来绝对的平和。正因此，寂寞之静，为中国艺术家喜爱，南田有所谓寂寞无可奈何之境最宜着想，寂寞之境，为艺之极静。空山无人，水流花开，就是一种寂寞。一丸冷月，高挂天空，就是寂寞。皑皑白雪，绵延无尽，就是寂寞。

无住哲学，是中唐以来影响中国艺术最为深远的哲学观念之一。无住哲学一方面强调随物迁化，另方面强调不粘不滞。在佛教，时间没有实在性，故要超越。龙树中观八不有"不来亦不去，不生亦不灭"之说，强调无生法忍的思想。《维摩诘经》说："我观如来，前际不来，后际不去，今则不住。”三际皆断，超越时间。又说：“一切法生灭不住，如幻如电，诸法不相待，乃至一念不住。”一切法相，忽生忽灭，刹那刹那，都无暂住，都无定在，如梦如幻，如忽然电击，瞬间即过，无一丝停息。念念相住，则落时间罗网；一念不生，故而不住。《金刚经》也说：“过去心不可得，现在心不可得，未来心不可得。”僧肇注云：“过去已灭，未来未起，现在虚妄，三世推求，了不可得。”心法本来没有住处，所以时间也没有实在性。《金刚经》解释什么叫“如来”颇有意思：“如来者，无所从来，亦无所去，故名如来。”如来就是一种不沾滞于时空的无住心态。《坛经》更是以“无住”为立经之本，由此阐释它的无生法忍哲学。在禅宗看来，时间并没有动，而是“仁者心动”，才会有时间流动的感觉。心中感到时间流动，就是为时间所使，就是时间的奴隶。不逐四时凋，“性”才能自在显现。禅宗中有一个智门莲花的公案，有人问北宋云门宗僧人智门：“莲花未出水时如何？”智门说：“莲花。”这僧又问道：“出水后如何？”智门说：“荷叶。”[①] 未出是过去，已出是现在，未出是隐，已出是显，隐即显，显即隐，即现在即过去，自性并没有改变，时间和空间的变化只是幻象。

在中国哲学中，超越时间，是克服人类存在脆弱性的重要途径。超越时间，也就是超越人的局限性。在庄子哲学中，人是在“转徙之徒”中挣扎的群类，“人生天地之间，如白驹之过隙……已化而生，又化而死，生物哀之，人类悲之”，这是人无法摆脱的宿命，人如何保持性灵的平衡，唯有“解其天韬，堕其天袠”——其实就是解除人的物质性，解除时空的限制。

人生短暂，转瞬即逝，如白驹过隙，似飞鸟过目，是风中的烛光，倏忽熄灭；是叶上的朝露，日出即晞；是茫茫天际飘来的一粒尘土，转眼不见；衰朽就在眼前，毁灭势所必然，世界留给人的是有限的此生和无限的沉寂，人生无可挽回地走向生命的终结。人与那个将自我生命推向终极的力量之间奋力回旋，这场力量悬殊的角逐最终以人的失败而告终，人的悲壮的企慕化为碎片在西风中萧瑟。与其痛苦而无望的挣扎，还不如忘却营营，所以在庄禅哲学中，消解时间的压迫给人带来的痛苦则成了主旋律。陶渊明说，人“寓形百年，而瞬息已尽”（《感士不遇赋》），时间无情地“掷人去”，宇宙多么广阔，时间无际，但留给人的是这样的短暂（“宇宙一何悠，人生少至百”）。作为时间的弃儿，人生“流幻百年中”。他说：“黄唐莫逮，慨独在余”，拯救自己的手就在自身，人不可能与时间赛跑，无限也不可在外在的追求中获得，那么，就在当下，就在此顷，就在具体的生存参与之中，实现永恒吧。“即事如已高，何必升华嵩”，至高的理想就在当下的平凡参与之中，就在此刻的领悟之中。“纵浪大化中，不喜亦不惧”，无生亦无死，此之谓永恒。

“流光容易把人抛，红了樱桃，绿了芭蕉。”[②] 时间一刻不停地流淌，亘古如斯，而时间背后隐藏的不变因素同样亘古如常。它是永恒的，不可更易的，青山不老，绿水长流，樱桃一年一年地红，芭蕉一度一度地绿。沈周题画诗所谓“荣枯过眼无根蒂，戏写庭前一树蕉”。天地自其变者观之，万物无一刻之停息，而自其不变者观之，山川无尽，天地永恒，春来草自青，秋至叶自红。中国艺术理论认为，与其说关心外在的流动，倒不如说更关心恒常如斯的内在事实。对永恒的追求是中国艺术的一大特色。这永恒感是自然节律背后的声音，这声音，只有

---

① 《碧岩录》卷 3，第二十一则。《大正藏》第 48 册。

② 蒋捷《一剪梅》（舟过吴江）：“一片春愁待酒浇，江上舟摇，楼上帘招。秋娘度与泰娘娇，风又飘飘，雨又萧萧。何日归家洗客袍，银字笙调，心字香烧。流光容易把人抛，红了樱桃，绿了芭蕉。”

诗人之耳才能听到。

二、刹那永恒

苏州沧浪亭有一小亭，亭廊柱上题有一幅对联："未知明年在何处，不可一日无此君。"亭子不大，景致也无特别之处，但这幅对联却令人难忘，只是觉得放在这优雅的处所，格调似过于冷峻。前句是中国诗词中常见的感叹，如欧阳修《浪淘沙》词："把酒祝东风，且共从容，垂杨紫陌洛城东。总是当时携手处，游遍芳丛。聚散苦匆匆，此恨无穷。今年花胜去年红，可惜明年花更好，知与谁同？"这是代未来预想，今年很好，当下很好，但来日如何，明年如何？明年不知流转于何处，时间转瞬即逝，人是未来宴席的永远缺席者。后一句引东晋王徽之对竹子的感叹，强调当下此在的感受。两句又有密切的情感逻辑，正因为我们无法把握未来，正因为必将缺席，我们更应该珍惜这当下的人生盛宴。这幅对联有无奈，但更有惊悟。中国艺术强调，时间、空间带给我们的是拘限，超越时空，领略当下的圆融。这里含有中国人刹那永恒的思考。

禅家以"万古长空，一朝风月"为妙悟的最高境界，一个悟道者，在一个静寂的夜晚，享受山间之清风、湖上之明月，由当下所见一月，想到万里长空，天下是是处处，都由这一月照耀，由此刻，想到自古以来，无数人登斯山、登斯楼、望斯月，月还是以前的月，山还是以前的山，江湖还是以前的江湖。万古的时间和此顷，无限的长空和此在，就这样交织到一起。这里不是做短长之比、大小之较，也不是强调联想的广泛和丰富，而是在渺小和无垠、短暂和绵久之间流转，作时空的遁逃。强调妙悟就在当下的事实。

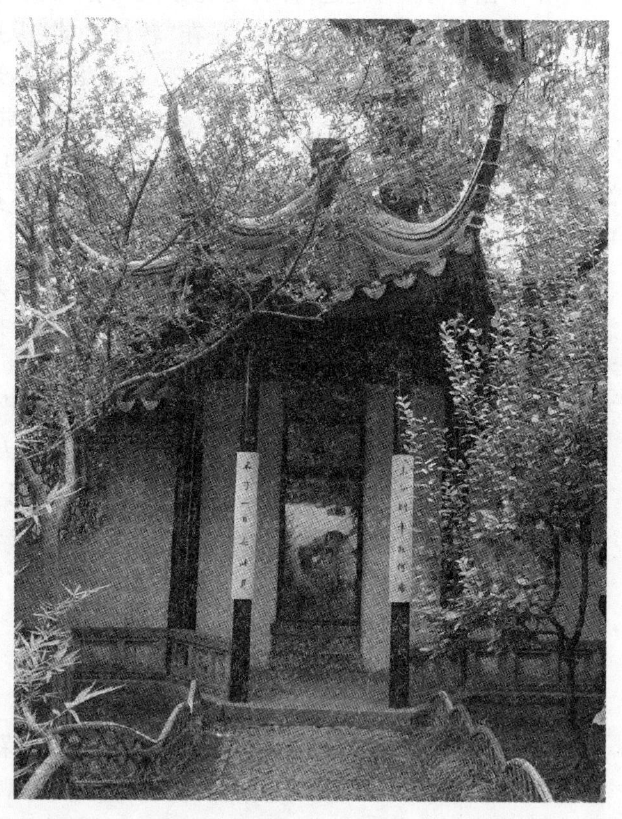

沧浪亭　小亭

被闻一多称为"泄露了天机"的刘希夷的《代白头翁》诗云："古人无复洛城东，今人还对落花风。年年岁岁花相似，岁岁年年人不同。"诗中表达了在如水的时光中如何抓住一些影象的思考。张若虚以他妙绝人寰的千古叩问震撼着人们的心扉："江畔何人初见月？江月何年初照人？人生代代无穷已，江月年年只相似。不知江月待何人，但见长江送流水。"而李白一首《把酒问月》传达了更为放荡的思考："今人不见古时月，今月曾经照古人。古人今人若流水，共看明月应皆此。"这些天才诗人几乎是在神秘的颖悟中，和合物我，齐同古今，万古同一时，古今共明月。虽短暂并无局限，虽脆弱但并不能随意摧毁，虽渺小并无缺憾，诗人们在超越中占有了无限，与过去晤谈，与未来商兑。正像沈周诗中所说的："天地有此亭，万古有此月，一月照天地，万物辉光发。不特为亭来，月亦无所私。"(《题天池亭月图》)在颖悟中顿入了永恒。

《二十四诗品·洗练》云："流水今日，明月前身。"清人张商言说："流水今日，明月前身，余谓以禅喻诗，莫出此八字之妙。"这两句是互文，表面的意思是，今日所见之流水、水中之明月，就是亘古以前的流水明月。这是放到永恒处思考当下。而另一层意是，过去之流水明月，就在今日此顷我的观照中，就在我的目前呈现，这是强调永恒就在当下。这里突现的正是瞬间永恒的思想。

瞬间永恒是禅宗最深刻的秘密之一，也是中国艺术的秘密之一。"万古江山在目前"，大道就在今朝，就在此刻，就在此刻所见的十五圆月。明代心学家陈白沙说："道眼大小同，乾坤一螺寄。东山月出时，我在观溟处。"[①] 关键在于"我在"，此在并不因为过去而失去意义，目前不因为广远而丧失可观之处，此顷我在此处，我就是世界的中心，圆满而无缺憾，"我在"，世界因而有意义。

松尾芭蕉的诗写得清新雅净，意味幽永，他的一首俳句道："蛙跃古池中，静潴传清响。"芭蕉自言其"'古池'句系我风之滥觞，以此作为辞世可也"[②]。诗人笔下的池子，是亘古如斯的静静古池，青蛙的一跃，打破了千年的宁静，这一跃，就是一个顿悟，一个此在此顷的顿悟。在短暂的片刻撕破俗世的时间之网，进入绝对的无时间的永恒中。这一跃中的惊悟，是活泼的，在涟漪的荡漾中，将现在的鲜活揉入到过去的幽深中去了。那布满青苔的古池，就是万古之长空，那清新的蛙跃声，就是一朝之风月。

我尝模仿汉译芭蕉诗："当我细细看，呵，一棵荠花，开在篱墙边"(顺便说一句，这译文真好)，将陶渊明的"采菊东篱下，悠然见南山"戏改为："在东篱下采菊，悠然无意间，呵，我见到了南山。"陶渊明这句诗其实表现的就是这样的惊悟，在时间突围成功之后的惊悟。宋代临济僧人道灿将其改为："天地一东篱，万古一重九"，无限的时间都凝聚于当下重九的片刻，浩浩的宇宙都归于此在的东篱。无限和永恒在此消失了，这也是芭蕉的思路。

在禅宗中，刹那被用为觉悟的片刻，慧能说："西方刹那间目前便见。"西方就在刹那，妙悟便在此刻。悟在刹那间，并非形容妙悟时间的短暂[③]。在禅宗以及深受禅宗影响的中国艺术理论看来，一切时间虚妄不实，妙悟就是摆脱时间的束缚，而进入到无时间的境界中。所谓"透入"(即悟入)之法界，则是无时间的境界。刹那在这里是一个"临界点"，是时间和非时间的界限，是由有时间的感觉进入到无时间直觉的一个"时机"。迷则累世劫，悟则刹那间。

妙悟中刹那和一般的时间有根本的区别，一般时间是过去、现在、未来的一个时间段落，

---

① 《浮螺得月》，《陈白沙集》卷 5。

② 《虚子俳话》卷上，转引自彭恩华《日本俳句史》。学林出版社 1983 年版，第 17 页。

③ 《坛经》上说："迷来经累劫，悟则刹那间。"临济说："一刹那间透入法界"。性修禅师说："悟在刹那。"刹那是一个时间概念，在印度佛学中指极短的时间。《慧苑音义》卷上云："时之极促名也。"《华严经探玄记》卷十八云："刹那者此云念顷，于一弹指顷有六十刹那。"《大般若经》卷 347 所说之一日夜、一日、半日、一时、食顷、须臾、俄尔、瞬息顷等顺序，一刹那大约相当于一食顷(一食顷之间，即早食之前或早食之间)之时间。佛学有刹那三世的说法，现在之一刹那曰现在，前刹那曰过去，后刹那曰未来。在大乘空宗中，刹那一语常常用来形容存在的虚妄，所谓刹那刹那，都无暂住，都无故实。

是具体时间。但在妙悟中，刹那却不具有这种特点，它虽然可以联系过去，但绝不联系未来，它是一个“现在”，是将要透入法界的“现在”，是将要进入无时间的“现在”。因为悟入的境界是不二的，绝对的，非时非空的。所以，刹那是由有时间到无时间的分界点。石涛说“在临时间定”，这个“临时间”，就是时间的临界点。所以，禅宗中说妙悟，是在“刹那间截断”，在忽然的妙悟中，放弃对虚幻不真的色相世界的关注，放弃起于一念的可能性。刹那的意思在截断。可见，刹那永恒，并非于短时间中把握绵长的时间，在妙悟中，没有刹那，也没有永恒，因为没有了时间。在刹那间见永恒，就是超越时间。

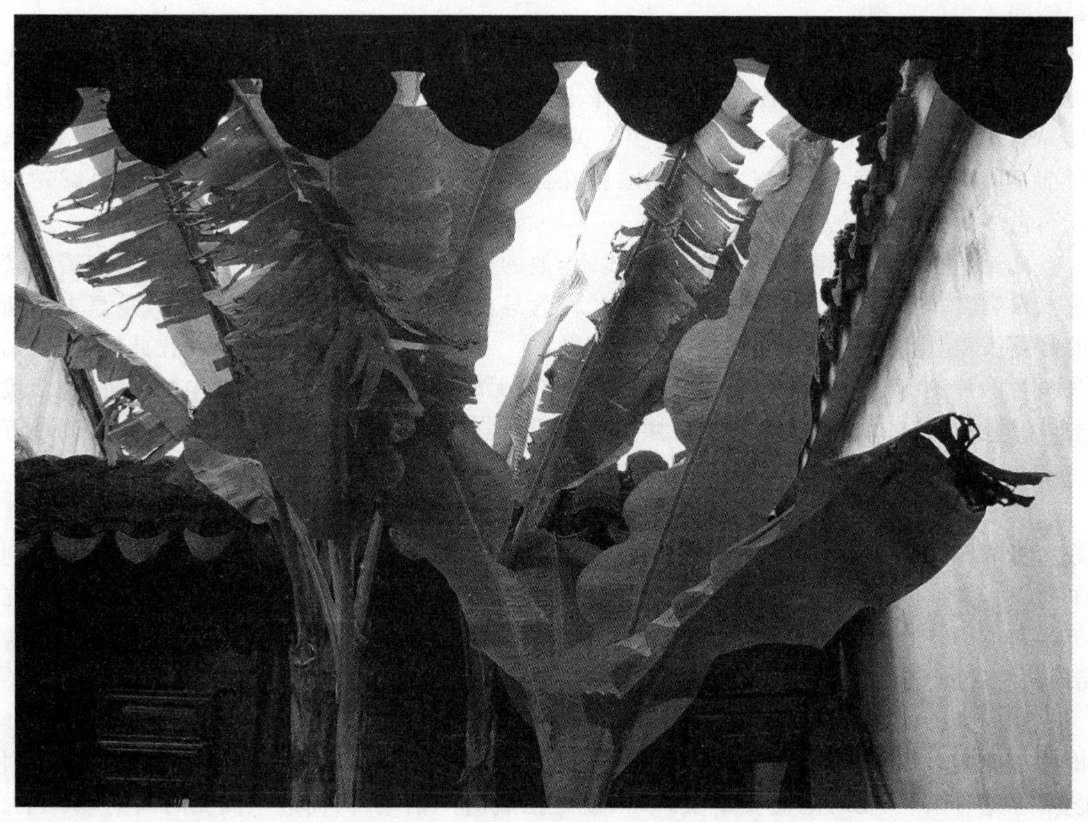

“无边刹境自他不隔于毫端，十世古今始终不离于当念”，这是一句在禅门很有影响的表述。其意思是：一念一切念，一月一切月，一时一切时，刹那就是充满，在时间空间上都没有残缺，也没有遗憾。佛法无边，真如无对，就在目前。临济义玄说：“有心解者，不离目前。”有僧问兴善惟宽禅师：“道在何处”，惟宽说：“只在目前。”当下即可解会，西方只在目前。

瞬间就是永恒，当下就是全部。所谓当下，就是截断时间，当下并不是通往过去和未来的窗口，当下就是全部，瞬间就是永恒。妙悟只在“目前”。“目前”就空间言。“目前”不同于眼前，“目前”并不是一个区别此处和彼处的概念，“目前”并不强调视觉中的感知。“目前”在当今学界常常被误解为唯目所见，鲜活灵动。其实“目前”不是眼中所“见”，而是心中所“参”，它是直下参取的。万象森罗在“目前”，并非等于在眼前看到了无限多样的物。如果这样理解，那么人仍然没有改变观照者的角色，仍然在对岸，没有回到物之中。实际上，在“目前”中无“目”，也无“目”所见之前；无“目前”之空间。

在一念的超越中,无时间,无空间,故而也无当下,无目前,无无边,无十世。刹那永恒,也就是没有刹那,没有永恒。目前便是无限,也就是没有目前,没有无限。因为,彻悟中,没有时空的分际,一切如如;解除了一切量的分别,哪里有时间的短长和空间的小大!

刹那永恒的境界,就是任由世界自在兴现。在纯粹体验中,并非脱离外在世界的空茫索求,而是即世界即妙悟。悟后,我们见到一个自在彰显的世界,它不由人的感官过滤,也不在人的意识中呈现。水自流,花自飘,我也自在。世界并不"空",只是我的念头"空",我不以我念去过滤世界,而是以"空"念去映照世界,这就是"目前",就是"当下"。由此在的证会,切断时间上的纠缠和空间上的联系,直面活泼泼的感相,确立生活自身,看飞鸟,听鸡鸣,嗅野花之清香,赏飞流之溅落……以自然之眼看,以自然之耳听,如大梅法常以"蒲花柳絮"来说佛一样,就是这么平常。

三、静里春秋

明末大收藏家卞永誉,博物通古,每评画,多有识见。他评北宋范宽的《临流独坐图》,认为此图"真得山静日长之意"。这个"山静日长之意"蕴涵着中国艺术的一篇大文章。他突出了"静"在中国艺术中的地位。中国艺术极力创造的静寂的意象,原是为了时间的超越,在静中体味永恒。

关于山静日长,历史上曾有热烈的讨论,它始于宋代唐庚(字子西)的一首《醉眠》诗。诗这样写道:"山静似太古,日长如小年。余花犹可醉,好鸟不妨眠。世味门常掩,时光簟已便。梦中频得句,拈笔又忘筌。"唐子西并不是一位太出名的诗人,但他这首诗却非常著名,它描绘的是艺术家期望超越的境界。宋代罗大经写道:"唐子西云:'山静似太古,日长如小年。'余家深山之中,每春夏之交,苍藓盈阶,落花满径,门无剥啄,松影参差,禽声上下,午睡初足,旋汲山泉,拾松枝,煮苦茗啜之……出步溪边,邂逅园翁溪友,问桑麻,说粳稻,量晴校雨,探节数时,相与剧谈一晌。归而倚杖柴门之下,则夕阳在山,紫绿万状,变幻顷刻,恍可人目。牛背笛声,两两来归,而月印前溪矣。味子西此句,可谓妙绝。然此句妙矣,识其妙者盖少。彼牵黄臂苍,驰猎于声利之场者,但见衮衮马头尘,匆匆驹隙影耳,乌知此句之妙哉!"他在唐子西的诗中识得人生的韵味,体会到独特的生命感觉,他以自己的生命来映证此诗境。真是深山尽日无人到,清风丽日亦可人。

时间是一种感觉,阳春季节,太阳暖融融的,我们感到时间流淌也慢了下来。苏轼有诗谓:"无事此静坐,一日是两日。若活七十年,便是百四十。"在无争、无斗、淡泊、自然、平和的心境中。似乎一切都是静寂的,一日有两日,甚至片刻有万年的感觉都可以出来。正所谓懒出户庭消永日,花开花落不知年。

清代安徽画派画家程邃画山水喜用焦墨干笔,浑沦秀逸,自成一家。他是名扬天下的篆刻大家,融金石趣味于绘画之中,其画笔墨凝重,于清简中见沉厚。上海博物馆藏有他的山水册页,十二开,这是他 84 岁时的作品,风格放逸。其中一幅上有跋云:"山静似太古,日长如小年。此二语余深味之,盖以山中日月长也。"这幅画以枯笔焦墨,斟酌隶篆之法,落笔狂扫,画面几乎被塞满,有一种粗莽迷蒙、豪视一世的气势。这画传达了艺术家独特的宇宙体验。表面看,这画充满了躁动,但却于躁中取静。读此画如置于荒天迥地,万籁阒寂中有无边的躁动,海枯石烂中有不绝的生命。

艺术家山静日长的体验，其实就是关于永恒的形上思考，他们用艺术的方式思考。倪云林的《容膝斋图》，今藏台北故宫博物院，是云林生平的重要作品。此画的构图并没什么特别，是云林典型的一河两岸式的构图，画面起手处几块顽石，旁有老木枯槎数株，中部为一湾瘦水，对岸以粗笔钩出淡淡的山影。极荒率苍老。这样的笔墨，真要炸尽人们的现实之思，将人置于荒天迥地之间，去体验超越的情致。一切都静止了，在他凝滞的笔墨下，水似乎不流，云似乎不动，风也不兴，路上绝了行人，水中没了渔舟，兀然的小亭静对沉默的远山，停滞的秋水，环绕幽眇的古木，静绝尘氛，也将时间悬隔了。此画之妙在永恒。

倪云林在题钱选《浮玉山居图》跋中有诗道："何人西上道场山，山自白云僧自闲。至人不于物俱化，往往超出乎两间。洗心观妙退藏密，阅世千年如一日。"山静日自长，千年如一日，这就是云林理解的永恒，永恒感不是抽象的道、玄奥的终极之理，就是山自白云日自闲，心不为物所系，从容自在，漂流东西，就是永恒。云林有一诗写道："逍遥天地一闲身，浪迹江湖七十春。惟有云林堂下月，于今曾照昔年人。"他超越乎两间，感受到人生代代无穷已，江月年年望相似的永恒精神。

中国哲学强调于极静中追求极动，从急速奔驰的时间列车上走下，走入静绝尘氛的境界，时间凝固，心灵由躁动归于平和，一切目的性的追求被解除，人在无冲突中自由显现自己，一切撕心裂肺的爱，痛彻心腑的情，种种难以割舍的拘迁，处处不忍失去的欲望，都在宁静中归于无。心灵无迁无住，不沾不滞，不将不迎，时间的因素荡然隐去，此在的执著烟飞云散，此时此刻，就是太古，转眼之间，就是千年。千年不过是此刻，太古不过是当下。

沈周对山静日长的境界，有很深体会，其诗云："碧嶂遥隐现，白云自吞吐。空山不逢人，心静自太古。"他在《策杖图轴》中题诗道："山静似太古，人情亦澹如，逍遥遣世虑，泉石是霞居。云白媚涯客，风清[illegible]木虚……"沈周一生在吴中山水中徜徉，几乎足不出吴中，这样的地理环境对他的画也产生了影响。在太湖之畔，在吴侬软语的故乡，在那软风轻轻弱柳缠绵的天地，艺术也进入了宁静的港湾，吴门画派的静，原是和他们对永恒的追求有关。

"马蹄不到清阴寂，始觉空山白日长"，这是文徵明的题画诗。作为明代吴门画派的代表画家之一，文徵明是一个具有很深哲思的艺术家，不同于那些只能涂抹形象色彩的画匠们。他生平对道禅哲学和儒家哲学有较深的浸染。文徵明的画偏于静，他自号"吾亦世间求静者"——他是世界上一个追求静寂的人。为什么他要追求静寂？因为在静寂中才有天地日月长。静寂不仅和外在世界的闹剧形成对比，静寂中也可对世间事泊然无着染，保持灵魂的本真。静寂不是外在环境的安静，而是深心中的平和。在深心的平和中，忘却了时间，艺术家与天地同在，与气化的宇宙同吞吐。他说，他在静寂中，与水底行云自在游。

《真赏斋图》是文徵明的代表作品之一。真鉴斋是他一位朋友藏书会客之所，他 80 岁时，画过此图，此图今藏上海博物馆。八年后，又重画此图，该图今藏国家博物馆。后者虽然笔法更加老辣，但二画形式上大体相似，表现的境界也大体相同。在他的暮年，似乎通过这样的图来思考宇宙和人生。88 岁所作的这幅《真赏斋》，画茅屋两间，屋内陈设清雅而朴素，几案上书卷陈列，两老者对坐相语。正是两翁静坐山无事，静看苍松绕云生。门前青桐古树，修篁历历，左侧画有山坡，山坡上古树参差，而右侧则是大片的假山，中有古松点缀，细径曲折，苔藓遍地。所谓老树幽亭古藓香，正其境也。

中国艺术有追求静净的传统，这方面的理论很丰富。清恽南田甚至以"静净"二字来论画。他说："意贵乎远，不静不远也。境贵乎深，不曲不深也。一勺水亦有曲处，一片石亦有深处。绝俗故远，天游故静。"什么叫做天游？天游，就是儒家所说的上下与天地同体，道家所说的浑然与造化为一。天游，不是俗游，俗游是欲望的游，目的的游，天游，是放下心来与万物一例看。对此境界，南田曾有这样的描绘，目所见，耳所闻，都非吾有，身如槁木，迎风萧寥，傲睨万物，横绝古今。真是不知秦汉，无论魏晋了。在静中"天游"，便有了永恒。

笪重光《画筌》说："山川之气本静，笔躁动则静气不生；林泉之姿本幽，墨粗疎则幽姿顿减。"王石谷和恽南田注曰："画至神妙处，必有静气。盖扫尽纵横馀习，无斧鑿痕，方于纸墨间，静气凝结。静气，今人所不讲也。画至于静，其登峰矣乎。"为什么将静视之为艺术之登峰极境，就在于一切外在世界"本静"、"本幽"，这是老子"归根曰静，静曰复命"哲学思想的体现。我们说"幽深远阔"的生命精神，就是就"性"上"本"上而言的。它是超越时空的生命体验。

南田的画以静净为最高追求。上海博物馆藏有南田仿古山水册页十开，其中第十开南田题云："籁静独鸣鹤，花林松新趣。借问是何世，沧洲不可度。毫端浩荡起云烟，遮断千峰万峰路。此中鸿蒙犹未开，仙人不见金银台。冷风古树心悠哉，苍茫群鸟出空来。"南田在画中感受不知斯世为何世的乐趣。他说："十日一水，五日一石。造化之理，至静至深。即此静深，岂潦草点墨可竟？"他于此得永恒之生命精神。

中国艺术在一定程度上，就是为了谛听这永恒之音的。如山水画，五代北宋山水画的传统充满了荒天邃古之境，看看荆浩的《匡庐图》、范宽的《溪山行旅图》，就使人感觉到，这样的山水"总非人间所有"，纷扰的尘寰远去，喧嚣的声音荡尽，这是一片静寂的、神秘的天地。传说唐末五代的荆浩，隐居太行山之洪谷，于禅理尤有会心，当时邺都青莲寺大愚和尚向他求画，并附有一诗云："六幅故牢建，知君恣笔踪，不求千涧水，止要两株松。树下留盘石，天边纵远峰。近岩幽湿处，惟藉墨烟浓。"荆浩心领神会，作大幅水墨山水，并附诗一首："恣意纵横扫，峰峦次第成。笔尖寒树瘦，墨淡野云轻。岩石喷泉窄，山根到水平。禅房花一展，兼称空苦情。"荆浩画的就是静寂神秘的山水，峰峦迢递，气氛阴沉，寒树瘦，野云轻，突出深山古寺的幽岑冷寂气氛。荆浩所画的这幅图今不见，从其流传《匡庐图》中也可看出他的追求。

四、乱里世界

中国艺术不但以静寂之境界来超越时间，还以对人们习以为常秩序的破坏来实现这种超越。艺术家为了建立自己的生命逻辑，尽情地"揉搓"时间，打破时间节奏，嘲弄时间秩序，以不合时来说时，以不问四时来表达对时间的关注，以混乱的时间安排来显现他们的生命思考。禅宗中有这样一首颂："时时日日，日日时时，七颠八倒，孰是孰非？"[①] 七颠八倒就是这类时间观的特征。

一个僧人问北宋兴元府青悍山和尚"如何是白马境"？此和尚回答道："三冬花木秀，九夏雪霜飞。"[②] 这里就是四季颠倒，时间乱置。有个弟子问汝州归省："如何是佛法大意？"这位禅师回答说："日午打三更，石人倾耳听。"[③] 石人是没有耳朵的，同样三更不可能出现在

① 《五灯会元》卷47。

② 《景德传灯录》卷20。

③ 《归省禅师语录》，《古尊宿语录》卷23。

日午。但在禅者的狂语中却可以存在。有个僧徒问唐代池州鲁祖山宝云禅师“如何是高峰孤宿底人”，宝云说：“半夜日头明，日午打三更。”[①] 佛眼禅师还给弟子讲过“一叶落，天下春”的话题。古语有所谓“一叶落，天下秋”，但这里秋则变成了春，一字之换，在禅者看来，换的是一种思维，一种新的生命观念。禅者重新设置传统的论题，就是要人们换一副衷肠来关心理性背后的活泼泼的世界，那个长期以来被人们忽视的事实。

持此非时间观念的人以为，寻常人心灵被时间“刻度化”了，或者用现代的术语说，被时间“格式化”了。人们被关在时间的大门之内，并不是时间强行将我们关在其中，而是我们对时间的过于沉迷所造成的。四时，十二月，二十四节气，七十二候，每日十二时辰，每个时辰中的分分秒秒，从中国文明发展的历史可以看出，时间的划分越来越细，生命的展开被打上越来越细密的刻度，这一刻度只不过丈量出人生命资源的匮乏，彰显出人生命的压力。时间成了一道厚厚的屏障，遮挡着生命的光亮。所以在时间上“七颠八倒”，就是捅破这一屏障，去感受时间背后的光亮。

中国艺术史上关于雪中芭蕉的争论就与此有关。佛经中就有“雪中芭蕉”“火里莲花”[②]的比喻。明李流芳诗云：“雪中芭蕉绿，火里莲花长”[③]，谈的就是此事。据宋沈括《梦溪笔谈》卷十七载：“书画之妙，当以神会，难可以形器求也。世之观画者，多能指摘其间形象、位置、彩色瑕疵而已，至于奥理冥造者，罕见其人。如彦远《画评》言王维画物，多不问四时，如画花往往以桃、杏、芙蓉、莲花同画一景。予家所藏摩诘画《袁安卧雪图》，有雪中芭蕉，此乃得心应手，意到便成，故造理入神，迥得天意，此难可与俗人论也。谢赫云：‘卫协之画，虽不该备形妙，而有气韵，凌跨群雄，旷代绝笔。’又欧阳文忠《盘车图》诗云：‘古画画意不画形，梅诗咏物无隐情。忘形得意知者寡，不若见诗如见画。’此真为识画也。”王维曾作有《袁安卧雪图》，其中有雪中芭蕉的安排。另外，宋诗人陈与义深解禅理，又有所谓夏日梅花的描写，后人有诗写道：“雪里芭蕉摩诘画，炎天梅蕊简斋诗。”

对此，学界有两种观点。朱熹说：“雪里芭蕉，他是会画雪，只是雪中无芭蕉，他自不合画了芭蕉，人却道他会画芭蕉，不知他是误画了芭蕉。”宋黄伯思《东观余论》则不同于此种观点：“昔人深于画者，得意忘象，其形模位置有不可以常法论者……如雪蕉同景，桃李与芙蓉并秀，或手大于面，或舟阔于门。”王士祯以“大抵古人诗画只取兴会神到”来释此。黄伯思、王士桢的观点是符合事实的，而朱熹的解说却有囿于“常法”之嫌。

《冷斋夜话》说：“诗者，妙观逸想之所寓也，岂可限以绳墨哉？如王维画雪中芭蕉，诗眼见之，知其神情蛰寓于物，俗论则以为不知寒暑。”从逻辑的角度看，雪中芭蕉之类的描写显然是荒诞不经的，但从“妙观逸想”的角度看，却又深有理趣。因为艺术是诗的，诗是心灵之显现，诗不一定要打破外在世界的秩序，但为了表达超越的用思，对时空的颠倒又并非“匪夷所思”。艺术家要通过破坏原有的时间逻辑，建立一种生命逻辑。

古代中国有一个美妙的传说，说是有一位神人，叫安期生，一日，大醉，以墨洒于石上，于是石上便有绚烂的桃花。据说很多画家仿照此神人之法。石上的绚烂，是永恒的绚烂，在生

① 《景德传灯录》卷 9。

② 《维摩诘所说经》《佛道品》卷 8：“火里生莲花。”

③ 《檀园集》卷 1。文渊阁四库全书本。

命的沉醉中，无处不有桃花的灿烂。海枯石烂，桃花依然。桃花依旧笑东风，是一个永恒的期许。

在中国古代，“不问四时”已然成为一种流行的艺术创造方式。如在中国绘画中，自然时间常常被画家“揉破”，唐代的张询画“三时山”①，他将一天早中晚三时所见山景放到同一画面中来表现。宋代王希孟有《千里江山图》，在这幅壮阔的画面中，囊括了四时之间的不同山水形态，没有一个时间点，它要陈述的是画家对山水的感觉世界。扬州个园中的四季假山则更是一个典型。

在中国，搅乱时间节奏往往和艺术家的创造精神联系在一起。明末画家陈洪绶是一位有个性的画家，长于人物和花卉。他的画多是对人的生命的感喟。画家的至友周亮工说，陈洪绶不是一位画师，而是大觉金仙。所谓大觉金仙，就是光辉灿烂的觉者。他觉悟了别人所不能觉者，或所未觉者。他的画具有很强的装饰味，他的装饰目的不在于和谐，不在于美，而在于深心中的体验。他将这个戏剧化的人生放大着看，夸张着看，他将短暂而脆弱的人生超越着看，通透着看，他睁着一双醉眼，将一些不相干的对象撮合到一起，他凭着那份狂劲，将平常的存在扭曲，再扭曲。他最喜欢的就是揉破时间的节序，将不同时间中出现的物象置于一体，表达他独特的思考。他的画似乎只对永恒感兴趣，他在永恒中思考着人生。

陈洪绶 听吟图

陈洪绶的人物画构图简洁而寓意深刻。他对人物活动具体场景的细节不感兴趣，几乎省略了绝大多数与人物活动相关的内容，往往精心选择几个重要的物品，如假山、花瓶，花瓶中所插的花也经过特别的选择，再经过夸张和变形，突出他要表达的内涵。陈洪绶的画中大量地出现王维雪中芭蕉式的描写，将不同时期的物品放到一起，时间和空间从来不是限制他的因素，他的画只在乎表达自己的体验世界。一切都是可以利用的。在陈洪绶画面中反复出现的花瓶中，总是少不了梅花和红叶，红叶时在秋末，梅花乃在冬末春初，但陈洪绶毫不在乎它们不符合时间的节序。他只在乎他所要表现的内

① 《宣和画谱》卷10：“张询，南海人。不第后流寓长安，以画自适。后至蜀中，因假馆于昭觉寺，为僧梦休作早、午、晚三景图于壁间，率取吴中山水气象，用以落笔焉。唐僖宗幸蜀，见之叹赏弥日。”

涵，梅花象征高洁，而红叶象征着岁月飘零，时光是这样轻易地将人抛弃，而人却执著地流连着生命的最后灿烂。而花瓶是锈迹斑斑，它从苍莽中走来。在这里，亘古和当下，深秋和春初，就这样揉搓到一起，如现藏于扬州博物馆的《听吟图》，是作者甲申之后的作品。此图画两人相对而坐，一人清吟，一人侧耳以听。清吟者的旁边以奇崛之树根奉着清供，幽古的花瓶中有梅花一枝，红叶几片，红叶和寒梅也放到了一起。听者一手拄杖，一手撑着树根。其画高古奇崛，不类凡眼。

五、古意盎然

陈洪绶用他的画传达对永恒的思考，他的画充满了苍古的意韵。其实，中国艺术具有一种普遍的“好古”气息，如在艺术题跋中，经常使用古雅、苍古、浑古、醇古、古莽、荒古、古淡、古秀等来评价艺术作品。如在中国画中，林木必求其苍古，山石必求其奇顽，山体必求其幽深古润，寺观必古，有苍松相伴，山径必曲，着苍苔点点。中国画中习见的是古干虬曲，古藤缠绕，古木参天，古意盎然。中国园林理论认为，园林之妙，在于苍古，没有古相，便无生意。中国园林多是路回阜曲，泉绕古坡，孤亭兀然，境绝荒邃，曲径上偶见得苍苔碧藓，班驳陆离，又有佛慧老树，法华古梅，虬松盘绕，古藤依偎。如在书法中，追求高古之趣蔚为风尚，古拙成了书法之最高境界，等等。

有的人说这是中国崇尚传统的文化风尚所使然，其实这是误解。这里所说的“古”，不是古代的“古”，崇尚“古”，不是为了复古，它和文必秦汉、诗必盛唐之类的复古思潮是不同的，那是以古律今，或者以古代今，而这里是无古无今，高古，是要通过此在和往古的转换而超越时间，它体现的是中国艺术家对永恒感的思考。

通过对“古”的崇尚达到对自然时间的超越，显现顿悟境界时间无对、不二的特点（古与“今”对）；由对“古”的崇尚达到对表象世界的超越，将人兴趣点由俗世移向宇宙意识之中（古与“元”对）；由对“古”的崇尚达到对事物发展阶段的超越，将人的心灵从残缺的遗憾转向大道的圆融中（古与“老”对）；由对“古”的崇尚达到对在在皆住的思维的超越，将茂古苍浑和韶秀鲜活相照应，打破时间的秩序，使得亘古的永恒就在此在的鲜活中呈现（古与“秀”对）。中国艺术家在“古”上做出了大文章，“古”成了永恒的代名词。

艺圃一角

《二十四诗品》有《高古》一品，其云：“畸人乘真，手把芙蓉。泛彼浩劫，窅然空踪。月出东斗，好风相从。太华夜碧，人闻清钟。虚伫神素，脱然畦封。黄唐在独，落落玄宗。”

高则俯视一切，古则抗怀千载。高古，就是抗心乎千秋之间，高蹈乎八荒之表。高古就是超越之境。高说的是空间超越，古说的是时间超越。高与卑对，古与俗对。崇尚高古就是超越卑俗和此在。在此品中，作者强调，若要悟入，需要“虚伫神素，脱然畦封”，要从“封”——人所设置的障碍中超越而出。此时，好风从心空吹过，白云自在缱绻，我成了风，云成了天鸡的伙伴，成了明月的娇客。所以此一境界独立高标，在时间上直指“黄唐”，在空间上直入“玄宗”，超越了时空，在绝对不二的境界中印认。

这种尚古趣味在世界艺术史上是罕见的，它源于一种深沉的文化沉思。立足于当下的艺术创作，却将一个遥远的对象作为自己期望达到的目标。在此刻的把玩中，却将心意遥致于莽莽苍古，就是要在现今和莽远之间形成回味无尽的“回旋”。中国艺术家喜欢这样的“道具”：苍苔诉说的是一个遥远的世界；顽石如同《红楼梦》中的青梗峰中出现的远古时代留下的奇石一样，似乎透露出宇宙初开的气象；如铁的古树写下的是太古的意韵；而古藤诉说的那个难以把捉的永恒世界……这些特殊的对象，将人的心灵由当下拉下莽莽远古。此在是现实的，而远古是渺茫迷幻的；此在是可视的，而遥远的时世是迷茫难测的；俗世的时间是可以感觉的，而超越的神化之境却难以把捉。独特的艺术创造将人的心灵置于这样的流连之间，徘徊于有无之际，斟酌于虚实之间，展玩于古今变换中，而忘却古今。古人有所谓“抗心乎千秋之间，高蹈于八荒之表”正是言此[①]。这里的“抗”，就是“回旋”，一拳古石，勾起人遥远的思虑；一片湿漉漉的苍苔提醒人曾经有过的过去，艺术家通过这样的处理，一手将亘古拉到自己的眼前，将永恒揉进了当下的把玩之中。“炸”尽人的现实之思，将心灵顿入永恒的寂静之中。

南宋萧东之《古梅》诗有句云：“百千年藓着枯树，一两点春供老枝。绝壁笛声那得到，只愁斜日冻蜂知。”这诗受到人们的喜爱，它传达的哲思与芭蕉的俳句“蛙跃古池中，静潴传清响”很相似，都是将当下此在的鲜活揉进往古的幽深之中去。

颇有意味的是，在中国艺术中，常常将“古”与“秀”结合起来。如清盛大士《溪山卧游录》评明末画家恽向山曰：“苍浑古秀”；周亮工《读画录》评陈洪绶画：“苍老润洁”，认为作画“须极苍古之中，寓以秀好”；清王昱《东庄论画》认为作画应“运笔古秀”。在中国艺术中，可谓扁舟常系太古石，绿叶多发荒率枝。艺术家多于枯中见秀用思。如一古梅盆景，梅根形同枯槎，梅枝虬结，盆中伴以体现瘦、漏、透、绉韵味的太湖石，真是一段奇崛，一片苍莽，然在这衰朽中偶有一片两片绿叶映衬，三朵四朵微花点缀，别具风致。像苏轼所说的“生成变坏一弹指，乃知造物初无物”[②]。那些枯木兀然而立，向苍天陈说着它们也有一段灿烂的过去。就像禅宗的古德所说的“雪岭梅花绽”[③]，无边的白雪，红梅一点，此即其境。

中国艺术家将衰朽和新生残酷地置于一体，除了突显生命的顽强和不可战胜之外，更重要的则在于传达一种永恒的哲思。打破时间的秩序，使得亘古的永恒就在此在的鲜活中呈

① 此语多见于古籍中，如阮籍《大人先生传》：“有大人先生者，以天地为一朝，万期为须臾，日月为扃牖，八荒为庭衢。行无辙迹，居无室庐，幕天席地，纵意所如。”清杨廷芝《二十四诗品浅解》解《高古》一品云：“高则俯视一切，古则抗怀千载。”又解《旷达》云：“齐天地于一瞬，等嵩华于秋毫。”

② 《苏诗补注》卷 36，《次韵吴传正枯木歌》。

③ 有僧问谷山丰禅师：“师唱谁家曲？”师云：“雪岭梅花绽。”

现。艺术家在其中做的正是关乎时间的游戏，古是古拙苍莽，秀是鲜嫩秀丽，古记述的是衰朽，秀记述的是新生，古是无限绵长的过去，秀是当下即在的此刻。似嫩而苍，似苍而嫩，将短暂的瞬间揉入绵长的过去，即此刻即过去，也即无此刻无过去。同时，在苍古之中寓以秀丽，秀丽一点，苍莽漫山，一点精灵引领，由花而引入非花，由时而引入非时，由我眼而引入法眼，念念无住，在在无心。这正是中国艺术最精微的所在。

先秦玉观念

薛富兴

（南开大学哲学系）

玉器是新石器时代即已出现的人类精磨石器。中国以玉器闻名于世，有悠久的玉器生产史，最早可追溯到8000年前的兴隆文化时期。约5000年前，中国便出现了八个玉器生产中心，并以此为基础，形成三大玉文化成熟形态——红山文化、龙山文化和良渚文化。[①] 春秋战国时代，玉器功能丰富，地位显赫，意义深远。本文欲以先秦文献为基础，简略总结一下先秦中华玉文化观念，并由此揭示先秦审美意识。

一　作为物质财富的玉器

玉石是自然界无机物，天然矿石之一种。玉之贵，首因其自然审美属性，因其突出的形式特征。加上材料难得，物以稀者为贵，再由于玉石加工所需之物力与人力，使之成为人类早期物质产品中的贵重物，最先进入贵族阶层，成为上流社会奢侈品。

玉器首先是人类早期物质劳动产品，属于器质文化对象。作为器质文化对象，其首要价值便是经济价值。在先秦，玉器首先是最重要的物质财富，人们对玉器的认知也从经济价值始：

> 我非以金玉、子女、壤地为不足也，我欲以义名立于天下，以德求诸侯也。[②]

时人往往将玉与金属（金）、土地、牲畜（牺牲）、丝帛（帛）、人口（子女）等相提并论，以之为物质财富，并且是财富中之最突出者。玉甚至成了人间物质财富的形象代言人。

玉石引人注意者，首先是其突出的形式美特征；然而，玉石一旦为贵族所成功占有，它便进入物质领域，会首先作为具有重大经济价值的物质财富而受人重视。贵重财物是先秦玉器观念的显在层面，也是时人对它的最突出定位。作为物质产品，玉器并无特殊意义，它只是纯粹的器质文化对象，其影响只及于经济、政治生活领域。

玉器有重大经济价值，是难得之货，为世所贵。围绕着玉，也就发生了许多极端性故事：

① 何宏波：《先秦玉器研究》

② 《墨子　非攻下》

公文氏攻之，求夏后氏之璜焉。[1]

这是因玉而发生了战争。

齐侯使宾媚人，赂以纪甗、玉磬。与地，不可，则听客之所为。[2]

这是以玉行贿。

昔者大王居邠，狄人侵之。事之以皮币，不得免焉；事之以犬马，不得免焉；事之以珠玉，不得免焉。[3]

此是以玉免灾。

玉乃祸福之门，或因之而贵，或因之而霉。这些极端性故事乃玉器在当时社会生活有重要影响之证明。作为最重要的物质财富，玉之贵，玉之器质文化属性，唯一字足以当之，曰“宝”：

宋人或得玉，献诸子罕，子罕弗受。献玉者曰：“以示玉人，玉人以为宝也，故敢献之。”子罕曰：“我以不贪为宝，尔以玉为宝。若以与我，皆丧宝也，不若人有其宝。”稽首而告曰：“小人怀璧，不可以越乡，纳此以请死也。”子罕置诸其里，使玉人为之攻之，富而后使复其所。[4]

这是著名的子罕拒宝故事，它同时也出现于《韩非子》和《吕氏春秋》，足见此事在当时的影响力。故事之本意均在于强调：人们对待玉器当有一种新的超越性态度——不以玉为宝。但是，前述材料更强烈地显示：子罕对待玉的态度在当时实在只是个特例，它是一个很好的反证——时人普遍地以玉为宝，而且主要地将它视为重要物质财富，否则，子罕拒宝的故事也就不会那么闻名了。

话虽如此，其时社会上确实也出现了对玉的批判性言论：

孟子曰：“诸侯之宝三：土地、人民、政事。宝珠玉者，殃必及身。”[5]

王主积于民，霸主积于将战士，衰主积于贵人，亡主积于妇女珠玉，故先王慎其所积。[6]

---

① 《左传》哀公十四年。

② 《左传》成公二年。

③ 《孟子 梁惠王下》

④ 《左传》襄公十五年。

⑤ 《孟子 尽心下》

⑥ 《管子 枢言》

纯朴不残，孰为牺尊！白玉不毁，孰为珪璋！[①]

该如何看待这些针对玉器而发的批判性言论呢？这些言论一致指向当时的尚玉之习，一致反对佩玉奢靡之风，但理由各不相同。孟子和管子担忧的是国君们重玉轻民，以至见物忘人，最终失去政权。庄子所忧则更深：担心人们对玉器等的迷恋于文饰，失去其自然之性。合而言之，这些言论反映出战国思想家们面对玉器这一物质产品、器质文化对象所起的一种超越性态度——对物的精神性态度。面对时代的尚玉之习、逐物之风，思想家们想得更多、更远。以玉器为聚焦点，他们展开对私欲与民利、物与人、物欲与精神、自然人性与文化人性等重大关系的思考。这种由玉器而来的深刻反省，实际上是对玉器价值的一种开拓，会将玉器的文化意义引向新领域，导向新境界。

二　作为礼仪符号的玉器

子曰："礼云礼云，玉帛云乎哉？乐云乐云，钟鼓云乎哉？"[②]

夫子此言，意在强调重内质当胜于文章；然而，此语同时也说明钟鼓、玉帛之于礼乐制度、活动，当是不可或缺之物，它揭示了先秦玉器价值功能的新领域。

理论上，玉器只是人类物质劳动产品，属于器质文化，何以会成为礼器呢？

如前所言，玉石首先因其突出的形式美引起先民们的注意，人人爱之恋之。但是，这种质地温润、纹理清晰、色泽明艳的石头并非到处都有。发现它极为不易，将这些有形式美特征的矿石找出来，再加工为形状工整，美感更为突出、纯粹的工艺品需要投入巨大的人力、物力。这种种因素合在一起，便使玉石成为极稀有之物。在物质强力作用下，财富多集中于极少数人之手，玉器作为重要财富，最早只能进入贵族阶层，为贵族社会所专有。

人类文明不只于器质文化，每一成熟的社会群体需建立起一套社会成员间有效的分工合作机制，此之谓制度文化建设，这一成果在中国先秦时代被称之为礼仪。虽然在逻辑层面我们可宏观地将人类文化一分为三——曰器质、曰制度、曰观念；细论起来，制度又非纯抽象物，它虽是人类文化之软件，又非绝然离器而行。古人很明白这一点，故而在礼仪制度建设中便很早就看上了玉石这类器物，以之为礼仪制度规范中的重要物件，曰礼器。

如何才能将贵族与平民有效地区别开来？社会身份当由经济地位作基础，也由物质手段来体现，身之贵当由物之贵显示。一方面，玉器材料来源少、加工耗费大；另一方面，玉器作为无机物，多好看而不中于用。因此，它一经贵族阶级掌握，其自然纹理、质地之美经玉工着意突出后，便成了贵族阶层炫耀其现实财富、权力地位的醒目符号。玉器由此便顺利地实现了"自我超越"，由物质财富一变而为充分体现其主人社会地位的象征物，由现实财富演变为财富的抽象，由纯物质产品变为具有某种精神价值的产品，具有了新的文化意义。

其实，玉器作为人类新石器时代创造物，从一开始就不是单纯的物质产品、物质财富，它同时也是礼器。作为礼器的玉璧在红山文化、良渚文化、龙山文化等遗址均有发现。礼器是

---

① 《庄子　马蹄》

② 《论语　阳货》

一种社会现象，它主要用来显示玉器持有、使用者的特定社会地位，是其所有者社会身份的象征。

依《礼记》，玉器在周初即成为周代礼仪制度文化中的重要器物。周天子中央政府有玉器制作之专门工匠（玉人）、玉器管理之专设部门（玉府），以及玉器管理之专门人员（典瑞）。

玉人之事。镇圭尺有二寸，天子守之。命圭九寸，谓之桓圭，公守之。命圭七寸，谓之信圭，侯守之。[①]

此言玉礼器制作之形制。

玉府掌王之金玉、玩好、兵器，凡良货贿之藏。共王之服玉、佩玉、珠玉。[②]

此言玉器之管理。

经过周公的“制礼作乐”，即礼仪制度文化建设，人们对玉器的质地、形状、大小、数量、纹饰与其主人们的政治地位、使用场合等都做了严格规定。于是，玉器这种物质产品便进入制度文化序列，专用以表现、区别使用者的特定社会角色、政治地位。玉器的形式要素、形态、规模、纹饰与主人的社会身份及使用场合间有了特殊的固定联系。玉器由纯物质产品变成了特定的社会符号、政治隐喻，成为制度文化中必要的器质工具，由此完成了由器质文化产品到制度文化要素的性质转变。何谓礼器？制度文化系统中之器质工具也。从玉器的身份转换上，我们可见出人类文化形态由器质到制度演变的情形，也见出器质文化对于制度建设的特殊价值。

济济辟王，左右奉璋。[③]

礼以别异，此言玉乃君臣相见时必要的身份证。诸侯们朝见周天子，奉圭、璋而立，一方面表示对周王之崇奉，另一方面也显示了诸侯们自身的政治身份。

成六瑞，王用瑱圭，公用桓圭，侯用信圭，伯用躬圭，子用谷璧，男用蒲璧。合六币，圭以马，璋以皮，璧以帛，琮以锦，琥以绣，璜以黼。此六物者，以和诸侯之好故。[④]

此言玉器乃诸侯国外交活动——朝聘、结盟，分别亲疏、表达友好的重要物质媒介，为国礼中不可或缺者。

---

① 《礼记　考工记》

② 《周礼　天官　冢宰》

③ 《诗经　大雅　棫朴》

④ 《周礼　秋官　司寇》

上天降灾，使我两君匪以玉帛相见，而以兴戎。①

玉器这一礼物在诸侯国外交场合中是否出现，已成为战争或和平的重要标志。

以玉作六瑞，以等邦国。王执镇圭，公执桓圭，侯执信圭，伯执躬圭，子执谷璧，男执蒲璧。②

作为礼仪制度中物之玉器，不只是拥有而已，玉器之形制、使用者之身份、使用场合等，均有一系列严格的规定，此之谓礼器，此之谓制度文化。一旦使用不慎，即会引来非议。

春，虢公、晋侯朝王，王飨醴，命之宥，皆赐玉五瑴、马三匹，非礼也。王命诸侯，名位不同，礼亦异数，不以礼假人。③

此乃多寡之非议。

秋，哀姜至，公使宗妇觌用币，非礼也。御孙曰："男贽，大者玉帛，小者禽鸟，以章物也。女贽，不过榛、栗、枣、修，以告虔也。今男女同贽，是无别也。男女之别，国之大节也，而由夫人乱之，无乃不可乎？"④

此乃使用对象之非议。

"非礼也"乃当时之高频词，它从反面证明玉器并非一般财产，而有着物质属性之外的特殊社会内容，它要接受社会制度文化的硬性规定，要能充分体现制度文化的刚性特征。

随玉器开采、加工技术的提高，玉器数量的增加，玉器也就由贵族身份证明、国礼的庄严场合逐渐世俗化，进入民间，成为贵族社会私人交际的必需物——表示私人间友好感情的重要媒介——礼品：

何以赠之？琼瑰玉佩。⑤

此乃民间礼仪中玉器之使用。玉器由公礼符号到私礼物品的转变，是先秦礼器系列内部演变的重要内容。"礼以别异"，这是它作为社会角色定位硬性符号时的情形；当它由公共交际领域进入到私人交际领域时，成为社会成员间传达友好关系、友好感情的象征物时，凝聚关系，沟通人心——求同，便是其礼器价值的又一面，故而我们似可言"玉可以群"，其精神

---

① 《左传》僖公十五年。

② 《周礼　春官　宗伯》

③ 《左传》庄公十八年。

④ 《左传》庄公二十四年。

⑤ 《诗经　秦风　渭阳》

性作用亦如夫子所称颂之《诗》。

不能将玉器视为纯物质对象。玉器这一特殊的器质文化产品在先秦制度文化建设——礼仪制度、社会交际行为中有着极为重要的作用,无论是公私领域,故而礼家与诸子言礼论世多及于玉。一方面,对玉器不能只作纯器物对象看待,即使将它奉承为工艺品对象也很不全面,应当充分注意其促进社会关系建设的价值功能,重视其器质文化对象之外的精神性因素;另一方面,我们不宜纯观念地讨论周代礼仪制度,不能将制度文化成果当作纯粹的软件工程。在人类早期制度文化建设中,硬碰硬的器质文化对象,比如玉石这种无机矿物,便在周代礼仪制度体系中扮演过极为重要的角色。也许,面对纯观念的规章制度体系人们很难找着感觉;相反,若将这一系列柔性的游戏规则——社会成员的行为规范对象化为一些更为具体,刚性的可触可摸的器质对象时,比如天子头上的玉藻,大臣手中的圭璋、君子腰间的玉佩时,人们对到底何为贵族,何为平民,各人在社会群体中的恰当定位,到底该尽何义务,当有怎样的言行等,才会有更好的感觉。儒家刚性的尊卑观念、君臣之别,便是通过圭璋璧磬这些硬碰硬的、极好看而又悦耳的石头——玉器传达的,这便是器质文化产品对于人类制度文化建设的特殊意义。从这个角度讲,玉器以及其拓展形式——服饰便是透视儒家礼仪制度文化传统的一个极好切入点。

三 作为宗教媒介的玉器

玉器作为礼器,成为社会成员角色定位的象征符号,进入到社会制度文化领域时,已经超越了其器质文化对象属性,具有了观念文化对象的价值功能;但是,礼器并非玉器观念价值的典型性表现形式,而只是其由器质而观念演进过程中的过渡性环节。若论玉器的观念文化功能,其典型性表现并不在礼仪制度之中,而在宗教领域。这时,玉器又成为祭器,是先秦宗教生活中的重要媒介。

对玉器产生神秘观念其来有自。首先当归之于玉石的特殊质地、纹理、色泽等,归之于其材料的稀有难得。玉石美而难得,导致了先民对它的神秘与崇拜,以之为上天赐人之神物,当具有非凡的沟通神人的特殊功能,故而成了时人祭祀天地、祖先时的重要物质媒介——祭器。

> 晋侯伐齐,将济河,献子以朱丝系玉二瑴而祷曰:"齐环怙恃其险,负其众庶,弃好背盟,陵虐神主,曾臣彪将率诸侯以讨焉。其官臣偃实先后之,苟捷有功,无作神羞,官臣偃无敢复济,唯尔有神裁之!"沉玉而济。①

此乃沉玉以敬神,与神结誓之俗。祭祀乃超越性宗教活动,以物质工具沟通天人,于物质对象上寄托神灵,表达人们对彼岸世界的信仰和人生激情,较之于政治符号,是更典型、纯粹的精神生活。作为祭祀之物的玉器,在古人眼里仍属礼器,然意义实大为不同。它标志着玉器性质的又一次转变——从世俗界的物质财富、显示世俗社会等级身份的符号进入到更具超越性的精神生活,以为传达人类内心抽象观念,沟通神灵世界权威的物质媒介。

---

① 《左传》襄公十八年。

以玉作六器，以礼天地四方。以苍璧礼天，以黄琮礼地，以青圭礼东方，以赤璋礼南方，以白琥礼西方，以玄璜礼北方。皆有牲币，各放其器之色。①

此乃周代礼仪制度中，以玉祭祀天地众神的规定。

以夏日至始，数九十二日谓之秋至，秋至而禾熟，天子祀于太惢，西出其国，百三十八里而坛，服白而絻白，搢玉总，带锡监，吹埙篪之风，动金石之音，朝诸侯卿大夫列士，循于百姓，号曰祭月。②

此乃供玉以祭月活动。

从宗教祭礼环节上，我们见到了器质文化对象对于人类观念文化活动的重要意义，即使是最具超越性的宗教生活也不能例外。人毕竟是一种具体的感性存在物，即使是过纯粹的精神生活，即使是究天人之际，完全脱离了物质性对象，便很难找着感觉，因此便少不了一些形而下的对象与环节，或为祖像，或为仪式，或为经典文本，或为咒语等等。于是，在与天地之神、四方之灵或是祖先之魂的沟通活动中，人们便少不了玉器的成全。毕竟，人的自信十分有限，有无玉这块石头居于其间，在人与神、祖先亡灵的对话中，人的感觉便大为不同。

迄今为止，玉器身份已凡三变，先是物质财富，之后是身份符号，最后是沟通神俗两界之圣物。它横跨了人类早期文化创造的三大领域——器质文化、制度文化和观念文化。因此，我们实在不可轻觑了玉器，它可以典型地呈现人类上述三大文化形态相继展开的历史进程。

四　作为审美对象的玉器

宗教并非玉器发挥其观念文化价值的唯一领域，而只是其中之一。作为观念文化对象，玉器展示其魅力更广阔的天地，也许并不在宗教，而在审美。若对先秦玉器史作一贯通考察，我们会发现：审美——其自然审美属性——玉石之质地、纹理、色泽之美是玉石进入人类文化视野之起点，经由物质财富、社会身份和神人中介之后，最后又回到审美。

玉，“石之美，象三玉之连，其贯也。”③ 先秦玉器作为工艺审美对象，表现有二：一是在其它物质产品上装饰部分玉石，以为美观，即器饰；一是以完整的玉器作为装饰品，即服饰。

1. 玉器作为形式美

兴隆洼文化即出土有装饰玉器，只是器形较小。④ 春秋战国时，上流社会已有佩玉之习：

古之君子必佩玉。右徵角，左宫月。趋以《采齐》，行以《肆夏》。周还中规，折还中矩。进则揖之，退则扬之，然后玉锵鸣也。故君子在车则闻鸾和之声，行则鸣佩玉，是以

① 《周礼　春官　宗伯》

② 《管子　轻重己》

③ 许慎：《说文解字》

④ 何宏波：《先秦玉器研究》，第 34 页。

非辟之心无自入也。[①]

佩玉檠兮，余无所系之。旨酒一盛兮，余与褐之父睨之。[②]

衣被则服五采，杂间色，重文绣，加饰之以珠玉；食饮则重大牢而备珍怪。[③]

吾尝好音，此人遗我鸣琴；吾好佩，此人遗我玉环：是振我过者也。以求容于我者，吾恐其以我求容于人也。乃去之。[④]

灵衣兮被被，玉佩兮陆离。[⑤]

作为审美之物，玉器首先多以器饰形式存在，即玉石被装饰于各类日用物品上，以实用对象上的超实用形式美因素而存在。

有酒器，曰“瓒”：

瑟彼玉瓒，黄流在中。[⑥]

厘尔圭瓒，秬鬯一卣。[⑦]

瓒乃祭祀用舀酒器，玉柄铜勺。

有刀饰，曰“琫”：

何以舟之？维玉及瑶，鞞琫容刀。[⑧]

琫乃刀鞘口之玉饰。

有簪子曰揥：

佩其象揥，维是褊心，是以为刺。[⑨]

揥乃用以搔头或绾发的簪子。又曰“珈”：

君子偕老，副笄六珈。[⑩]

---

① 《礼记　玉藻》
② 《左传》哀公十三年。
③ 《荀子　正论》
④ 《韩非子　说林下》
⑤ 屈原:《九歌》
⑥ 《诗经　大雅　旱麓》
⑦ 《诗经　大雅　江汉》
⑧ 《诗经　大雅　公刘》
⑨ 《诗经　魏风　葛屦》
⑩ 《诗经 鄘风　君子偕老》

这种器饰是人类早期工艺的典型代表，属于工艺审美对象。工艺审美的核心理念是兼顾实用与审美，兼有物质实用功能和悦耳目的审美功能。于各类物质实用工具、对象上装饰玉料，以玉石特有的色泽与质地使普通劳动产品放出光芒，显示出超实用的审美价值，正是此类玉器的典型特征。

服饰则是更完整的工艺审美对象。一方面，它是完整的玉器，不同于上述之器饰；另一方面，它又有着相对独立的审美观念，是专门为美而存在的工艺品。

巧笑之瑳，佩玉之傩。①

《毛传》："傩，行有节度。"女子灿烂的笑容，再加上佩玉以步履铿锵，更衬托出其不凡的气质之美。此正时人佩玉以为服饰之证。

鞙鞙佩璲，不以其长。②

《郑笺》："佩璲者，以瑞玉为佩。"

当时玉佩中，最典型的也许要数"充耳"：

彼都人士，充耳琇实。③

充耳本为冠冕两旁以丝悬玉或象牙，下垂至耳，塞耳以避听，故曰充耳。然后来演变为纯饰品，类似于今之耳环，重其摇曳铿锵。不只女子，男人也以充耳为饰：

有匪君子，充耳琇莹。④

"充耳"又谓"瑱"：

玉之瑱也，象之揥也，扬之皙也。⑤

时人到底从哪些角度欣赏玉之美呢？

天之牖民，如壎如篪，如璋如圭。⑥

---

① 《诗经　卫风　竹竿》

② 《诗经小雅　大东》

③ 《诗经　小雅　都人士》

④ 《诗经　卫风　淇奥》

⑤ 《诗经　鄘风　君子偕老》

⑥ 《诗经　大雅　板》

老天引导人们感知、欣赏美的事物首先从视听两方面展开。比如，要注意壎和篪的声音节奏变化，要观察圭与璋形状的不同。

有赞其色者：

> 充耳以青乎而，尚之以琼莹乎而。[①]
> 彼留之子，贻我佩玖。[②]

许慎《说文》："玖，石之次玉黑色者也"。

> 将翱将翔，佩玉琼琚。[③]

《毛传》："琚，佩玉名"。姚际恒《诗经通论》："琼，赤玉，贵者用之"。玉之赤者又曰"璊"：

> 大车哼哼，毳衣如璊。[④]
> 白圭之玷，尚可磨也。[⑤]
> 充耳以素乎而，尚之以琼华乎而。[⑥]
> 充耳以黄乎而，尚之以琼英乎而。[⑦]

这里，已向我们呈现出数种以鲜明、丰富的色彩而引人注目的玉器。以色彩分玉，正说明时人高度重视玉石之色泽，色彩审美意识已然自觉。色彩审美对于玉器十分重要，以至于成为玉器的制作、划分标准。

不论哪种色彩，《诗经》又以玉之色泽鲜明者为美。

> 玼兮玼兮，其之翟兮。[⑧]

清马辰瑞《毛诗传笺通释》："玼本玉色之鲜，因而色之鲜明者通言玼耳。"

有赏其音者：

> 将翱将翔，佩玉将将。[⑨]

---

① 《诗经　齐风　著》
② 《诗经　王风　丘中有麻》
③ 《诗经　郑风　有女同车》
④ 《诗经　王风　大车》
⑤ 《诗经　大雅　抑》
⑥ 《诗经　齐风　著》
⑦ 《诗经　齐风　著》
⑧ 《诗经　鄘风　君子偕老》
⑨ 《诗经　郑风　有女同车》

唐陆德明《经典释文》:“将将,玉佩声也。”

朱芾斯皇,有玱葱珩。[①]

《毛传》:“玱,珩声也”。

有察其纹理者:

瑟彼玉瓒,黄流在中。[②]

许慎《说文》:“瑟,玉英华相带如弦瑟也。”

有美其形者:

受小球大球,为下国缀旒,何天之休。[③]

《毛传》:“球,玉也”。此乃以玉珠饰大旗。时人玉器之形状,圆者有环、璧、球、璜、玦,方形者有琮,三角与方形结合者有圭。

这些材料说明:时人以色彩、形状、声音、质料为要素的形式美感已十分自觉,并能熟练自如地应用于玉器制作上。形式美及形式感是人类早期审美意识的重要因素,人类审美意识的最基础环节。表现在玉器形式审美上的审美趣味,正是中华早期审美意识研究的重要内容。

2. 以玉比德

《诗经》表明:时人对玉器的观照,似已不止于形式声色之美,而有了精神性内涵。

佩玉将将,寿考不忘。[④]

佩玉不只美观,还能给人带来寿考之福。这说明:玉具有了超形式美的精神性魅力。以此为基础,又出现了玉的拟人化,以玉器之美比喻人的美好精神人格,此之谓“比德”:

君子无故,玉不去身。君子于玉比德焉。[⑤]

先秦以玉比德之习,似始于《诗经》:

---

① 《诗经　小雅　采芑》

② 《诗经　大雅旱麓》

③ 《诗经　商颂　长发》

④ 《诗经　秦风　终南》

⑤ 《礼记　玉藻》

言念君子，温其如玉。[①]

颙颙卬卬，如圭如璋，令闻令望。[②]

《毛传》："颙颙，温貌，卬卬，盛貌。"

此以玉喻人之德性。玉之美在时人看来，已不止其外在的形式之美，同时还有了内在的精神价值。此处，玉之内在美则言其"温"。以玉之"温润"质感言人性格的温和、内秀、儒雅等等。这很可能是由玉外在的形式美，材料质地触觉上的温润、柔和感提升、转化而来，以之比喻人的内在德性。

知我者希，则我者贵。是以圣人被褐而怀玉。[③]

虎兕出于柙，龟玉毁于椟中，是谁之过与？[④]

"怀玉"与"被褐"相对照，强调内容与形式之强烈反差。"玉"在这里成为主体内在美德高才之代名词。

孔子之谓集大成。集大成也者，金声而玉振之也。金声也者，始条理也；玉振之也者，终条理也。[⑤]

古乐以钟起，以磬终，此乐之秩序。此以金玉之纹理喻夫子对先代文化继承之德。

以玉为价值当首先发生于物质领域，先有了以玉为财富、为宝，转而以玉喻观念性价值——人之佳能美德，观念领域的以玉比德当是物质领域里以玉为宝之转喻、顺延。

以玉比德开始突出的是玉之总体特征——"温"。此乃由玉之天然物理特性——质地细腻，经精磨后转化为人对玉的触觉——温润；最后转化为对主体人格之美——性格、修养之温和宽厚的把握。

战国时，一方面，玉器审美更为细腻，发现了玉器的更多审美特征；另一方面，儒家理想人格理论日益丰富、完善，两者合流，便出现了以玉比德理论的体系化：

夫玉者，君子比德焉。温润而泽，仁也；栗而理，知也；坚刚而不屈，义也；廉而不刿，行也；折而不挠，勇也；瑕适并见，情也；扣之，其声清扬而远闻，其止辍然，辞也。故虽有珉之雕雕，不若玉之章章。《诗》曰："言念君子，温其如玉。"此之谓也。[⑥]

夫玉之所贵者，九德出焉，夫玉温润以泽，仁也。邻以理者，知也。坚而不蹙，义也。

---

① 《诗经　秦风　小戎》

② 《诗经　大雅　卷阿》

③ 《老子》第七十章。

④ 《论语　季氏》

⑤ 《孟子　万章下》

⑥ 《荀子　法行》

廉而不刿，行也。鲜而不垢，洁也。折而不挠，勇也。瑕適皆见，精也。茂华光泽，并通而不相陵，容也。叩之，其音清搏彻远，纯而不杀，辞也。是以人主贵之，藏以为宝，剖以为符瑞，九德出焉。①

这是对玉器审美价值的系统发挥，同时也是儒家理想人格理论的系统应用。

先秦以玉比德之习，不只体现在玉品与人格这一结果性环节上建立起联系，同时还表现在玉器加工与人格修养过程环节上的自觉关联。

诚然，玉石之美有其天然条件——玉石材料的突出形式美因素；但是，作为矿物原料之玉材并非现成的审美对象，绝大部分玉石尚需一系列用心的加工打磨才更为光泽圆润，成为工艺品。于是，思想家们发现：玉器加工与理想人格培养具有惊人相似性——均需处理好天然与人工关系，均是天然与人工之融合，均需特别注意人工的后天努力，完美玉器与完善人格一样，都是自觉艰苦人工努力的结果。于是，立足于玉器之美与人格之美产生的现实过程这一环节的相似性，先秦思想家在玉器加工和德性建构间建立起更为深入的内在联系：

他山之石，可以为错……他山之石，可以攻玉。②

《毛传》："错，石也，可以琢玉。"玉石之粗料者谓之"璞"，从粗糙玉料到细腻光滑的玉器，需要有一个艰苦细致的打磨过程。玉石之美基于天然，而又不止于天然，又有人工之突出与修饰。有善良、温和，富于文采的君子之德又何不如此，基于善性而又能自觉地发扬光大之，同样也有一个自觉、漫长的性陶情冶、气质变化、由野而文过程：

有匪君子，如切如磋，如琢如磨。③

今有璞玉于此，虽万镒，必使玉人雕琢之。至于治国家，则曰，"姑舍女所学而从我"，则何以异于教玉人雕琢玉哉？④

玉不琢，不成器。人不学，不知道。是故古之王者建国君民，教学为先。⑤

人之于文学也，犹玉之于琢磨也。《诗》曰："如切如磋，如琢如磨。"谓学问也。和之璧，井里之厥也，玉人琢之，为天子宝。子赣、季路，故鄙人也，被文学，服礼义，为天下列士。⑥

正是基于对于自然人性与文化人性辩证关系的深刻认识，儒家才特别重视教育，特别是礼仪道德教育的作用：

---

① 《管子　水地》
② 《诗经　小雅　鹤鸣》
③ 《诗经　卫风　淇奥》
④ 《孟子　梁惠王下》
⑤ 《礼记　学记》
⑥ 《荀子　大略》

保氏掌谏王恶，而养国子以道，乃教之六艺：一曰五礼，二曰六乐，三曰五射，四曰五驭，五曰六书，六曰九数.乃教之六仪：一曰祭祀之容，二曰宾客之容，三曰朝廷之容，四曰丧纪之容，五曰军旅之容，六曰车马之容。[1]

人之有道也，饱食、暖衣、逸居而无教，则近于禽兽。圣人有忧之，使契为司徒，教以人伦，——父子有亲，君臣有义，夫妇有别，长幼有叙，朋友有信。[2]

如何认识以玉比德这一现象？首先，这是先秦玉器审美中的重要一环。玉器首先是工艺审美对象。作为工艺审美对象，形式美是其最基本因素；但是，形式美只是对象外在形色、声音表象之美，对玉器质地、纹理、色泽的欣赏还只是审美意识中的生理快感层面。以玉比德——由玉器形色之美而及于佩玉者精神人格之美——君子之德的感悟，实在是一极重要的历史信息，它说明，中华早期审美在玉器这一特殊审美对象，广而言之，在工艺审美这一审美形态中，已成功地实现了由形式美到精神意蕴，由生理快感而心理快感的升华。因此，玉器审美中的比德现象，实在是中华早期审美意识由物质而精神飞跃的一个重要信号。

就审美形态关系言，玉器审美中的比德现象，又可视为工艺审美与生活审美——具体地，主体自我人格审美间的有机互动。一方面，主体理想人格建立，并非纯主观、内在的观念行为，又需从外在的物质劳动对象生产环节中借取灵感——天然与人工的积极融合关系。对玉器生产环节——“琢磨”的琢磨——自觉意识，反过来极大地促进了主体理想人格的自觉建构，促进了主体意识的进一步自觉——这便是玉器生产——人类外在的物质生产劳动对于人类主体精神世界建构的巨大意义，此乃工艺审美对生活审美的积极影响。另一方面，时人并非将玉器作为客观的外在对象、器质看，而以之为主体内在德性的便捷、巧妙隐喻。工艺审美中，何以会出现以器质对象比拟主体内在德性的行为，先秦时代工艺审美何以能顺利实现由形式审美、生理快感而精神意蕴、心理快感之升华？当时，工艺审美之外，由礼仪制度建设所促进的主体自我意识——伦理道德意识的自觉恐怕是一重要因素；没有在政治、伦理、社会生活中道德意识的自觉、德性建构意识，玉器审美中的以玉比德之俗是不可想象的。事实上，德性意识在春秋晚期便极为普遍，“德”在春秋晚期便是一个高频词，反复地出现于当时各类文献。据笔者统计，“德”在先秦主要经典出现的情况为：《左传》332处，《管子》251处，《吕氏春秋》249处，《尚书》223处，《庄子》206处，《礼记》179处，《荀子》109处，《韩非子》86处，《易传》73处，《论语》40处，《孟子》38处，《老子》通行本37处，《墨子》36处，《大学 中庸》31处，《周礼》27处。这似可说明当时理想人格建构意识的普遍性。这便是生活审美——主体人格审美对于玉器工艺审美发生积极影响之证明。

迟至战国时代，人们对玉的欣赏已是全方位的，从外在的色声之美，到内在的精神气质，玉器审美中的“比德”观最典型地说明，先秦玉器欣赏已由形式美上升到精神审美的层次。

静而观之，先秦玉器价值横向拓展于四个领域：物质产品、政治礼仪、宗教祭祀和审美；动态言之，先秦玉器经历了从器质文化到制度文化，再到观念文化的演变，体现出人类早期文化创造的一般性规律。

---

① 《周礼　地官　司徒》

② 《孟子　滕文公上》

3. 玉器审美价值的普遍化

玉器是中华先秦工艺审美的重要对象;但其影响力不止于工艺审美领域,它在其他审美领域也有普遍影响。

憬彼淮夷,来献其琛。①

《毛传》:"琛,宝也。"

君之国小,尽君之重宝珠玉以事诸侯,不可不察也。②

王孙圉聘于晋,定公飨之,赵简子鸣玉以相,问于王孙圉曰:"楚之白珩犹在乎?"对曰:"然"。简子曰:"其为宝也,几何矣。"③

如前所言,玉器为难得之货,极具经济价值,时人以玉为宝已为风俗。玉器首先在物质领域成为一种普遍价值,继而在精神领域也成为一种抽象的普遍价值,成为世界一切价值的代名词,这可从当时日常生活用语中见出。

今君若步玉趾,辱见寡君,宠灵楚国。④

是以使寡人得见君之玉面。⑤

老臣病足,曾不能疾走,不得见久矣。窃自恕,而恐太后玉体之有所郄也,故愿望见太后。⑥

这是以玉奉承人,极言其尊贵,乃比德之极端形式。

王欲玉女,是用大谏。⑦

"玉"作为动词,意谓成全、使之成功、使之有价值等,后有"玉成"一语。

审美领域也是如此。

其人如玉,毋金玉尔音,而有遐心。⑧

---

① 《诗经 鲁颂 泮水》

② 《战国策 东周》

③ 《国语 楚语下》

④ 《左传》昭公七年。

⑤ 《春秋公羊传》宣公十二年。

⑥ 《战国策 赵策》

⑦ 《诗经 大雅 民劳》

⑧ 《诗经 小雅 白驹》

此是以金玉之音喻人之美言。

八鸾玱玱，服其命服。[①]

此乃以玉声为美妙之声。

巧笑之瑳，佩玉之傩。[②]

《说文》："瑳，玉色鲜白。"宋严粲《诗辑》："傩，腰身袅傩也"。何以言卫女之美？以玉之色泽言其美艳，以玉之铿锵言其窈窕。

瑳兮瑳兮，其之展也。[③]

《说文》："瑳，玉色鲜明。"此又以玉色言服色，喻服饰之艳丽。

追琢其章，金玉其相。[④]

"章"谓纹理，"相"谓形式。在这里，金玉之相，成了一切形式美的代名词。由于有前述之以玉比德传统，玉又不只有形式之美，亦有内在的品质之美。故而后世才有了"金相玉质"的说法，其义同于诗人屈原所自夸：

"吾既有此内美兮，又重之以修能。"[⑤]
有匪君子，如金如锡。如圭如璧。[⑥]

《经典释文》："匪，本又作斐。《韩诗》作邲，美貌也。"此以玉言男子之美。

白茅纯束，有女如玉。[⑦]
彼其之子，美如玉。美如玉，殊异乎公族。[⑧]

此以玉言女子之美。在这里，玉之美便不是一种特殊的工艺审美对象之美，变成美的标

---

① 《诗经　小雅　采芑》
② 《诗经　卫风　竹竿》
③ 《诗经　鄘风　君子偕老》
④ 《诗经　大雅　棫朴》
⑤ 屈原：《离骚》
⑥ 《诗经　卫风　淇奥》
⑦ 《诗经　召南　野有死麕》
⑧ 《诗经　魏风　汾沮洳》

准，美的极至，故而，当我们见到俊男倩女，被他们的美艳惊呆了，不知如何言说，如何是好时，只好说他们“如玉”。

其诗曰：祈招之愔愔，式昭德音。思我王度，式如玉，式如金。[①]

“如”字句式值得注意，日常生活用语中出现了如字比喻句，是两方发生相互影响之证明。以玉作比，以玉喻物，或以玉喻他物，或将他物说成“如玉”，均是玉器审美走出自身，影响及于其他审美领域之重要证明。日常语言中以玉喻物之习，乃是以玉比德的更广泛形式，也是其重要基础。

玉器审美价值的普遍化，在此后的中国美学史上亦有表现：

刘万安，即道真从子，庾公所谓“灼然玉举。”[②]

王戎云：“太尉神姿高彻，如瑶林琼树，自然是风尘外物。”[③]

云想衣裳花想容，春风拂槛露华浓。若非群玉山头见，会向瑶台月下逢。[④]

玉不只用来状人，亦以之喻诗：

戴容州云：“诗家之景，如蓝田日暖，良玉生烟，可望而不可置之于眉睫之前也。”[⑤]

综上所述，玉作为中华先秦工艺审美对象，透露出一些重要信息：时人对玉的欣赏全面而丰富：在形式审美层面，玉的创造与欣赏从形、色、质地、声音上全面展开；在精神审美层面上，最突出的是“比德”之俗，以玉之温润喻君子之温文尔雅。“比德”之俗可有两解。一方面，它标志着先秦玉器审美已完成了由外在的形式美、视听之乐向内在的意蕴之美、悦情志方面的升华，说明中华早期工艺审美乃至整个审美意识已实现了由生理快感向心理快感的飞跃；另一方面，说明工艺审美经验已开始向主体之美——人自身之美的转化，既以玉状人之美貌，亦以玉喻人之美德，玉成了人类主体外在美与内在美的评判标准、重要参照。玉器审美经由状貌比德之人化，实现了审美经验的普遍化，成为先秦审美理想的特殊表达形式，成为美之极至、美之普遍性标准，对先秦审美产生了广泛影响。

玉器作为先秦中华早期特殊文化对象，有着丰富的文化内涵，变动不居的自我拓展历程。它首先是器质文化对象、物质劳动产品，被人们视为极重要的普遍财富；其次，它又进入先秦社会礼仪制度建设领域，成为体现先秦上流社会标志特殊身份、等级秩序以及积极性社会关系、情感联系的重要象征物，成为使用广泛、要求严格的重要礼器。最后，它又进入当时的观念文化领域。一方面，它是时人祭祀天地、祖先宗教活动中的神秘神圣之物，沟通神人的重要中介，重要的陪葬物品；另一方面，在先秦审美活动，它有更为广泛的应用，是极为重

---

① 《左传》昭公十二年。

② 刘义庆：《世说新语　赏誉》

③ 刘义庆：《世说新语　赏誉》

④ 李白：《清平调词》

⑤ 司空图：《与极浦书》

要的工艺审美对象，甚至及于主体人格审美。

总之，玉器在先秦文化史上，有着显赫地位、复杂内涵和广泛影响，玉器研究乃是先秦文化研究的一个极好着力点。

（本文乃教育部“新世纪优秀人才支持计划”项目成果，项目编号 NCET－06－0227）

论汉代的谶纬美学观

朱存明
(徐州师范大学文学院)

汉代的美学思想是在宇宙论的基础上生成的,在不同的发展阶段上,有不同的气象与面貌,形成不同的美学思潮。大体上看,两汉美学有三大思潮,一是汉初的黄老之学影响下的美学,二是经学影响下的美学,三是受谶纬观念影响下的美学。学术界对前两种美学思潮已经有了一定的研究,但是对谶纬美学则基本没有进行深入的研究,本文就想在这方面进行探讨。

一 导论:谶纬的来源与内涵

谶纬是谶书和纬书的合称。实际上早期谶自谶,纬自纬。谶是预言吉凶得失的文字或图记,一般采用隐语的形式。《说文解字》云:"谶,验也。有征验之书,河、洛所出书曰谶。"桂氏《义证》:"《仓颉篇》谶书,河、洛书也。""纬"是相对于"经"而言的。经为直线,纬为横线,纬是对经书的解释,是汉时儒生托孔子名义编写而成的解释附会儒家经典的各种著作,主要指七纬。所谓七纬,就是附丽于《易》、《书》、《诗》、《礼》、《乐》、《春秋》、《孝经》七部儒家经典的著作。①《后汉书·光武帝纪上》颜师古注云:"谶,符命之书。谶,验也。言为王者受命之征验也。"按照传统的说法,"谶"通常不是普通的预言,而是关于社会灾异变化和帝王受命于天的符验。谶先于纬,因为在经学兴起以前,已经有谶语流行。在经学定于一尊之后,谶就依傍经术,形成纬书。故汉代就有"谶纬"、"经纬"、"经谶"等名号产生。

谶纬的起源很早,但具体出现于何时有不同的说法。古人认为谶纬的起源可以推至古代河图、洛书的传说。《易》云:"河出图,洛出书,圣人则之。"这是谶之源起。据《史记·赵世家》所载,相传春秋时秦缪公得过一种怪病,睡了七天七夜,醒来后说他见到了上帝。上帝告诉他"晋国将大乱,五世不安;其后将霸,未老而死;霸者之子且令而国男女无别"。秦国大夫公孙支把这些话记录下来,这就是所谓的"秦谶",指的是上帝于梦中告诉秦缪公的一条预言。《秦始皇本纪》记载在秦始皇32年(公元前215年)燕人卢生奏录图书时也出现一条谶语:"亡秦者,胡也。"这也是一条预言。"祖龙死而地分"的刻石,陈胜起义时"陈胜王"的鱼腹丹书,也都是谶。这些谶与儒家的经文没有关系。纬对经而言,是用来解释经义并且把这种解释托之于孔子的书。纬只有在把儒家经典奉为神圣以后才出现,比谶要晚得多。这表明

① 参见黄奭辑:《春秋纬》、《论语纬》、《孝经纬》、《易纬》、《诗纬》、《礼纬》、《乐纬》。上海古籍出版社1993年版。

谶在春秋、秦时即已出现并为人们所利用。纬书发源于古代的阴阳家,起于嬴秦,出于西汉哀、平,而大兴于东汉。但是关于纬书的著录却不见于《汉书·艺文志》,直到《隋书·经籍志》才有比较详细的记载。唐孔颖达、五代徐锴、宋代郑樵、清代阎若璩等人认为纬书作于汉代。

顾颉刚等人认为,谶纬之学为阴阳家、方士巫师所信仰和创立,其学说属于方术的范畴,基本的内容是推演阴阳五行,预言灾异祯祥。① 根据胡适等人的考证,早期儒者在殷周时期亦充当过巫师的角色,其身份与方士巫师存在某些联系。② 但儒学形成以后,正统儒生的思想观念与巫师、方士还是有区别的。孔子相信天命,但"不语怪力乱神",甚至"敬鬼神而远之"。

汉兴,谶书依然流传民间,并在当时的政治生活中发挥着作用。陆贾《新语·本行》说:"追治去事,以正来世,案《纪图录》以知性命……乃天道之所立,大义之所行也。"《明诫》篇也有:"《易》曰:天垂象,见吉凶,圣人则之。天出善道,圣人得之。言御占图历之变,下衰风化之失,以匡衰盛,纪物定世。"可见当时"图录"、"图历"之类预言天道变化的"谶书"和"谶言"在社会上的影响颇大。此外,贾谊的《鹏鸟赋》云:"异物来萃兮,私怪其文;发书占之兮,谶言其度。"《淮南子·说山训》说:"六畜生多耳目者,不详(祥),谶书著之。"也都证明了谶书的存在。当时谶书的影响随着儒学的阴阳五行化有日益扩张之趋势,遂成为西汉中后期占主导地位的今文经学的主流思潮。《汉书·眭两夏侯京翼李传赞》说:"汉兴,推阴阳言灾异者,孝武时有董仲舒、夏侯始昌,昭、宣则眭孟、夏侯胜,元、成则京房、翼奉、刘向、谷永,哀、平则李寻、田终术,此其纳说时君著名者也。察其所言,仿佛一端。假经设谊,依托象类,或不免乎亿则屡中。"汉武之后,儒学获得独尊。而所尊之经学,已非复往昔之旧学。当时的儒者,以推阴阳、言灾异为时尚,其方法则是"假经设谊,依托象类",经学逐渐与阴阳灾异学说结合,谶言依经而行,甚至成为解经释经的依据。

两汉的谶纬是以经学附庸的面目出现的,它通过附说儒家经典而获得封建统治者的欢心和认可。在谶纬的形成及盛行过程中,谶纬与经学之间发生了互相吸收、互相利用的关系。一方面,谶纬通过神化经典、神化孔子以达到提高自身地位的目的;另一方面,经学又有意无意地借助于谶纬为政治服务。无论是今文经学还是古文经学实际上都不排斥谶纬,相反,谶纬还成了缓和二者间矛盾的调停者和平定经学异说的最高标准。谶常常附有图,亦称为图谶。谶纬神学在两汉之际有愈演愈烈之势,成为改朝换代的舆论工具。王莽改制和汉光武帝刘秀登上皇帝的宝座,都利用了谶。公元56年(汉中元元年)汉光武帝宣布"图谶于天下",遂使其风靡一时。

20世纪50年代以来,一些研究秦汉史或中国古代思想史的学者大都认为"谶纬是一种汉代流行的宗教迷信,甚至有人称之为神学"。任继愈《中国哲学史》有"谶纬迷信的流行"一节,认为谶是"诡为隐语,预决吉凶"的宗教预言。这是一种古老的迷信,在历史上早就产生了。谶和纬的广泛流传,在西汉哀平之际,经过王莽刘秀用政治权力宣扬、推广,它成了两汉

① 顾颉刚:《汉代学术史略》。东方出版社1996年版,第117页。

② 胡适:《胡适文存》第四集,《说儒》。远东图书公司1985年版,第1页。

之际的唯心主义宗教神学的主导思想。[①]

东汉以后,由于历代帝王的禁毁和经学自己的淘汰,谶纬文献几乎丧失殆尽,难以窥其全貌,对其的评价也一落千丈。近代虽经一些学者的考订研究,但对其的评价仍然众说纷纭。日本人安居香山一生专注研究谶纬问题,辑有《重修纬书集成》[②],著有《纬书的基础研究》、《谶纬思想的综合研究》、《纬书与中国神秘思想》等。他提出"汉代思想是纬书"[③] 这个论断。因此,研究汉代美学,不得不研究谶纬的产生与发展,以及其所体现出的美学思想。因为汉代经学国教化的大师是董仲舒,他的思想是以天人合一、天人相感神秘主义为基调的,这正是纬书的思想。

现在看来,谶纬中有儒家的思想,也有超出儒家的思想。有儒家的观点,也有儒、道更古老来源的巫术思想。孔子曾感叹:"河不出图,洛不出书,吾已矣夫。"(《孔子世家》)《易》曰:"天垂象,见吉凶,圣人象之。河出图,洛出书,圣人则之。"这即是纬学之滥觞。孔子作《春秋》,大凡地震、山崩、星陨、火灾、大雨、李梅冬实、八月杀菽等都与人事相涉,即纬学之本旨。所以谶纬并不是背离儒教的。只是后来人的阐释,把孔子观念中的巫术礼乐观渐渐隐去,只重视其"理性"精神,突出其伦理内涵。但在汉代,经学与纬学是相辅相成的。

道家在汉代发展为道教,道教与纬书也是不可分离的。谶纬思想在道教中深深扎了根,道教的信仰是以中国人的民俗信仰为基础的,而这种民俗信仰与谶纬思想是有共一民族根源的。近代刘师培在《谶纬论》中认为谶纬有补史、考地、测天、考文、征礼、格物六方面的学术价值。

当代美学中,随着"视觉文化"和"图像理论"的发展[④],随着国学的复兴,为我们在一个新的视野下研究谶纬的美学意义提供了新的理论前提与时代意义。因此研究汉代的美学,不应该忽视谶纬的存在。谶纬的内容是虚幻的,其形式则是审美的。它借用形象、图式、隐喻和象征来运作一种政治观念,起到一种社会意识和个体情感的引导作用。汉画像中的许多祥瑞图,当是在此审美观念影响下的产物。如果想对汉画像诸多图像进行深入的研究,必须对谶纬的图像隐喻的审美特征进行深入的研究。从思维形式看,谶纬是原始巫术占卜观、征兆观在汉代新时期的复活,当新的理性精神逐渐兴起,世界的"祛魅"过程逐渐加大时,这种虚妄的审美动向就受到了置疑和批判。

二　对谶纬美学的分析

谶纬从今天看,有许多迷信之处,但当时影响甚大,以致形成影响深远的汉代文化思潮,其中的原因,不是简单地下政治判断所能讲明白的。从思想上看谶纬是对经的解释,适应的则是当时的社会思潮。从形式上看,谶纬的流行有其美学的原因,表现为"谶"是借图像象征来达到对一个神秘的未知世界的把握,靠图像和"隐语"来得到对未知命运的控制,借积极的

① 任继愈主编:《中国哲学史》。人民文学出版社 1979 版,第 95 页。

② 安居香山:《纬书集成》。河北人民出版社 1994 年版。

③ 同上,第 8 页。

④ 尼古拉斯·米尔佐夫:《视觉文化导论》。凤凰出版传媒集团、江苏人民版社 2006 年版;米歇尔:《图像理论》,北京大学出版社 2006 年版。

预言来理晓神谕。从思维上讲，这都具有审美的特征。就像宗教中对神灵的信仰是心理的，但神像的制造则是艺术审美的，故宗教艺术在形式上能给人以美感。宗教与艺术本来有相通之处，在谶纬观念上表现也是相互杂陈。

谶纬的审美特征体现在它的形象性、理想性、祥瑞性上。

1. 谶的一大特征是靠图像来把握事物，使事物与人的设想得到验证。

说文："谶，验也。从言，谶声。"谶，亦称"图谶"，《后汉书》："帝以尹敏博通经记，令校图谶。"《广雅·释诂》："图，画也。"《说文》"图，画计难也，从口，从啚。啚，难意也。"《后汉书·班彪传》注云："图书，《河图》、《洛书》也。"又《桓谭传》注："图书即谶纬、符命之类也。"俞正燮《癸巳类稿·书开元占经目录后》曰："《占经》中所引纬，如《孝经雌雄图》、《雄图三光占》、《括地图》、《春秋图》。《彗星占》引《雌雄图》云'彗星四出'，注云：'按图如十字'。知天文地理应有图，故《河》、《洛》九篇六篇，古人谓之图书。"

从中国古代审美发展史来看，文字出现以前，人们更多依靠图画来表达观念，对古人来讲，图像是世界唯一的直觉方式，世界各民族早期的文字，都是图画象形的。远古的图腾是这种观念存在的典型代表。人类学的研究成果表明，审美的发生与原始巫术观念有必然的联系，如中国古代的彩陶纹饰和原始岩画，不仅仅是一种装饰，更起着一种神圣的象征作用。后来发明汉字，仍然是象形、指事性的，文字与图画是密不可分的，汉字的前身就是刻画，所以谶在某种意义上是古代刻画符录，或靠图像来表达观念，以达神意的象征表现，根源在图腾时代对图像征兆占卜的巫术信仰。在汉代那个离古代不远的时代，谶往往靠图像来表达人们的美学观即是历史的必然也是最恰当的表现。

图不仅指图画，也指天文、地理、地图等的图像符号，通过符号又表达一定的数术观念。《古微书·易河图数》："《易》大衍之数原起《河》、《图》，故《河》、《图》难自有纬而未尝言数，此传《易》者穷其数之原也。"姜忠奎在其《纬史论微》中认为："纬之所包，有候有谶，有符有图，又有所谓箓者。"[①] 候即占候，有祈福祥，候嘉庆之意。谶，符命之书，图谶之占群变之验。《说文》："符，信也。"瑞也，征兆也。图在古代，可以指图画，也指地图。箓指刻录，张衡《东京赋》："高祖应箓授图，顺天行诛。"《说文》"录，刻木录录也"。《尚书·顾命》就记载："天球河图在东序。"现代考古学的发展，已经发现了许多古代的图录。[②]

谶纬中的图书、图录等，也可以说是中国传统美学的"象"。古典美学以"象"为中心概念，形象、意象、象征，均是从此展开。在远古，人们还未有发明纸张等书写材料，文字的流传与学习都不是一件容易的事，在绢帛上图绘就成为表达意向、保留记忆、传承经验的主要方式。谶纬中的"图像"的隐喻与象征功能的突现，正是中国美学的基础。谶的用"图录"，犹如《易》用"象数"，《诗》用"比兴"一样，是相通的。

与谶纬有关的图像数据已经被考古学发现很多。1942 年，湖南长沙子弹库盗掘出土的楚《帛书图像》绘有十二个怪异的神灵，旁边并有文字说明，当是此类观念的早期表现，开汉谶纬的先河。考古学发现的其他汉代帛画，如在长沙、江陵、临沂、武威等地出土的中国帛画

---

① 姜忠奎著，黄曙辉、印晓峰点校：《纬史论微》。上海书店出版社 2005 年版，第 8 页。

② 陈鍠：《古代帛画》，文物出版社 2005 年版；刘晓路：《中国帛画》，中国书店 1994 年版。

《天文气象杂占图》、《社神图》、《毛人图》、《卦象图》[①]，甚至举世闻名的长沙马王堆一号汉墓中的“非衣”帛画，都与这种谶纬观念密切有关。但对这种“帛画”审美内涵的研究还很不够。

2. 就谶纬的形式讲，它靠图像来表达观念，以符号象征意义，在形象的直觉中激发情感的体验，因而是审美性的，其是审美的所以又是表现理想的，是一种乌托邦式的冲动。

就像艺术是审美的，但艺术是可以为一定的政治、阶级、利益服务的。谶纬的这种靠图文表达经验的形式也可以为汉代不同的政治服务。谶纬之所以在中国哲学史中名声狼藉，主要是因为它成了一些政治家改朝换代，制造舆论的工具。如王莽、刘秀等人，都曾利用谶语来为自己的“改制”或“登基”制造舆论。汉光武帝刘秀迷恋谶纬，宣布“图谶于天下”，因此，谶纬也不过是一种话语权的表现，他们把一己的理想打扮成“应天承命”的天命，宣扬的是“君权神授”的权威观，以此捞政治的资本。但它并不能否定用图像隐语来表现理想观念这种形式本身。

中国先秦有“铸鼎象物”的审美观，后来逐步发展为起教化训诫作用的壁画。汉代的画像石、画像砖、壁画与这种谶纬文化传统有密切的联系。据传，屈原的《天问》即呵壁而作，王逸《楚辞章句・天问》说：“屈原放逐，忧心愁瘁，彷徨山泽，经历陵陆，嗟号昊旻，仰天叹息；见楚有先王之庙及公卿祠堂，图画天地山川神灵，琦玮谲诡，及古贤圣怪物行事。周流罢倦，休息其下，仰见图画，因书其壁，呵而问之，以渫愤懑，舒泻愁思。楚人哀惜屈原，因共论述，故其文义不次序云尔。”[②] 有些文学研究者怀疑这一记载的真实性，但考古学的研究证明，楚汉时期祠庙宫屋壁画是十分兴盛的。考古工作者已在殷墟发现了彩绘墙皮[③]、彩绘布幔[④]，在陕西扶风杨家堡西周墓中曾发现过绘出的菱形二方连续带状图案，咸阳秦宫遗址也出土过几何图案的壁画残块。日本学者梅原末治有《殷墟壁画录》一书对此作了专题研究。春秋战国时期的楚国，画像就更加发达。如长沙子弹库楚墓的《人物御龙帛画》、长沙陈家大山楚墓出土的《人物龙凤帛画》、长沙《楚帛书画》等作品，都是久负盛名的。这些图与谶纬观念之间，有必然的联系。

刘师培在《古今画学变迁论》中说：“古人象物以作图，后者按图以列说。图画二字为互训之词。盖古代神祠，首崇画壁……神祠所绘，必有名物可言，与师心写意不同。《楚辞・九歌》、《天问》诸篇，言多恢诡，盖楚俗多迷信，屈赋多事神之曲，篇中所述，其形态事实，或本于神祠所绘。”[⑤] 从文献中也可证先秦两汉祠画壁画的兴旺盛况。《书・咸有一德》：“七世之庙，可以观德。”《商书》：“五世之庙，可以观怪。”清人武亿《群经义证》认为：“设中外馆，图珍琦，画怪兽。”“观怪”者，就是在祠庙里绘制壁画。司马相如《子虚赋》云：“不可胜图。”注云：“图谓画物象也。”《汉韩东力后碑》云：“改画圣像，如古图。”在汉画像研究中，经常引用东汉文学家王延寿的《鲁灵光殿赋》，他描写了鲁国灵光殿雄伟壮丽的景象，其中有一段详细描绘了其殿的壁画内容：

---

① 刘晓路：《中国帛画》。中国书店 1994 年版，第 143 页。

② 洪兴祖：《楚辞补注》。北京：中华书局 1983 年版，第 85 页。

③ 杜石然等：《中国科学技术史稿》上册。科学出版社 1982 年版，第 59 页。

④ 谢荣安：《商周艺术》。成都：巴蜀书社 1997 年版，第 108 页。

⑤ 刘师培：《左龛集・古今画学变迁论》卷 13，《刘申叔遗书》本。

图画天地，品类群生。杂物奇怪，山海神灵，写载其状，托之丹青，千变万化，事各缪形，随色象类，曲得其情。上纪开辟，遂古之初。五龙比翼，人皇九头。伏羲鳞身，女娲蛇躯。鸿荒朴略，厥状睢盱。焕炳可观，黄帝唐虞。轩冕以庸，衣裳有殊。下及三后，淫妃乱主。忠臣孝子，烈士贞女。贤愚成败，靡不载叙。恶以戒世，善以示后。

从《鲁灵光殿赋》的序及描写来看，这座宫殿不是日常起居的宫殿，而应是当时鲁国的宗庙。宗庙是权力的象征，所以，当"遭汉中微，盗贼奔突，自西京未央、建章之殿，皆见堕坏，而灵光岿然独存"时，作者才"感物而作"，曰："岂非神明依冯支持，以保汉室者也。""其规矩制度，上应星宿，亦所以永安也。"《鲁灵光殿赋》正文开始，便交待这种宗庙建筑的文化象征功能：

粤若稽古帝汉，祖宗濬哲钦明。殷五代之纯熙，绍伊唐之炎精。荷天衢以元亨，廓宇宙而作京。敷皇极以创业，协神道而大宁。于是百姓昭明，九族敦序。乃命孝孙，俾侯于鲁。锡介珪以作瑞，宅附庸而开宇。乃立灵光之秘殿，配紫微而为辅。承明堂于少阳，昭列显于奎之分野。[①]

从此段描写中的"荷天衢"、"廓宇宙"、"配紫微"、"昭列显"等语句中，可知此类庙堂宫殿，乃宇宙的象征。在"祖宗濬哲钦明"的保佑下，"协神道而大宁"。并以"介珪"等物作为祥瑞的表征。此便是灵光殿被称为"秘殿"的原因。三代以上，以神设教，秦汉时代承袭此制。天子有宗庙，郡国立高庙、郡国庙。"各自居陵旁立庙。又园中各有寝、便殿。日祭于寝，月祭于庙，时祭于便殿。"[②] 宗庙中的图画天地的品类，都是为这种礼制服务的。其造型和图画，往往就是天地神灵的象征表现。其壁画，往往是神灵、祖灵、英雄故事、历史传说、道德规训图的形象表现。从流传到现在的汉代祠堂画像中，我们的确可以看到类似的表现。如山东武梁祠的壁画，完全可以看成《鲁灵光殿赋》所描绘图画的注脚。巫鸿认为："武梁祠室内天顶刻有一系列独立的图像，包括不寻常的动物、植物、器物以及神仙等等，它们排列成行，每个图画旁边都伴有刻在竖长条框里的榜题，让人得知是何种揭示天意的图谶。"[③]

为什么汉画像艺术在东汉时期繁荣昌盛，与这种谶纬流行的话语密切相关。汉画像中普通存在的祥瑞图、瑞应图、吉祥图就表现了这种审美观。两汉时期，中国封建社会正值上升时期，蓬勃奋进的时代精神，促进了人们审美的要求，而画像的盛行，正是精神发展的需要。统治阶级利用图像的功能来为自己的统治服务。如武帝时置秘署，搜集天下法书名画。并设有画士以备诏。汉代设有考工室，岁费巨万，其中不泛能工巧匠。当时舆服器物，多有图绘，可极一时之盛。在两汉人的观念中，吉祥就是美的。吉祥就是美好的愿望，吉祥以物象的形式表现出来，这种观念对中国古代民俗文化影响深远，已经成了民俗的集体无意识的原型。

---

① 引《鲁灵光殿赋》之文，均见费振刚等主编：《全汉赋》。北京大学出版社 1993 年版，第 527 页以后。

② 《西汉会要》卷十四礼八·庙祭条。上海人民出版社 1976 年版，第 135 页。

③ 巫鸿：《武梁祠》。三联书店出版社 2006 年版，第 92 页。

3. 谶纬美学表现为一种祥瑞和灾异的观念，祥瑞就是美的，灾异就是丑的。

在中国古典美学中，审美的观念往往并不通过“美”表现，而是通过一些其他包含有美的意义的观念来表现。在谶纬中，思想的基础仍然是“天人感应”、阴阳五行的哲学。自然规律运行的结果，都要落实到与人的关系上，要为人服务，或者说要靠人来评价，对人有利的、有益的、好的就是善的，因此也是表现其与人事的意义。谶纬思想的根基和主干便是祥瑞和灾异。

祥，是吉祥。《说文》：“祥，福也。”一云“善”也。段玉裁注：“凡统言则灾亦谓之祥，析言则善谓之祥。征兆有时也可谓之祥。”如《左传·僖公十六年》：“是何祥也，吉凶安在？”“瑞，符信也。”《说文》：“瑞，以玉为信。”段玉裁注：“典瑞，掌王瑞、玉器之藏。”“瑞为圭、璋、琮、璧之总称。引申为祥瑞者，亦谓感召若符节也。”《春秋左传》杜序：“麟凤五灵，王者之嘉瑞也。”《礼运篇》说：“何谓四灵，麟、凤、龟、龙之谓。”古人把龙、凤、麟、龟都称为祥兽。汉代谶纬观认为，如果帝王修德，时代清平，上天受到感动，就会降下祥瑞来赞许、应答。《史记·礼书》曰：“或言古者太平，万民和喜，瑞应辨至，乃采风俗，定制作。”

在汉代，谶纬祥瑞有各种各样的种类。罕见的天文奇观，如美丽的云彩、瑞星，以及珍稀的山川草木鸟兽等的出现等。董仲舒《春秋繁露·王道篇》曰：“王正则元气和顺，风雨时，景星见，黄龙下。王不正则上变天，贼气并见。”三王五帝之治时，“天为之下甘露，朱草生，醴泉出，风雨时，嘉禾兴，凤皇麒麟游于郊。”桀纣之时，“曰为之食，星霣如雨，雨螽，沙鹿崩，夏大雨水，冬大雨雪，霣石于宋五，六鹢退飞，霣霜不杀草，李梅实，正月不雨至于秋七月，地震，梁山崩，雍河三日不流，昼晦，梦星见于东方”。这种祥瑞思想起源于原始先民的征兆信仰。儒家的观念中也存在这种看法。这种观念到秦汉时越发流行了。祥瑞思想并不是谶纬书特有的，它是中国古人很早就认识到的一般性思想，汉代以后，祥瑞思想一直与中国思想史的发展密切相关，它是中国审美观念的一部分。西汉昭帝始元三年（公元前78年）有一则记载：“冬十月，凤凰集于东海，遣使祠其处。”这是说这一年有许多凤凰在东海集聚，这是祥瑞，是统治者治国有方、国泰民安的表现，所以派人到那里去祭祀。

在汉代画像中，天的表现是拟人化的幻想式的，把一切天象都想象为一种神灵，借神的形象来表示天的种种力量。也是祥瑞图式的，汉代人认为天与人是相感通的，人的行为会影响到天的表征，天的表征显示了天对人的谴责与忠告。这与汉代的天文观念用于社会政治伦理的预警密切相关。《礼记·中庸》说：“国家将兴，必有祯祥。”祯祥的呈现是一种瑞应。汉人认为，如果帝王修德，时代清平，上天受到感动，就会降下祥瑞来赞许应答。《史记·礼书》：“或言古者太平，万民和喜，瑞应辨至，乃采风俗，定制作。”汉代大儒董仲舒建立了“天人感应”的神学政治观。加上哀平以降，谶纬泛滥，儒家的经纬合流，对民间的丧葬习俗产生了影响，有些祠堂中的天象图就演化成了祥瑞图。在晚期祠堂中，用祥瑞图来表示天上世界以山东嘉祥武梁祠天井石图像最为著名。由于武梁祠早已倾圮，长期掩埋地下，清朝重新发现时已使图像漫漶不清，好在根据文献记载和宋元旧拓，还可以对这两块祥瑞图了解大至内容。这两块祥瑞图上，共刻40余幅祥瑞物，而且还有题榜。根据第二石，第一、二层的祥瑞图，从左而右刻有：银瓮图、白鱼和比目鱼图、比肩兽图、比翼鸟图、玉圭图、玉璧图、连理木图、玉英图、玉马图等。据学者考证，汉画像中常见的祥瑞近40种。除了上述的几种，还有如，凤凰、龙、蓂荚、神鼎、狼井、六足兽、赤罴、泽马、白马、巨畅、麒麟、河精、三足乌、九尾狐、白鹿、甘露、白虎、玄武、白象、朱雀、玉女、金胜、芝英、白雉、白兔等。[①] 汉画像中祥瑞图是极常见的,其数量与表现历史题材的画像不差上下,说明汉代人对此观念的重视。祥瑞的产生,与汉代人的宇宙观密切相关,如"蓂荚"就是作为包含有宇宙日历的象征性而成为祥瑞的。武氏祠祥瑞图有蓂荚,题榜日:"蓂荚,尧时(下漶漫不识)。"按《宋书.符瑞志》说:"蓂荚,一名历荚,夹阶而生,一日生一叶,入朔而生,望而止。十六日,日落一叶,若月小,则一叶萎而不落,尧时阶生。"《白虎通义》说:"日历得其分,即蓂荚生于阶间。蓂荚者,树名也。月一日生一荚,十五日毕。至十六日,一荚去,故夹阶而生,以明日月也。"史籍中尚没有发现蓂荚的记载,不知大自然是否会有这种与日历相合的树木,但作为一种祥瑞的象征物,却是因为它暗和日月之明,历法之序。其谶纬美学特征是极鲜明的。

祥瑞表现为一种美,灾异就表现为一种丑。这都是从人事上来判断自然物与人的关系的。人生活在自然中,自然的变迁当然与人有关,自然常常会发生不利于人类生存的事,古人不理解自然运行和变化的规律,对突然的灾害和异变感到惊异、奇怪,就形成了怪异、丑类恶物等观念。[②] 中国古代有天神、天帝的信仰,而灾异就是天帝意志的表现,地上的君主自然是上天派到地下来管理百姓的,所以君主的行为也要受到老天的评价,在天人合一、天人相感的观念指导下,自然灾害就不是一种自然现象了,而是理解成天帝意志的表现。其典型的说法就是董仲舒在《贤良对策》中论述的:"国家将有失道之败,而天乃先出灾害之遣告之,不知自省,可出怪异以警惧之,尚不知变,而伤败乃至。"实际上董仲舒想借天帝的威望来规训皇帝,使天子经常反省自身,来抑制君权的无限膨胀。

谶纬美学观是极复杂的,其中有审美的部分,它借图式、符号来表达审美的理想,借自然物和虚拟的动物植物来表达吉祥瑞应,把自然现象社会化、人事化,其表现了汉代人蓬勃向上的精神力量、意志力量。所以汉代的艺术才显得那样刚健、雄浑、粗犷、稚拙,其中的美学价值是显而易见的。另一方面,这种审美又容易走向偏至,它主观目的的无限夸大就使其失去了与真实性的联系,盲目地崇拜天地、预兆、神谕就使主体失去了自我,审美本来是人自由精神的表现,是人生命力的张扬,谶纬的滥用就是其走向了虚妄,当时就受到了一些思想家的批评。

三　余论:对谶纬的批评及美学的再思

蒋清翊有《纬学源流与兴废考》,认为"纬学东汉最盛",但是《隋书艺文志》记载:"言《五经》者皆凭谶为说,惟孔安国、毛公、王璜、贾逵之徒独非之。"可见当时以谶说经者是很多的,只有孔安国、毛公等不以此说为据。[③] 朱彝尊有《说纬》一文认为:"终东汉之世,以通七纬者为内学,通五经者为外学。盖自桓谭、张衡而外,鲜不为所惑焉。"[④]

两汉之际,古文经学家桓谭(公元前23～公元56)对王莽以符命说持一种不合作的怀疑

① 李发林:《汉画考释和研究》。北京:中国文联出版社2000年版,第225～235页;另见《南阳师专学报》1986年,第2期;巫鸿:《武梁祠》,三联书店出版社2006年版,第253页。

② 朱存明:《中国的丑怪》。中国矿业大学出版社1996年版,第9页。

③ 姜忠奎著,黄曙辉、印晓峰点校:《纬史论略》。上海书店出版社2005年版,第420页。

④ 同上,第462页。

态度。当汉光武帝刘秀宣布图谶并征求桓谭的意见时,他也表示"谶之非经",故不应予以重视,光武帝以其"非圣无法"差一点处以死刑。张衡是一个有科学思想的人,他提供了一个经验中的宇宙观,基于此他批判神秘的谶纬思想,并上奏折反对这种思想。《汉书·张衡传》:"初,光武善谶,及显宗、肃因祖述焉。自中兴之后,儒者争学图纬,兼复附以谣言。衡以图谶虚妄,非圣人之法,乃上疏。"《后汉书·张衡传》载其说:"立言于前,有征于后,故智者贵焉,谓之谶书。谶书始出,盖知之者寡。自汉取秦,用兵力战,功成业遂,可谓大事,当此之时,莫或称谶。若夏侯胜、眭孟之徒,以道术立名,其所述著,无谶一言。刘向父子领校秘书,阅定九流,亦无谶录。成、哀之后,乃始闻之……殆必虚伪之徒,以要世取资……至于王莽篡位,汉世大祸,八十篇何为不戒?则知图谶成于哀、平之际也。"关于张衡之论,其要点在于论证谶书起源甚晚,从而说明谶纬之虚妄。其实谶纬作为方士文化之支流,起源甚早,早在战国秦汉之际已形成并流传,但真正形成系统规模,大概在哀、平之际。关于"谶纬"之学的起源及其与方士之学的关系,史书中有蛛丝马迹可寻。

对谶纬思想进行系统批判的是王充,在《论衡》一书中,激烈批判了谶纬思想的神秘性,认为谶纬是"虚妄之言","神怪之书"。在《论衡》中,王充表达了他的一些思想见解,对谶纬弥漫的汉代学风给予严厉的批判。王充把写《论衡》的旨归概括为三个字:"疾虚妄"。显然,疾虚妄是针对当时谶纬迷信和神学思想的泛滥而发的,这也是王充作为一名思想叛逆者价值的体现。王充所疾的虚妄的内容有谶纬迷信和神学思想。《对作篇》说:"虚实之分定,而华伪之文灭;华伪之文灭,则纯诚之化日以滋矣。"具体说来无用之文有神话、短书(汉代小说)、夸张之文、奇怪之语等。《别通篇》:"人好观图画者,图上所画,古之列人也。见列人之画,孰与观其言行?置之空壁,形容具存,人不激劝者,不见言行也。古贤之遗文,竹帛之所载粲然,岂徒墙壁之画哉?"汉代人对谶纬的批评,多是从当时的政治上立论的,揭露了谶纬的虚幻性。但是,如果从美学上来分析,从文艺创作上来看,谶纬对汉代及其以后的审美精神的发展是有重要作用的。

谶纬学说是汉代思想的一个重要组成部分。这种天人感应、托虚于妄、因物附会的学说既是民族文化融合之所使,亦与汉代宗仙崇神、尊天信巫的风尚有关。其形成和发展影响到汉代的文化氛围,又启发汉代美学思想,进而波及到汉代艺术的内容、形式及美学特征,并且对后代美学产生了深远的影响。挚虞《文章流别论》说:"图谶之属,虽非正文之制,然则取其纵横之义,反覆成章。"《文心雕龙·正纬》篇是针对谶纬而作的,刘勰在认为谶纬"乖道谬典"的同时,又指出其"有助文章"。刘勰对谶纬提出"酌乎纬"的主张,这不仅是《正纬》篇的篇旨,而且对于《文心雕龙》全书还具有理论上的指导意义。谶纬所描写记载的内容事迹丰富奇特,而所用的词语又繁富生动,其"事丰奇伟,辞富膏腴"的特点,对文学创作是极为有利的,因而谶纬对汉魏六朝时期的文学创作产生了重要的影响。

谶纬学说丰富了汉代美学的内涵。主要表现在天人相应的物感说,引事见世的反映论,咏怀言志的主情性,神思飞动的想象等方面。这种物感论上承《易传·系辞》"圣人立象以尽意,设卦以尽情伪",下启后代之意境说,如刘勰《文心雕龙·物色》有"情以物迁,辞以情发"等。情与景会,以景象情的物感论本源虽不在谶纬,却由此拓衍。谶纬学说谶纬理论在提倡文学的主情性时,仍不忘儒家之文学教化观念,显出鲜明的二重性。《乐纬·动声仪》言:"乐者,移风易俗。所谓声俗者,若楚声高,齐声下。所谓事俗奢,陈俗利巫也。"

《诗纬·含神雾》说诗"在于敦厚之教，自持其心，讽刺之道，可以扶持邦家者也"。并进而提升诗歌的作用："诗者，天地之心，君德之祖，百福之宗，万物之户也。"这样，汉代对艺术主情性的拓展，初步奠定了我国艺术的美学风格。汉末文人五言的勃兴、辞赋抒情化的发展和文学意识的觉醒，虽然与玄道佛教有关，这与谶纬理论的启发不无关系。并且玄道之兴也深赖谶纬的虚妄说教、崇仙远遁所形成的文化氛围；佛教东浸，亦借助于谶纬尊天信鬼、灾异遣告、因果报应的思想基础。这样，谶纬理论以物征志，以象表意，以虚言实，以气统贯的思维模式及表述习惯改变了汉赋先前类物为用、征实求博的堆砌手法，使汉代美学在总体的凝重上增添了艺术的灵动，呈现出丰富而繁杂的内涵。

总之，谶纬是汉人在天人关系中的一次探索，其象征隐喻的思维源于古人诗性的智慧，为中国文学志深情长、情景交融、以像寓意、讲究意趣的美学思维提供了心里的准备。为中国古典美学的意象论奠定了文化原型的基础。汉代的艺术如汉赋、汉画像等就是在谶纬学说直接或间接的作用下发展起来的，中国汉文化的审美方式此时已经形成。和原始艺术比汉代艺术内容有所变异，题材有所拓展，创作精神有所演化，体式风格有所发展，并且为我国艺术的总体风貌和美学特征的形成提供了有益的经验。我们应当充分认识到谶纬学说在审美发展史上的特定地位。

作为审美游戏的谢灵运山水诗

——兼评郑毓瑜和萧驰对大谢山水诗的读解

张节末
（浙江大学传媒与国际文化学院）

谢灵运山水诗的美学在中国中古美学史上有着特出的地位。谢客不再借助于传统比兴诗思的联想和想象，而是凭直接感知创作山水诗，一套新的创作规则于是珠胎暗结。了解这套规则并探明其产生的背景，对于把握中古诗歌运动在六朝的转向至关重要。值得重视的是，大谢在推进佛教中国化过程中发挥了重要作用，他的山水诗之新的美学品格或许孕育此中，不过，他的山水诗是否全然为佛教影响的证件呢，看来也未必是如此。显然，必须在中国传统即玄学（以及神仙传统）和印度传统即佛教之间为之定位，这是一项有趣而富于挑战性的工作。本论域的研究成果极为丰富，这里选出其中的两篇来进行析评，是因为两位作者特出的见地或许有助于我们逼近上述理论目标。

郑毓瑜《观看与存有——试论六朝由人伦品鉴至于山水诗的寓目美学观》一文思路正如题。郑先生指出：

> 模山范水成分的加重，明显削弱了言志、叙情或悟理的目的，影响至于描写手法由譬喻、拟人而“如印印泥”，尤其强调亲历身观，以耳目见闻取代玄思假想，显然山水诗在创作的出发点“观物”之上，就已经以“寓目”转化了原来以人为主的“感兴”……当时潜蕴于山水文学中就有一种新出的世界观与审美观：那就是以物色形象先于情理概念，并以为目光所及就足以成就意义……即此身观眼见即是所欲表现（包括对象与作者）的整体实存与价值。（见逢甲大学中文系编《中国文学理论与批评论文集》，新文丰出版公司1995年版，第242页。以下简称郑文）

郑文思路并不复杂，但却提出了一个具有挑战性的观点，有力地冲击并突破了抒情论传统。

萧驰《大乘佛教之受容与晋宋山水诗学》一文指出：

> 大乘佛教的容受对山水诗诞生的贡献可概括为以下三点：首先，大乘的净土观念彰显了远离人寰的自然山水与人间环境的界限，从而发展了文人对前一类题材的关注；其次，大乘对佛的身相之关注和法身遍在的观念将对清净山水的观照提升至庄严的体证生命真实的层次之上；复次，由佛教将主体性作为世界的根源，山水诗的开山者初步确

立了对自然的现象论态度。(《中华文史论丛》第七十二辑,上海古籍出版社,第 105 页。以下简称萧文)

相应地:谢灵运山水诗对远离人寰山水的偏爱,由观而悟的精神过程和对外界自然的“现象论”态度三个方面,承继和发展了慧远僧团“山水佛教”的三个特征。萧文所提出的晋宋山水诗起源与大乘佛教的关系,这是古代美学上极其重要的一个问题,看来以前重视不足,值得认真寻究。

将郑、萧两位先生的论文联系起来读,对本论域研究具有极大的启发性,两文均有特出的创获,容或各有失误。在笔者看来,两文的创获与失误正足以互相补充,有利于向新的观点延伸,从而对学界理解山水诗的发生及其性质有更为切实和周全的帮助。

一

郑文“由见貌、即形至于遥望全景的人伦品鉴”一节,描述晋宋士人的人物品评之不同于以前的品格,指出了一个的三段式过程:由见貌、即形至于遥望全景。“要求对于人物作一种本然形骸的视看,脱除道德教条、人情规范的扭曲”(郑文第 249 页),“看到一种结合了肉体与形而上的、物质与精神的‘本来面目’”(郑文第 251 页)。她的证据全取于“汉末至两晋士人体认与表现美感的纪录”的《世说新语》,其分析不可谓不细密,但是并未举出六朝人物品鉴对山水诗发生直接影响的证据,在论文第三节中将此三段式过程平移于描述谢灵运的山水诗,许是不够充分的。退一步想,可能在山水诗的准备、酝酿之前或同时,人物品鉴也在做着一种向着寓目美学观的转换,正足以为山水诗之改变观法提供有力的旁证。换言之,在此重要的历史时期,发生于山水诗中的变化并非一个孤例,其背后显然存在着一个更大范围的传统转型。我们将会看到,萧驰论文提供了一个更为宽阔的理论视野。

郑文别出手眼之处,是讨论大谢山水诗“寓目之美观”的第三节。郑先生从大谢山水诗与前此一般景物诗的诗题之比较切入。她指出,一般景物诗或是以地名入题如曹丕《芙蓉池作》、陶潜《游斜川诗》,或是以时间入题如夏侯湛《春可乐》、孙绰《三月三日》,而大谢山水诗绝大多数是以地点空间入题,如《登池上楼》、《七里濑》。指出:“就主题而言,谢灵运山水诗的出现,正是诗人对于‘空间’与对于‘时间’这双方的关注,呈现消长盛衰的关键与分野的定点。”(郑文第 257 页)她分析道,魏晋间写景纪游诗,虽标举地点为题,却也不免迴绕着生死久暂的忧思,容易模糊了景物的本然形姿,当然也难以体认作者是否投身其中而成就实存空间。这真是极有见地之论。例如,春与乐、秋与哀的节令与人情的“感物兴情”之关系,是一种最习以为常的约定模式,以人的时间观为基底,物色被强加比附饰丽,成为时间的“代号”。在此,人情为主导,物以情感,以情染物,物色只须描写出足供辨认的通性即可,可以约定俗成,压缩景物,可以凭情变改、随意想象,强化景物的普遍类性、突出特例。曹叡《长歌行》说“中心感时物”,陆机《悲哉行》云“目感随草气,耳悲詠时禽”,《文赋》则有著名的“悲落叶于劲秋,喜柔条于芳春”,都是这个思路。这种“类性化”和“想象化”之下的山川风物,并不占有实存的空间,无从知晓作者描写的是哪座山或哪条水,更无从谈及个别的细节描写了。

在郑说的启发下,我首先从大的传统背景角度作一个补充的辩证。郑文所论到那种真正山水诗以前诗歌中所写的景物,其实正是从《诗经》《楚辞》尤其是古诗十九首以来在赋、比、兴传统之下人们观看景物的方式,这个景物并非特殊的具体,而是天人关系中的天(以时间为其基本品格)。不是吗,春夏秋冬四时的运行正与人的情绪节奏相应和,于是才会感发出喜怒哀乐,虽然喜怒哀乐实际产生于人的社会生活事件,但是古人其实认为人与天是相符的,例如两者都是具有阴阳两端的气之运行,它更体现为时间意识,或称之为时序感。正是在这种传统的看世界和看自己的观念背景之下,山水被纳入“僵化扭曲的定型”,而大谢的山水诗使自然“重获真实本然”(郑文第270页),郑文对此作了细致的描述。我们可以就著名的“池塘生春草,园柳变鸣禽”(《登池上楼》)为例作一分析,诗句体现了极强的时序感,同时也确是将时间放到了具体的空间(池上楼)上来,风景没有沦为节序的“代号”。谢客甚至与陆机一样,说“鼻感改朔气,眼伤变节荣”(《悲哉行》),“节往感不浅,感来念已深”(《晚出西射堂》),他的《苦寒行》有“浮阳减清晖,寒禽叫悲壑”,《豫章行》有“短生旅长世,恒觉白日欹”,那些是节序的“代号”,但“池塘”句不然,虽然仍处于节序之中,却确乎不再因联想到身世处境而“感伤”,也不再是“僵化扭曲的定型”,只是病后对春天的突然到来油然而生欣喜之情,淡淡的,极其自然。可以肯定地说,大谢山水诗已经在某种程度上从时间优先的比兴和缘情的传统中转移出来了,但时序意识仍然强而有力地运转着,或者宁可说时序在更大程度上转化成了游山玩水的游观过程或甚至成为游戏的过程。

其次,我有所怀疑的是,如谢客那样游观山水的活动在此前借物抒情的比兴传统下是否存在过?比兴方法从本质上看,是欲将人向自然归类(以“普遍类性”为基准),即以时间上无限绵延、空间上无穷广袤之自然为人类之基并向之回归,从而在时间意识层次上达到天人合一之境,古人认为,那才是真实本然。因此,郑文所谓的山水自然的“真实本然”更可能是由谢灵运所代表着的一种崭新的观法所第一次发现的,而非“重获”。恰如作者所指出的,“人与山水共同完成的寓目实存”“体现一个前所未见的新世界,身在其中的‘我’也必然有了新的存在样态”(郑文第270页),这正是我们研讨大谢山水诗的一个理论上的大冲动。以下我将分析本文作者的具体论述并提出我的看法。

再次,我也有疑问,郑文指出,“亲历身观的山水意识”在早于谢的庐山诸道人《游石门诗序》里就有极为清楚的表现。在“乘危履石”“历险穷崖”的“开涂竞进”的“游”程中,有“拥胜倚岩”的“详观”和“览瞩无厌”的“游观”,确乎是“亲历身观”的了。不过,序中两次提及“神丽”“神趣”,却是在“亲历身观”之外另有所求的了,郑文称之为身观山水、寓目美形而后的“模拟出的联想”和“后设体悟”。这个问题牵涉到佛教“法身遍满”之“观想”,是“联想”,但未必是“后设”,这里先提出来,下面讨论萧驰文时再细说。

关于郑文对大谢山水诗的精彩深研,兹择要举出如下三点。

1. 大谢山水诗中色彩光影“对比与拉拒”的描述

评《石壁精舍还湖中作》“林壑敛暝色,云霞收夕晖”句:

藉诸光影的由明至暗,勾画山林云霞的景色。就在夕照稀微之际,夜仿佛向四方浸染、渗透的黑墨,一场与青翠(林壑)或橙红(云霞)的争战就此展开;而作者正是那个观战者,因为看到了对比与拉拒,才能及时表现出当下正在形成、而非定型的彩色世界:那

是在一大片侵袭而来的黑色之前，有著逐渐深沉的绿，与西边上的一抹残红。（郑文第263页）

这里不免有描述想象的成分，不过我想在谢客眼里所谓色彩光影的“对比与拉拒”定是存在的。

评《晚出西射堂》“连障叠巘崿，青翠杳深沈”句：

青山翠林在色度上的由浅入深，正如层层叠叠的线条，一笔一画地勾勒出群山的连绵重杳，广远无尽……在看到颜色的同时，其实也看到了形态；而对于层次、范围的观照，自然如同色彩一般，也是体现真实山水的必要条件。（郑文第264页）

色彩起到了线条勾勒形态，形成层次、范围的作用。

2. 以“闻”辅“见”

评《石门新营所住四面高山回溪石濑茂竹修林》“早闻夕飚急，晚见朝日暾。崖倾光难留，林深响易奔”句：

以视听上的“光弱”“风急”，以致不辨朝夕，来引逗出空间的陡峻、深密，作者并不直言崖倾、林深，而是透过崖壁上光影的倏忽晞微，树林中声响的奔洩流荡，“闻”“见”山林是如何展现其生命的肌质与形态。（郑文第265页）

这是一个明显的例子，重要的是扣住视听而来的“山林生命的肌质与形态”一语，显然是与上面色彩光影之“对比与拉拒”互相呼应的。

3. 以“身观”体验“寓目”之美

郑文细心地分析从大谢山水诗题如上引《石门新营所住四面高山回溪石濑茂林修竹》等，指出谢客在一个地名下不厌其烦地标注全景，或是并列二到三个地名，以便如实写记行经处所；用“望”、“瞻眺”，“进”、“入”、“还”、“过”、“越”等行动字眼，仔细勾画出作者于山川风物间的身历形经。“而正是随顺着这步入身还、看望瞻眺，真山真水就如此被系连、结构出来了”（郑文第262页）。从这里，可以清楚地看到时间意识已经转为对山水空间的游观了。

“千圻邈不同，万岭状皆异”（《游岭门山诗》），山水的变化是迷人的。郑文评“侧径既窈窕，环洲亦玲珑”（《于南山往北山经湖中瞻眺》）和“涧委水屡迷，林迥岩逾密”（《登永嘉绿嶂山》）两句云：

灵运描写行舟过涧、登山入林的过程，观览者仿佛是以此身、双足奋力穿透或是贯穿山水竹林，而以在其中所周旋出的断续轴线，来支撑起重山绵叠、曲水弯延的立体内在；而高、远加上深厚度，便共同构成占据实际空间而不只是平面图版的具体山水了。（郑文第267页）

评“极目睐左阔，迴顾眺右狭”（《登上戍石鼓山》）云：

> “我”就在石鼓山里来看这座山，山的立场与我为一，人身所经处的空间维度即此山之实存样态。而当人把自身投入于山水当中，除去高、峻、长、远、宽、狭之外，还有一种最特别的空间体验，就是深度，就像身在此山中，“云深不知处”，唯有看出景物的深厚度，才是真正地走进了山水。（郑文第266页）

在“寓目”与“身观”的双重体验中，“我”身处一个具有立体空间深度即真实的具体而微的自然，“我”与山活泼一体。

引申以上这三点，我要继续说下去的是，色彩光影的“对比与拉拒”是极为生动的造型呈现，其间演出的张力吸引着观者之视觉全神贯注地追逐于其间而成为“游观”，因为观看闻见是由“色”至于“形”，山水的形状总是处于无时不变的动态之中，呈现出来的就是“山林生命的肌质与形态”，而身为“我”的观览者其实是以视、听及身体诸感官在山水间作追逐色彩、光影、线形的游戏，于不知不觉中与山水同体，那是一种游戏的自由，而不存在任何如下面要谈到的萧驰文所看重的“观想”的成分。

4.“没有情意感动的景观”

她引大谢《石壁精舍还湖中作》诗：“昏旦变气候，山水含清晖。清晖能娱人，游子憺忘归。出谷日尚早，入舟阳已微。林壑敛暝色，云霞收夕晖。芰荷迭映蔚，蒲稗相因依。披拂趋南径，愉悦偃东扉。虑淡物自轻，意惬理无违。寄言摄生客，试用此道推。”评云：

> 种种这些目见身历就足以让人愉悦自在，不假外求。所谓“虑淡物自轻，意惬理无违”，“理”犹本性、本真，正表明安处真实本然的世界，则对身外之物可以无所计营。因此谢灵运说“寄言摄生客，试用此道推”，并毋须深求是有意假借山水观览喻指归隐避世或齐物玄游；他只是现身说法，认为排除了情志念虑的纠葛之后——比如“昏旦变气候”并不必要去感时叹逝，忧独怀远，而直接投身在天地宇宙，让风光物色在我身目间流荡出入，就可以织综出实存安处的美丽新境。（郑文第269页）

这里，“不假外求”，“无所计营”，“排除情志念虑”和“毋须深求喻指”诸语值得重视。下面一段话更具总结性：

> 就情景是否交融这一方面来说，我们认为谢诗中出现似乎没有情意感动的景观，其实正是因为对视看身观有崭新、深入的体验，使得寓目物色不容被重塑、改造，而作出最真实本然的展现；至于诗篇末尾的“兴情”、“悟理”……又很可能只是观见体验的类推引申，而情理概念的落居陪衬客位，正说明了寓目之美观、蕴真之实景的优先地位。当然，把这样的山水诗，放在传统以情为主、而取物拟喻的情景观念底下加以检验，难免格格不入，无法合契了。（郑文第271页）

上引诗中的“清晖能娱人”“愉悦偃东扉”不过是“虑淡”“意惬”而并非抒情，这首诗正所谓“没有情意感动的景观”，因此作者提出不能把这样的诗归入“传统以情为主、而取物拟喻的情景观念底下加以检验”，是极有见地的。如果此说可以成立，那么大谢山水诗就必然脱离言志、缘情的古诗传统而走上一条新的道路，作者称之为“寓目之美观，蕴真之实景”。

对于大谢山水诗中的“我”之性质究竟为何，郑先生仅是指出自然与“我”为一或物我为一。我以为，如果上述第四条可以成立，那么就可以大胆地将“我”定义为：游山玩水的审美游戏者。

郑文的第四节“结语：山水以形媚道”以宗炳的《画山水序》来为谢诗作某种理论提升，这里，郑先生显然将山水与其意义划然二分，从而违背了她前面所达到的山水与“我”为一的观点，这不免是一种理论上的退步。对于宗炳的《画山水序》所涉问题，下面再谈。

二

萧驰论文欲解决的问题如下：“究竟大乘佛教，特别是慧远僧团的佛学观念，怎样转化为被历代视为山水诗开山者谢灵运本人诗学观念”（萧文第53页）。作者循着马瑞志等西方学者所提出的“山水佛教”的思路，尤其扣住“庐山佛影”，在颇为广阔的思想史背景之下展开他的研究，取得可观的成果。

萧先生寻研大谢山水诗与佛教关系，主要考察两支，其一是会稽支遁，其二是庐山慧远僧团。

萧文指出，名僧由建康徙之山林，去向多在会稽和剡水流域。而那里正是东晋名士的隐居逍遥之处，玄佛合流，支遁为代表人物，他的诗中“展开了一个更为蛮荒亦更为寥廓的山林世界……处处渗透着基于佛教止观法门的存在意识。笼罩着魏晋文人的与迁逝感相关的忧伤之情，被止息寂照的心灵所取代了”（萧文第66～67页）。而支氏未能写出“仅止为了寻幽探胜的真正山水诗”（萧文第68页），除了没有脱离郭璞结合招隐和游仙的框架，还有佛教方面的原因。萧文批评支遁的“即色是空”通过否定现象的“自性”、“自体”而引导至空的本体是偏重于认识论，并未认识到空本来呈现在色（现象）中，两者不可分割。以下我对萧文此观点作一析评。

支遁为当时佛教六家七宗中即色宗的代表人物。《世说新语·文学》注引《妙观章》云：“夫色之性也，不自有色。色不自有，虽色而空，故曰‘色即为空，色复异空’”。色即现象为因缘合成，没有自性，僧肇评即色宗“直语色不自色，未领色之非色也”，是说支遁并不明了一切色都是“假有”，因此才是空。换言之，因缘合成者即色，因此而空，但并不愿直言色为假有，正是支遁在玄佛之间搞的折中。如果自然现象（一切色）都为假有，那么中国人的生存之地就被连底端掉了，这种思维很难让国人接受。因此，萧文之如下判断：仅仅强调“色即是空”并不足以推动流连于山林之间，理据似乎尚不充分。其实，支氏对色的看法，重因缘合成而不言假有，是极有代表性的。

另一方面，尽管支氏即色义看空的意图非常明确，然而他自己的人生哲学却未必是真正看空的。且看支氏之逍遥义：“夫逍遥者，明至人之心也……至人乘天正而高兴，游无穷于放浪，物物而不物于物，则遥然不我得。玄感不为，不疾而速，则逍然靡不适。此所以为逍遥也。”（《世说新语·文学》注引《逍遥论》）

此处“物物而不物于物”一说，仍范围于庄子一派。这种逍遥，也并非是看空的自由。支氏逍遥义，与向郭之学相近，而即色义，与向郭之学相近而大异。支氏虽然着重论述了色空之关系，然而将自然或色视为因缘合成而讳言假有的观念，却依然是看空的一道难越的门槛。

正是在这种对自然的微妙的观法中，从支遁开始，色与空的对举为中国人的审美心理和审美经验开辟了新的领域。色的观念渐渐地起来，与物（外物，指人的生理和名利欲求的对象）和自然（化）的观念互相渗透而平分秋色，玄与佛渐趋合流，成为晋人审美经验的新对象和新境界。支氏的观色法，引导了对色的现象主义观法，这是即色论的美学意义。

玄言诗的创始人、山水诗的引路人孙绰的《游天台山赋》就表现出这一特色。赋题一“游”字，那是庄子的传统，其中云“太虚辽阔而无阂，运自然之妙有，融而为川渎，结而为山阜”，将自然称为“妙有”，也是玄学一路。赋的结尾则云：

> 于是游览既周，体静心闲。害马已去，世事都捐。投刃皆虚，目无全牛。凝思幽岩，朗咏长川……挹以玄玉之膏，嗽以华池之泉，散以象外之说，畅以无生之篇。悟遣有之不尽，觉涉无之有间；泯色空以合迹，忽即有而得玄；释二名之同出，消一无于三幡。恣语乐以终日，等寂默于不言。浑万象以冥观，兀同体于自然。

山水造化之中的游览可以使人“体静心闲”，当然是“妙有”了。但是同时又有一种觉悟起来：如果终究未能把“有”彻底排遣，那么对“无”的体认也就有所不足了。于是就要将色与空的界限泯灭，从“有”以得“玄”。这个“玄”是妙道，是玄学与佛学统一的境界。于是真正了解，有与无只是起于一源的两种名称罢了，色、空、观（三幡）也可以归一于无。因此，孙绰既要求借助于佛学来将自然看空，“浑万象以冥观”，也要求自已能最终如庄子般与自然为一，“投刃皆虚”，“兀同体于自然”。从中我们可以看到，庄子式的审美经验仍然占据主要地位，但般若学的空有观念却已经成功地渗入了“游”自然的审美经验之中了。换句话说，逍遥游的审美经验已经更多地注入了观和悟的佛学心理成分。这种审美品格，对理解谢灵运山水诗是十分重要的。

相形之下，萧文关于庐山慧远僧团的看法更为重要，我们尤其须注意他的五个用词，其一是“清旷”，与佛教山林传统有关，其二“法身”，其三“观想”，其四“神丽”，其五“畅神”，与净土信仰和佛影有关。

这里最重要的事件是造庐山佛影。佛影是指佛现身的一个影象。印度那竭城南石室中的佛影，远看有一佛的影像，“金色相好，光明炳著”（法显《高僧法显传》（《佛国记》），《大藏经》第 51 册，第 859 页），趋近看则仿佛如有，其特点为幻，故而称为“影”而非“形”。影是虚而形为实。而慧远在庐山所造的佛影，置于敞开的山岩上，于是“佛影从天竺文化更借助幽室中想象的佛影，变成山光云色变幻之际更具感性色彩的佛影，成为阳光下‘真实的幻象’。”（萧文第 75 页）萧先生设想，这种变化来自中国文化两个方面的影响，其一，东晋士人视觉餍饫山川之美风气，其二，中土以名山为道教灵场和神仙之境观念。道教神仙之境对佛教的佛影产生了牵引，于是产生“相待于既有之场”（《佛影铭》，《广弘明集》卷 15，《大正新修大藏经》第 52 册，第 954 页）的庐山佛影，它处于形（实）影（虚）之间，难分难辨。这里发生了不同于印度佛教的变化是：整座庐山成为一个巨大的佛影。换言之，慧远把庐山视为“玄廓之境”（《鸠摩罗什法师大义》卷上，《大藏经》第 45 册，第 129 页）中佛所示现的法身。萧文指出此法身已经偏义于“取相”和“此岸”了（萧文第 75 页）。“玄廓之境”即“清旷山川”，法身遍满于清旷山川，后者即成为“净土”，“庐山提供的是一个佛教与中土对山神灵的崇拜及神仙信仰融合之绝妙典型”(萧文第77页)。“幽岫栖神迹”(慧远《庐山东林杂诗》),庐山佛影为“真实的幻象”的这一特点,决定了它必然是“观想”的对象,换言之,佛的法身之被“观”是基于“想”。萧文所重视的庐山诸道人《游石门诗序》和谢灵运《山居赋》所共同使用的“神丽”一词,正是对清旷山川中法身的观想。

庐山之景因“神”而丽,即因接近佛的净土而丽,因佛的报身示现而丽,因法身遍满而丽,是谓“神丽”。(萧文第80页)

这种“观想”它虽然并非如郑文所指出的传统情景观念“以情为主”,但所谓的“报身示现”和“法身遍满”却依稀沿袭“取物拟喻”的方法,因此它也并非郑文所指的“寓目之美观,蕴真之实景”,其实不免是一个虚像。

不过,庐山佛影作为一个佛教造像运动,将“清旷山川”观想为法身遍满的神丽影像,在山光云色的无穷变幻中追寻佛影,却在无意中训练、培养了人们对山水的敏感和直观能力。郑先生生动描述的大谢山水诗中色彩光影之“对比与拉拒”,正有萧先生所揭示的庐山佛影运动在背后大力推动之。慧远所看到的有无之间、形影之分,谢灵运所描述的“倚岩辉林,傍潭鉴井,借空传翠,激光发冏”(《佛影铭》,《谢灵运集校注》第248页),都证明了此。尤其是难以名状的“空翠”,非常典型地体现了庐山佛影运动对山水间色彩光影变幻的敏感。

《游石门诗序》云:

> 霄雾尘集,则万象隐形;流光迴照,则众山倒影。开合之际,状在灵焉,而不可测也。乃其将登,则翔禽佛翮,鸣猿厉响。归云迴驾,想羽人之来仪;哀声相和,若玄音之有寄。虽仿佛尤闻,而神以之畅……退而寻之,夫崖谷之间,会物无主,应不以情而开兴,引人致深若此……其为神趣,岂山水而已哉?

此时“万象隐形”而“众山倒影”,有一“不可测”的“灵”在“翔禽佛翮,鸣猿厉响”之间“仿佛”登临,于是观者“神以之畅”。我们尤其要注意“崖谷之间,会物无主,应不以情而开兴,引人致深若此”一段,“会物”者本为含情之人(世俗之人),因为“无主”即“会物”而不逐物(脱俗向佛),则必然“应不以情”(此情为世俗之情),不缘情但却“开兴”,那就只有观想式的“畅神”了。

我们可以读一下郑先生对《游石门诗序》的评论:

> 至于“想羽人之来仪”、“若玄音之有寄”,或“虚明朗其照,闲邃笃其情”的仙道神理,虽是创作的动机初衷,却在前半细密如实、繁富全备的写景对比之下,反而显得是必须奠基于寓目美形才可以模拟出的联想,或是以此身观山水为蓝本才类推出的后设体悟了。(郑文第261页)

这个评价极有启发性,亦颇可推敲。当时的情形可能是:一方面,寓目观法正在形成之中,并且如萧先生所论,它受到“山水佛教”的推动,这是郑文所没有注意到的;另一方面,佛教的神理之融入山水成为佛影,却不得不借助于作为“山水佛教”方法论的对“法身遍满”的“观想”;“观想”之“观”更多来自对山水的寓目身观,而“想”却来自佛教,且不免使前者变得不那么纯粹。郑文判仙道神理是“模拟出的联想”、“后设体悟”，似乎并不全对，因为正是对法身的观想推动着寓目观法的进步，它不仅是“创作的动机初衷”，而且如萧驰等先生所见，还是促使人们走进山水的基本动机。

同样提出“畅神”的还有宗炳的《画山水序》：

> 圣人含道应物，贤者澄怀味象，至于山水，质有而趣灵……夫圣人以神法道，而贤者通；山水以形媚道，而仁者乐；不亦几乎？……峰岫峣嶷，云林森眇，圣贤暎于绝代，万趣融其神思，余复何为哉？畅神而已。（《全宋文》卷20，《全上古三代秦汉三国六朝文》，第3册，第2545～2546页）

萧先生根据志村良治指“媚”字承陆机《文赋》“石韫玉而山辉，水怀珠而川媚”用法，意为“使美显露”，将“圣人”句解为：佛以法身彰显佛道，几如山水以可见之形而使佛道之美呈露。萧文又云：“‘畅神’是面对呈露著佛道之美、法身遍满的山水而对生命终极真实的证悟”（萧文第86页）。并指出，山水在这个意义上才是绘画和抒情诗的对象。

我对萧文观点作如下析评。《画山水序》说“神本亡端，栖形感类，理入影迹”，这里“栖形感类”值得重视，那是说“神”“栖”于“形”而“感”入“类”，最后成为绘画即“影迹”，神是活的，而形、类则是相对固定的，正是郑文所论的“僵化扭曲的定型”。就性质而论，神与形、类原是两个东西，在绘画中才成为“影迹”即统一的形象。确实，宗炳说过“身所盘桓，目所绸缪，以形写形，以色貌色”，但那是在肯定神之“栖形感类”以后才进行的绘画活动，“媚道”“畅神”才是其本意。这样，可以“畅神”的绘画，其实质不免是“感兴”式的表现，虽然并不抒情了。如果萧文关于宗炳“山水以形媚道”句的解读是对的，那么“畅神”其实是形神之际对“影迹”的观想。

有意思的是，郑先生也是将“畅神”解为联想。她认为，《画山水序》最后谈到“披图幽对”所引发的“神思”之趣，其实仍是本诸“峰岫峣嶷，云林森渺”这寓目美观、笔下形色的联想。更有意思的是，郑先生还将宗炳“山水以形媚道”观点作为她论文的结论，说：

> “山水”既然质有而“趣灵”，“以形”而“媚道”，也就是说山水本身的形构是具有本质义，其寓目之美观正为内容意义（所谓“媚道”）之所在。（郑文第273页）

如果“媚道”是“内容意义”，那么与“神思之趣”一样，为联想的对象。而她以后再次肯定“身目所以‘盘桓’、‘绸缪’，不过就是为了体现山水本然的形色体势……”云云，就脱离“媚道”的内容了。显然，她正由自己所提出的“寓目”转化“感兴”的基本观点，即对并不占有实存的空间的“类性化”和“想象化”之下的山川风物的否定，退回到“以人为主的感兴”，确实，她最后说：“唯有透过身临目视，才能开启长久冰封固守的心锁，扩展了情意我的格局，让人与山水共此实存世界，这或许就是寓目美学的最大意义吧！”（郑文第274页）以“情意我”来为自己的论文作结，不免给自己所欲封堵的联想和抒情的传统开出一个“后门”。

萧文所谓支遁于山林中“止息寂照的心灵”，慧远净土信仰中法身遍满的庐山佛影，宗炳“山水以形媚道”等诸观念，都必须建基于“观想”即联想之上。自然山水构成了联想的一端，而心灵、灵、佛、法身、光明或"情意我"构成了联想的另一端，那样一种结构只是比兴或感物的某种变形，而并非郑先生所论证的"寓目身观"的直观，尽管"观想"对它起着助推的作用。

另一方面，如果大谢诗中并无"媚道""畅神"或相近的表述，那么此种推论是否会走得过远了呢？查谢诗，《赠安成》(七首之五)有"媚彼时渔，恋此分拆"，"媚"与"恋"互文，意为"喜欢"；《过始宁墅诗》有"白云抱幽石，绿筱媚清涟"，《登池上楼》有"潜虬媚幽姿，飞鸿响远音"，《登江中孤屿》有"乱流趋正绝，孤屿媚中川"，诸"媚"字的对象为"时渔""清涟""幽姿""中川"，或是活动如打鱼，或是形姿如"幽姿"，或是山水如"清涟""中川"，都比较实，与他的《从游京口北固应诏》"远岩映兰薄，白日丽江皐"句之"丽"字用法完全相同①，与陆机《文赋》"山辉""川媚"对举的用法相近，固然有"使美显露"的含意，但并没有"媚道"的那层较虚的意义。而"神丽"一词仅出现于《山居赋》，诗歌中并未出现此组合，"神"字用法胪列如下："神皋"(《赠从弟弘元》六首之一，《答中书》八首之一)，"神往形留"(《答谢谘议》八首之二)，"神理"(《述祖德》二首之二，《从游京口北固应诏》)，"神期"(《庐陵王墓下作》)，亦未见"畅神"的意思。

这是否意味着，萧先生所极为重视的慧远"庐山佛影"的"观想"方法并未给大谢山水诗新的观法以决定性的推动，而萧郑两位先生所共同重视的宗炳"以形媚道"说也还是体现着主客二分并借助于联想统一之的传统格局，因此谢灵运山水诗所贡献给六朝美学的新的审美品格如郑先生所揭的"寓目身观"、萧先生所揭的现象主义的"纯粹直观"，尚未得到坚强的支持。于是，我们还须直接去研读谢灵运。

三

谢灵运为佛教进入中国过程中起到重要促进作用的人物，因此，考量佛教对他的山水诗创作的影响是一门紧要的功课。

萧先生评谢灵运曰："他或许是最早指出远离人寰的山林如何区别于人类社会周边的诗人。而这种区分，则直接来自他与佛教的精神关联。"(萧文第 57 页)确实，《山居赋》说："山野昭旷，聚落膻腥。"因此佛祖进入丛林修道，在菩提树下成佛。谢氏《临终诗》又云"恨我君子志，不获岩上泯"，叹已未能如摩珂迦叶那样在山岩上入灭。从种种证据来看，萧文的如下判断是对的：谢氏的"山居"显然是出自对原始佛教山林传统的祈向。萧先生指引我们从"山水佛教"的三个传统去探究大谢作品与大乘佛教的关系：

> 首先，这种影响显然刺激了人们"置心险远"，即推动对于远离人寰自然之美的发现。其次，当时大乘佛教对见到佛的身相的关注与中土信仰的融合开启了一种对于山水自然特殊的"视觉文化"。复次，佛与佛的净土际于有与无之背谬使人偏爱霏漠森渺的山林景色，并由此产生现象主义的幻象。(萧文第 89 页)

萧先生解析宗炳论山水"质有而趣灵"，指出感觉的和神秘、超自然的两种性质，即感觉

---

① 大谢诗中经常用一"玩"字，用法与"媚""丽"相近，可以比较，如："英华始玩，落叶已稀"(《答谢谘议》八首之一)，"心契九秋幹，目玩三春荑"(《登石门最高顶》)，"川渚屡径复，乘流玩回转"(《从斤竹涧越岭溪行》)，"弄波不辍手，玩景岂停目"(《初发入南城》)。

和幻想的交织。曾有学者以为《佛影铭》为山水诗萌芽，萧先生根据谢氏作铭时尚未见到佛影，判断他是根据法显和道秉对两处佛影的描绘，发挥自己的想象而完成的。萧先生强调感觉和幻想的见地极有启发。不过，我的思考方向恰恰相反：或许大谢正是将自己观山水的经验写进了铭文，质言之，“寓目身观”的经验前于并影响了大谢对佛影的想象。“观远表相，就近暧景。匪质匪空，莫测莫领。倚岩辉林，傍潭鉴井。借空传翠，激光发冏”云云，正可与前面郑文对大谢山水诗中色彩光影“对比与拉拒”的描述对看。

萧先生考较谢诗“叙述行旅——描写景色——以理悟作结”的三段式程序相似于《游石门诗序》，以大谢的三首诗《登江中孤屿》、《石壁精舍还湖中作》和《从斤竹涧越岭溪行》为例。他同意小川环树将《登江中孤屿》“云日相辉映，空水共澄鲜。表灵物莫赏，蕴真谁为传？想象昆山姿，缅邈区中缘”中的“崑山”指为灵鹫山佛土，“表灵”“蕴真”为“诸圣仙灵依之而往”，“云日”句则为“遍满佛土的光明”，并接着道：

> “空水共澄鲜”之后四句，直接对应着《游石门诗序》中逸想净土之羽人来仪的一段文字，在云日空水霏濛之际同样是“开阖之际，状有灵焉……”的“观想”和“灵瑞”。（萧文第93～94页）

不仅如此，萧先生还引饶宗颐评谢“出庄入释”，“以为山水仅其外形，随影幻灭，至人之所乘者，固别有在”。（萧文第95页）

小川环树和饶宗颐两位先生的观点，前者考得过于实，后者说得过于死，几乎是指证谢诗为佛教证物。我的疑问是：其一，小川之论把著名的“云日”句指为“遍满佛土的光明”，其实是用的“观想”方法，萧文在将之与《游石门诗序》作比较时，也直言“观想”。其二，饶宗颐“山水仅为外形……固别有在”之论，是将大谢的山水与其佛教意义作了二分，其背后隐藏的方法论也不外乎“观想”或联想，或称为“现象主义的幻象”。这一思路与萧先生又以《辨宗论》的“物我同忘，有无一观”来解谢的这几首诗的另一思路完全是两个路向。

这里的关键是，大谢究竟是否用“观想”的方法作山水诗。我们先来看他与“物感”传统的关系。

谢灵运是一位感物情深的圣手，甚至不妨说正是他把“物感”的美学推向了高峰，他的诗作中随处体现强烈的时序意识或生命迁逝感，前引《悲哉行》的“鼻感”句和《晚出西射堂》的“节往”句最为典型，类似的诗句还有许多，如“遭物悼迁斥，存期得要妙”（《七里濑》），“览物起悲绪，顾已识忧端”（《长歌行》），“含情易为盈，遇物难可歇”（《邻里相送至方山》），“览物情弥遒”（《郡东山望溟海诗》），“即事怨睽携，感物方凄凄”（《南楼中望所迟客》），“千念集日夜，万感盈朝昏”（《入彭蠡湖口》），“感节良已深，怀古亦云思”（《初往新安桐庐口》）等等，都是如此。

奇怪的是，他“感物”中作出一种努力，由“逐物”而“轻物”“忽物”“舍物”……使抒情成分渐淡：“束发怀耿介，逐物遂推迁”（《过始宁墅》），“虑淡物自轻，意惬理无违”（《石壁精舍还湖中作》），“矜名道不足，适己物可忽”（《游赤石进帆海》）；他甚至说“感深操不固，质弱易版缠”

(《还旧园作,见颜范二中书》)[1],"感深"无非为外物所摇动,因而人的志节操守不稳固,不如"遗情舍尘物,贞观丘壑美"(《述祖德诗》二首之二),于是,"物"由功利的对象而转为审美的对象,但是人们并不如他这般懂得"赏物",不由感叹"表灵物莫赏,蕴真谁为传"(《登江中孤屿》),"妙物莫为赏"(《石门岩上宿》),所"赏"虽然还称为"物",其实却已经转为"景",成为"观"的对象,甚而至于说"天下良辰美景,赏心乐事,四者难并"(《拟魏太子邺中集诗八首》小序),自称"弄波不辍手,玩景岂停目"(《初发入南城》)。这里体现的过程是:逐物—轻物—赏物。个中原委,正是我要着力剖析的。

由于有了真实而非想象的游山玩水经验,物感经验中情感因时序而兴发的两位一体之"感时"和"缘情",在大谢山水诗中发生了分裂和转向。从"感时"一方面看,缘于自然物象变化的时序感得到加强而非削弱,在游观中培养起对山水之声色变幻的高度敏感,恰是体现在对时空相值之点的具体而准确的把捉上。从"缘情"这一方面看,借助于联想式想象而获得动力之抒情冲动即"起兴"或"物感"被游山玩水之过程冲淡。"感"的具体化和强化与"情"的虚化和弱化,恰恰是作为山水诗创作的出发点,这正是大谢上文所涉诸"鼻感""览物"或"感节"经验不废而反获强化的道理。本来,"时序"之感是作为人生之痛和天人之际等功利价值的承载体的,现在却转换为游山玩水中"弄波"和"玩景"的声色之感以及"虑淡""物轻"和"意惬"的脱离俗世的觉悟,成为并不单纯的游戏。谢诗中作为空间的自然山水呈现为线性时间(时序)点上微妙的声色变幻,恰恰是在这一时空交汇之点,他才可能臻于"物我同忘,有无一观"之境,感物终于脱离缘情而转向了游戏,新的审美经验于此诞生,这是他作为当代伟大诗人的力量所在。

那么,这种寓目游观活动的成因是什么呢?我设想主要有那么两个原因,其一,游山玩水所养成的寓目身观活动本身的游戏性质把他从抒情目的转移开去。这一点我们读郑先生论文再加上我上面的补充,已经可以讲清楚了。其二,佛教观法的影响,由萧先生的论文我们又可以将之分为"山水佛教"的"清旷"观想(净土信仰)和"物我同忘,有无一观"的顿悟观法(般若空观),两者关系尚须细究。

萧驰先生说:"'清旷'是谢灵运概括远离人寰山林特征的用语……即清净和恢廓旷荡,正是大乘佛经所描写诸佛国土不同凡尘的特征……'清旷'一词的背后正是此一被佛教拓展的广袤心灵视界。"(萧文第58页)《山居赋》自注"谢平生于知游,栖清旷于山川"句云:"日与知游别,故曰谢平生;就山川,故曰清旷。"[2] 显然,"清旷"正是远离人寰之地。由于"清旷"一词为佛教用语,具有心灵的特点,因此它在指山水的时候同时具有心灵性,更可以直指怀抱。前者如"江南倦历览,江北旷周旋"(《登江中孤屿》),"春事时已歇,池塘旷幽寻"(《读书斋》),"野旷沙岸净,天高秋月明"(《初去郡》),"中园屏氛杂,清旷招远风"(《田南树园激流植援》);后者如"缁磷谢清旷,疲苶惭贞坚"(《过始宁墅》),"怀抱既昭旷,外物徒龙蠖"(《富春渚》)。确实,"清旷怀抱"观照下的"清旷山水"具有心灵性(佛性),那是大谢山水诗的新的美学品格。

萧先生又说,谢诗自有重体势或动态结构的另一面,那是与佛教的直观态度相违的。他

---

① 请比较前引"节往感不浅,感来念已深"(《晚出西射堂》)句。

② 李运富编注:《谢灵运集》。岳麓书社1999年版,第233页。

称引王船山赞谢诗“能取势”：

> 唯谢康乐为能取势，宛转屈伸，以求尽其意，意已尽则止，殆无剩语；夭矫连蜷，烟云缭绕，乃真龙，非画龙也。(《薑斋诗话》，《清诗话》上册，上海古籍出版社1978年版，第8页)

虽然船山不是从直观的角度看谢诗，不过，通过“宛转屈伸”、“夭矫连蜷”的如游龙一般的诗歌取势运动来“尽意”，是否真的与直观态度矛盾呢？我们知道，大谢山水诗总是呈现为一个游山玩水或游观的过程，诗歌的基本结构是动态的，诗思的基本品格是动静结合。问题在于：“动”究竟如何转到“静”，或者“静”如何终结“动”，那可能是大谢山水诗最微妙的所在。以下我试作诠解。

试读大谢的《从斤竹涧越岭溪行》：

> 猿鸣诚知曙，谷幽光未显。岩下云方合，花上露犹泫。逶迤傍隈隩，迢递陟陉岘。过涧既励急，登栈亦陵缅。川渚屡径复，乘流玩回转。蘋萍泛沉深，菰蒲冒清浅。企石挹飞泉，攀林摘叶卷。想见山阿人，薜萝若在眼。握兰勤徒结，折麻心莫展。情用赏为美，事昧竟谁辨。观此遗物虑，一悟得所遣。

此诗呈现为一个游览式结构，起首四句感物而不抒情，时序先定，“猿鸣”知曙，“谷幽”无光，目光视及“岩下云”“花上露”，然后“逶迤傍”，“迢递陟”，“既励急”，“亦陵缅”，“屡径复”，“玩回转”，展开游山玩水的历程，那是一个动态的渐进的过程。偶而静下来，则顿见“蘋萍泛沉深，菰蒲冒清浅”，游观却并未终止，继而“企石挹飞泉，攀林摘叶卷”。“摘叶卷”的动作可能使他忆及某人某事，但香草赠人之想却不免“勤徒结”而“心莫展”，“赏”心即是“美”，此中的奥妙(事理)已难分辨，此六句好似抒情，固然在“想”，却无法使所思所想明朗，也并非对佛之法身的观想，却是借山水游观之“势”以六句的节奏自然抑之，结果是使他静念或“清旷”。终结全诗的是“观此遗物虑，一悟得所遣”，船山称为“一结”即动态之“势”的终结，值得细考。

萧先生已经将此句与谢的《辨宗论》中“物我同忘，有无一观”相联系，他说：“在对自然的赏玩之中，由于‘意惬’和‘适已’，也就臻至‘遗物’、‘轻物’以至‘物我同忘，有无一观’的境地。”(萧文第94～95页)

谢客为接纳佛教进入中国的重要人物，他著名的《辨宗论》以调和儒释(顿渐)的方式来高扬竺道生的顿悟成佛论。“观”和“悟”为论中两个重要观念：“灭累之体，物我同忘，有无一观”、“一有无同我物者，出于照也”；“……一悟，万滞同尽”、“一悟得意”。[①] 诗句“观此遗物虑”即是论中“物我同忘，有无一观”，“观”即“照”或“鉴”；而道生和谢客所主“寂鉴微妙，不容阶级”的“一悟顿了”，正是诗句“一悟得所遣”之所本。

联系到钟嵘《诗品》评谢诗“寓目辄书”，宋叶梦得《石林诗话》亦首肯“池塘”句之妙在于“猝然与景相遇”，王国维《人间词话》第40条极赏谢灵运的“池塘生春草”以及薛道衡的“空

---

① 李运富编注：《谢灵运集》。岳麓书社1999年版，第305～332页。

梁落燕泥"，称其妙处唯在不隔。类似评语似乎透露着这样一个消息：中国的诗歌发展到谢灵运，自然的山水景物可以猝然（顿然）间被观照，尽管它还不是佛教的空观。"池塘生春草，园柳变鸣禽"正发生在"初景革绪风，新阳改故阴"的时序变迁所相值的空间点上，于是时间向空间转换，此时此地，游观转为静观。那是动中之静，上引诗"蘋萍泛沉深，菰蒲冒清浅"句也是如此。诗论家所发现的谢诗的游观历程与他自己所要求的悟理得意之间的张力，端赖类似"池塘"之句的突现而顿然得以释放。换言之，渐进游观与悟理得意之间的诗歌结构层面的紧张，其深蕴即为自然山水中渐游与顿悟之间的观法层面的紧张。

谢诗中"观此遗物虑，一悟得所遣"之类诗句尚有不少，如《石壁精舍还湖中作》的"虑淡物自轻，意惬理无违"，《石门新营所住四面高山回溪石濑茂竹修林》的"感往虑有复，理来情无存"。若是佛教"观"、"悟"或"鉴"式的突然觉悟，正是谢客山水诗作旨意之所在，而且，诗中时空相值点上"猝然与景相遇"的静观使他臻于《辨宗论》所倡的"物我同忘，有无一观"，那么"一悟得意"也就是自然而然的事了。于是，是否可以尝试推论，谢诗的渐游山水恰好应对着《辨宗论》所谓渐悟，而偶然出现的"迥秀"之句则应对着顿悟，由渐到顿，游观山水的"千念""万感"[①] 归于"一悟"，那就是"累尽鉴生"，或如诗所云"观此遗物虑，一悟得所遣"。有了悟，情就淡化了。联系前引船山论大谢善"取势"，我们可以说那种"取势"运动恰恰印证了从渐游向顿悟的动荡推进。渐进的游观所展开的时间过程，正是他淡忘烦恼或静对人生，一步步走向惬意、快适之过程，或者说在船山所推重的"取势"的时间节奏中，情感于不知不觉中被抑制、淡忘并转向对空间的审美静观式的觉悟。因此，渐游或取势恰恰是为最后出现的直观造势，而非相反。谢客对大乘佛教的深研及喜好，熏染了他对山水的直观。直观之悟优先于联想之兴，其中已然渗透着佛教般若直观的观法。

这样，我们可以回过来看萧先生论文的精要论断：大谢山水诗"体现出一种对于山水自然的新的现象论(phenomenological)的态度，而这也许是大乘佛教对中国山水诗最重要的影响"（萧文第 95 页）。如果现象论态度的"知觉中的自然"（萧文第 97 页）一说可以成立，那必须卸去"观想"之"想"，质言之，"山水佛教"对法身遍满的"清旷"观想（净土信仰）必须转换到"物我同忘，有无一观"的顿悟观法（般若直观）。这是因为，"山水佛教"对"佛影"的观想尚未摆脱比兴式的联想。从观法的角度讲，"清旷"具有单纯的品格而"遍满"则须借助于联想，观"清旷"而不必非言"遍满"，这正是大谢山水诗所做的。而且从诗学史的发展看，考虑到大谢正在改造"物感"使之脱离"缘情"，他对自然山水的观法固然"直观现象"，却还是借助于"时序"来淡化情感，因为正处于转换过程中，只可说在某种程度上具有纯粹直观的觉悟品格，其实还不是真正的"纯粹直观"（萧文第 98 页）。那种"纯粹直观"是要到王维山水小诗才首次出现的。我曾经提出："谢灵运有一种要从自然抽身或保持距离（不再亲和），以便更真

① 《入彭蠡湖口》，见《谢灵运集》。岳麓书社 1999 年版，第 104 页。

切地在刹那间对之作直观的冲动”[①]，谢灵运山水诗是诗歌意境运动的伟大开端，他把游山玩水提升到审美静观的水平，他的创作表现出脱离庄子式自然主义的冲动，而王维的山水小诗则创造了最早的意境，在观法上达到了纯粹看与纯粹听，这导致了庄子以来强大的亲和自然传统的彻底退场。

摆脱净土信仰“观想”式联想的拘束，心灵与山水共其“清旷”，通过寓目身观的渐游式的“取势”而获直观顿悟的觉悟，时间与空间，渐与顿，情与悟，物与我，有与无，终于在游山玩水的审美游戏中统一为“猝然”之观；从诗学运动的角度看，古代美学相联系着的两大传统，即比兴的抒情主义传统和庄子的自然主义传统渐渐告退，为意境的登场让出舞台。这就是我对谢灵运山水诗之审美品格及其历史地位的一点看法。

---

① 对王维山水小诗的审美品格的分析，请参看拙文《纯粹看与纯粹听：论王维山水小诗的意境美学及其禅学、诗学史背景》，刊《文艺理论研究》2005年第5期。以下是本文内容提要：

(1) 王维受到佛教的熏染，把“寂静”理解为自然与人类即世界的本质。他提出“色即是定”的命题，为看空的感知活动设定了认识论基础。作为一种审美静观，它构成了中国传统与印度传统的完美融合，并为意境的诞生创造了条件。

(2) 王维的山水小诗意境，置自然于刹那直观之下，教会了中国人如何从自然获得纯然清寂的观：王维达到了纯粹看和纯粹听；诗歌意象终于深化为纯粹现象。

(3) 陶渊明、谢灵运和王维，推动着一个以二位一体的感知自然和体认自我为要旨的诗歌运动。王维的山水小诗，一方面退出陶潜田园诗对自然的亲和及其自然主义背景，另一方面退出谢客山水诗对自然的觉悟及其意象主义背景，终于转到了对自然作纯粹直观的美学立场上。

“和”作为审美范畴的限度

邹元江
（武汉大学哲学学院）

“和”在先秦时期作为政治的概念是最根本的。谈论“和”的主体主要是帝、王、公、侯，而他们谈论的主要目的就是如何通过“和”的手段“成其政也”。实现“和”的主要手段就是“乐”。“乐”并不诉诸于乐美，而是“乐正”。真正的“至乐”就是能使人静心、“纯德”。这种“乐正”之“和”其实质就是帝王治国之术。作为审美范畴的“和”是有其限度的，它只是康德所说的“审美的规范观念”，而不是“审美理想”。审美创造关涉多样统一、相反相成的“和”的问题，但这并非是常态。审美创造恰恰是不断偏离“和”，不断破“格”，而呈现为独异的、光怪陆离之美。“中和”作为“僵硬的合规则性”本身就含着违反审美趣味的成分。

“和”及其与“和”相关联的词组“和谐”、“中和”、“和合”① 等作为中国美学的一般范畴是被广泛认同和使用的。但学界在对“和”的理解上，尤其是对先秦时期“和”的观念的理解上却存在着诸多的问题。

一　作为非审美范畴的“和”

“和”在先秦时期多是作为政治的、哲学的、伦理的、养生的、房事的、心理的概念。作为政治概念，如孔子曰：“和为贵。”② 作为哲学概念，又如孔子曰：“君子和而不同，小人同而不和。”③ 而作为养生概念，“和”的字源之一就是“盉”。“盉”就是调和水酒之器，具有节制饮酒、尊礼而不役于礼之功效。王国维在《说盉》中说：“盉者，盖和水于酒之器，所以节酒之厚薄者也。古之设尊也，必有玄酒，故用两壶，其无玄酒而但用酒若醴者，谓之侧尊，乃礼之简且古者……此玄酒者，岂真虚设而但贵其质乎哉？盖古者宾之主献酢，无不卒爵，又爵之大者恒至数升，其必饮者礼也，其能饮或不能饮者量也。先王不欲礼之不成，又不欲人以成礼为苦，故为之玄酒以节之。其用玄酒奈何？曰：和之于酒而已矣……盉者，盖用以和水之器。自其形制言之，其有梁或鋬者，所以持而荡涤之也，其有盖及细长之喙者，所以使荡涤时酒不泛溢也。其有喙者，所以注酒于爵也。”④《周礼·天官·食医》曰：“食医掌和王之六食、六

① 《国语·郑语》史伯曰：“商契能和合五教，以保于百姓者也。”见上海师范大学古籍整理组校点：《国语》下。上海古籍出版社，1978年，第511页。

② 杨伯峻译注：《论语译注》“子路”。中华书局1980年版，第8页。

③ 同上，第141页。

④ 王国维：《观堂集林》第一册，中华书局1959年版，第152～153页。《说文》曰：“龢，调也。”“盉，调味也。”即乐调谓之“龢”，味调谓之“盉”。

饮、六膳、百羞、百酱、八珍之齐。"[①] 这讲的就是通过食疗调和来养生,"齐"者,郑玄注曰:"和调也。"庄子也从"长生"的意义上言"和",曰:"我守其一以处其和,故我修身千二百岁矣,吾形未常衰。"[②]

而"和"作为政治的概念则是最根本的。谈论"和"的主体主要是帝、王、公、侯,而他们谈论的主要目的就是如何通过"和"的手段"成其政也"。[③] 比如郑桓公问史伯"周其弊乎?"史伯说:"殆于必弊者也。《泰誓》曰:'民之所欲,天必从之。'今王弃高明昭显,而好谗慝暗昧;恶角犀丰盈,而近顽童穷固,去和而取同。夫和实生物,同则不继。以他平他谓之和,故能丰长而物归之。若以同裨同,尽乃弃矣。故先王以土与金木水火杂,以成百物。是以和五味以调口,刚四支以卫体,和六律以聪耳,正七体以役心,平八索以成人,建九纪以立纯德,合十数以训百体。出千品,具万方,计亿事,材兆物,收经入,行姟极。故王者居九畡之田,收经入以食兆民,周训而能用之,和乐如一。夫如是,和之至也。于是乎先王聘后于异性,求财于有方,择臣取谏工而讲以多物,务和同也。声一无听,物一无文,味一无果,物一不讲。王将弃是类也而与剸同。天夺之明,欲无弊,得乎?"[④] 郑桓公问周朝是否会衰败,史伯说会,因为今王"去和而取同"。这就是这段话的主旨。"声一无听,物一无文"这类我们学界一般认为是讲美的话,其实都只是说话人的一种比喻,并不是专门谈论美的问题。

州鸠所说的下面这段话也是为了阐明国家的政治安宁问题:"夫政象乐,乐从和,和从平。声以和乐,律以平声。金石以动之,丝竹以行之,诗以道之,歌以咏之,匏以宣之,瓦以赞之,草木以节之。物得其常曰乐极,极之所集曰声,声应相保曰和,细大不逾曰平。如是,而铸之金,磨之石,系之丝木,越之匏竹,节之鼓而行之,以遂八风。于是乎气无滞阴,亦无散阳,阴阳序次,风雨时至,嘉生繁祉,人民和利,物备而乐成,上下不罢,故曰乐正……夫有平和之声,则有蕃殖之财。于是乎道之以中德,咏之以中音,德音不愆,以合神人,神是以宁,民是以听。"[⑤] 既然是"政象乐,乐从和,和从平",那么"乐"就是"政"的比喻。而从"政"的"乐"自然也不是今日所说的作为艺术的美乐,而是让人"德音"不坏的"乐正",即正人之乐。

同样,单穆公下面的这段话讲的也是"乐之至"、"和"的最高境界即"政成"。单穆公说:"夫乐不过以听耳,而美不过以观目。若听乐而震,观美而眩,患莫甚焉。夫耳目,心之枢机也,故必听和而视正。听和则聪,视正则明。聪则言听,明则德昭。听言昭德,则能思虑纯固。以言德于民,民歆而德之,则归心焉。上得民心,以殖义方,是以作无不济,求无不获,然则能乐。夫耳内(纳)和声,而口出美言,以为宪令,而布诸民,正之以度量,民以心力,从之不倦。成事不贰,乐之至也。口内味而耳内声,声味生气。气在口为言,在目为明。言以信名,明以时动。名以成政,动以殖生。政成生殖,乐之至也。若视听不和,而有震眩,则味入不精,不精则气佚,气佚则不和。于是乎有狂悖之言,有眩惑之明,有转易之名,有过慝之度。出令不信,刑政放纷,动不顺时,民无据依,不知所力,各有离心。上失其民,作则不济,求则

① 郑玄注:《周礼》,见北京图书馆出版社2003年影印本,《周礼》一,《周礼》卷第二,《天官・冢宰下》。

② 陈鼓应注译:《庄子今注今译》中,中华书局1991年版,第279页。

③ 《左传・昭公二十年》,见阮元校刻:《十三经注疏》本。中华书局1980年版,第2093页。

④ 《国语・郑语》,第515～516页。

⑤ 《国语・周语下》,第128、130页。

不获，其何以能乐？”[1]“成事不贰，乐之至也”，“政成生殖，乐之至也”，“乐”之最高境界总是离不开“成事”、“政成”。[2] 所以，耳目虽“心之枢机”，但在政治家眼里，耳目并不是像我们的美学家所误解的那样是用来欣赏美的(欣赏美必然激发人的情感，唤起追求美的欲望，开启人的聪明才智，而在统治者看来，这些导致不平和的“情感”、“欲望”和“才智”是使社会不安定的重要原因)，而是来“听和”，来“视正”的。只有长期训练百姓“听和”、“视正”，他们才会心平气和，才会“归心”，而不“离心”。

而实现“和”的主要手段就是“乐”。“和”(“和”者“龢”也，从“龠”)之本意就是编管籥乐器。[3] 而此之“乐”并不诉诸于乐美，而是“乐正”，所谓“政象乐，乐从和，和从平”。[4]“平”者，静也。《礼记·乐记》云：“乐由中出，礼自外作。乐由中出，故静；礼自外作，故文。”[5] 真正的“至乐”就是能使人静心、“纯德”。这里涉及到对先秦时期“乐”的理解问题。《礼记·乐记》有一段魏文侯与子夏的对话：

> 魏文侯问於子夏曰：“吾端冕而听古乐，则唯恐卧；听郑卫之音，则不知倦。敢问古乐之如彼何也？新乐之如此何也？”子夏对曰：“今夫古乐，进旅退旅，和正以广；弦匏笙簧，会守拊鼓；始奏以文，复乱以武；治乱以相，讯疾以雅；君子於是语，於是道古，修身及家，平均天下。此古乐之发也。今夫新乐，进俯退俯，奸声以滥，溺而不止；及优侏儒，獶杂子女，不知父子；乐终，不可以语，不可以道古。此新乐之发也。今君之所问者乐也，所好者音也。夫乐者，与音相近而不同。”[6]

即先秦所说的“乐”分为“古乐”和“新乐”，而先秦典籍中的主导思想是肯定“古乐”，而不是“新乐”。所谓“新乐”就是“郑卫之音”。而“郑卫之音，乱世之音也。”[7] 所以，子夏的一番话显然是对魏文侯“听古乐，则唯恐卧；听郑卫之音，则不知倦”很不以为然。子夏特别区分了“乐”与“音”虽“相近而不同”之处：“德音之谓乐”，而“郑卫之音”是“溺音”，“溺音”就不是“乐”。那么，“郑卫之音”怎么就是“溺音”呢？子夏曰：“郑音好滥淫志，宋音燕女溺志，卫音趋数烦志，齐音敖辟乔志。此四者，皆淫於色而害於德，是以祭祀弗用也。《诗》云：‘肃雍和鸣，先祖是听。’夫肃肃，敬也。雍雍，和也。夫敬以和，何事不行？为人君者，谨其所好恶而已矣。”[8] 郑卫宋齐之音要么音调放荡，使人心志淫邪，要么音调柔媚，使人心志沉溺，要么

---

① 《国语·周语下》，第125页。

② 州鸠下面的这段话讲的也是“成政”之“和”：“律吕不易，无奸物也。细钧有钟无鏄，昭其大也。大钧有鏄无钟，甚大无鏄，鸣其细也。大昭小鸣，和之道也。和平则久，久固则纯，纯明则终，终复则乐，所以成政也，故先王贵之。”见左丘明撰：《国语·周语下》，第137页。

③ 郭沫若：《甲骨文字研究·释和言》上册。大东书局1934年版，第1～2页。另见李孝定著：《甲骨文字集释》，载《历史语言研究专刊之五十》第2册，1961年，第650页。

④ 《国语·周语下》，第128页。

⑤ 王文锦译解：《礼记译解》(下)。中华书局2003年版，第531页。

⑥ 《礼记·乐记》，第548～549页。

⑦ 《礼记·乐记》，第527页。

⑧ 《礼记·乐记》，第550～551页。

音调急促，使人心志烦乱，要么音调傲慢怪僻，使人心志骄肆。所以，这四种"皆淫於色而害於德"的"新乐"都是不能用于庄重肃穆的祭祀大礼的，因为所祭之"先祖"要听的是"肃雍和鸣"之乐。由此看来，"肃雍和鸣"是"古乐"的基本特征，而"和鸣"之"和"是"古乐"与"新乐"的根本差别。

"和"即"中和"，《礼记·中庸》曰："喜怒哀乐之未发谓之中，发而皆中节谓之和。"① 乐之"中和"的尺度即"适"。《吕氏春秋·仲夏纪·大乐》曰："声出于和，和出于适，和适，先王定乐由此而生。"② 先王定乐、立乐的根本目的就是"和合父子君臣，附亲万民也。"③ 这种"乐正"之"和"其实质就是帝王治国之术。《左传·昭公二十年》曰："和如羹焉……君子食之，以平其心。君臣亦然……是以政平而不干，民无争心。"④《吕氏春秋·仲夏纪·大乐》也云："成乐有具，必节嗜欲，嗜欲不辟，乐乃可务，务乐有术，必由平出，平出于公，公出于道，故惟得道之人其可与言乐乎！"⑤ 这些讲的都是帝王治国之术的"术"。所谓"务乐有术"的"术"就是成就帝王治国之"术"的手段："成乐"的目的就是"节嗜欲"；只有"节嗜欲"才能"平其心"；只有"平其心"才能"民无争心"；而"民无争心"就达到了帝王治国的最高境界——"政平"。

二 "和"作为审美范畴的限度

"和"、"中和"之所以被视为中国古代较早出现的美学范畴，学界主要依据的就是《左传·昭公二十年》的一段话："声亦如味，一气、二体、三类、四物、五声、六律、七音、八风、九歌，以相成也。清浊、大小、短长、疾徐、哀乐、刚柔、迟速、高下、出入、周疏，以相济也。"其实这段话是齐侯问晏子"和与同异乎？"时晏子的回答。此引文之前讲的是"先王之济五味、和五声也，以平其心，成其政也"，之后讲的是"君子听之，以平其心，心平德和"。⑥ 总之，这一段话其主旨仍是说"和"对于帝王"成其政"，对于君子成其"德"具有重要的意义，而并不是谈论"和"这个美学范畴的美学意义。当然，"以相济也"这段话的确道出了审美创造相反相成的辩证法。"若以水济水，谁能食之？若琴瑟之专壹，谁能听之？"这个浅显的道理是谁都能懂的。这也就是"和"还能够作为审美范畴的原因。然而这个原因还是很表面的。之所以说作为审美范畴的"和"有其限度，更深层的原因就在于这个"以相济也"的相反相成的辩证法只是康德所说的"审美的规范观念"，而不是"审美理想"。

所谓"审美的规范观念"也即一个个别的直观（想象力的）代表着我们（对人）的判定标准，像判定一个特殊种类的动物那样。所以，这一"审美的规范观念"就是从同一种类的多数形象的契合获得一平均率标准，这平均率就成为对一切的共同的尺度。康德说：这种"**规范观念**不是从那自经验取得的诸比例作为**规定的规律**导引出来的；而是依照它（按指规范观

① 王文锦译解：《礼记译解》（下）。中华书局 2003 年版，第 773 页。

② 吕布韦辑、毕沅辑校：《吕氏春秋》（影印本）一。中华书局 1991 年版，第 138 页。

③ 《礼记·乐记》，第 560 页。

④ 《左传·昭公二十年》，第 2093 页。

⑤ 吕布韦辑、毕沅辑校：《吕氏春秋》，第 139 页。

⑥ 以上引文均见《左传·昭公二十年》，第 2093～2094 页。

念)评定的规律才属可能。它是从人人不同的直观体会中浮沉出来的整个种族的形象。"所以,它只是"构成一切美所不可忽略的条件的形式",它只表现了"**正确性**",是"**规则准绳**",因而,它也"不能具含着何等种别的特性的东西",它的表现"也不是由于美令人愉快",而只是这种表现"合规格而已"。① 也就是说,美的规范观念就是"合规格",它只是"构成一切美所不可忽略的条件的形式",所以并不是美本身,即"美的理想"。

所谓"美的理想"在康德看来就是"最高的范本,鉴赏的原型"。而鉴赏就关联着想象力的自由的合规律性的对于对象的判定能力。康德说:"如果现在在鉴赏判断里想象力必须在它的自由性里被考察着的话,那么它将首先不被视为再现,像它服从着联想律时那样,而是被视为创造性的和自发的(作为可能的直观的任意的诸形式的创造者)。"②

由此看来,美的规范观念并不能引起美感,它只是产生美感的前提。康德曾举例说:"没有人能够轻易地下一个判断,说一个具有鉴赏力的人在一个正圆形上较之在一个歪曲的轮廓上,在一个等边等角正方形上较之在一倾斜的,不等边的,即歪曲的四方形上获得更多的愉快;因为对于这只要常识而不需要任何鉴赏力。"③ "常识"就是"规范观念",它直接诉之于概念内涵的规定性和确切的目的性,而美的东西恰恰是不依赖于概念的"一个自由的无规定而合目的性的娱乐"。④ 先秦时期"和"的概念更多的是诉之于"成其政"内涵的规定性和使"民无争心"的确切的目的性,因而它并不是康德所说的"纯粹"的诉之于"审美理想"的无目的而合目的性、自由的无规定性的审美概念,而是一个并不能直接引起美感的"审美的规范观念"。

三 "和"并非审美创造的常态

审美创造关涉多样统一、相反相成的"和"的问题,但这并非是常态。审美创造恰恰是不断偏离"和",不断破"格"(强制的规则),而呈现为独异的、光怪陆离之美。"中和"作为"僵硬的合规则性"本身就含着违反趣味的成分。⑤ 这种"僵硬的合规则性"只是构成一切美的创造所不可忽略的前提。但它却不能具含着富有特性的东西,因而,这种创造就不是所创造出的美令人愉快,而仅仅是它合乎规则。⑥ 富有特性的东西正是像屈原、韩愈那样不平则鸣的真性情。韩愈说:"夫和平之音淡薄,而愁思之声要妙。"⑦ 这正是愤怒出诗人的真正的艺术创造状态,他摈离着"哀而不伤,怒而不怨"的儒家"中和"观,在想象力自由的生成中,使"美的理想"获得"最大的完满性"。⑧

其实,"中和"、"和谐"的观念在人类早期的思想中具有共通性,古希腊毕达格拉斯学派

---

① 参见康德:《判断力批判》上卷,宗白华译。商务印书馆 1993 年版,第 71~73 页。

② 同上,第 79 页。

③ 同上,第 80 页。

④ 同上,第 81 页。

⑤ 同上,第 81 页。

⑥ 同上,第 73 页。

⑦ 韩愈:《荆潭唱和诗序》。见《昌黎先生集》第二十卷,北京图书馆出版社,2005 年影印本,《昌黎先生集》十七,第 15~16 页。

⑧ 参见康德:《判断力批判》上卷,第 81 页。

正是从“整个有规定的宇宙的组织，就是数以及数的关系的和谐系统”[1] 的哲学理念出发，提出美在于“各部分之间的对称”和“适当的比例”的命题，所谓“和谐是许多混杂要素的统一，是不同要素的相互一致。”[2] 但近代以来，即便是在西方，这种和谐为美的观念也受到了挑战。奥地利美学家汉斯立克就说：“许多美学家认为**整齐**和**对称**引起的愉快足以解释音乐的乐趣，可是美的事物，不用说音乐美了，从来也不是以整齐和对称为内容的。最无聊的主题可以有非常对称的结构，‘对称’只是表示关系的概念，它并不回答这个问题：是**什么东西**对称地出现？——恰巧在最拙劣的作品中可以看到陈旧泛味的成分匀称地排列着。”[3] 也就是说，真正“美的事物”并不是以“和”、“和谐”为常态，也不是以“和谐”的重要表现尺度“对称”、“比例”等为依据的。

可在中国美学界直到如今之所以不假思索地仍将“和”、“中和”作为中国古代最重要的审美范畴之一，[4] 也就在于我们已经习焉不察地直接将哲学或政治等问题等同于美学问题，正如同我们学界直接将哲学上所说的实践问题混同于美学问题(“实践美学”)一样。方东美说：“中国哲学的智慧乃在允执厥中，保全大和，故能尽生灵之本性，合内外之圣道，赞天地之化育，参天地之神工，充分完成道德自我的最高境界！……总括此中根本精神，千字万语一句话，便是‘广大和谐’的基本原则。在这种广大和谐的光照之下，普遍流行于其他文化的邪恶力量终将被完全克服。”[5] 这里所说的“广大和谐”就是一个哲学问题，即心性道德自我的“最高境界”如何生成的问题。用“广大和谐”来概括这种“允执厥中，保全大和”的心性道德自我的“最高境界”本没什么问题，但若将这种哲学问题直接等同于美学问题就值得商榷。可方东美就是这么对应性地将两个本不相同的问题等同在一起。他说，中国“哲学智慧的形成并非单独成就，哲学的高度发展总是与艺术上的高度精神配合，与审美的态度、求真的态度贯串成为一体，不可分割，将哲学精神处处安排在艺术境界中”。[6] 如此说来，艺术问题、美学问题就无需再加以研究，因为哲学问题已直接取代了艺术和美学问题，“哲学精神处处安排在艺术境界中”，心性道德自我的“最高境界”就是艺术问题，也是美学问题。这种大而化之的对应逻辑看似具有说服力，其实根本无助于对复杂的艺术问题和美学问题作出深刻、切题的阐释。

可我们学界已习惯于这种学术思维。郭沫若说：“和之本义必当为乐器，由乐声之谐和始能引出调和义，由乐声之共鸣始能引申出相酬义。”[7] 萧兵也说：“乐为琴，和为笙，庸为钟，这样就可以组成一个意义相关的文化‘词汇群’。最初是乐器、器乐，发展为艺术和美学概念。”[8] 这种由什么“引申”出什么这种思维虽然有其逻辑推衍的意义，但却往往忽略了被

---

① 亚里士多德：《形而上学》，吴寿彭译。商务印书馆 1991 年版，第 13 页。

② 沃拉德斯拉维・塔塔科维兹：《古代美学》，杨力等译。中国社会科学出版社，1990 年，第 106 页。

③ 爱杜阿德・汉斯立克：《论音乐的美——音乐美学的修改新议》，杨业治译。人民音乐出版社，第 54 页。

④ 参见李泽厚、刘纲纪主编：《中国美学史》第一卷。中国社会科学出版社，1984 年，第 86 页。

⑤ 方东美：《方东美集》。群言出版社 1993 年版，第 171～172 页。

⑥ 同上，第 45 页。

⑦ 郭沫若：《甲骨文字研究・释和言》上册。大东书局 1934 年版，第 2 页。

⑧ 萧兵：《中庸的文化省察》。湖北人民出版社 1997 年版，第 1185 页。

引申出的概念并不具有可还原性，这一点恩格斯早就深刻指出了。恩格斯说："和其他各门科学一样，数学是从人的需要中产生的，如丈量土地和测量容积，计算时间和制造器械。但是，正像在其他一切思维领域中一样，从现实世界抽象出来的规律，在一定的发展阶段上就和现实世界脱离，并且作为某种独立的东西，作为世界必须遵循的外来的规律而同现实世界相对立。"① 也就是说，我们所要探讨的更重要的问题并不是被引申出的概念与其原始的含义有什么关联，而是这个被引申出的概念具有什么不可被还原的独特内涵。

---

① 《马克思恩格斯选集》第3卷，人民出版社1995年版，第378页。

中国琴学与美学

罗筠筠

（中山大学哲学系）

说到古琴，包括大多数中国人在内的人对它基本没有认识，略有音乐知识的人也时而会将它与古筝相混淆。这也难怪，这一世界上最古老的艺术，尽管延续发展几千年，但它更多的是作为一种文人修身的艺术，而非公众性的娱乐表演艺术而存在，其根本目的也在于悦己之心而非悦人耳目。所以在今天来说，名列联合国科教文组织的“人类口头与非物质性文化遗产”，不知是它的幸运还是不幸，幸运是因为它毕竟受到了重视保护，不至于消亡；不幸的却是，这种保护是否真是让这种古老艺术延续发展下去的最好方式，如果不从其人文精神的传承和知识分子内在修养的角度入手，能否真正把古琴艺术的精神实质保存下来？或许是仅仅保存了一种艺术形式而已。无论如何，正因为它是一种典型的一息尚存的文人艺术，今天在中国艺术与美学中都是非常值得研究的。

一　与华夏精神并存的琴道

古琴，中国（同时也是世界上）最古老、最具文化内涵、最有哲人味道的艺术之一。千百年来，古琴艺术在中国艺术与文化的历史长河中，所具有的内涵远远大于一门简单的艺术种类，它凝聚着中华民族文化精神的内核，体现了中国知识分子修身立业的德行。古琴琴器，简洁却具有丰富的表现力；古琴琴制，包含着中国文化“天人合一”的思想精髓；古琴琴道，与中国古老高深的“天道”相互契合；古琴琴德，蕴含着士大夫对人生哲理持之以恒的追求精神；古琴琴曲，生动丰富的故事内涵与艺术表现韵味，是体认中国古典美学艺术意境的最佳方式；古琴琴歌，古朴悠扬，记载传颂着中国历史上美丽动人的典故；古琴琴谱，精炼而传神，是世界上流传至今最古老的音乐曲谱；古琴琴学，源远流长，博大精深；古琴琴境，回味无穷，臻于妙境。本文将从这些方面探讨古琴艺术的美学价值。

1. 琴道与天道

宋代朱长文《琴史》中通过师文习琴的过程，给予古琴艺术道与器、道与技之关系一个很好的概括：“夫心者道也，琴者器也。本乎道则可以用于器，通乎心故可以应于琴……故君子之学于琴者，宜工心以审法，审法以察音。及其妙也，则音法可忘，而道器具感，其殆庶几矣。”[①] 可见在中国古人那里，习琴、操缦从根本上讲是心得以通“道”的一个途径，如果“道”

① 朱长文：《琴史·卷二》，见《琴史·外十种》。上海古籍出版社 1991 年版，第 839～15 页。

不通，纵然如师文先前“非弦之不能钩，非章之不能成”[①]，也仍然不能领会其真谛，达到其至高境界，正如师文自己所言“文所存者不在弦，所志者不在声，内不得于心，外不应于器，故不敢发手而动弦”[②]。此处之“道”，并非仅仅指琴道，对于君子而言，同时也是其终身所力求体认的“天道”。

古琴虽然只是一种乐器，但从历史上看，从它的诞生到整个发展过程中，自始至终凝聚着先贤圣哲的人文精神。按《琴史》的说法，尧舜禹汤、西周诸王均通琴道，以其为“法之一”，“当大章之作”[③]，而且他们均有琴曲传世，尧之《神人畅》，舜之《思亲操》，禹之《襄陵操》，汤之《训畋操》，太王之《歧山操》，文王之《拘幽操》，武王之《克商操》，成王之《神凤操》，周公之《越裳操》等，其中大多一直流传至今。孔子等先哲更是终日不离琴瑟，喜怒哀乐、成败荣辱均可寄情于琴歌琴曲之中。琴既是先贤圣哲宣道治世的方式，更是他们抒怀传情的器具。缘何如此？原来在琴道中，无论上古时代的天人合一，还是后世所崇尚的“和”的精神都有最好的体现。中国最早的诗歌集《诗经》说明了这点。《小雅·常棣》中有“兄弟既具，和乐且孺。妻子好合，如鼓瑟琴。”《小雅·鹿鸣》也有“我有嘉宾，鼓瑟鼓琴。鼓瑟鼓琴，和乐且湛。”可见，和谐美妙的琴瑟之声，体现了也有助于亲人友人之间的“和”。明代徐青山在《溪山琴况》二十四“琴况”中，将“和”列为首位，其意也在于强调琴之道与德所在。其中说：“稽古至圣，心通造化，德协神人，理一身之性情，以理天下人之性情，于是制之为琴。其所首重者，和也。和之始，先以正调品弦，循徽叶声。辨之在指，审之在听，此所谓以和感，以和应也。和也者，其众音之窾会，而优柔平中之橐籥乎？”[④] 可见，古琴从琴制，到调弦、指法、音声，都是以“和”为关键，而“和”正是中国古典精神的最好体现。王善《治心斋琴学练要》说：“《易》曰‘保合太和’，《诗》曰‘神听和平’，琴之所首重者，和也，然必弦与指合，指与音合，音与意合，而和乃得也。和也者，天下之达道也，其要只在慎独。”[⑤] 可见，通过琴达到“和”的境界也并不容易。

进一步讲，在中国古人看来，古琴的琴道（包括琴德、琴境）可以达到“通万物协四气”、“穷变化通神明”的形而上的层次。这可以从两个方面说明：

首先，从古琴的琴制看。古琴看似简单，只有七弦十三徽，却蕴含着变化无穷的声调与音韵（合散、按、泛三音，共计有245个不同的发音位置，左、右手指法不下百种），概因为其本身乃先贤“观物取象”而造，内含许多哲理性的认识。各类琴书的“上古琴论”中对此多有论说。典型的有桓谭《新论》曰：“昔神农氏继宓羲而王天下，上观法于天，下取法于地，近取诸身，远取诸物，于是始削桐为琴，练丝为弦，以通神明之德，合天地之和焉。”[⑥] 又曰：“神农氏为琴七弦，足以通万物而考理乱也。”[⑦] 蔡邕《琴操》有更详细的解释：“昔伏羲氏作琴，所以御邪僻，防心淫，以修身理性，反其天真也。琴长三尺六寸六分，象三百六十日也；广六寸，象

---

① 朱长文：《琴史·卷二》，见《琴史·外十种》。

② 同上。

③ 朱长文：《琴史·卷一》，见《琴史·外十种》。上海古籍出版社1991年版，第839～3页。

④ 徐上瀛：《溪山琴况》，见《中国历代美学文库 明代卷下》。高等教育出版社2003年版，第266页。

⑤ 王善：《治心斋琴学练要》

⑥ 桓谭：《新论》，见《中国历代美学文库 秦汉卷》。高等教育出版社2003年版，第318页。

⑦ 同上，第319页。

六合也。文上曰池，下曰岩。池，水也，言其平。下曰滨，滨，宾也，言其服也。前广后狭，象尊卑也。上圆下方，法天地也。五弦宫也，象五行也。大弦者，君也，宽和而温。小弦者，臣也，清廉而不乱。文王武王加二弦，合君臣恩也。宫为君，商为臣，角为民，徵为事，羽为物。"① 这一思想与中国古典美学关于艺术"观物取象"、"立象尽意"主张是一致的，它也一直被历代琴家奉为规涅。比如刘籍（传为汉人，一说唐五代之际人）的《琴议篇》中说："夫琴之五音者，宫、商、角、徵、羽也。宫象君，其声同。当与众同心，故曰同也。商象臣，其声行。君令臣行，故曰行也。角象民，其声从。君令臣行民从，故曰从也。徵象事，其声当。民从则事当，故曰当也。羽象物，其声繁。民从事当则物有繁植，故曰繁也。是以舜作五弦之琴，鼓《南风》而天下大治，此之谓也。"② 唐代道士司马承祯的《素琴传》中继承了这种观点："夫琴之制度，上隆象天，下平法地，中虚含无，外响应晖，晖有十三，其十二法六律六吕。其一处中者，元气之统，则一阴一阳之谓也。"③ 这些思想都说明，在中国古人那里，古琴绝不只是一般的乐器，而是具有承载他们人生理想与信念、寄托他们心绪与情思，磨炼他们心性与意志，陶冶他们情操与品味等重要作用的"圣器"。

其次，从琴道的社会功用看。除了与天地变化之"道"相通，与天地万物之"象"相类之外，琴道（包括以琴为代表性的乐道）之所以受到古人的重视，还在于它具有与政通、致民和、维纲常的功能。汉代刘向在《说苑·修文》中有明确说明："声音之道，与政通矣。宫为君，商为臣，角为民，徵为事，羽为物；五音乱则无法，无法之音：宫乱则荒，其君骄；商乱则陂，其官坏；角乱则忧，其民怨；徵乱则哀，其事勤；羽乱则危，其财匮；五者皆乱，代相凌谓之慢，如此则国之灭亡无日矣。"④ 乐声之正淫、有法与否关系到国家兴亡，故而要"兴雅乐，放郑声"，这是儒家传统乐论的重要观点。古琴音正声朴，五音清晰，变调严谨，适合体现这种"乐以载道"的主张。因为琴道之由来与天地万物相通，与人间政事人事相合，所以圣人君子借它来纳正禁邪、宣情理性、养气怡心、防心得意。从而使古琴由普通的乐器变成君子一日不可离的修身之器，使操琴不再是通常的艺术演奏，而成为君子养性悦心的悟道过程。历代学者与琴家对这一点多有论说。刘籍《琴议篇》说："琴者，禁也。禁邪归正，以和人心。始乎伏羲，成于文武，形象天地，气包阴阳，神思幽深，声韵清越，雅而能畅，乐而不淫，扶正国风，翼赞王化。"⑤ 扬雄《琴清英》中也认为："昔者神农造琴，以定神禁淫嬖去邪，欲反其真者也。"⑥ 后世的一些琴学或琴谱著述往往开宗明义，首先都要强调琴道的这个方面，以此来规范习琴者之心灵，保持琴德琴艺之高尚。例如朱长文《琴史》有："夫琴者，闲邪复性乐道忘忧之器也。"⑦ 明代徐祺《五知斋琴谱》则言："自古帝明王，所以正心、修身、齐家、治国、平天下者，咸赖

---

① 蔡邕：《琴操》，见蔡仲德编：《中国音乐美学史资料注译》。人民音乐出版社 2004 年版，第 389 页。

② 刘籍：《琴议篇》，见文化部文学艺术研究院音乐研究所编：《中国古代音乐选辑》。人民音乐出版社 1981 年版，第 250 页。

③ 司马承祯：《素琴传》，见蔡仲德编《中国音乐美学史资料注译》。人民音乐出版社 2004 年版，第 651 页。

④ 刘向：《说苑·修文》，见《中国历代美学文库 秦汉卷》。高等教育出版社 2003 年版，第 280 页。

⑤ 刘籍：《琴议篇》，见《中国古代音乐选辑》。人民音乐出版社 1981 年版，第 249 页。

⑥ 扬雄：《琴清英》，见《全上古秦汉三国六朝文·全汉文·卷五十四》。

⑦ 朱长文：《琴史·卷六·叙史》，见上海古籍出版社《琴史·外十种》1991 年版，第 839～68 页。

琴之正音是资焉。然则琴之妙道岂小技也哉？而以艺视琴道者，则非矣！”[①] 清代程允基《诚一堂琴谈·传琴约》言：“琴为圣乐，君子涵养中和之气，藉以修身理性，当以道言，非以艺言也。”[②]

琴道的这种重要的社会功能是与审美感兴过程直接相联的。唐代薛易简《琴诀》：“琴之为乐，可以观风教，可以摄心魂，可以辨喜怒，可以悦情思，可以静神虑，可以壮胆勇，可以绝尘俗，可以格鬼神，此琴之善者也。”[③]

2. 琴德与人德

桓谭《新论·琴道》曰：“八音广播，琴德最优。”[④] 何谓琴德？顾名思义即古琴之品德，我认为可理解为人在习琴、操缦过程中及由这个过程而提升的人品“德性”。嵇康《琴赋》有：“愔愔琴德，不可测兮，体清心远，邈难极兮。”[⑤] 他在赞颂古琴琴德之高深难及的时候，何尝不是在说做人要达到至高的德之境界之艰难。司马承祯《素琴传》中举古代圣贤孔子、许由、荣启期之例，说明琴德与君子之德、隐士之德相契合：“孔子穷于陈蔡之间，七日不火食，而弦歌不辍。原宪居环堵之室，蓬户瓮牖褐塞匡坐而弦歌，此君子以琴德而安命也。许由高尚让王，弹琴箕山；荣启期鹿裘带索，携琴而歌，此隐士以琴德而兴逸也……是知琴之为器也，德在其中矣。”[⑥] 我们可以从两方面看待这个问题，一方面，习琴操缦有助于人之德性的滋养提升；另一方面，倘若是无德之人，即使其有较高的操琴技巧，也难以达到至上的琴境，因为他有违琴德。也就是说，琴虽然为养德之器，但本身也凝聚了德性之士的涵养。琴德一方面通过操缦姿态、琴曲格调、琴声清雅等诸多表现出来，另一方面则与其处世态度与人生境界融为一体。如刘籍《琴议篇》所言：“夫声意雅正，用指分明，运动闲和，取舍无迹，气格高峻，才思丰逸，美而不艳，哀而不伤，质而能文，辨而不诈，温润调畅，清迥幽奇，参韵曲折，立声孤秀，此琴之德也。”[⑦] 清徐祺在《五知斋琴谱·上古琴论》中把这个问题说得更为明确：“其声正，其气和，其形小，其义大。如得其旨趣，则能感物，志躁者，感之以静；志静者，感之以和。和平其心，忧乐不能入。任之以天真，明其真而返照。动寂则死生不能累，万法岂能拘。古之明王君子，皆精通焉。未有闻正音而不感者也……琴能制柔而调元气，惟尧得之，故尧有《神人畅》。其次，能全其道。则柔懦立志，舜有《思亲操》、禹有《襄陵操》、汤有《训畋操》者，是也。自古圣帝明王，所以正心，修身，齐家，治国，平天下者，咸赖琴之正音，是资焉。然则，琴之妙道，岂小技也哉。而以艺视琴道者，则非矣。”[⑧]

琴德高尚，仁人志士以琴比德，借以抒怀咏志，历代琴诗、琴曲中这样的作品很多，阮籍的咏怀诗，嵇康的广陵绝唱，白居易、苏东坡等人的赞琴诗，均把琴当作君子之德的一个物化符号来看待。

---

① 徐祺：《五知斋琴谱》，见《续修四库全书(1094)子部艺术类》，第 638 页。

② 程允基：《诚一堂琴谱》，见《琴曲集成》第十三册。中华书局 1981 年版，第 453 页。

③ 薛易简：《琴诀》，见《中国历代美学文库 隋唐五代卷上》。高等教育出版社 2003 年版，第 364 页。

④ 桓谭：《新论》，见《中国历代美学文库 秦汉卷》。高等教育出版社 2003 年版，第 318 页。

⑤ 嵇康：《琴赋》，见《中国历代美学文库 魏晋南北朝卷上》。高等教育出版社 2003 年版，第 125 页。

⑥ 司马承祯：《素琴传》，见蔡仲德编《中国音乐美学史资料注译》。人民音乐出版社 1990 年版，第 546 页。

⑦ 刘籍：《琴议篇》，见《中国古代音乐选辑》。人民音乐出版社 1981 年版，第 249 页。

⑧ 徐祺：《五知斋琴谱》，见《续修四库全书(1094)子部艺术类》，第 638 页。

关于古琴对琴德与人德的磨炼滋养将在问题二中论述。

3. 琴境与意境

何谓琴境？白居易有《清夜琴兴》诗言："月出鸟栖尽，寂然坐空林。是时心境闲，可以弹素琴。清泠由木性，恬澹随人心。心积和平气，木应正始音。响余群动息，曲罢秋夜深。正声感元化，天地清沉沉。"[①] 这可以说是对于琴境的一个最好的描写。以我的理解，所谓琴境，就是古琴艺术所形成的意象和意境。

中国传统艺术与美学以追求审美意境为理想。所谓意境，用宗白华先生的话说就是："意境是造化与心源底合一。就粗浅方面说，就是客观的自然景象和主观的生命情调底交融渗化……艺术的境界，既使心灵和宇宙净化，又使心灵和宇宙深化，使人在超脱的胸襟里体味到宇宙的深境。"[②] 古琴艺术的琴境，正是在使心灵和宇宙净化与深化这一点上，与中国艺术的最高理想"意境"相互契合。也正因为如此，宗先生也举了唐代诗人常建的《江上琴兴》来说明艺术（琴声）这种净化和深化的作用。[③] 这种描写古琴琴境之超然空灵的琴诗还很多，比如阮籍的《咏怀诗其一》："夜中不能寐，起坐弹鸣琴。薄帷鉴鸣月，清风吹我襟。孤鸿号外野，翔鸟鸣北林。徘徊将何见，忧思独伤心。"比如唐代吴筠的《听尹炼师弹琴》："至乐本太一，幽琴和乾坤。郑声久乱雅，此道稀能尊。吾见尹仙翁，伯牙今复存。众人乘其流，夫子达其源。在山峻峰峙，在水洪涛奔。都忘迩城阙，但觉清心魂。代乏识微者，幽音谁与论。"比如唐代杨衡的《旅次江亭》："扣舷不有寐，皓露清衣襟。弥伤孤舟夜，远结万里心。幽兴惜瑶草，素怀寄鸣琴。三奏月实上，寂寥寒江深。"比如清代刘献廷的《水仙操》："天行海运旋宫音，万象回薄由人心。移情移性琴非琴，刺舟而去留深林。海水汩没鸟哀吟，余心悲兮无古今，援琴而歌泪淫淫！"等等。从这些琴诗中均可见出那种经由琴声对心灵的洗涤与净化而实现的对人生透彻领悟与对暂时性的时空的超越，从而把握永恒的宇宙之道。

我们知道，审美对象所引发的审美感兴有不同的层次，并非都能够达到使心灵和宇宙净化与深化的意境的高度。这一方面取决于欣赏者的心境（他的修养、学识、境遇、年纪、情绪等方面都会有影响），另一方面也在于艺术作品的感染力（能否引起欣赏者的情感活动与心灵互动）。古琴无论是在历史上还是在今天，都应该说是阳春白雪、曲高和寡的艺术，它不仅对于演奏者，同时对于欣赏者，包括演奏的时机、环境，都有很高的要求[④]。从某种意义而

---

① 白居易有：《清夜琴兴》，见《中国历代美学文库 隋唐五代卷下》。高等教育出版社 2003 年版，第 120 页。

② 宗白华：《中国艺术意境之诞生》，见《宗白华全集》(2)。安徽教育出版社 1994 年版，第 327～338 页。

③ 常建：《江上琴兴》："江上调玉琴，一弦清一心。泠泠七弦遍，万木澄幽阴。能使江月白，又令江水深。始知梧桐枝，可以徽黄金。"

④ 明徽王朱厚爝《风宣玄品·鼓琴训论》中一段话说明了这点："凡鼓琴，必择净室高堂，或升层楼之上，或于林石之间，或登山巅，或游水湄，值二气高明之时，清风明月之夜，焚香净坐，心不外驰，气血和平，方可与神合灵，与道合妙。不遇知音则不弹也，如无知音，宁对清风明月，苍松怪石，颠猿老鹤而鼓耳，是为自得其乐也。然如是鼓琴，须要解意，知其意则有其趣，则有其乐。不知意趣，虽熟何益？徒多无补。先要人物风韵标格清楚。又要指法好。取声好。胸中要有德，口上要有髯，肚里要有墨，六者兼备，方无忝于琴道。如欲鼓琴，先须衣冠整肃，或鹤氅，或深衣，要如古人之仪表，方可雅称圣人之器。然后盥手焚香，方才就榻。"见《琴曲集成》第二册，中华书局 1980 年版，第 13～14 页。

言，古琴是带有一定哲理性的深沉艺术，唯其如此，它也更能够把人引入形而上的审美意境层次。这可以从内容与形式两个方面来理解。

首先，从内容上说，古琴琴境的形成既与其深厚的文化内涵有关，同时也与其本身的艺术创作与审美欣赏特点有关。琴曲、琴歌的形成正如唐人王昌龄所总结的“三境”（物境、情境、意境）那样，大多是：“遇物发声，想象成曲，江出隐映，衔落月于弦中，松风嗖飔，贯清风于指下，此则境之深矣。又若贤人烈士，失意伤时，结恨沉忧，写于声韵，始激切以畅鬼神，终练德而合雅颂，使千载之后，同声见知，此乃琴道深矣。”① 琴曲、琴歌基本上可以分为三种：描写自然景物和人们触景生情的（物境），诸如《高山流水》、《平沙落雁》、《潇湘水云》、《碧涧流泉》、《梅花三弄》等；描写现实生活中人们的各种悲欢离合境遇的（情境），诸如《阳关三叠》、《龙翔操》、《关山月》、《渔樵问答》、《大胡茄》、《屈子问渡》等；描写人们喜怒哀乐之心理情结的（意境②），诸如《墨子悲丝》、《忆故人》等。严澂《琴川谱汇序》写出了琴曲意象的多姿多彩：“奏《洞天》而俨霓旌绛节之观；调《溪山》而生寂历幽人之想；抚《长清》而发风疏木劲之思；放《涂山》而觏玉帛冠裳之会；弄《潇湘》则天光云影，容与徘徊；游《梦蝶》则神化希微，出无入有。至若《高山》意到，郁嵂冈崇；《流水》情深，弥漫波逝，以斯言乐，奚让古人?”③ 无论其内容如何，共同的特点是通过琴声来表现出古人心灵与宇宙自然相通的意象与意境。这其中既包括对于自然景物的再现与描绘，给人回归山水天地的自在逍遥；也包括对于人生悲欢离合种种经历的刻画与表现，给人对人生与社会的回味反思。最终实现对暂时性、表面性的现实生活的超越，获得一种大彻大悟后物我两忘的宁静心态。

其次，从形式上说，古琴的桐木丝弦及完全用手指操缦的特点，给予它的琴声一种回归自然的平实味道。一般人对此并不理解喜欢，反而认为其音色较为单调乏味，甚至一曲都不能听到曲终，自然很能体味到其中变化无穷、余音绕梁的美妙韵味。清代祝凤喈在《与古斋琴谱补义・按谱鼓曲奥义》中写道：“琴曲音节疏、淡、平、静，不类凡乐丝声易于说耳，非熟聆日久，心领神会者，何能知其旨趣……初觉索然，渐若平庸，久乃心得，趣味无穷……迨乎精通奥妙，从欲适宜，匪独心手相应，境至弦指相忘，声晖相化，缥缥缈缈，不啻登仙然也。”④ 他从操缦与聆听的角度说明古琴艺术的审美特点，尽管其音色似乎不像其他乐器那样优美悦耳，然而其疏、淡、平、静的特色正是使人心返朴归真的途径，如果只是图一时的感官快乐，不能耐心持久，那只会感觉索然平庸，很难心领神会，得其妙趣无穷；而一旦静下心来，把握了操缦的奥妙，达到心手相应、弦指相忘、声晖相化的境界，就会真正体验到那种超然物外、恍若登仙的美妙境界。

由此可以看出，第一，古琴琴境的形成不是轻而易举的，如果不能理解琴道，没有修好琴德，很难达到高深美妙的琴境，所以说，琴道、琴德、琴境三者可以说是相辅相成的。元代陈敏子在《琴律发微・制曲通论》中表达了这个看法：“姑以琴之为曲，举其气象之大概，善之至

① 刘籍：《琴议篇》，见《中国古代音乐选辑》。人民音乐出版社 1981 年版，第 249 页。

② 王昌龄的意境与我们今天所理解的审美意境有别，主要是指人的内在意识活动。

③ 严澂：《琴川谱汇序》，见《中国历代美学文库 明代卷中》。高等教育出版社 2003 年版，第 114 页。

④ 祝凤喈：《与古斋琴谱补义・按谱鼓曲奥义》，见《中国古代音乐选辑》。人民音乐出版社 1981 年版，第 462～463 页。

者，莫如中和。体用弗违乎天，则未易言也。其次若冲澹、浑厚、正大、良易、豪毅、清越、明丽、缜栗、简洁、朴古、愤激、哀怨、峭直、奇拔，各具一体，能不逾于正乃善。若夫为艳媚、纤巧、噍烦、趋逼、琐杂、疏脱、惰慢、失伦者，徒堕其心志，君子所不愿闻也。"①

第二，正如上面陈敏子所说，古琴的琴境除了这种至高的形而上的意境外，同时也还有各种不同的具体表现。徐上瀛《溪山琴况》的二十四琴况中，既有和、远、古、逸、淡、雅这样较为抽象玄妙的琴境，也有丽、亮、洁、润、健、圆、坚、宏、细、轻、重、迟、速这类较为具体可感之境，这些不仅是操琴要求，同时也因之而达到一种审美的体验。所以，古琴琴境的达到既非轻而易举，也非高不可攀，关键在于能否体会琴道，能否保持琴德。此外，所谓琴境或者说是古琴艺术的审美意境，最重要的是内在之情与在外景物的真切结合，故是离不了"情"的，其感人，其净化，其深化，都缘"情"而生。乐史与琴史中"雍门周为孟尝君鼓琴"的经典故事，足以说明古琴艺术的感染力。大多数琴诗也是操琴或听琴之士因琴生情、感怀兴寄而写下的。如欧阳修《赠无为军李道士》所表现的听琴意境："无为道士三尺琴，中有万古无穷音，音如石上泻流水，泻之不竭由源深。弹虽在指声在意，听不以耳而以心。心意既得形骸忘，不觉天地白日愁云阴。"② 常建与白居易可谓唐代最擅长写琴诗的，他们的琴诗往往是从听琴入境，在琴声中体味高深玄远的意味，达到物我两忘的意境。比如常建的《张山人弹琴》："君去芳草绿，西峰弹玉琴。岂推丘中赏，兼得清烦襟。朝从山口还，出岭闻清音。了然云霞气，照见天地心。玄鹤下澄空，翩翩舞松林。改弦扣商声，又听飞龙吟。稍觉此身妄，渐知仙事深。其将炼金鼎，永矣投吾管。"白居易的《对琴待月》："竹院新晴夜，松窗未卧时。共琴为老伴，与月有秋期。玉轸临风久，金波出雾迟。幽音待清景，唯是我心知。"

二　鼓琴：文人修身的过程

古琴之所以倍受古代文人士大夫喜好，除了其琴道、琴德、琴境为其所重外，更在于习琴操缦有助于修身养性，成君子之德，也就是说，鼓琴是被当作一种修身的过程看待的，刘向《说苑·修文》言："乐之可密者，琴最宜焉，君子以其可修德，故近之。"③ 鼓琴之所以有助于修身，可以从下面几个方面来分析：

1. 丰富的文化内涵

古琴不仅在琴制上凝聚了中国古人哲理性的思想，而且古琴的琴歌、琴曲创造也大多具有深刻的文化内涵，每一首琴歌、每一段琴曲均有其动人心弦，教化心灵的故事由来。如果说人类历史上有什么音乐流传最久，至今仍然能够体会其上古生命力之意蕴的话，当非古琴莫属。按各种不同琴谱记载流传至今的各个历史时期的琴曲大约三千余首，其内容丰富，意象广阔，凡象事、绘景、抒怀、寄情、写境，触物而心动者，皆可入缦成曲。按元代陈敏子《琴律发微·制曲通论》中的说法："汉晋以来，固有为乐府辞韵于弦者，然意在声为多，或写其境，或见其情，或象其事，所取非一，而皆寄之声……且声在天地间，霄汉之籁，生嵒谷之响，雷霆之迅烈，涛浪之舂撞，万窍之阴号，三春之和应，与夫物之飞潜动植，人之喜怒哀乐，凡所以发

---

① 陈敏子：《琴律发微·制曲通论》，见《中国古代音乐选辑》。人民音乐出版社 1981 年版，第 264 页。

② 欧阳修：《赠无为军李道士》。

③ 刘向：《说苑·修文》，见《中国历代美学文库 秦汉卷》。高等教育出版社 2003 年版，第 279～280 页。

而为声者，洪纤高下，变化无尽，琴皆有之。”[①] 进一步，就琴曲之创制讲，桓谭《新论》曰：“琴有《伯夷》之操。夫遭遇异时，穷则独善其身，故谓之‘操’。《伯夷》操以鸿雁之音……《尧畅》，达则兼善天下，无不通畅，故谓之‘畅’。”[②] 朱长文：《琴史》中也记载上古琴曲的由来，尤其说明了为何琴曲多以“操”、“畅”来命题：“古之琴曲和乐而作者，命之曰‘畅’，达则兼济天下之谓也；忧愁而作者命之曰‘操’，穷则独善其身之谓也。”[③] 可见琴曲是君子在不同境遇下的心情写照。从流传琴曲中“操”多于“畅”这点看，大多数琴曲均为古人身处逆境之作，故更易引发人们感慨，也更具有励志教化的作用。从先古帝王的《舜操》、《禹操》、《文王操》、《微子操》、《箕子操》、《伯夷操》，到大诗人韩愈填辞的《拘幽操》、《越裳操》、《别鹤操》、《残形操》、《龟山操》、《将归操》、《履霜操》、《岐山操》、《猗兰操》、《雉朝飞操》，到历代流传的《水仙操》、《陬操》、《获麟操》、《古风操》、《龙朔操》、《龙翔操》、《仙翁操》、《遁世操》、《醉翁操》、《升仙操》、《列女操》等等，每一首琴曲都有一段感人肺腑的故事。正如唐代薛易简《琴诀》所言：“故古之君子，皆因事而制，或怡情以自适，或讽谏以写心，或幽愤以传志，故能专精注神，感动神鬼。”[④]

除了琴曲外，琴歌也大多具有教化道德作用，据《史记》载，孔子为了备王道，成六艺之教，曾将“诗三百”都创为琴歌：“三百五篇孔子皆弦歌之，以求合韶武雅颂之音。礼乐自此可得而述，以备王道，成六艺。”[⑤]

中国传统文艺与美学思想历来倡导“文以载道”、“寓教于乐”，古琴琴曲、琴歌的丰富内容及其所承载深厚的文化内涵，使其成为古人陶冶性情，自我升华的最好的投向，也是其以情感人，教化他人最好的老师。嵇康在《赠秀才入军诗其五》中吟颂道：“琴诗自乐，远游可珍。含道独往，弃智遗身。寂乎无累，何求于人？长寄灵岳，怡志养神。”唐代方干的《听段处士弹琴》也赞道：“几年调弄七条丝，元化分功十指知。泉迸幽音离石底，松含细韵在霜枝。窗中顾兔初圆夜，竹上寒蝉尽散时。唯有此时心更静，声声可作后人师。”正由于古琴琴曲、琴歌有如此丰富的内容和丰厚的内涵，故君子习琴之目的绝不单单是掌握琴曲的指法，熟记琴曲的曲谱，能够娴熟地操缦，更重要的是对琴曲内容的理解，对其中所包含的先贤精神的体认，进一步由每首琴曲所营造出的高深意境，达到自我品味的提升与德行的锤炼。

2. 含蓄的艺术特点

桓谭《新论》中说：“八音之中，惟丝最密，而琴为之首。琴之言禁也，君子守以自禁也。大声不震哗而流漫，细声不湮灭而不闻。”[⑥] 说出了古琴音质音色的特点，这种含蓄的艺术特点，与中国古人所崇尚的中庸和谐精神相符，故也是古琴艺术受到士大夫钟爱的原因之一。

(1) 琴声含蓄而具音乐感召力

古琴琴声不大，具有非张扬性、内敛性的特点，因而适合于自赏，不适合表演，从而自古

---

① 陈敏子：《琴律发微·制曲通论》，见《中国古代音乐选辑》。人民音乐出版社 1981 年版，第 264 页。

② 桓谭：《新论》，见《中国历代美学文库 秦汉卷》。高等教育出版社 2003 年版，第 318 页。

③ 朱长文：《琴史·卷一》，见《琴史·外十种》。上海古籍出版社 1991 年版，第 839～3 页。

④ 薛易简：《琴诀》，见《中国历代美学文库 隋唐五代卷上》。高等教育出版社 2003 年版，第 364 页。

⑤ 司马迁：《史记·孔子世家》，见《史记》六。中华书局 1982 年版，第 1936～1937 页。

⑥ 桓谭：《新论》。

以来古琴的演奏往往被看作是知音之间心与心的交流，伯牙、钟子期的故事也成为千古美谈。唐人王昌龄的《咏琴诗》赞颂了古琴声色的魅力："孤桐秘虚鸣，朴素传幽真。仿佛弦指外，遂见初古人。意远风雪苦，时来江山春。高宴未终曲，谁能辨经纶。"

古琴琴声的含蓄得益于其音质特点，所谓音质，指的是乐器所发出的音响的物理效果，根据乐器的构造与演奏方式不同，音质也不相同。在民乐弦乐器中，诸如琵琶、扬琴、古筝等发音铿锵响亮却延时较为短促，二胡等发音虽绵长婉转却不够清亮。相比之下，只有古琴的音质可以说是刚柔相济，清浊兼备，变化丰富，意趣盎然，虽含蓄却充满了表现力与感染力。古代文人士大夫钟爱古琴也正是看重它的声音古朴悠扬，音质绵长悠扬，意蕴余味无穷，其极具感召力的特点。王充《论衡·感虚篇》中说："传书言：'瓠芭鼓瑟，渊鱼出听；师旷鼓琴，六马仰秣。'或言：'师旷鼓《清角》，一奏之，有玄鹤二八，自南方来，集于廊门之危；再奏之而列；三奏之，延颈而鸣，舒翼而舞，音中宫商之声，声吁于天。平公大悦，坐者皆喜。'"[①] 都是说明古琴强大的感染力，于自然可以令六马仰秣，玄鹤延颈，于人事可以观古人圣心，体先哲圣德，养今人之志。陈敏子《琴律发微》中也说："夫琴，其法度旨趣尤邃密，圣人所嘉尚也。琴曲后世得与知者，肇于歌《南风》，千古之远，稍诵其诗，即有虞氏之心，一天地化育之心可见矣，矧当时日涵泳其德音者乎？[②] 所以，正如朱长文《琴史》所言："古之君子，不御琴瑟者，非主于为己，而亦可以为人也。盖雅琴之音，以导养神气，调和情志，摅发幽愤，感动善心，而人之听之者亦恢然也。"[③] 古琴古朴的声音（当时所用为丝弦，其所发出的声音不象今天的钢丝弦这样刚亮），绵长的韵味，既有象物拟声的描绘（如流水），更有抒情写意的表现（如用吟、猱、绰、注等指法写意表情），更重要的是它贴近自然的声音，可以同时将操缦与聆听之人引入一种化境，即使并非知音也同样容易为之感动："而丝之器，莫贤于琴。是故听其声之和，则欣悦喜跃；听其声之悲，则蹙頞愁涕，此常人皆然，不待乎知音者也。若夫知音者，则可以默识群心，而预知来物，如师旷知楚师之败，钟期辨伯牙之志是也。"[④]

（2）韵味变化含天地人籁

明人高濂《遵生八笺·燕闲鉴赏笺》中谈到："琴用五音，变法甚少，且罕联用他调，故音虽雅正，不宜于俗。然弹琴为三声，散声、按声、泛声是也。泛声应徽取音，不假按抑，得自然之声，法天之音，音之清者也。散声以律吕应于地，弦以律调次第，是法地之音，音之浊音也。按声抑扬于人，人声清浊兼有，故按声为人之音，清浊兼备者也。"[⑤] 这段话表明了古琴琴音的艺术特点，一方面琴曲曲谱最基本的调只有宫、商、角、徵、羽五音，雅正不俗，但似乎缺少变化。另一方面，通过指法的变化，却可以演化出与天地之音相通，与人声相类的各种音色，生发出变化多端的音韵。

古琴有散音 7 个、泛音 91 个、按音 147 个。散音沉着浑厚，明净透彻；按音纯正实在，富于变化；泛音的轻灵清越，玲珑剔透。散、按、泛三种音色的变化不仅在琴曲表现中担当着不

---

① 王充：《论衡·感虚篇》，见《中国美学史资料选编》上。中华书局 1980 年版，第 122 页。

② 陈敏子：《琴律发微》，见《中国古代音乐选辑》。人民音乐出版社 1981 年版，第 264 页。

③ 朱长文：《琴史·卷六·论音》，见《琴史·外十种》。上海古籍出版社 1991 年版，第 839～64 页。

④ 同上。

⑤ 高濂：《遵生八笺》。甘肃文化出版社 2004 年版，第 403 页。

同的情绪表达的作用，引发出不同的审美效果，而且从其创制其也同样暗含着与天、地、人相同哲理，《太古遗音·琴制尚象论》中说："上为天统，下为地统，中为人统。抑扬之际，上取泛声则轻清而属天，下取按声则重浊而为地，不加抑按则丝木之声均和而属人。"① 天、地、人三声可以说是包蕴了宇宙自然的各种声音，早在先秦庄子那里就已经有这种区分："南郭子綦隐机而坐，仰天而嘘，荅焉似丧其耦。颜成子游立侍乎前，曰：'何居乎？形固可使如槁木，而心固可使如死灰乎？今之隐机者，非昔之隐机者也？'子綦曰：'偃，不亦善乎而问之也！今者吾丧我，汝知之乎？女闻人籁而未闻地籁，女闻地籁而未闻天籁夫！'子游曰：'敢问其方。'子綦曰：'夫大块噫气，其名为风。是唯无作，作则万窍怒呺。而独不闻之翏翏乎？山林之畏佳，大木百围之窍穴，似鼻，似口，似耳，似枅，似圈，似臼，似洼者，似污者。激者、謞者、叱者、吸者、叫者、譹者、宎者，咬者，前者唱于，而随者唱喁。泠风则小和，飘风则大和，厉风济则众窍为虚。而独不见之调调之刁刁乎？'子游曰：'地籁则众窍是已，人籁则比竹是已，敢问天籁。'子綦曰：'夫天籁者，吹万不同，而使其自己也。咸其自取，怒者其谁邪？'"② 琴之散、按、泛三音，正如天、地、人三籁，可以描绘自然界变化无穷的诸多音响，而且还可以引发人的形而上的冥想，从而身心俱化。这也是先哲以此为修身养性之方式的原因之一。嵇康《琴赋》总结了士大夫之所以如此爱琴的原因，这是从个角度说的："余少好音声，长而玩之，以为物有盛衰，而此无变，滋味有厌，而此不倦。可以导养神气，宣和情志，处穷独而不闷者，莫近于音声也。是故复之而不足，则吟咏以肆志；吟咏之不足，则寄言以广意。"③

3. 修习过程枯燥而磨炼心志

首先，修琴需先修心、修德，没有心之悟，道之得，难以达到更高的境界。也就是说，在古代先哲那里，习琴操缦的主要目的是成君子之德，而不是学会一门艺术技巧。习琴只是手段和过程，修身养性才是目的。琴史上许多著名的典故，都说明了这个道理，姑且举最为人们熟悉的孔子习琴的故事来看。《韩诗外传》(《史记》中也有同样记载)中说："孔子学鼓琴于师襄子而不进，师襄子曰：'夫子可以进矣。'孔子曰：'丘已得其曲矣，未得其数也。'有间，曰：'夫子可以进矣。'曰：'丘已得其数矣，未得其意也。'有间，复曰：'夫子可以进矣。'曰：'人已得其意矣，未得其人也。'有间，复曰：'夫子可以进矣。'曰：'人已得其人矣，未得其类也。'有间，曰：'邈然远望，洋洋乎，翼翼乎，必作此乐也。黯然而黑，几然而长，以王天下，以朝诸侯者，其惟文王乎。'师襄子避席再拜曰：'善！师以为文王之操也。'故孔子持文王之声，知文王之为人。师襄子曰：'敢问何以知其文王之操也？'孔子曰：'然。夫仁者好韦，智者好弹，有殷懃之意者好丽。丘是以知文王之操也。'传曰：闻其末而达其本者，圣也。"④ 孔子习琴由得其数、到得其意，进而得其人、得其类的过程，就是古代贤哲修身悟道的过程。

其次，古琴易学而难精，非长年累月修炼，难以达到高的境界，也难以达成修身养性的目的；修炼过程较枯燥，不能急于求成，正是磨炼心性的好方法。《列子·汤问第五》中记载的师文向师襄习琴的故事很能说明问题："匏巴鼓琴而鸟舞鱼跃，郑师文闻之，弃家从师襄游。

① 《太古遗音·琴制尚象论》，见《琴曲集成》第一册。中华书局 1981 年版，第 20 页。

② 庄周：《庄子·齐物论》，见《中国历代美学文库 先秦卷下》。高等教育出版社 2003 年版，第 102 页。

③ 嵇康：《琴赋》。

④ 韩婴：《韩诗外传卷五》，见《中国历代美学文库 秦汉卷》。高等教育出版社 2003 年版，第 18～19 页。

柱指钩弦，三年不成章。师襄曰：‘子可以归矣。’师文舍其琴，叹曰：‘文非弦之不能钩，非章之不能成。文所存者不在弦，所志者不在声。内不得于心，外不应于器，故不敢发手而动弦。且小假之，以观其所。’无几何，复见师襄。师襄曰：‘子之琴何如?’师文曰：‘得之矣。请尝试之。’于是当春而叩商弦以召南吕，凉风忽至，草木成实。及秋而叩角弦，以激夹钟，温风徐回，草木发荣。当夏而叩羽弦以召黄钟，霜雪交下，川池暴沍。及冬而叩征弦以激蕤宾，阳光炽烈，坚冰立散。将终，命宫而总四弦，则景风翔，庆云浮，甘露降，澧泉涌。师襄乃抚心高蹈曰：‘微矣，子之弹也！虽师旷之清角，邹衍之吹律，亡以加之。被将挟琴执管而从子之后耳。’”[①] 可见师文为了达到那种春夏秋冬皆能令草木生辉，万象蓬勃，充满生机，出神入化的境界，经历了三年不成章的痛苦，更经历了掌握技术之后磨炼心性的过程，因为其志所在乃内得于心，外应于器。还有一点应该强调，即，由于古人所言古琴艺术具有“难学易忘不中听”的特点，所以习琴一定要有日积月累，持之以恒的精神，不能只凭一时兴趣，而这一点正是其磨炼人的耐心与恒心的地方，否则不仅琴学不出来，人生中也难成大器。

第三，习琴操缦过程中需凝神静气，疏瀹五脏。为了成就高尚的琴德，体味至上的琴境，从而把握深奥的琴道，达成完善的人格，也为了使习琴与操缦的过程更臻于审美的境界，在这个过程中还必须遵从艺术与审美的规律。其中首先应该注意的是保持一个“涤除玄览”的审美心胸，也就是要扫除心中的凡尘琐事，凝神静气，情志专一，如此才能进入琴境。这一点也很受历代琴学家的重视。明代汪芝《西麓堂琴统》曰：“鼓琴时，无问有人无人，常如对长者，掣琴在前，身须端直，安定神气，精心绝虑，情意专注，指不虚下，弦不错鸣。”[②] 明代《太古遗音》中也有：“神欲思闲，意欲思定，完欲思恭，心欲思静。”[③]

强调习琴操缦时的虚静心态，有几个方面的原因。其一，是与艺术创作与审美规律相一致，这一点从老庄开始一直是中国古代美学非常强调的，这里不多赘言。其二，是因为古琴演奏技巧相对比较复杂，既要注意指法的准确，左右手的配合，又要注意演奏的力度、节奏，更重要的是要根据琴曲的主题结合自身的体会准备地表达情感。如果心存杂念，思虑重重，不能集中精神，往往连基本的指法也会出错，更何谈进入精妙的琴境，体悟高深的琴道。如薛易简《琴诀》曰：“鼓琴之士志静气正，则听者易分；心乱神浊，则听者难辩矣。”[④] 其三，是因为操琴的目的在于体味审美意境与修身养性，心绪烦乱，功名利禄恰恰是最大的妨碍，所以习琴操缦之人首先就要有意识地克服这一点。成玉礀《琴论》中讲到：“至于造微入玄，则心手俱忘，岂容计较。夫弹人不可苦意思，苦意思则缠缚，唯自在无碍，则有妙趣。设者有苦意思，得者终不及自然冲融(容)尔。庄子云‘机心存于胸中，则纯白不备。’故弹琴者至于忘机，乃能通神明也。”[⑤] 能够做到忘心机，就能够通神明。

---

① 列寇：《列子·汤问第五》，

② 汪芝：《西麓堂琴统·抚琴诀》，见《琴曲集成》第三册。中华书局1982年版，第57页。

③ 《太古遗音·弹琴有十二欲》，见《琴曲集成》第一册。中华书局1981年版，第29页。

④ 薛易简：《琴诀》，见《中国历代美学文库 隋唐五代卷上》。高等教育出版社2003年版，第364页。

⑤ 成玉礀：《琴论》，见《中国古代音乐选辑》。人民音乐出版社1981年版，第220页。

[西方美学]

从笛卡尔到胡塞尔:现象学美学的方法论转型

彭立勋
(深圳社会科学院)

胡塞尔在《〈笛卡尔的沉思〉引论》中明确指出:"法兰西最伟大的思想家勒内·笛卡尔(René Descartes)曾通过他的沉思,给先验现象学以新的推动。这些沉思的研究就直接把发展着的现象学改造为先验哲学。因此,人们几乎可以把现象学称之为新笛卡尔主义。"[①] 这充分表明了现象学哲学对笛卡尔哲学的继承与发展的关系。笛卡尔哲学是胡塞尔现象学的重要的思想来源,这也从一个方面显示出近代理性主义哲学对现代西方哲学的影响。但胡塞尔却通过对笛卡尔的批判,在思维方式上实现了对近代西方哲学的超越。在哲学上如此,在美学上同样如此。

一 从经验自我到先验自我

由胡塞尔所开创的现象学哲学是20世纪欧洲大陆最重要、最有影响的哲学思潮之一。一般认为,在现代西方哲学中,实证主义和分析哲学与近代哲学中的经验主义传统关系密切,而现象学则与近代欧洲大陆思辨哲学和理性主义传统关系密切。有的研究者甚至认为"现象学是极端唯理主义的产物"。[②] 胡塞尔自己明确阐述过他运用的现象学方法与理性主义的关系,说:"这是一种方法,我想用这种方法来反对神秘主义与非理性主义,以建立一种超理性主义(ueberrationalismus),这种超理性主义胜过已不适合的旧理性主义,却又维护它最内在的目的。"[③] 从胡塞尔哲学思想形成来看,它和笛卡尔哲学、康德哲学的关系都非常密切。尽管在胡塞尔思想发展的各个时期,他对"现象学"概念的内涵和外延有不同的理解,但从最一般的意义上看,现象学可以定义为是一门关于"意识现象"的学说,更明确地说,它是一门"意识本质论"。按照胡塞尔在完成向先验现象学的转变之后对现象学所做的新的规定:现象学"可以被称之为关于意识一般、关于纯粹意识本身的科学"。这里所说的"意识一般"或"纯粹意识本身"不仅仅指意识中的意识活动,而且还包括作为意识活动之结果的意识对象。胡塞尔现象学的主要部分是先验现象学。所谓先验现象学,从方法论上说,它通过"先验的还原"引导人们从"自然态度"进入"哲学观点",通过"本质的还原"引导人们从经验

---

① 胡塞尔:《〈笛卡尔的沉思〉引论》,《胡塞尔选集》(下)。上海三联书店1997年版,第870页。

② 李幼蒸:《〈纯粹现象学通论〉中译者序》,《纯粹现象学通论》。商务印书馆1996年版,第2页。

③ 胡塞尔1935年3月11日致列维-布留尔信,转引自施皮格伯格:《现象学运动》。商务印书馆1995年版,第132页。

事实进入本质领域；而从对象上说，它所提供的不是实在的、经验的意识现象，而是先验的、本质的意识现象。[①]“纯粹的或先验的现象学将不是作为事实的科学，而是作为本质的科学（作为‘艾多斯’科学）被确立；作为这样一门科学，它将专门确立无关于‘事实’的本质知识。这种从心理学现象向纯粹‘本质’的还原，或就判断思想来说，从事实的（‘经验的’）一般性向‘本质的’一般性的有关还原就是本质的还原。”[②] 胡塞尔认为，普遍地、理性地认识世界是哲学永远不可丢弃的任务，他终生的努力就是要发现一种完善的方法，建立一个理性的、统一的知识体系。他的现象学方法，包括本质还原和先验还原，都是为了用理性的思维方法认识世界的本质和结构，这和笛卡尔所开创的近代理性主义哲学传统是一脉相承的。

胡塞尔在建构其现象学观点和方法时，无疑是自觉地把笛卡尔的理性主义哲学看作其思想的一个重要理论源头的。他一生为数不多的几部完成了的著作中有一部以《笛卡尔的沉思》命名，在《欧洲科学危机和超经验现象学》和《纯粹现象学通论》中也反复提及笛卡尔。胡塞尔高度评价笛卡尔哲学的开创意义。他说：“《沉思集》是在一个完全独一无二的意义上，而且恰好是通过返回到纯粹的自我我思活动，开辟了哲学的新时代。事实上，笛卡尔开创了一种全新的哲学。由于改变了哲学的整个外观，所以它呈现出一个根本性的转变——从朴素的客观主义到先验的主观主义。”[③] 笛卡尔将哲学转回到主体自身，转移到主观领域中来，表明了认识论的转向即是主体的转向、主观的转向。他从怀疑一切出发，然后寻找到不能再被怀疑的我思，并严格地将“我思”作为一切知识信念的前提和基础，表明他是一个严格意义上的主体主义者。胡塞尔肯定笛卡尔通过普遍怀疑建立“我思故我在”的命题的历史意义，认为它确立了我的思（意识活动）和思的我（意识活动的执行者）的绝对自明性，找到了认识有效性的最终源泉，包含着一个伟大的发现。“这里所谓的发现也即对先验纯粹的、绝对自足的主体性的揭示，这种绝对无可置疑的主体性无论何时都是它本身所能认识的。”[④] 胡塞尔坚持“我思”的逻辑先在性以及绝对自明性原则，并且把主体的绝对先在性原则发挥到了极致。他所说的现象学的还原，即先验的还原，就是还原到纯粹的主体性上去，而通过笛卡尔道路；来达到纯粹主体性，则是胡塞尔的先验还原的道路之一。在《现象学》一文中，胡塞尔这样概括阐明了现象学的先验还原和笛卡尔的“我思”关系：

> 在笛卡尔的《沉思录》中，如下的思想已经成为一门第一哲学的指导思想：所有实体之物包括整个世界是为我们存在的并且只是作为我们自己的表象的表象内容，作为我们自己的体验生活的合乎判断的被意识之物、在最好条件下证明的被证实之物而如此存在着。这是对所有的、无论是真正的、还是非真正的先验问题的动机说明。笛卡尔的怀疑方法是揭示“先验主体性”的第一个方法，他的“我思”导向对先验主体性的第一抽象把握。[⑤]

---

① 参见倪梁康主编：《胡塞尔选集》（上）。上海三联书店 1997 年版，第 13 页。

② 胡塞尔：《纯粹现象学通论》。商务印书馆 1996 年版，第 45 页。

③ 胡塞尔：《〈笛卡尔的沉思〉引论》，《胡塞尔选集》（下）。上海三联书店 1997 年版，第 873 页。

④ 同上，第 1133 页。

⑤ 胡塞尔：《现象学》，《面对实事本身——现象学经典文选》。东方出版社 2000 年版，第 92 页。

胡塞尔的先验还原是一条通向先验的主观性的道路。它是要把那种有关世界是自在地、客观地存在的观点还原为世界是相对于先验的主体而存在、世界是由先验的主体构成的观点。为此,必须进行普遍的悬置和彻底的中止判断,对传统的和自然的信念加以排除,"将这整个自然世界置入括号中"。在这一点上,胡塞尔也无疑受到笛卡尔的极大启发。他高度评价了笛卡尔的普遍怀疑精神,指出:"笛卡尔以及任何一个立志于成为严肃认真的哲学家的人,都不可避免地会以一种彻底怀疑的终止判断为开端……从笛卡尔的终止判断出发,一切建筑在经验基础上的意义和有效性的成就都被质以疑问。的确,正如我们已经说过的,这是一种'认识批判史的开端',而且是一种对客观的认识进行彻底批判的历史的开端。"[①] 可以说,普遍怀疑和中止判断是胡塞尔现象学与笛卡尔哲学的一个共同的逻辑起点,正如胡塞尔所说:"我们现在可以让普遍的悬置概念在我们明确、新颖的意义上,取代笛卡尔的普遍怀疑设想。"[②] 但笛卡尔的普遍怀疑止步于"我思"实体的寻得,却未进一步对"我思"的实体性进行悬置和中止判断。笛卡尔将自我看作是与物质的实体相对的心灵的实体,从而导致主客分立的二元论。胡塞尔批判笛卡尔的主观主义立场不彻底,批评他的心物二元论。他认为通过笛卡尔的怀疑途径所得出的不应是笛卡尔意义上的、还没有完全摆脱经验特性的"我"和"我思",而应是先验的自我和先验的意识,即经过现象学的彻底的中止判断而剩下来的纯粹的自我和纯粹的意识。因此,胡塞尔说"笛卡尔把到手的伟大发现滑掉了"。[③] 他"不向自己提出系统地研究纯粹自我的任务"。[④]

胡塞尔认为,经由笛卡尔式的怀疑途径,通过彻底的中止判断和先验的还原之后,作为"现象学剩余物"的就是"纯粹意识"或"先验意识"。这种纯粹意识即是现象学所要研究的对象。在《纯粹现象学通论》中,胡塞尔分析和论证了纯粹意识的一般结构,认为纯粹意识具有一个意识活动(noesis)和意识对象(noema)互相关联的意向性结构,而纯粹自我或先验自我则是作为意识活动的执行者而存在。按照胡塞尔现象学还原的思路,他首先肯定意识活动、意向性结构以及作为意识活动执行者的自我的自明性,然后说明意识活动如何构成意识内容即意识活动的对象。这样一来,传统认识论中的"事物与知性的一致性"问题便转变成"意识活动"与"意识对象"的关系问题;传统本体论中的"精神"与"物质"的对立便转变为"意识活动"与它所构造出的"意识对象"的对立。[⑤] 胡塞尔的现象学研究是在纯粹意识的领域之内进行的,它把认识对象是否客观存在的问题悬置起来,着重研究意识的对象如何向意向的意识显现,意向的意识如何构成意识的对象。其研究的最终结果是否定对象在意识之外作为自在之物独立存在,认为一切对象归根结底都是由意识活动构成的。这样,胡塞尔便批判和超越了由笛卡尔所开创的近代认识论设立的主客、思有、心物相分立的二元论,走向了世界是由先验的主体构成的先验唯心论的一元论。这便为现象学美学的方法论转型奠定了哲学基础。

---

① 胡塞尔:《欧洲科学危机和超验现象学》。上海译文出版社 2005 年版,第 101～102 页。

② 胡塞尔:《纯粹现象学通论》。商务印书馆 1996 年版,第 97 页。

③ 同上,第 100 页。

④ 胡塞尔:《欧洲科学危机和超验现象学》。上海译文出版社 2005 年版,第 110 页。

⑤ 参见倪梁康主编:《胡塞尔选集》(上)。上海三联书店 1997 年版,第 14 页。

二　意向结构与审美对象

意向性问题是现象学所关注的核心问题。胡塞尔将“意向性”作为“现象学首要主题”，“把意向性作为无处不在的包括全部现象学结构的名称来探讨”。[①] 他所创立的意向性理论既是现象学哲学的核心理论，也是现象学美学的理论基石。

胡塞尔提出“意向性”概念，显然是受到他的老师布伦塔诺的影响，但他将这一概念追溯到笛卡尔，认为在笛卡尔的“我思”中已经明确地突出了意向性的因素。“意向性的另一种表达方式为‘思的活动’(cogitatio)”，例如在经验、思想、情感、意愿等中意识地对某种东西的拥有(etwas bewubthaben)，因为每一个思的活动都有它的所思(cogitatum)。”[②] 按照胡塞尔的理解，所有意识都是“对某物的意识”，朝向对象是意识的根本特性，因此，意向性代表着意识的最普遍结构。不过，由于胡塞尔在《逻辑研究》和《纯粹现象学通论》中哲学观点和立场有较大变化，所以，他的意向性理论也经历了一个发展过程。在《逻辑研究》中，胡塞尔是从表达入手探讨意向性问题的。他认为表达是有意义的记号。“表达通过意义表示(指称)对象。”[③] 如果从语言学角度看，表达是借助于意义与对象相关联；那么，从意识角度看，意向行为则通过意向内容(意义)指向对象。胡塞尔承认有的意向活动并不直接指向对象，如某些情感的意向活动。但他强调一切意向活动都以对象化的意向活动为基础。情感的意向活动是以理智的意向活动为基础的。意向行为分为意义赋予的行为和意义充实的行为，前者仅能获得抽象的意识内容，后者可在想象中使对象形象化地呈现出来。这些论述不仅是对意识结构的分析，对美学也具有重要意义。

随着胡塞尔从《逻辑研究》时期的“本质现象学”向《纯粹现象学通论》时期的“先验现象学”的转变，他的意向性理论也有新的发展。其中重要一点是对意向对象内容结构的分析和意识对象领域的扩展。他认为不仅意向活动有一个结构，即意向行为(noesis)——意向对象(noema)，意向对象也有一个结构。“完全的意向对象是由诸意向对象因素的复合体组成的，在该复合体中特定的意义因素只形成一种必不可少的核心层，其他因素本质上基于此核心层之上，因此这些因素同样可被称为意义因素，不过是在一种扩大的意义上。”[④]

按照胡塞尔的分析，意向对象的结构是由意向对象的核心、边缘域和“对象本身”三者构成的。意向对象的核心相当于《逻辑研究》中所说的意义；“对象本身”指被进行综合的意向行为所发现的、在一系列相关意向内容间的一致性的极；意向对象的边缘域指被意向行为附带以为的、规定性尚未明确显示出来的东西。在《逻辑研究》中，胡塞尔主张意向行为是通过意向内容(意义)指向对象的，对象外在于意识活动；而在《纯粹现象学通论》中，意义和对象已经合为一体，共同组成意向对象，对象成为意识的一部分。意识活动是由意向行为和意向对象构成的。所谓意向性理论就是研究意识如何通过意向行为而构成意识对象的。这些论

---

① 胡塞尔：《纯粹现象学通论》。商务印书馆 1996 年版，第 210 页。

② 胡塞尔：《欧洲科学危机和超验现象学》。上海译文出版社 2005 年版，第 112 页。

③ 胡塞尔：《逻辑研究》第二卷，转引自刘放桐等编著：《新编现代西方哲学》。人民出版社 2000 年版，第 308 页。

④ 胡塞尔：《纯粹现象学通论》。商务印书馆 1992 年版，第 227 页。

述成为现象学的审美对象和审美经验学说的理论基础。

现象学美学对审美对象的理解和分析，与传统美学对于事物美、丑价值或审美价值的认识和美的本质的探讨，在方法论上是完全不同的。传统美学对于事物审美价值的认识和美的本质的探讨，是以主客、思有、心物分立的二元论作为基础的。二元论把主体与客体、精神与物质、思维与存在两者区分开来后，看不到两者之间相互依存和转化的关系，而将它们分裂和对立起来。笛卡尔把心物当作两个相互独立的实体，就是这种二元论的最典型形式。以主客二元对立的方法论为基础的传统美学，要么主张美在主观，要么主张美在客观，有的虽然主张美在主客观的关系，但由于不了解主客观是对立的统一，因而两者仍然是一种外在的协调关系，主客仍然是互相分离的。笛卡尔同样把美定义为主客观之间的一种关系。他明确指出："一般地说，所谓美和愉快所指的都不过是我们的判断和对象之间的一种关系"。① 这种主客观关系既指对象的刺激与外在感官之间关系的适合或协调，也指对象的性质与内在心灵之间关系的符合或对应。这种美的定义和笛卡尔心物对立的二元论是相一致的。胡塞尔反对笛卡尔的二元论，他的现象学还原一开始就排除了主客二元对立的存在，并且将这种对立看作是"自然态度"的产物，力图通过悬置或中止判断来加以消除。现象学还原不仅要求把有关认识对象的存在的信念放在括号里，而且要求把作为经验主体的人的存在的信念悬置起来，因为这样才能从自然态度转变到现象学态度，作出无任何预先假设的论证。其结果就是排除了自然态度的世界而转向先验纯粹的一般意识，同时也排除了属于自然世界的物的性质和价值特性，它包括美与丑、令人愉快和令人不快、可爱和不可爱等等。"由于排除了自然界，即心理的和心理物理的世界，因而也排除了由价值的和实践的意识功能所构成的一切个别对象，各种各样的文化构成物，各种技术的和艺术的作品，科学作品（就其作为文化事实而非作为公认的有效性统一体被考虑而言），各种形式的审美价值和实践价值。"② 由此可见，传统美学中关于美的本质和审美价值的问题，是被胡塞尔排除在现象学还原范围之外的。

现象学美学是在胡塞尔创立的意向性理论的基础上重新构建审美对象学说的。胡塞尔本人虽然没有对审美对象问题做过系统论述，但他分析意向行为——意向对象结构时，却涉及到审美观察的对象问题，从而为如何考察审美对象指出了方向。胡塞尔认为，在呈现和再现领域中的意向对象具有不同的变样。"变样一词一方面涉及到现象的可能变换，因此涉及到可能的实显运作；另一方面，它涉及到重要得多的意向作用或意向对象的本质独特性，这种独特性即指向某种其他未变样之物"。③ 在分析意向对象的"中性变样"时，胡塞尔以考察杜勒的铜板画"骑士，死和魔鬼"为例加以阐述。他说：

我们在此首先区分出正常的知觉，它的相关项是"铜版画"物品，即框架中的这块版画。

其次，我们区分出此知觉意识，在其中对我们呈现着用黑色线条表现的无色的图

---

① 笛卡尔：《致麦尔生(Mersenne)神父的信》，转引自《西方美学家论美和美感》。商务印书馆 1980 年版，第 78～79 页。

② 胡塞尔：《纯粹现象学通论》。商务印书馆 1996 年版，第 150 页。

③ 同上，第 264 页。

像:“马上骑士”,“死亡”和“魔鬼”。我们并不在审美观察中把它们作为对象加以注视;我们毋宁是注意“在图像中”呈现的这些现实,更准确些说,注意“被映像的现实”,即有血肉之躯的骑士等。[①]

在这段论述中,胡塞尔明确指出,我们正常的知觉所感知的作为物品的“铜版画”,以及知觉意识中对我们呈现出的黑色线条和无色图像,都不是我们在审美观察中加以注视的对象。只有“被映像的现实”,即能够传达和形成这一映像表现的“图像”意识或“图像客体”——有血肉之躯的骑士,才是我们的审美对象。胡塞尔进而指出,作为审美对象的图像意识或图像客体,是“正常知觉的中性变样”,是“中性的形象客体意识”。所谓“中性变样”,“它是一切实行行为的在意识上的对立物:它的中性化。”它被包括在如中止实行、使失去作用、“置入括号”、想象实行等形式中,而对对象的存在不予设定。所以,胡塞尔说:“这个进行映像表现的图像客体,对我们来说既不是存在的又不是非存在的,也不是在任何其他的设定样态中;不如说,它被意识作存在的,但在存在的中性变样中被意识作准存在的(gleichsam-seiend)。[②] 这就是说,作为审美对象的图像客体,不是正常知觉和知觉意识的对象,而是一种要对对象的存在与否不做设定的知觉的中性变样形式。按照胡塞尔对图像意识的意向性分析,图像客体不过是一种通过图像意识的意向作用而产生的特殊的意向对象。因而审美对象也就是一种由图像意识活动而产生的特殊的意向对象。

胡塞尔之后,现象学美学家对审美对象问题做了更深入、更系统地探讨。尽管他们在具体观点上存有分歧,但基本上都是以胡塞尔的意向性理论为基础,沿着胡塞尔开辟的方向,对审美对象进行意向性分析。现象学美学的代表人物英加登认为,审美对象和审美经验是互相关联的,作为审美对象的艺术作品,既非实在客体,亦非观念客体,而是一种“意向性客体”。他强调审美经验的对象和一般认识活动的对象是不同的。审美经验的对象不是一般知觉的实在对象,“对象的实在对审美经验的实感来说并不是必要的,在审美经验中,我们喜不喜欢一件东西也并不取决于这种实在,因为这种实在作为感觉对象某个时刻的存在根本不影响我们的审美愉快或审美反感。”[③] 在审美经验中,我们并不指向对象的实在本身,而是指向在直接经验中呈现的并具有审美价值的特性。所以,审美对象只有在审美经验中才能形成。另一位现象学美学代表人物杜弗莱纳也强调审美对象和审美知觉是互相关联、不可分割的,审美对象必须依凭审美经验才能界定自己。他说:“审美知觉是审美对象的基础”[④],“审美对象只有在审美知觉中才能完成”。[⑤] 不管是英加登,还是杜弗莱纳,都把弄清审美对象和艺术作品的区别作为界定审美对象的关键问题。英加登虽然承认艺术作品是界定审美对象的基础,但是他强调审美对象只能在观赏者的审美经验中才能形成,所以离不开

① 胡塞尔:《纯粹现象学通论》。商务印书馆 1996 年版,第 270 页。

② 同上,第 270～271 页。

③ R. 英加登:《审美经验与审美对象》,《哲学和现象学研究》第 11 卷第 3 期(1961 年 3 月),第 291 页。

④ M. 杜弗莱纳:《审美经验现象学》,转引自《美学文艺学方法论》(下)。文化艺术出版社 1985 年版,第 619 页。以下注《审美经验现象学》引文页码同此书。

⑤ M. 杜弗莱纳:《美学与哲学》。中国社会科学出版社 1985 年版,第 67 页。

主体的审美感知和审美态度。他说："艺术作品可能被人感知的方式有两种：感知的行为可以发生在寻求审美经验时审美态度的关联中，也可以进入某种超审美的全神贯注中，在沉入科学研究或某种单纯消费的关系中"①；只有当对艺术品的感知发生在审美态度、审美经验之中时，艺术作品才能作为审美对象呈现在观赏者的审美活动中。杜弗莱纳也指出："审美对象是审美地被感知的客体，亦即作为审美物被感知的客体。"② 艺术作品作为一种存在物，当它非审美地被感知时还不能成为审美对象。只有当艺术作品被审美地感知时，才能呈现为"审美要素"，"审美要素的呈现使我们可以把艺术作品理解为审美对象"。③ 所以，审美对象只能是被审美感知的艺术作品。"审美对象和艺术作品的区别表现在这里：必须在艺术作品上面增加审美知觉，才能出现审美对象"④。这样，现象学美学通过分析审美对象与艺术作品的联系和区别，赋予了审美对象以严格的定义。

现象学美学以胡塞尔的意向性理论为基础，对审美对象与审美经验、审美对象与审美知觉、审美对象与艺术作品、审美对象与审美要素等相互关系做了全面阐述，形成了一套逻辑严密、自成一体的审美对象的学说。其主要特点是强调审美对象与审美意识活动的不可分性，主张只有在审美意识活动——审美经验的作用中，艺术作品才能转变为审美对象。这显然是把审美对象看作由审美意识活动指向和构成的对象，亦即英加登所说的"纯意向对象"。这种学说和建立在主客二元对立基础上的传统的美的本质学说具有明显的区别，对于如何在主客体统一中探讨美的本质和阐明审美对象也具有启发作用。但由于其立足点是意识构成对象、主体创造客体的先验唯心论，所以，仍然无法真正摆脱以审美主体去规定审美客体的唯心主义美学的旧路数。

三　本质直观与审美经验

按照胡塞尔对意识活动的分析，意向行为和意向对象（意向内容）两者是互相联系、不可分割的。意向行为指向意向对象，意向对象由意向行为所构成。与此相应，现象学美学对审美意识活动的分析，也将审美行为（审美经验）和审美对象看作是互相联系、不可分割的。既然现象学美学把审美对象看作是由审美经验的意向作用所构成的特殊的意向对象，那么，要把握审美对象，就必须对审美经验做进一步研究。

胡塞尔对审美对象问题虽然未留下完整的理论表述，但他对审美经验问题却留下了一篇完整的论述文字。这就是1907年胡塞尔致德国文学家胡戈·冯·霍夫曼斯塔尔的一封信，它也是目前唯一发表出来的胡塞尔关于"美学与现象学"问题的手稿。在这封信中，胡塞尔是结合艺术创造和欣赏来论述审美经验的。他指出，现象学的方法和态度，要求我们对所有的客观性持一种与"自然"态度根本不同的态度，这种态度与我们在欣赏纯粹美学的艺术时对被描述的客体与周围世界所持的态度是相近的。在具体分析欣赏和创造艺术的"纯粹美学直观"时，胡塞尔写道：

---

① R. 英加登：《艺术价值和审美价值》，《英加登美学文选》。华盛顿1985年版，第92页。

② M. 杜弗莱纳：《审美经验现象学》，第605页。

③ 同上，第631页。

④ 同上，第618页。

对于一个纯粹美学的艺术作品的直观是在严格排除任何智慧的存在性表态和任何感情、意愿的表态的情况下进行的，后一种表态是以前一种表态为前提的。或者说，艺术作品将我们置身于一种纯粹美学的、排除了任何表态的直观之中。存在性的世界显露得越多或被利用得越多，一部艺术作品从自身出发对存在性表态要求得越多（例如，艺术作品甚至作为自然主义的感官假象：摄影的自然真实性），这部作品在美学上便越不纯。[①]

这里所说的"纯粹美学的艺术作品的直观"或"纯粹美学的、排除了任何表态的直观"，就是胡塞尔对于审美经验的基本要求和特点的概括。胡塞尔的意思是，审美经验——"纯粹美学直观"和自然的精神态度、现实生活的精神态度是不同的。自然的精神态度、现实生活的精神态度完全是"存在性的"，即将那些感性地摆在我们面前的事物看作是现实；而纯粹美学直观则是在严格排除任何存在性表态的情况下进行的。艺术作品对存在性表态要求得越多，越是接近"自然真实性"，在美学上便越是不纯。这种纯粹美学直观的精神态度，从另一方面来说，与纯粹现象学的精神态度却是相近的。因为现象学的方法也要求严格地排除所有存在性的执态。据此，胡塞尔得出的结论是："现象学的直观与'纯粹'艺术中的美学直观是相近的"。[②]

所谓"现象学的直观"，即现象学本质还原方法的"本质直观"。胡塞尔认为，不仅个别的东西，而且像逻辑规律那样本质的东西都可以被直观。最基本的逻辑规律是直接被直觉到的，是非经验的、先天的，它不以任何其他东西为前提。推而广之，一切本质的东西都可以被直观到。这种通过直观以获得非经验的、无预先假定的本质的认识方法，就是本质直观的方法。本质直观的方法把"直接的给予"或这个意义上的直观看作是一切认识的来源，并要求通过直观来获取本质洞察。正如胡塞尔所说："每一种原初地给予的直观是认识的正当的源泉，一切在直觉中原初地（在某种程度上可以说，在活生生的呈现中）提供给我们的东西，都应干脆地接受为自身呈现的东西，而这仅仅是就在它自身呈现的范围内而言的。"[③] 为了做到本质直观，首先要求把有关认识对象的存在的信念悬置起来，通过中止判断，使我们的目光集中于事物向我们直接显现的方面，以达到纯粹现象，然后在对个别东西的直观的基础上使共相清楚地呈现在我们的意识面前。胡塞尔指出，本质直观与经验直观或个别直观是本质上不同的。经验直观或个别直观是对一个别对象的意识，而"本质直观是对某物、对某一对象的意识，这个某物是直接目光所朝向的，而且是在直观中'自身所予的'……它就是一种原初给予的直观，这个直观在其'机体的'自性中把握着本质。"[④]

胡塞尔将本质直观"作为把握先天的真正方法"，它是对先天、对一个纯粹本质进行直观，"本质真理是先天的，在其有效性中先于所有事实性，先于所有出自经验的确定。"[⑤] 因

---

① 《胡塞尔选集》（下）。上海三联书店1997年版，第1202页。

② 同上，第1202页。

③ 《胡塞尔全集》第三卷，1976年德文版，第51页。

④ 胡塞尔：《纯粹现象学通论》。商务印书馆1996年版，第52页。

⑤ 《胡塞尔选集》（上）。上海三联书店1997年版，第494页。

此，他又将本质直观称作“先天直观”、“理念直观”。这使我们想到笛卡尔对于“直观”作用的阐述。笛卡尔认为，要获得真理性的认识，除了通过自明性的直观和必然性的演绎以外，人类没有其他途径。何谓“直观”？笛卡尔说：“我所了解的直观，不是感官所提供的恍惚不定的表象，也不是幻想所产生的错误的判断，而是由澄清而专一的心灵所产生的构想。”① 直观的知识是一种不证自明的知识，它不是来自感性经验，而是来自先天的观念。由此可见，胡塞尔的“理念直观”和笛卡尔的理性直观，在某种意义上是有联系的。

尽管胡塞尔认为，纯粹美学直观或审美经验与现象学的直观是相近的，艺术家对待世界的态度与现象学家对待世界的态度是相似的，但是他却又明确地指出了纯粹美学直观与现象学直观、艺术家与哲学家的区别。他说：

> 艺术家与哲学家不同的地方只是在于，前者的目的不是为了论证和在概念中把握这个世界现象的“意义”，而是在于直觉地占有这个现象，以便从中为美学的创造性刻画收集丰富的形象和材料。②

可见纯粹美学直观与现象学直观、艺术家与哲学家在把握现象的目的和方式上是不同的。现象学直观要在纯粹直观的分析和抽象中，以论证和概念的方式，阐明内在于现象之中的意义；而纯粹美学直观则恰恰相反，它要直接地保留现象的直觉性、形象性和丰富性，以进行审美的或艺术的创造。按照胡塞尔的理解，直观行为是由感知和想象这两种意识行为共同构成的。“艾多斯，纯粹本质，可以在经验所与物中，在知觉、记忆等等的所与物中被直观地例示，但它也可以在纯想象的所与物中被例示。”③ 对感知表象、感知立义与想象表象、想象立义的细致分析和区别，是胡塞尔关于现象学直观研究中的重要内容。值得注意地是，胡塞尔特别强调想象表象在艺术和审美中的作用。他指出，想象表象或想象体验作为意向的体验，显然属于客体化体验的领域；客体性在想象中得以显现并且在可能的情况下被意指以及被相信。这种客体性本身不是现象学的对象，但客体化的体验，即想象体验、想象表象，则是一个现象学的材料。在审美的直观中，想象表象、想象体验异常明显。“例如，艺术家在直观他的艺术造型时所具有的那种体验，也就是那些特殊的内在直观本身，或者是那些与外在直观、感知直观相对的对半人半马、史诗中的英雄形象、风景等等的直观化。在这里，与外在的、作为当下的显现相对立的是内在的当下化，是‘在想象中的浮现’。”④ 这种对审美和艺术直观中想象的作用的强调，我们在笛卡尔的相关论述中同样可以找到。尽管笛卡尔主张想象和理性各自具有不同的性质和功能，并否认想象可以作为认识事物的依据，但他却肯定了想象作为一种特殊思想方式在把握事物上的特点以及它在艺术和审美中的独特作用。他说：“在我们身上，就像在打火石上一样拥有知识的火花，哲学家把它们从理性中抽象出来，

---

① 《笛卡尔哲学著作》第1卷。英国剑桥大学1911年英文版，第7页。

② 《胡塞尔选集》(下)。上海三联书店1997年版，第1204页。

③ 胡塞尔：《纯粹现象学通论》。商务印书馆1996年版，第53页。

④ 《胡塞尔选集》(下)。上海三联书店1997年版，第722页。

但诗人则是从想象的迸发中提炼,所以他们闪烁得更加灿烂。"① 这与上述胡塞尔对艺术家与哲学家的不同所作的论述,有异曲同工之妙。

胡塞尔之后的现象学美学家在现象学直观理论的基础上,通过对知觉和想象的现象学分析,对审美经验做了更为系统和深入的探讨。英加登认为,在审美经验中我们中断了关于周围物质世界的事物中的"正常的"经验和活动,改变了我们的态度,亦即从日常生活中采取的实际态度、从探究态度转变成特殊的审美态度,使我们的注意力从这种或那种性质的真实存在转移到特质本身上面。在我们对这些特质的直观中,对于感觉到的事物的存在的信念失去了它的约束力,用胡塞尔的话说,它就是被"还原"了。在审美直观中,许多特质互相协调形成一个整体,它们互相影响并赋予整体一种性质特征,即"和谐质"。"我们必须掌握那些具有审美价值的特质,并将其综合起来,以求把握所有这些特质的和谐。只有在这种时候,在一种特殊的情感观照中,我们才能沉醉于构成'审美对象'的美的魅力之中。"② 在现象学美学家中,有的将审美经验归结为想象活动,如萨特说:"审美对象是由将它假设为非现实的一种想象性意识所构成和把握的。"③ 也有的将审美经验归结为知觉活动,如杜弗莱纳主张"审美知觉是审美对象的基础",④ "审美对象只有在审美知觉中才能完成"。⑤ 但不管是强调知觉活动,还是强调想象活动,现象学美学家在审美经验是一种直观行为这一点上却是基本一致的,也就是和胡塞尔的纯粹美学直观理论是一脉相承的。显然,这种对审美经验的分析,和建立在主客二元对立的思维方式基础上的传统的审美经验理论是不一样的。传统美学研究往往是从对象所唤起的主体心理体验的构成因素和性质特点上来把握审美经验,而现象学美学则将主体和对象看作是互相依存、互相作用的不可分割的整体,把审美经验看作是一种在纯粹意识中进行的直观行为,并从这种直观行为(而非心理体验)的构成和特点上来把握审美经验。这无疑为审美经验的研究、为分析审美经验的性质和特点,开辟了一个新的途径。同时,也从哲学基础、审美对象到审美经验全面完成了现象学美学的方法论转型。

---

① 《笛卡尔文集》,巴黎1902年版,第十卷,第217页。

② R.英加登:《审美经验与审美对象》,《哲学和现象学研究》第11卷第3期(1961年3月),第294页。

③ 萨特:《想象心理学》。光明日报出版社1988年版,第288页。

④ M.杜弗莱纳:《审美经验现象学》,第604页。

⑤ 同上,第67页。

席勒:审美主义和主体间性美学的开拓者

杨春时
(厦门大学文学院)

众所周知,席勒是近代启蒙主义的美学家和文学家。但是,席勒的意义不止于此,他还是对现代性进行审美批判的审美主义第一人,也是超越主体性的主体间性美学的鼻祖。用哈贝马斯的话来说,他的《审美教育书简》(或译《美育书简》)"成为了现代性的审美批判的第一部纲领性文件";"艺术被看作是一种深入到主体间性关系当中的'中介形式'……席勒把艺术理解成了一种交往理性,将在未来的'审美王国'里付诸实现。"① 同时,席勒美学也充满了矛盾,即理性主义与审美主义的矛盾,主体性与主体间性的矛盾,这些矛盾是他的哲学体系与美学思想之间的矛盾的体现。

一 席勒的理性主义和主体性哲学体系

席勒作为启蒙时代的美学家,他的哲学思想是理性主义和主体性的。理性和主体性是近代哲学的基本原则。近代哲学认为理性是最高的准则和价值,启蒙就是要实现理性的胜利;而人是理性的主体,理性的胜利就是主体性的胜利。近代美学也建立在理性主义和主体性的基础上,认为美是理性的感性显现,是人性主宰世界从而获得自身完满的实现。从康德、黑格尔到青年马克思,都充满了对理性精神和主体性的信任和信心。席勒也不例外,他从启蒙立场出发,尊崇理性,讴歌主体性。他的美学思想深受康德的影响,其哲学框架是来自康德的。他在《美育书简》中承认说:"我对您毫不隐瞒,下述命题绝大部分是基于康德的各项原则。"② 康德美学是其哲学体系的组成部分,相对于知、情、意三种心理功能,他划分了知性、判断力和理性三个领域,知性是纯粹理性,是对现象世界的认知能力。理性是实践理性,属于自由意志和信仰的本体世界。因此,康德美学是高扬理性的理性主义美学。判断力包括审美能力(趣味判断),是主观的先验综合判断,因此他的美学是先验主体性美学。他进一步认为,审美沟通了知性和理性,是由现象世界到本体世界的中介、桥梁。对于启蒙思想家来说,理性是至高无上的,做理性的人就是最高目的。如何由感性的人上升为理性的人,就成为审美的任务。席勒接受了康德的哲学框架,并在这个框架内建设自己的美学理论。这个美学体系不可避免地打上了理性主义和主体性的印记。

席勒认为,人必须超越自然、感性,通过教化成为理性的人,这是最高的目的:"所有的事

① 哈贝马斯:《论席勒的〈审美教育书简〉》,见《哈贝马斯精粹》。南京大学出版社 2004 年版,第 409 页。
② 席勒:《美育书简》。中国文联出版公司 1984 年版,第 35 页。

物都要服从于最高的终极目标，这一目标是理性在人格中树立起来的，一个达到成熟的民族必定会产生并确证这一意图，即要为自然的国家转变为道德的国家。”① 这里体现了他的理性主义，即把理性作为最高准则，把道德作为最高的境界，人和世界都被理性化了。同时，这种思想也是主体性的，认为理性是人是对自然的征服、跨越，是主体性的胜利和自我实现。他说：“但是，使人成其为人，正是人不停留在单纯自然所造成的样子，而有能力通过理性完成他预期的步骤，把强制的作品变成他自由选择的作品，把自然的必然性提高到道德的必然性。”② 他意识到人的自然和人的理性的对立，如何解决这种对立，成为席勒思考的中心问题。席勒美学就是在这个起点上开始的。席勒的美学思想是追随康德的，认为美是先验范畴模塑的对象，因此打上了主体性美学的印记。他认为，“自我规定的这一伟大的观念由某些自然现象中反映出来照耀着我们，我们就把这一观念称作美。”③ 这就是说，美是观念的产物，体现为现象中的自由，而“自由只是理性的一种观念”。同时，他的美学也是理性主义的，认为审美只是达到理性的工具。他把理性的人当作目的，把审美当作手段，试图解决感性与理性的冲突，即“由情感片面支配的人”和“由规律片面支配的人”之间的紧张：“美如何能成为一种手段，来消除上述两种紧张？”④ 他认为，审美是从感性到理性的手段，“从感觉的受动状态到思维和意志的能动状态的转变，只有通过审美自由的中间状态才能完成。”⑤ 由于审美能够兼顾感性和理性、物质和精神、思考和感情，因此它成为融合理性和感性的最好手段。席勒倡导审美教育，意义就在于此。在这里，体现了席勒哲学的主体性和理性主义：人是自然的立法者，理性是至高无上的，是人的本质；审美只是越过自然、达到理性的手段。这种主体性和理性主义不仅是席勒的思想，而是那个时代普遍的信念。

如果事情仅止于此，那么席勒并没有超出康德以及他同时代的人；但事情不止于此，席勒没有停留于主体性和理性主义，而是以其天才的洞察力，透视到时代的视野之外，超越了理性主义，走向了审美主义；超越了主体性，走向主体间性。

二 从理性主义走向审美主义

理性是现代性的产物，理性主义是启蒙哲学的特性，它认为理性是本体，是最高的标准和价值。在这个理性主义哲学体系内，美只是附属的东西，其价值远远低于理性。例如，康德认为审美是知性到理性的中介、过渡形式，明显低于理性本身（道德、信仰），美至多是“道德的象征”；黑格尔认为美是理念的感性显现，其地位远远低于绝对精神的其他形式（宗教和哲学）。只是在现代性获得胜利，并且显露出负面性甚至走到了反面以后，理性才受到批判，理性主义才被否定。代替理性主义的首先是审美主义。审美主义是对理性、从而也是对现代性的审美批判，它不再把理性作为本体和最高标准、最高价值，而是认为理性是虚假的，是异化的产物，是自由的束缚，并把审美作为本真的存在，作为最高的标准和价值，作为异化的

---

① 席勒：《美育书简》。中国文联出版公司 1984 年版，第 40 页。

② 同上，第 39 页。

③ 席勒：《论美书简》。中国文联出版公司 1984 年版，第 151 页。

④ 席勒：《美育书简》。中国文联出版公司 1984 年版，第 97 页。

⑤ 同上，第 116 页。

克服以及超越现实而达到的自由。一般都认为尼采是审美主义的鼻祖,这当然不无道理,因为正是尼采对启蒙理性进行了彻底的批判,并且把审美作为理想的归宿。但是,同样不可否认的是,早在尼采之前,席勒就已经不自觉地批判了理性的弊端,并举起了审美主义的旗帜,从而成为审美主义的滥觞。席勒虽然在理性主义的哲学框架内建立美学理论,把审美作为达到理性的手段,从而使审美附属于理性,但是,他的美学思想最终突破了理性主义的藩篱,摆脱了美对于理性的依附,走向了审美主义。

席勒摆脱理性主义,走向审美主义是他的论证本身必然的结果。他为了论证审美是感性与理性的中介,就必须证明审美具有了兼容二者的性质,从而也不自觉地证明感性和理性法则的片面性。席勒提出,有两种冲动,一为感性冲动,一为形式(理性)冲动。感性冲动出自自然,体现了人的有限性;形式冲动是对感性的否定,出自理性,体现了人的无限性。但是,二者都具有片面性,他们都成为一种强制性的法则。这种强制性实际上就是异化。"感性冲动由自己的主体中排除了一切主动性和自由,形式冲动由它自身排除了一切依从性和一切受动。但是,自由的排除是自然的必然性,受动的排除是道德的必然性。因此,两种冲动都强制精神。"① 离开了审美的教化,理性冲动就具有对感性自然的强制性,道德就成为外部的规范,"道德法则对他来说就是某种外在的东西。从而人就只感到理性给他带上了枷锁,而感不到理性给他开辟了无限的自由。"② 他认为虽然理性本身没有缺陷,但其现实表现却是负面的。于是,在不自觉中,理性的神话被打破了。其实,当他在说理性与感性并立无涉时,而且承认感性也是人的本性之一时,就已经在说理性的缺陷了。因此,他才提出"当人是完整的并且他的两种基本冲动都已经发展起来时,才开始有自由。只要人是不完整的,并且他的两种基本冲动中有一种被排除了,那么就没有自由。"③ 沿着这条思路走下去,席勒最后终于摘下了理性的桂冠,认为理性是人的自由的束缚。他说:"在权利的力量的王国里,人和人以力相遇,他的活动受到限制。在安于职守的伦理的国度中,人和人以法律威严相对峙,他的意志受到束缚。"理性造成人性的分裂、人的自我异化:"正是教养本身给现代人性造成这种创伤。只要一方面积累起来的经验和更明晰的思维使科学更明确的划分成为必然,另一方面国家的越来越复杂的机构使等级和职业更严格的区别成为必然,那么人的本性的内在纽带也就断裂了,致命的冲突使人性的和谐力量分裂开来。"④⑤ 既然理性与感性一样具有片面性,那么,如何才能实现自由,也就是实现感性与理性的协调呢?席勒从这里走向了审美主义。他提出,除了感性冲动和理性冲动之外,还存在着游戏冲动即审美。游戏冲动综合了感性冲动和理性冲动,实现了人的自由和全面发展。"在力量的可怕王国中以及在法则的神圣王国中,审美的创造冲动不知不觉地建立起第三个王国,即游戏和外观的愉快的王国。在这里它卸下了人身上一切关系的枷锁,并且使他摆脱了一切不论是身体的还是

---

① 席勒:《美育书简》。中国文联出版公司 1984 年版,第 85 页。

② 同上,第 126 页。

③ 同上,第 106 页。

④ 同上,第 50 页。

⑤ 同上,第 145 页。

道德的强制。”[①] 审美为什么能够成为自由的活动呢？他认为，审美包括艺术超越现实，“艺术必须摆脱现实，并以加倍的勇气越出需要，因为艺术是自由的女儿，它只能从精神的必然性而不能从物质的欲求领受指示。”[②] 审美以其超越性、自由性造就了不同于片面的感性的人和片面的理性的人的审美的人。在《美育书简》的最后一封信（第27封信）里，席勒描绘了一幅审美的人的理想图景：审美趣味克服现实存在的局限，把欲望升华为爱，把快乐普遍化，人成为自由的公民，实现了平等的理想，造就了优美的心灵，成为整体的人。他欢呼：“只有美才能使全世界幸福，谁要是受到美的魔力的诱惑，他就会忘掉自己的局限。”[③] 这就是说，审美的人取代理性的的人，成为真正自由的、全面发展的人。审美和艺术一旦具有超越现实的本性，也就超越了感性和理性，超越了道德，从而成为最高标准和价值。席勒最后让审美侵入感性和理性的领域，突破并且提升了它们：“只要审美的趣味占主导地位、美的王国在扩大，任何优先和独占都不能容忍。这个王国向上一直伸展到理性以绝对必然性统治着、一切素材消失不见的地方；这个王国向下一直延伸到自然冲动以盲目的力量支配着、形式还没有产生的地方。”[④] 审美获得了最终的胜利，这就是审美主义。席勒突破了自己的理性主义体系，把审美由达到理性的手段变成了目的本身，从而不自觉地从理性主义走向审美主义。

三　从主体性走向主体间性

主体性是启蒙运动的产物，也是现代性的核心。近代哲学是主体性哲学，近代美学是主体性美学。主体性美学是启蒙时代的美学，作为现代性核心的启蒙理性成为主体性美学的基础。启蒙理性的基本精神是主体性，它肯定人是最高的价值，认为人是自然的主宰，以人的理性来对抗宗教蒙昧和神本主义。在启蒙理性高涨的时代，美学也必然高扬主体性，成为主体性美学。主体性美学适应了启蒙的需要，它认为审美作为自由的活动是主体对客体的胜利，是自我伸张的结果，是人性的体现。康德建立了先验主体性的美学。他认为审美与一切精神活动一样，不是客体性的活动，而是以人的先验能力和先验结构为前提的主体性活动；审美作为情感活动是由认知到伦理、信仰的中介、由现象到本体的桥梁。黑格尔建立了客观唯心主义的主体性美学体系。他把主体性倒置为理念，以理念的由低级到高级、由异化到自我复归的历史运动来肯定自由精神的胜利。他认为艺术与宗教、哲学是绝对精神的三种表现形式，因此“美是理念的感性显现”，实际上认为美是以感性形式呈现的主体的自由精神。青年马克思在历史唯物主义的基础上建立了主体性的哲学与美学。他的《1844年经济学－哲学手稿》集中地体现了他的主体性美学思想。马克思建立了以实践为基础的社会存在本体论，认为实践是人化自然的主体性活动，世界是人化自然的产物，实践可以克服异化，进入自由；美也是人化自然的产物，美是人的本质力量的对象化。可以说，主体性是贯穿整个近代哲学、美学的主线。

席勒继承了康德的主体性美学思想，认为审美是由感性的人到理性的人的中介，审美克

---

① 席勒：《美育书简》。中国文联出版公司1984年版，第145页。

② 同上，第37页。

③ 同上，第146页。

④ 同上，第146页。

服了感性与理性的对立，摆脱了自然和社会对人的压迫，成为自由的精神活动。因此，在一定意义上说，席勒美学是主体性美学。但是，这仅仅是就席勒美学的哲学框架而言的，实际上他的美学思想的内涵是主体间性的。如果说，席勒关于美的定义体现了主体性美学思想的话，那么在关于审美的功能方面则走向了主体间性。

席勒提出感性冲动与形式(理性)冲动的对立，包含着客体性与主体性的对立。他认为，感性冲动是服从自然法则，要求主体依从外在世界，从而具有客体性，“前者(感性本性——引者按)要求绝对的实在性，它应该把一切凡只是形式的东西转化为世界，使人的一切素质表现出来”。而形式冲动服从于理性法则，要求世界依从内在主体，从而具有主体性，“后者要求绝对的形式性，它把凡是只是世界的存在消除在人的自身之内，使人的一切变化处于和谐中。换句话说，人要外化一切内在的东西，赋予外在的事物以形式。”[①] 这种对立包括人与自然的对立，人与人的对立，也包括思想与情感的对立，导致整体的人的分裂。现代性的胜利，是理性的胜利、主体性的胜利，这一方面是历史的进步，同时也是一种异化。主体性的胜利展现为一种人与世界对立、人自身分裂的图景，“希腊城邦的这种水蛭式的本性现在却变成为一种精巧的钟表机构，其中由无限众多的但却无生命的部分组成一种机械生活的整体。现在，国家与教会、法律与习俗都分裂开来，享受与劳动脱节、手段与目的脱节、努力和报酬脱节。永远束缚在整体中一个孤零零的断片上，也就把自己变成一个断片了。耳朵里所听到的永远是由他推动的机器轮盘的那种单调乏味的嘈杂声，人就无法发展他生动的和谐，他不是把人性刻印到他的自然(本性)中去，而是把自己仅仅变成他的职业和科学知识的一种标志。”[②] 这简直就是青年马克思所批判的劳动异化理论的先声。席勒对人与自然的关系进行了这样的概括：“人在他的自然状态中只能承受自然的力量，在审美状态中他摆脱这种力量，而在道德的状态中他支配这种力量。”[③] 在道德状态中，也就是在主体性关系中，人支配自然，必然导致对自然的压抑，以及自然的反抗，从而破坏了人与自然的和谐以及人自身的分裂。出路何在？席勒诉诸于游戏冲动——审美。他认为，游戏冲动克服了感性冲动和形式冲动的对立，弥合了主体性与客体性的对立，从而也就弥合了人与自然、人与人以及人自身的分裂，实现了望正的、自由的人。他指出：“在审美的国度中，人就只须以形象显现给别人，只作为自由游戏的对象而与人相处，通过自由去给予自由，这就是审美王国的基本法律。”[④] 这是一种主体间性思想，是美学史上首次提出的新的观念，因此，席勒超越了同时代的人，超越了主体性美学，走向了主体间性美学。在其他论述中，席勒也显露了他的主体间性美学思想，如“在审美的国度里，一切事物——甚至使用的工具——都是自由的公民，同最高贵者具有同等似的权利。”[⑤] 这里不仅提出人与人之间的自由、平等关系，而去提到“一切事物”包括“使用的工具”都是“自由的公民”。这就是说，席勒认为审美创造了人与世界的自由、平等关系，世界不再是客体，而成为主体——自由的公民，审美成为主体间性的实现。

---

① 席勒:《美育书简》。中国文联出版公司 1984 年版，第 74 页。

② 同上，第 57 页。

③ 同上，第 121 页。

④ 同上，第 145 页。

⑤ 同上，第 147 页。

席勒的主体间性美学思想受制于其主体性哲学体系，因此有不成熟、不彻底、不自觉的特点。有时，他会流露出一种主体性的观点，从而与其主体间性思想相抵触。比如，他认为在感性状态中，人没有脱离自然，人与世界同一，而在审美状态中，人与世界分离。“只有当他在审美状态中把世界置于自身之外或观照世界的时候，他的人格才与世界分开，世界才出现在他面前，因为他不再与世界是同一的了。”① 这是在说，审美中主体与客体仍然分离，并没有同一。由于席勒囿于主客对立的哲学，把审美看作是一种观照、思索，把美看作人赋予素材以形式的对象，因此，他有时就把审美当作主体性的创造：“当人只是感觉到自然的时候，他是自然的奴隶，一旦他思考自然的时候，人就成为自然的立法者了……人给无形的东西以形式，就证明了他自己的自由。”② 在这里，他认为审美是对对象的思考，是人对自然的立法。他进而提出了美是人创造的对象的主体性思想：“自然界中任何可怕的东西，只要人能赋予它以形式并把它变为自己的对象，人就能战胜它。”③ 但是接下来，他又提出，“美对我们是一种对象……同时又是我们主体的一种状态……美既是我们的状态也是我们的作为。”④ 这又提出了审美主体与审美对象同一，都是审美活动的产物的观点，这又是一种主体间性思想。

席勒美学思想是一个没有发掘完毕的思想宝库，黑格尔、马克思等都从中汲取了宝贵的思想源泉。他的审美主义以及主体间性美学思想，也成为现代美学的思想资源，例如哈贝马斯对席勒的推崇和借鉴就是一例。在中国现代美学的建设中，对这个思想资源的挖掘，还有待于进一步展开。

---

① 席勒:《美育书简》。中国文联出版公司 1984 年版，第 128 页。

② 同上，第 129 页。

③ 同上，第 128 页。

④ 同上，第 130～131 页。

罗蒂和他的自由主义政治美学乌托邦

毛崇杰
（中国社会科学院文学所）

在当代美学很难找到罗蒂的位置，他的美学思想突破了学院式学科性被淹没于政治哲学观念之中，带有强烈的后现代文化批评气息，没有传统美学的有关论述。在文学批评层面上，罗蒂通过对文学文本和作者的解读评说，提炼出一种“小说美学”，并将之展开为文学和美学话语承载着的政治道德哲学，进而在诗与哲学及政治关系的层面上提出了美学乌托邦，呈现出新实用主义从经验向语言的转换和后批评浓烈的政治意向。不同于欧陆后现代主义的是，他保留着启蒙的进步主义政治而弃绝启蒙的理性哲学。在他看来，哲学在后现代语境下对社会生活的作用已经让位给诗与政治混合的一种斑驳庞杂的反形而上学文化。为此，他与柏拉图唱反调，把我们时代的“理想国的英雄”确定为“强劲诗人和乌托邦革命家”，以之为核心，通过反讽的非逻辑语言的偶然的创制来实现自我价值的、自由主义政治的诗性乌托邦。在这个意义上，份量不足的美学却成为罗蒂整个思想上的至高境界。他的童年家庭生活的记忆和对历史线性的坚持，以及自由主义本身的后现代裂变给他的后期思想带来了可能的“马克思回归”与“认识论转向”。

罗蒂把新旧实用主义之间的区别概括为两点：一，新实用主义从旧实用主义的“经验”转向语言。他说新实用主义者们热衷于讨论语言，而不再讨论“经验、心灵或意识”这样一些旧实用主义的话题。第二，新实用主义者对旧实用主义所强调的认知事物本质的“科学方法”表示怀疑。① 从这两点我们可以看出，实用主义自身的发展变化与分析哲学的关系，也就是分析哲学在实用主义从旧到新的转变中所起至关重要的作用。一方面，语言与经验是分析哲学与实用主义不同的立足点，从杜威的经验转向语言，可谓实用主义的“分析哲学化”；另一方面“科学方法”可以说是分析哲学的安身立命之所，对科学方法的摒弃又可以说是分析哲学的“实用主义化（罗蒂所言）”。总之，上一世纪中后期一方面是分析哲学对实用主义的排挤，而实用主义分析哲学化之后又以新的姿态重新崛起。从杜威到罗蒂，我们可以见出这一微妙而复杂的演变状况，并且从分析哲学到新实用主义，恰恰又是罗蒂和舒斯特曼的个人转向。语言学转向与罗蒂的美学思想之间又有着一种不可忽视的关系。

如果说，自然与经验代表了杜威美学的关键词的话，罗蒂美学的关键词为语言和乌托邦，舒斯特曼的则是生活和身体。杜威对艺术的倾向是与传统自由主义关系较密切的民粹主义或平民主义；罗蒂则倾心于精英的现代主义先锋，这是与他启蒙的政治与反启蒙的哲学

① 罗蒂：《后形而上学希望》。上海译文出版社 2003 年版，第 204 页。

联系着的;舒斯特曼则完全倒向了后现代反精英主义,热衷于充当拉普艺术的吹鼓手。

罗蒂的美学思想是分为两个层面来展开的:其一,在文学批评层面上,提出了两位他所特别关注的小说家,纳博科夫和奥威尔。罗蒂对这两位小说家的关注,既不在通常的文学批评对作家和作品的解读和论析,也没有由此向美学的理论提升,从中提炼出可谓"小说美学"的东西,通过其中贯穿着的两个主命题——"人怎样才能避免残酷","说出 2+2=4 的自由",展开为文学中美感与道德的关系。其二,在诗与哲学、政治关系的层面上展开为语言的自我创造与自由实现的美学乌托邦理想。在第一个层面上,罗蒂对文学书籍进行分类,这些分类既繁琐又未见出多大道理,比较值得注意的是道德与美感的关系。他指出,有一类文学书籍是以承载着的道德讯息把良知与审美趣味严加区分;另一类则是以美感追求为目的。其实,他所划分的第一类就是一般的现实主义或浪漫主义文学。第二类也就是通常文学批评和文学史上所说的唯美主义(或审美主义)的创作倾向。

罗蒂在 1987 年问世的《偶然,反讽与团结》一书的写作也正是他在 1982 年的《实用主义的后果》一书中表示的愿望,作为一个实用主义者,他一直在试图发现一些方法,"用非哲学的语言来提出反哲学的观点",然而该书仍然是一本哲学的书。[①] 他把哲学融入文学批评,扩而为一种后现代文化批评式独特写作,来提出哲学的政治的道德观点。在他看来,"文学"一词现在所指书籍几乎"无所不包",只要一本书"能够与道德发生关系……'什么是可能而重要的',那就是文学书"。文学这个词的应用与一本书是否具有"文学性"毫不相干。而"文学批评"一语也在 20 世纪被"一而再再而三地延伸扩大",扩及"神学、哲学、社会理论、改革政治的蓝图,以及革命宣言";扩大到"所有个合乎为一个人提供终极语汇(final vocabulary)的书籍"。所谓"终极语汇"是指一个人思想成熟之后一生使用较多的语汇,从根本上来看,也就是一种主导的话语,或一生中经常出现的关键词所表达的世界观。他说,现在文学批评家不再进行"文学性的审视和阐发,而更被期待以道德示范和规箴的准则来校正道德反应"。[②] 这种文学与美学的学科性泛化正是后现代文化批评之学科解构的一大特点。

舒斯特曼指出,哈贝马斯曾批评,罗蒂通过赋予隐喻和修辞一种"比真理和论证在语义学上更重要的特权",从而将语言审美化了。这就导致一种"灾难性的后果",那就是"抹平了哲学与文学之间的类型差别",哲学一贯坚持的"对真理和解决问题的理性认同的信奉,被对令人激动的新隐喻的诗化所取代"。舒斯特曼指出,在哈贝马斯看来,后现代赋予审美一种特权地位,使之超过科学认知理性。这在德里达和罗蒂的有关主张中更为明显,在他们看来,"修辞高于逻辑的首要性","文学艺术高于数理公式",以及"隐喻高于标准的言说"。哈贝马斯批评他们将哲学仅仅视为一种写作,而不是知识对真理的探索和追求。他们模糊文学、文学批评和哲学政治之间区别的企图,同样被哈贝马斯指责为一种"破坏理性的首要地位的策略"[③]。我们发现,后现代主义,从德里达的反语言中心主义起步,到罗蒂这里,实际上恰恰又回到了语言中心。

---

① 罗蒂:《后哲学文化》。上海译文出版社 1992 年版,第 3 页。

② Rorty, *Contingency, Irony, and Solidarity*, Cambridge University Press, 1989 pp. 81—82.

③ Habermas, *The Philosophical Discourses of Modernity*, Polity Press, 1987, pp. 185—210, from Shusterman, *Practicing Philosophy*, Routledge, 1997, pp. 113—115.

罗蒂以语言偶然创制作为人的本质就从哲学人学和政治社会学走向一种语言本质主义的美学，反讽为其一个关键词。反讽(irony)在字义上是一种语言机智之运用，以一种修辞上的颠覆效应，通过"反话"或质疑佯作对他者所论的无知，使其谬误得以彰显。罗蒂在这里对这个字的运用更赋予了一种以私人性对公共性，以偶然性对普遍性的调侃意义。他说："不可能有公共的修辞是反讽性的文化，反讽性似乎天生就是私人的事情。"因对过去的一切话语的普遍怀疑，反讽带有强烈的虚无情绪。罗蒂书中的扉页题词把宗教信徒和共产主义者都化为自由主义者就是一个绝妙的反讽。

从反讽这个字罗蒂引出反讽主义者(ironist)，作为现代后期到后现代人文知识分子的特例，与之对峙的是被称为形而上学家(metaphysician)的传统的人文知识分子。罗蒂所谓的形而上学家与传统知识论和实在论有关，他引海德格尔把形而上学家描绘为，"相信在许多暂时的表象后面，可以发现一个永恒不变的实有"的信念的人。这样的人基于公共理性和历史必然，持有对人性善良最终实现的信念。他指出，形而上学家告诉我们，除非有某种共通的"原始语汇(ur-vocaburary)"，否则我们"根本没有理由不残酷对待那些与我们持不同终极语汇的人"。① 他说，马克思主义之所以一直让后世的思想运动称羡不已，就在于它曾经让人觉得，它显示了如何把"自我创造和社会责任、非基督教的英雄主义与基督教的爱、冥想的超越和革命热情，天衣无缝地结合起来"。

与形而上学家不同，反讽主义者认为："任何东西都没有内在的本性或真实的本质"。罗蒂以反讽主义者与形而上学家对峙，显然是与现代主义到后现代主义以来对以传统形而上学所表现的现代性的颠覆相一致的，与利奥塔的"知识合法性"危机，以及宏大叙事的消解相呼应。他虽然坚持进步的信念以及他的乌托邦情结，成为与欧陆后现代主义者的一个重要分歧点。但是他以颠覆传统形而上学以科学和理性为历史进步的动力，进步不是建立在历史的连续性和方向性之上。反讽主义者并不是古典自由主义者，而是现代自由主义社会的产物。罗蒂说20世纪自由主义社会已经产生愈来愈多这样的人。这些人"能够承认他们用来陈述最崇高希望的话语，乃是偶然的。他们自己的良知乃是偶然的，但却还对他们的良知忠贞不二。"反讽主义者成为绝对的偶然主义者。正如舒斯特曼指出的，罗蒂要么是"绝对的必要性"，要么是"彻底的随机性"，这是一个"错误的假定"。舒斯特曼指出，杜威不像罗蒂那种把偶然视为"拒绝逻辑或本体论的必然"，及"全然是随意的特异的东西"。② 在这一点上，杜威虽然不同于传统形而上学的自由主义者，也不同于后现代自由主义，不同于罗蒂。罗蒂的绝对化的偶然与他维护的历史主义的变化发展观相悖，因为辩证法认为历史是由无数偶然汇成的必然，或谓寓于偶然的必然，把必然与偶然绝对地割裂开来加以摒弃，这样导致历史成为一堆孤立事件的随机堆积，没有因果关系，不能前后相续，历史便成为没有过去和未来的、孤立的现时性。这正是罗蒂所反对的"超历史"的历史。这也与他坚持的进步主义背离。罗蒂把这个超出历史线性之外的孤立的现时性夸大为无限的未来性。他说，反讽主义理论家"无法想象还有后继者"，因为他是"新时代的先知"。在这个新时代中，过去用过的话语都变成了废物垃圾。所以罗蒂的反讽主义者正是他所竭力反对的超历史主义者，在时间

---

① Rorty, *Contingency, Irony and Solidarity*, p. 89.

② Shusterman, *Practicing Philosophy*, p. 75.

上孤立地与未来连接，没有过去只有未来的"先知"；在空间上，则只是一个无视宇宙的孤立的自我，"只关心他们怎样看待他们自己，不在他们怎样看待宇宙"。[1] 所以左派们，如杰姆逊等，批判这些自由主义者是以绝对个人主义为基础的"单子"。

罗蒂引以为反讽主义者的例子有尼采、詹姆斯、弗洛伊德、维特根斯坦、德里达、普鲁斯特、纳博科夫等。罗蒂又在他们中进一步区分出反讽主义的理论家与小说家。较之前者，他更推崇反讽主义小说家。自由主义反讽主义者不是以理论为中心而是以文学为中心。他以普鲁斯特那里得出，要论个人对权威人物的相对性与偶然性的认识，小说比理论更为安全可靠。因为，小说通常是关于人的，而不是关于普遍概念或终极语汇，所以它的题材理所当然是受时间的限制，牵连在各种偶然所构成的网络中的事事物物。他以海德格尔与普鲁斯特作为反讽的理论家与反讽小说家的代表进行比较，指出，他们的共同之处在于，两者都不得认为，"如果记忆能够找回并恢复那创造我们的过程，则找回并恢复本身就等于是成自己之所是"。但是，他指出，"海德格尔所败正是普鲁斯特所成功之处"。其原因在于，普鲁斯特没有把自己公共化的"野心"。海德格尔则要打造一种理论上的宏大。然而，海德格尔并没有他自己所要的普遍性，离开了他的话语影响的圈子，他的思想对西方普通大众不起作用。当然，海德格尔也将"人"定义为"诗意的存在"，但罗蒂指出，这是一种恢宏而徒劳的以诗化来拯救理论的尝试。

他认为："反讽理论是现代欧洲文学伟大传统中的一个，反讽理论和现代小说同样可以证明这一点，不过反讽理论远远不及现代小说对于政治、社会希望或人类团结重要"。[2] 从他对反讽主义小说家的青睐以及对具体作家和作品的解读可以引出称之为小说美学的东西。

罗蒂指出，作为小说家的自由主义反讽主义者对抽象的自由和平等不感兴趣，没有作出理论上的贡献。他们关于用文学来传达痛苦。因为"痛是非语言的。痛把我们人与不使用语言的兽类拴在一起。因此，为残酷所害者，受苦受难的人们，用语言方式没有多少话。这就是为什么，没有"被压迫者的声音"，没有"受害者的语言"。受害者曾经使用过的语言不再有任何用处，他们所受苦难多到无法组成新词。所以用言词来表达他们的处境这件事情必由他人来做。自由主义的小说家、诗人或新闻记者善于此道，反讽主义的理论家常常不行。"[3]

反讽小说家可以用诗性的隐喻的"非（理论）语言的语言"所描绘的"非语言痛苦"。"受害者曾经使用过的语言不再有任何用处，他们所受苦难多到无法组成新词"，这个话暗示着后冷战时期马克思主义者的处境。后知识分子在整体上，还没有自觉到能够成为世界上受害者的理论代言者。这也就是当前失去救赎者的受苦受难人们的处境。罗蒂认为，小说家所能从事的对社会有用的事情，就在于帮助人们注意到"我们本身残酷的根源，以及残酷如何在我们不留意的地方发生"。他还说过，文学的研究可以帮助人们认识到，"今天字面的客观真理不过是昨天隐喻的尸体"。[4] 在这方面，他过分地估计了文学修辞，诸如隐喻、反讽的

---

① Rorty, *Contingency, Irony and Solidarity*, p. 98.

② Rorty, *Contingency, Irony and Solidarity*, pp. 118－119.

③ Rorty, *Contingency, Ironyand Solidarity*, p. 94.

④ 罗蒂：《后哲学文化》，第156页。

语言表达作用，而相应地贬低了直接明晰的科学语言和哲学理论语言的重要性，这与他反形而上学是一致的。这也是罗蒂泛化文学的根源所在。

他列举出文本来加以阐释的自由主义小说家有两位，纳博科夫与奥威尔，前者带有明显反讽主义小说家的特征。“人怎样才能避免残酷”、“说出 2+2=4 的自由”，是从两位作家提炼出来的“终极语汇”。这是以文学的和美学话语承载着的道德、哲学和政治的问题。

大致同时代的俄裔美国作家纳博科夫(1899～1977)和英国作家奥威尔(1903～)作品的题材和风格大相径庭，但他们的写作有一个共同的特点，那就是压抑。这是历经了两次世界大战的动乱与残酷之后又紧接着冷战时代在自由主义知识分子心灵上投射的暗影。因此，在他们二位似乎完全不同的人生经历中，我们也可以发现某种共同的东西：一个是从红色革命风暴中逃离出来的沙俄移民；一个不由自主地充当了殖民主义宗主国在殖民地的统治工具。十月革命后，1919 年纳博科夫齐家移居德国，1940 年迁往美国。奥威尔出生于印度孟买，父亲是英国在殖民地统治下的一名下级文职官员，自己一度无奈在缅甸当一名不称职的警察。纳博科夫是一个以艺术为自律的，封闭于自我心理、在情欲描写中探讨人性冲突的小说家。奥威尔则是以公然的社会责任为文学的外在目的，信仰执著，关心现实世界政治的小说家。罗蒂指出，这两个小说家的作品的倾向极其相反，然而两者以极其不同的方式表达了一个共同的主题：自由主义。前者是以极端个性化的方式写作，提出了“人怎样才能避免残酷”的问题；后者认为在专制极权政治下没有个人“内在的自由”，也否认有个人“(单子式)的自律”，并以自己的写作则提出了一个公共性话题：“除非不断试图抹除自己的个性，否则作家无法写出其具有可读性的东西”。罗蒂将这两位“天分不同，自我意象各异其趣”的人物放在一起，为的是找出他们“殊途同归”的东西。这就是“怎样才能避免可能在自由主义对自律的追求中发生的残酷”；再就是在极权主义下怎样能够取得说出“2+2=4”的自由。他们两人都曾想要参加推翻纳粹的军队中去，但都白费了气力，没有成功。在文学生涯中，纳博科夫追求的是“美和自我保护”，奥威尔“想要对受苦的人们有用”，他们每个人都同等地获得了辉煌的成功。这种成功表现为，他们在《古拉格群岛》一书出现前 20 年，让“铁幕后面发生的一切必将改善”这个自由的希望破灭；并不再以为人们对顶着“共产主义”名义的寡头统治的所作所为天真无知，就能够“团结起来，反抗资本主义”。[①] 因此“怎样才能避免残酷”以及说出“2+2=4 的自由”成为罗蒂从这两位作家和他们的作品中引出的“终极语汇”。

奥威尔的代表著为《动物农庄》和《1984》等。奥威尔被认为代表着“在自由主义理想以及相反的乌托邦政治一并消解”的“极权主义时代”，提出知识分子们的思想与社会责任的作家，他的小说可称为政治小说，在思想上达到相当深度，而在艺术造诣和文学影响上不如纳博科夫。小说《1984》写于 1948，奥威尔把 48 两个数字颠倒过来作为书名，以 20 世纪 40 年代苏联为背景，描写那种索尔仁尼琴式的黑幕统治。在奥威尔的笔下，那是一个不允许说出“2 加 2 等于 4”的时代——“党叫你去否定你眼见耳闻的证据”。小说在“自由主义理想显然已经和人类任何可能性脱离关系的时代”，创造了一个无限忠诚于党的知识分子，奥尔布赖特。作者给了他一个英国绅士式的温文尔雅的风度，同时给了他一个崇拜者，温斯顿，以使之相信连他自己也不信的“2+2=5”。他的根本目的在于瓦解人的信念。罗蒂关心的是奥

① Rorty, *Contingency, Irony and Solidarity*, pp. 170—171.

威尔的小说中的政治。罗蒂赞赏他怀着一种道德上的真诚，来揭示前苏维埃政权在政治道德掩饰下，为极权专制主义压迫所扭曲世界的真实，在奥威尔看来"2＋2＝4"作为"自明之理"："就是真的，对之坚定不移！这稳固的世界存在着，它的法则恒常不变……自由就是说出2加2等于4的自由。若认可于此，其他一切皆然"。[①]

在哲学上，罗蒂与奥威尔截然相反。他称奥威尔为"实在论的哲学家"，他真诚地相信"2＋2＝4"这样一种实在。而罗蒂自己是反实在论的。他认为奥威尔"缺少建构哲学论证的技术"。其实"2＋2＝4"是什么呢？就是罗蒂竭力反对的"与事实符合的真理"。说出"2＋2＝4"的自由就是"说出真理的自由"。罗蒂把真理说成是主观"制造出来的"对事件的"重新描述"。然而人们所描述的"2＋2＝4"正是对大量事实，诸如"这里有两条狗，又来了两条，成了四条"之类，抽象出来的"符合事实"的真理。而"2＋2＝5"恰恰是完全背离了事实的主观凭空的"创制"，以语言偶然对"2＋2＝4"所作的"重新描述"。真理的相对性确实存在的"重新描述"的问题，也是从变化发展中的客观事实出发。真理问题是把新老实用主义者连接在一起的纽带，一个共同的致命的软肋。罗蒂没有看到，极权主义利用统治的权力剥夺人们说出真理的自由，强迫人们相信"2＋2＝5"，实用主义否定真理的客观性的"自我实现的自由"也同样可能导致"2＋2＝5"的"真理"，而暗暗通向帝国主义。所不同的是前者用专制权力和行政命令，后者用资本、金钱、商品和市场。帝国主义当初正是利用这个"真理"以"带来幸福"的名义把灾难和残酷加之于殖民地人民。在这个问题上，罗曼·罗兰夫人的名言："自由，自由，多少恶事假汝名行之"在当时具有力透纸背的洞察性。罗蒂要使读者留意到这两位作者"所没有注意到的残酷与屈辱"。罗蒂没有注意到"残酷与屈辱"，除了来自古拉格群岛，也有可能来自关塔那摩基地和资本营造的消费市场。

纳博科夫的代表著为《洛莉塔》和《微暗的火》。在《洛莉塔》中描写了一个中年作家与他的未成年的继女的爱情，由于该书对于性的大胆描写，长期被列为禁书。罗蒂引用纳博科夫自己的话："《洛莉塔》不承载任何道德信息。对我而言，一部小说的存在，说得露骨一点，完全在于它提供的'审美快感'"。而这种美感的喜悦则是小说所写的主人公的"让我们亲睹私人对美感的喜乐的（按——这里所谓"审美快感追求"实为"情欲满足的追求"）如何造成残酷"。这"残酷"是小说所描写的男女主人公，一个性早熟的恋人兼任性的孩子，一个严峻的家长兼欲火燃烧的恋人，错位的角色与扭曲的情欲，使他们陷入其中无以自拔。在爱恨交织的相互折磨的爱之旅途中，洛莉塔脱离继父后辗转落入贫穷而卑琐不堪的生活困境；男主人公在忌恨与拯救的冲动下，最终成了一个杀人犯。如罗蒂所说："情感敏锐的人可能杀人，善于美感喜悦的人可能残酷"，而诗人又"不可能毫无怜悯之心"。然而，小说的作者通过自我语言创造的偶然把这一些"可能性"化为虚拟现实之必然，所得出的最后结论为："残酷是不可能避免的"。

罗蒂以美感与道德二元分裂论颠覆传统真善美之三分和统一的传统形而上学，从以上的文学作品解读中引出，"自我中心"是自由主义知识分子"追求自律的欲望"。罗蒂不无批判地从这个群体的特点得出结论：他所追求的完美与"他同他人的关系"毫不相干。这种人对待人生的态度在于，人类社会的目的不在于普遍的幸福，而是为秉赋特异的人，也就是特

---

① Rorty, *Contigensy*, *Irony and Solidary*, p. 172.

别适合于自律的人，提供完成目标的机会。他们的目标不在对未来社会的希望，而在现有的痛苦中追求个人的审美快感。在对纳博科夫的解读与分析批判中，罗蒂采取了一种宽容的认同态度，他赞成纳博科夫，认为哲学家们"利用普遍概念将我们的道德情感压缩成规则，以期解决道德两难的企图终必失败"。而在批判认同这一点上，罗蒂陷入了实用主义方法所带来之不可克服之矛盾，他在该书另处又说："文学关怀将会永远为道德关怀所检阅。特别是，没有给读者提出一个应该怎样做的建议，就不可能创造出一个令人难以忘怀的角色"。[①] 罗蒂在美学与道德及政治关系上的自相悖谬，可以用他为什么选择这样两位自由主义作家作为文学批评对象来解释，一位是外在的实在论，一位是自我中心的自律论。在罗蒂看来，只要舍弃了真善美"这个传统的区分"，我们就不会再问"这本书的目的是真理还是美；它旨在提供正确的言行举止，还是快感"之类问题，而是提出"它适合哪些目的？"他的目的也就是实用主义强调的价值——自我实现。

罗蒂的批判性在于，他看出纳博科夫的主要课题，"不是创造，而是残酷"。纳博科夫作为一个文学自律的唯美主义者，扬言要粉碎巴尔扎克、高尔基、托马斯曼之流，要"从'内在'来写残酷，有助于看到我们个人追求审美快感造成残酷的路径"。[②] 罗蒂指出，这类书籍使我们注意到"我们自律的尝试，或迷恋于某种特别的完善的成就，怎样会使我们漠视自己对他人所造成的痛苦与屈辱"。[③] 然而，他的这种不无洞察的分析被一种价值中立的"纯客观"态度所模糊，这使他对自由主义知识分子过于钟爱而不能超越。这就是他要用文学政治来超越哲学政治，但他给出的救世处方并不比以往哲学家更有理论意义和实效。他说，我们不需要"以康复的、具有统一力量的哲学思考来代替宗教，以为这种哲学会做上帝曾做的事"。[④] 那么，这个话同样适用于他所开具的康复药方，即他的偶然性的私人空间的语言创造可以代替上帝起到救世的作用。

罗蒂试图解决一个(以自我为中心)自律的人，怎么才可能不漠视他人的痛苦的问题。然而，他拒绝正视一个极端个人主义者本身正是他人(最终也是自我)痛苦的原因(从掠夺和私有制根源上看)。这也正是整个实用主义在道德哲学上所面临的两难。他又将自由主义作者的写作分为两类，一种以铸造私人终极语汇为目的；一类以铸造新的公共终级语汇为目的。他为自由主义的反讽主义者在这之间其中——兼有这两种语汇。然而，他也知道，对于大部分的自由主义反讽主义者，上述两难是不可能解决的。但他没有指出，这种不可能解决的基础正在于私有的经济制度及建立于其上的私有观念(到 1998 在《共产党宣言》150 周年的文章中他发生转变)。罗蒂意识到在这种状况下，只能维持道德/美感分裂的局面，他力图使形而上学家明白，"有些旨在帮助我们避免残酷的书的价值不在于对社会非正义提出自由主义的形而上学，而在于警示我们不要在自律的固执追求中倾向于残酷"。[⑤]

这里传达了罗蒂的一个蒙眬却又坚定的信念，那就是，只有自由主义理想实现之后，才

---

① Rorty, *Contingency, Irony and Solidarity*, p. 167.

② Rorty, *Contingency, Irony and Solidarity*, p. 146.

③ Rorty, *Contingency, Irony and Solidarity*, p. 141.

④ Rorty, *Contingency, Irony and Solidarity*, p. 68.

⑤ Rorty, *Contingency, Irony and Solidarity*, p. 144.

谈得上为更高理想的真正实现而奋斗。这实际上就是在马克思主义思想史上和革命史上争论不休的一个老问题:历史能不能够跨越资本主义(卡夫丁峡谷)到达共产主义彼岸。罗蒂执于他的"特异(小说)语言"创制的自我实现信条,不愿把这个问题以清晰的理论语言提到形而上的高度,而借用小说阅读的方式"偶然"悟出。他把他的共产主义者的父母和作为教徒的外祖父母化约为一个公分母——自由主义者(对他父母的激进政治是一个必要的倒退,对他有神论的外祖父母是一个跳跃的前进)——是合乎他的思路和逻辑的。

在既能避免残酷地对待他人,又要绝对完成创造性的自我实现之间,罗蒂将还要徜徉,因为他左腾右挪地躲避历史的必然,直到有一天从梦中醒来,在一个美学乌托邦中他所企望的这一切偶然地不期而至……

从具体的文学文本及批评上升,罗蒂的美学在另一层面上与反形而上学的语言本质主义文化和反本质主义的人学紧密地结合在一起。我们前面提到罗蒂语言学转向是在维特根斯坦影响下完成的旧实用主义向新实用主义的转变。

维特根斯坦晚期从分析哲学的科学规范的语言转向日常生活语言及审美感情等不可言说的表达,罗蒂的语言主义最后落脚于"诗的、文学的和批评的"隐喻和反讽的语言。这与他对哲学的学科性质和社会作用的贬低,以及对传统形而上学的憎恶是联在一起的。他从承认基本粒子存在的物理主义的实践的唯物主义路线走到了语言本质主义的实用路线,认为描述和再描述无论对主体还是客体都具有决定性的本体的和本质的意义。然而,在这个问题上,他搞颠倒了,正是物质的基本粒子的运动决定我们对它的描述而不是语言描述决定了物质基本粒子的存在和运动。他否定了客观事物的本质与知识的真理性认知的本质,说"语词'人'命名了一个模糊的但有希望的谋划,而不是命名了一个本质"。[①]

罗蒂把哲学对真理的形而上学探讨与诗性的想象对立起来,把这两种没有优劣高低可比性的东西加以比较,厚此薄彼,认为对于存在意义的思考之形而上学"不是一个比诗歌好的途径",并认为"形而上学家是对诗人的注解,他们中的大多数人只是满足于重新整理早已存在的语言而没有创造出新的语言来"。他把怀特海与茨霍恩的泛灵论,看作是对华兹华斯吟咏自然生命的诗篇的出色的哲学注释,但他"仍然喜欢原汁原味的华兹华斯"。他把人生历史过程看作是"一首冗长、膨胀、声音日益嘈杂的诗,一首逐渐使自己不可救药的诗。到一定时机人类终将明白,'人性的整个启示'将不是一系列命题,而是一系列语汇——那样的语汇将越来越丰富,而语汇越是丰富多变事情就越好。"[②] 所以,哈茨霍恩与罗蒂争论,他从罗蒂身上看出,"一种反形而上学的文化"。虽然他对罗蒂在这一点上的坦诚表示敬意,但他不认为这是人类的一个最佳选择。罗蒂认为,自由主义社会的文化应该以医治我们这"根深蒂固的形而上学要求"为目的。在他看来,认为自由主义社会是由哲学信仰结合在一起的说法是"非常可笑"的,将社会凝聚在一起的是"共同的话语和共同的希望"。这个希望被描绘为,"不仅对于我们的后代,并对于每个人的后代,生活将更自由、更少残酷、更闲暇,在物质及经验上更富有"。[③]

---

① 罗蒂:《后形而上学希望》,第 32 页。

② 罗蒂:《后哲学文化》,第 54 页。

③ Rorty, *Contingency, Irony and Solidarity*, p. 86.

当然,罗蒂的"反形而上学文化(也就是他的'后哲学文化')",不是通过科学的语言,而是灵感顿发的偶然通过想象的诗性语言建立起来的。这种想象的诗性语言,正如他所说:"我们的语言和我们的文化是一种偶然,就像兰花和类人猿上千种适应的小小变异的一个结果"。[①]

罗蒂把诗作为历史的"终极语境"来看待,而不是将之置于"更宽泛的形而上学语境"中,因此我们可以有理由认为罗蒂没有成为一个诗人而成为一位哲学家是他的一个人生误途。由于,他把诗性语言的创造看成比借助抽象语言表达的人生哲理更为根本的东西,舒斯特曼把罗蒂的这一思想归为"语言中心主义"或"语言本质主义"而加以批判。

罗蒂把形而上学家不无微词地称为柏拉图"理想国的公民"。而他则有他自己的"理想国"和"理想国的公民"。罗蒂与柏拉图唱对台戏,他的"理想国的公民"不是哲学家,即"不是发现或清楚看见真理的人",而是诗人。罗蒂提出以"强劲诗人"和"乌托邦革命家"这两种理想人的范型作为"自由主义社会的英雄"。如果自由主义社会是他的"理想国"的话,这两种英雄就是他的"理想国的公民"。他对自由主义社会作如此描绘:"重言而非行,说服而非强迫,任何事情都允许"。[②]

强劲诗人系引自著名文学批评家布鲁姆对诗人拉金一首诗的阐释,"强劲诗人对影响的焦虑(strong poet's anxiety of fluency)",意思是一位"创造自我"的诗人害怕的是,发现自己"只是一件复制的仿品"。那就是意味着,一位才思未竭的诗人总是通过语言的偶然不断更新创造以超越自我。"乌托邦革命家"的含义更为宽泛而含混,它概括一切通过哲理诗的政治想象力,通过语言"隐喻的偶然",使我们相信未来会有一个比此时更美好的社会(那当然是他的自由主义社会),而采取行动,以给我们增添乐观的诗意的理论家或思想家。[③]

罗蒂指出,如果这种"强劲诗人"和"乌托邦革命家"都是异化的,那么他综合的理想人的范型就是失败的。但是,他认为,如果摒除"异化"一语晚近许多用法背后的一个设定,那么这个吊诡就自然消散。这就是说,从古典人道主义到青年马克思的"异化论"以及晚近的许多异化概念对"人的本质异化"的批判都设定了一个(非异化)的人的本质为现实的异化状况之标准或参照,以此来对非人性的社会进行抗议。而他罗蒂是反本质主义的,不认为有什么抽象的超历史的人性或人的本质存在(这无疑是正确的)。他的理想的诗人和革命家则是以社会本身的名义向不符合理想之现状进行的抗争。强劲诗人和乌托邦革命家之所以是可以寄托人类未来希望的自由主义英雄,他们之所以偶然说出他们的话,不是因为他们体现了"上帝的意志"或"人的本性",而是因为"一些过去的诗人和革命家说了他们所说的话"。在这里,罗蒂陷入了一种不可自拔的矛盾,一方面作为强劲诗人是害怕并拒绝他者对自己影响的,另一方面,又不否认诗性话语有着历史的继承性。

舒斯特曼指出,如果语言以罗蒂力主的方式审美化,私人化,民主制度富有革新地变化无穷,那么语言要求某些公共性的游戏规则就荡然无存,语言就失去其表述性、沟通性、交互性的根本功能。在他看来,罗蒂的"私人与公众的严格区分"是站不住脚的,舒斯特曼认为,私人自我和他在自我创造中所依赖的语言,总是"被一个公共领域从社会上构成和结构好了

---

① Rorty, *Contingency, Irony and Solidarity*, p. 16.

② Rorty, *Contingency, Irony and Solidarity*, p. 52.

③ Rorty, *Contingency, Irony and Solidarity*, pp. 22—24.

的”。实际上,“不仅是罗蒂那些所有的独特的私人化语言伦理审美主义的自我风格设计,而且他那私人化伦理的所有概念,都清晰地反映出形成他思想的特殊公共和更广阔的社会知识分子领域和晚期资本主义消费世界。”在政治领域和公共空间,罗蒂的“审美霸权”的局限性就显得更加清晰。因为,共识性的“公共修辞”在那些领域必有优势,无需怪癖的隐喻,而需要“论证的共有的标准,共同范畴、稳定程序和一致规则”,在那里,甚至承认普遍主义是作为更广阔的、更为包容的合理、宽容的自由社区的目标”。罗蒂的“审美转向”反映的,不仅仅是个人的趣味,而是“对哲学家在美国政治和文化中相当有限作用的认识”。①

罗蒂的美学切割了“诗的”和“形而上的”这些不同的精神现象发展的历史在人的精神层面上的统一性关系。他虽然承认诗史和政治思想史方面的社会历史连续的线性,但是否认历史线性是由无数偶然联系着的必然所形成的,而把这种线性描述为语言的创设产生之自由。他说:“人们对语言,良心、道德和某些最高希望被视为偶然的产物,被视为把不经意产生出来的隐喻加以文学化的产物,就是适合这理想自由主义国家公民的自我认同。”② 这岂不是把语言的偶然作为非异化之人的本质了吗?这又与他在人学上彻底的反本质主义相抵触。他把抽象的固定不变的人的本质与随着现实的社会关系发展的人的本质一古脑儿地抛弃了。这就引出了这样的问题,怎样确定异化理论所设定的人,与其理想化的“自由主义社会的英雄”之间的抽象与具体关系。超历史与历史化的人格之间的差别在于,从血肉之躯的诗人抽象出来的“强劲诗人”,以及通过语言隐喻的偶然所创造的“自我”形象,仍然仅仅是相异于他者的,一种抽干了血肉的空洞的没有具体内容的独特性(如马克思对费尔巴哈的批判的那样),一种先验设定的非异化的人的本质。因此,罗蒂理想国的乌托邦向往,召唤和预约的“没有残酷”的、美好的未来社会,不比以往任何一种乌托邦有更多科学规定性,归根到底也不过是心造的幻影。由于罗蒂反对科学与理性的本质,所以他拒绝去探讨,也不可能求证出这种“理想国”及其公民在现实社会关系中的科学规定性,即强劲诗人和他们的诗意话语是在怎样的历史语境中产生的,乌托邦革命家的乌托邦革命理想代表着当时怎样的一种社会关系,起着怎样的历史作用。这些,在他看来,都是他的自由主义英雄不屑于为的,“发现或清楚看见或人类真理的人(形而上学家)”的事情。这就使罗蒂的理想国的公民脱离了传统历史英雄人物为追求人的解放之真理而献身的最基本的普遍特征,成为非历史的超人。在这个意义上,他并没有比他所批评的,建立在历史唯心主义之上的异化理论有所前进。这表明他要用文学和政治想象来超越哲学形而上学,但给出的救世良方并不比以往任何一种哲学形而上学更有理论意义和实际效用。但是,我们这样说并不意味着否定罗蒂的批判在当下的语境中提供了一个不同的视角,代表着后现代状况下,一种不同(左派)的声音,即不同于欧陆悲观的虚无主义反进步主义的枭鸟聒叫的,一种乐观的新乌托邦的莺歌燕语。正是这条思路把他晚期思想转向马克思,就有如回到童年的托洛茨基。

① Shusterman, *Practicing Philosophy*, pp. 125—126.

② Rorty, *Contingency, Irony and Solidarity*, p. 61.

阿多诺《审美理论》中的模仿概念

杨道圣
（北京服装学院）

模仿是《审美理论》中一个重要的概念，阿多诺借助于这个概念表达了对与启蒙和理性的批判。在他看来，启蒙在发展的过程中，表现出失去本来所追求的目的的危险，走向了工具理性化的道路。艺术作品保留了模仿，使之成为对于这种理性化进程中所出现的无理性的批判，和对于一种可能的客观理性的表达，也即对于真理的表达。

阿多诺《审美理论》的一个很重要的目的就是为现代主义艺术辩护，他所面对的挑战来自两个方向，一是与唯心主义美学紧密联系的古典主义的美学观念；一是与传统的马克思主义美学特别是卢卡契的美学相联系的现实主义的美学观念。前者强调和谐，强调表达绝对的真理；后者则强调客观的反映社会现实，而现代主义所表达的观念与这两者格格不入。那么现代主义艺术存在的合理性根据是什么呢？根据阿多诺对于当代资本主义社会的理解，当代社会是一个为同一性的原则（具体而言就是商品交换原则）完全深入渗透的一个整体，这样的一个整体中，没有什么领域能够逃脱这种同一性原则的统治而成为真正自律的领域，但现代主义的艺术却以其独特的表达方式，成为被同一性原则所压迫之物的记忆，它对于交流的拒绝，"揭示出作品就是被社会折磨的伤口"。现代主义的艺术作品于是就成为对于经验现实的否定，因此"成为具有更高次序的存在，它按照自己的需要形成整体与部分的关系。就其向经验生活提供它在外部世界被否定的东西而言，艺术作品是经验生活的摹本。在这个过程中，经验生活脱去了一种体验世界的压迫性的、外在经验的模式"。[①] 所以阿多诺将古典的模仿理论颠倒过来："在一种理想化的意义上现实应该模仿艺术。艺术作品的存在就意味着不存在能够存在。艺术作品的现实性为不可能的可能性提供了证明。在这方面渴望就同艺术作品产生了联系——不存在之物的现实性。"[②] 艺术作品也就是在这个意义上成为真理的表达。那么，阿多诺所说的艺术作品中的真理指的是什么呢？本文将通过对《审美理论》中模仿概念的分析来回答这个问题。

在阿多诺的作品中，真理是与意识形态或错误的意识相对而言的。霍克海默指出："任何一种掩盖社会真实本质的人类行为方式，即便建立在相互争执的基础上，皆为意识形态的东西。认为信仰、科学理论、法规、文化体制这些哲学的、道德的、宗教的活动皆具有意识形态的说法，并不是攻击那些发明这些行当的个人，而仅仅陈述了这些实在在社会中所起的客

① *Aesthetic Theory*, trans. C. Lenhardt, Routledge and Kegan Paul, 1984, p. 6，以下简称英译。

② *Gesammelte Schriften*, vol. 7, Frankfurt am Main: Suhrkamp 1997, p. 199，以下简称 GS7。

观作用。”[①] 阿多诺对于意识形态的理解也大致如此，他指出：“意识形态本身无所谓真假，假的是它伪装与现实的对应”[②]。就此而言，意识形态就是一种错误的意识。而艺术，正是在对于这样的一种错误意识揭露的意义上才成为真理的表达的。

传统的马克思主义是把与建立在经济基础之上并与其相应的上层建筑作为意识形态，同其他的西方马克思主义一样，阿多诺同样看到，在经济和政治一体化，交换和统治一体化的当代资本主义社会中，意识形态的地位和功能都发生了变化，经济基础也具有了意识形态的性质。具体说来，在商品生产成为占据统治社会地位的生产方式的今天，所有的人只有服从于商品生产中的交换规律，才能生存下来。人们从交换、交换关系、交换价值中获得了自己的统一，这些本来由人所创造出来的事物似乎成为具有了客观属性的独立的事物，成为统治、控制人自身的事物。人成了失去自己自由，更准确地说，失去了自律(autonomy)的异化的，或者说物化(reification)的人。经济基础表现出来的这种虚假的客观性使得它具有了意识形态的性质。

在《启蒙辩证法》中，资本主义社会的现状被描述为启蒙的后果。启蒙本来的目的要通过对于自然统治，将人从自然的强力下解放出来，成为自由的人。然而启蒙，“这种思想的概念，以及这种思想错综交织在其中的社会的具体的历史形式、机制，已包含了今天到处都表现出来的衰退的萌芽”。这表明了启蒙自身的缺陷，它具有“自我摧毁”的性质。[③] 启蒙因此退化为它原本反对的神话。启蒙所倡导的理性发展到极至，表现出了无理性的倾向。西方文明发展的过程中处处表现出这样的迹象，过去的灾难和即将到来的灾难也在时时向人们警示。但是借助于水泼不进的经济体系和文化工业，“资本主义社会隐藏和否认这种无理性，而艺术却不这么做。它在两种意义上表达真理：保存完全为理性窒息的目的的意象；揭露现状的无理性和荒谬”[④]。这里所说的目的，指的是启蒙最初的理想，就是自由的人，但在理性运用的过程中，越来越注重自己提供达到目的的工具的用途，就由客观的理性蜕化为主观的目的－工具理性。而这种理性，“作为特殊的而且本质上是无理性的，需要欺骗性的无理性的飞地并把艺术作为其中之一。即便如此，艺术在下面这种意义上仍然是关于社会的真理：在其真正的创造性上，一个似乎理性的世界的隐藏的无理性被揭示出来”。[⑤]

主观的目的－工具理性是借用马克斯·韦伯的概念，指的是通过“理性计算的手段达到预期的目的”，由这种理性产生出现代社会中的“合理性的法律、社会行政管理体制以及合理性的社会劳动组织形式——资本主义”。在韦伯看来，目的－工具理性的行动是“习惯性的、常规性的、缺乏创造力的，因而有招致社会生活停止化、单一化危险”[⑥]。霍克海默在《论工具理性批判》一书中继承韦伯对于工具理性这一概念的理解，把它看作是推动传统社会向理性化的现代社会转变的主要的动力，是“西方现代工业文化的基础”，正是这种工具理性使得

---

① 霍克海默：《批判理论》，李小兵译。重庆出版社 1989 年版，第 5 页。

② Theodor Adorno, “*Kulturkritik und Gesellschaft*” in Prismen (Frankfurt, 1955), p. 27

③ 《启蒙辩证法》，重庆出版社 1993 年版，第 3 页。

④ GS7，第 79。

⑤ GS7，第 130。

⑥ 参见苏国勋：《理性化及其限制》。上海人民出版社 1988 年版，第 90—91 页。

传统的宗教世界观和形而上学逐渐解体，分化成为不同的各具特殊规律性的价值领域，比如科学的领域、道德的领域、艺术的领域等。虽然二人都认为这样一种变化使“现代化的生活世界的统一性发生了动摇，从而严重地损害了社会化主体的统一性以及社会联合的统一性”。韦伯认为这是不可避免的，而霍克海默则认为还有一种重建的力量，这就是，他一直以一种客观理性作为标准来确定工具理性的概念并展开他自己特有的批判方向。什么是客观理性呢？在他看来：“在客观理性理论的焦点上，存在的不是行动和目的的安排，而是概念——即使这些概念对我们今天来说是神秘的——这些概念是研究极善的观念的，研究人类命运问题的、以及研究如何实现人类最高目的的方式”。① “客观理性的哲学体系包括这样的信念，即可以揭示存在普遍的或者基本的结构，并且可以从这种结构中推论出一种人类命运的构思”。② 而工具性的理性就是与“客观理性”对立的“主观理性”。客观理性与主观理性的区分实际上是对于康德的实践理性与理论理性区分的继承，康德提出，理论理性也即知性是认识的能力，不能为信仰和道德提供根据，后者借助于实践理性而得以确定。通过实践理性，可以获得自由意志、神和灵魂不朽这些理念的客观实在性。对于康德而言，理论理性与实践理性还有统一的可能，但在当代的这些思想家看来，这种统一的可能已经没有现实性的依据了。霍克海默指出：“正义、平等、幸福、宽容，所有这些概念，在上一世纪，都已包含在理性之内，或者应该由理性认可，但是现在这些概念都丧失了它们的精神根源。它们仍然还是目的和宗旨，但却没有合理的、能使它们具有一种价值并使它们与一种客观实在性联系在一起的论证……同样地，它们缺乏通过理性按照它们的现代意义的论证。谁会说，这些理想会比涉及它的对立面更密切地涉及真实性？”③ 就是说，实践理性或者客观理性在现代社会中已经失去了作用，而理论理性或者说主观理性或工具理性在起着主导的作用。当然主观理性或工具理性已经不再象康德的理论理性一样单纯为提供关于自然的知识，而且成为主体统治自然、自我维持的工具。

韦伯的“工具理性”的概念与卢卡契的“物化”更多的是借助于产生于特定历史时期资本主义的生产方式和社会管理方式的分析得出的。但霍克海默和阿多诺在《启蒙辨证法》中却把工具理性的“构思成为主体和客体的关系概念”，借助于整个人类社会普遍存在的对自然统治的分析得出的。在他们看来，这种统治在神话中已经出现了，神话、巫术都是统治自然的一种方式，对自然的统治必然伴随着对于他人以及自我内在自然的统治，所以社会统治不过是自然统治的延伸：“当人去掉他本身作为自然的意识时，人在生活中所维持的一切目的、社会进步、一切物质和精神的力量的提高、以及意识本身，都成为没有意义的了，而手段作为目的被提高到登峰造极的程度（这种情况在晚期资本主义制度中，具有明目张胆的的疯狂性质），这在主观原始的历史中，已经可以感觉出来了”。④ 可以说，统治不过是自我意识在与自然的相互作用中产生的结果，这种结果最终导致一种通过理性化的过程产生的无理性：

---

① 霍克海默：《论工具理性批判》，美因河畔法兰克福，1967，16；参见哈贝马斯《交往行动理论》第一卷，洪佩郁、阑青译。重庆出版社 1996 年版，第 436 页。

② 《论工具理性批判》，第 22 页；参见《交往行动理论》，第 437 页。

③ 《论工具理性批判》，第 32 页，参见《交往行动理论》，第 440 页。

④ 《启蒙辨证法》阿姆斯特丹 1947 年版，第 70 页；参见《交往行动理论》，第 482 页。

"自从理性成为通过人支配人们的和人们以外的自然界的工具以来——就是说自从这种支配的起始以来——它的特有的意图,即揭露真实性,就变得无效了"。[①] Simon Jarvis 对此解释说"正是由于理性试图从自身驱逐所有非理性契机,它自身就变成了无理性的了。这样,理性就不能理解使理性化成为可能的东西,就是理性依赖的非理性因素。结果就是一种成为工具的、盲目运用的理性化,它既没有任何对它所运用其上的目的进行实际反思的能力,也没有对它所运用其上的对象的特殊性质进行认识的能力。阿多诺和霍克海默就把这种非反思的理性化称为工具理性……理性的工具化是同'艺术'的语言与'科学'的语言之间越来越绝对的分离一起出现的。前者成了没有认识内容的纯粹的象形(image-like)之物,后者成了与它所分类的事物不具有模仿的相似性之物,一种纯粹的记号。艺术语言与科学语言的分离就是阿多诺后来经常提到的现代性中语言的双重性"。[②]

根据哈贝玛斯的分析,对于工具理性的这种批判暗示出原始的理性应该表达真理的概念,当理性的能够表达真理的客观方面丧失而成为纯粹的工具理性时,他们提出了模仿这一概念作为客观理性的代替。[③] 模仿之所以能够成为客观理性的代替是因为它表达主体与客体之间的一种更本原的关系,Jameson 认为,模仿"可以说是经常用来作为主体与对象之间原始关系的一种更为充分的代替:'模仿'通过把二元论这样来命名,或作为一种行为而阻止了二元论的思想"。[④] Lambert Zuidervaart 也提到"模仿,一个真正变化无常的概念,指的是一种古老的对于他者、全异的、混乱的、相反的开放。这种开放性存在于艺术作品中,因为艺术作品的形式容纳了内容中相互矛盾的冲动。成功的艺术作品体现了一种模仿的理性化,这是对资本主义中流行的以控制和归约为特征的工具的理性化的替代"。[⑤]

在《审美理论》讨论艺术起源的附录中,阿多诺谈到了模仿的起源,模仿起源于巫术,巫术是原始社会成员的表达形式:"表达并非原初的,而是逐渐形成的。它可能产生于万物有灵论。当一个部落成员模拟图腾或可怕的神祇,使自己成为它们时,表达就产生了。"[⑥] 在这样的行为中,表达者并没有对于自我的意识,他是要成为一个他物,一个非我,就是他所模拟的图腾和可怕的神祇,所以这时候表达者并没有成为一个主体。因此在巫术的行为中,只有客体,而没有主体。当表达者对自己逐渐产生一种自我意识时,但同时又保持自己作为一个他物,就是说主体和客体同时存在于这种行为中时,这种行为就不再是巫术,而成为模仿了。所以 W · Martin Ludke 指出,模仿"和模拟(mimicry)不同。只有当主体对于客体的模仿以一种有意识和意图的方式发生,并且产生一种'双重'的自然时,模拟才能成为模仿"。[⑦] 我们知道,在阿多诺看来,巫术也是人类统治自然的一种方式,但当人们逐渐以生产劳动去

---

① 《论工具理性批判》,第 164 页;参见《交往行动理论》,第 485 页。

② *Adorno: a critical introduction*, Simon Jarvis. , Cambridge: Polity Press, 1998, p. 14.

③ 《交往行动理论》,第 485 页。

④ *Late Marxism : Adorno, or, the Persistence of the Dialectic*, Fredric Jameson. , London; New York: Verso, 1990. p. 104.

⑤ *The Semblance of Subjectivity: essays in Adorno's Aesthetic Theory*, edited by Tom Huhn and Lambert Zuidervaart. —Cambridge, Mass. : MIT Press, 1997, p. 7.

⑥ GS7,第 485 页,英译,第 451 页。

⑦ 参见 *Adrono's Aesthetic Theory Lambert Zuidervaart*, The MIT Press Massachusetts, 1991, p. 111.

统治自然以后，对自我获得了充分的意识，客体就完全为主体或为理性所占有，模仿也因此被压抑。

按照阿多诺的看法，虽然模仿是一种在理性化过程中被压抑的冲动，但它仍然以特殊的方式保留在哲学之中："认识中的模仿契机在认识者和认识对象的亲和力中找到了自己的避难所。在启蒙运动的整个过程中，这一契机逐渐萎缩，但并没有完全除去，以免它取消自己"，① 一方面，认识一定是理性化的，模仿的残余可能会在精神的直观行为方式中发现；② 另一方面，模仿主要在艺术中被保存下来。还是上面所提到的关于艺术起源的论述中，阿多诺指出："毫无疑问的是，艺术并不开始于作品，无论主要是巫术的作品还是已经是审美的作品。壁画只是过程中的一个阶段而且不可能是较早的阶段。史前的绘画一定要以模仿(mimetische)的行为方式作为前提，这就是使自己和他者一样的行为方式，它在效果上和迷信并不完全一致；二者之间差别的契机如果不是已经酝酿了很久，壁画自我完善的这种令人惊讶的特点就是不可解释的"。③ 艺术不是开始于作品，而是开始于一种特殊的行为方式，阿多诺称其为审美的行为方式。这种行为方式在理性化的过程中，成为模仿主要寄居地。它是模仿行为进一步的发展，但并不象理性的认识行为那样压抑模仿，所以阿多诺说："它是人类所有被数世纪的文明粗暴跳过和压制的东西以及人类被压制的苦难的储藏所。"④

一方面，审美的行为方式是理性所不可缺少的一部分："理性化由于审美行为方式被压制或者在一定的社会过程的压迫下不再能建构自身而变得无力。"⑤ 这里所说的理性化，不再是遗弃了目的的工具的理性化，而是同时包含了客观理性在内的理性化。而现存的理性化则把审美的行为方式看作是非理性的。从阿多诺的论述来看，他所强调的这种理性化实际上是反对德国唯心论哲学中对于理性或思想与情感的分离："将情感和理智分割开来并在能够发现二者平衡的地方冷嘲热讽的庸人的想法，就如有时在对于这样一种事实的讽刺画中表现出的平庸一样：近千年的分工中，主体性将自己分离出来。在人的身上，理智与情感不仅没有绝对的分离，而且在分离时也相互依赖。被归于情感概念之下的反应方式如果失去同思想的关系，就变成了无意义的感伤的飞地，把自己表现为无视真理；思想如果从模仿的行为方式的升华中脱离出来，它就近似于同语反复。理智与情感极端的二分是逐渐形成的，因而是可以取消的。理性(ratio)没有模仿就会否定自己。目的，存在的目的，是一种性质，而模仿的能力同样也是一种性质。理性的否定当然具有自己的历史必然性：客观上失去开放性的世界不再需要其概念就存在于开放性之中的精神，甚至不能容忍它的痕迹。目前经验的丧失从其主观方面来说是同对于模仿的各种形式的痛苦的压迫是一致的。"⑥ 在批判的同时，阿多诺也在继承这种传统把审美的行为方式等同于情感。对情感与思想的分离的取消就是对审美与理性分离的取消，这样的取消最终还是要承认模仿在理性中有着不可

---

① *Negative Dialectics*, trans. E. B. Ashton, New York: Seabury Press, 1973, p. 50.

② *Negative Dialectics*, p. 20.

③ GS7，第 487 页，英译第 453 页。

④ GS7，第 487 页，英译第 453 页。

⑤ GS7，第 488 页。

⑥ GS7，第 489 页。

替代的地位。为什么呢，因为就审美行为方式与模仿之间的关系而言："审美行为既非就是直接的模仿，也非对模仿的压迫，而是这样一个过程：它由模仿而产生，并且在其中模仿得以修正地保存。"① 实际上，在理性化的过程中，模仿从来就没有消失，而只是由于认识与审美的分离，思想与情感的分离，把认识、思想看作唯一值得发展和保存的，所以模仿的契机就被遗弃了。而将模仿的契机保存于自身之中的审美行为方式"贯穿在每一部艺术作品的内在运动中，贯穿在作品各自特有的紧张中及其可能的调和中"。②

由此，模仿就被保存在艺术作品中。艺术同模仿的关系在这一段话中得到了充分的论述："艺术是模仿行为的庇护所。在艺术中，主体视其具有多大的自主性与其他者处于一定的关系中，这二者既分离但又不完全分离。艺术对于巫术行为（艺术的预示）的抛弃意味着艺术参与到合理化之中。它甚至运用合理化的手段保持自己在合理化中作为模仿的能力，这是对于理性的官僚世界中的恶和无理性的反应。被看作自然统治的工具总体的所有理性化的目的不再是工具，而是非理性。"③ 阿多诺在这里实际上承认艺术也是一种理性化的方式，"艺术唤起对于以目的为导向的理性以及超越于范畴结构之外的客观性的记忆，在这方面艺术具有理性化和知识的特点"④。只是它和工具总体的理性化之间有着本质的区别："艺术作品的理性化以它与经验存在的对立为目的，理性的塑造艺术作品意味着在它之中前后一致地完全地塑造。艺术因此同它所唤起的东西，在一定程度上就是同对于自然统治的地位（审美由此起源并成为一种自为之物）相对立。使得艺术作品与统治对立的就是其中的模仿。"⑤

对于模仿在理性化过程中地位的重新承认有什么必要呢？前面提到，审美的行为方式由于保存了模仿而成为"人类所有被数世纪的文明粗暴跳过和压制的东西以及人类被压制的苦难的储藏所"。⑥ 在阿多诺看来，启蒙并没有真正消除自然的威胁以及这种威胁所带来的恐惧，这些东西仅仅被理性压制而无法得以表现。理性对于恐惧以及类似东西的压制实际上就是对于自我的压制，这样以主体的自由，主体从自然中解放出来为目的的文明最终成为对主体的压制。所以唯心主义哲学中精神通过辨证发展形成的总体实际上是通过主体对客体的完全占有而最终也使得主体完全消失在其中。要避免主体被压制，就要使主体心灵中那些被理性压制而产生的苦难得到表达。因为在他看来，"如果一种深埋在文明制度中的苦难的原因还没有被人们认识到，那么，即使个人心安理得地去牺牲，他对这种苦难也是困惑不解的。有约束力的理性的、经济的和政治的解释及其理由，即使他们总是标明自己是十分正确的，也都不能解决这个问题，因为与统治权联系在一起的理性本身，就是以苦难为基础的"。⑦ 苦难是启蒙的必然产物，而"理性具有批判的局限，就是不能应付苦难。理性可以把苦难置于概念之下；它也可以提供减轻苦难的方法；但它决不能以经验为媒介表达苦难，

① GS7，第489页。

② GS7，第489页。

③ GS7，第86页，英译79页。

④ GS7，第86页。

⑤ GS7，第430页。

⑥ GS7，第487页，英译453页。

⑦ 《启蒙辩证法》，第162页。

因为按照理性的标准，这样做就是非理性的。因此，即使苦难被理解了，它仍然保持着沉默、仍然是不合理的”。[1] 文化对自身的理解和反思依赖于对自身所包含的苦难的认识，或者用阿多诺的话说“需要给苦难以表达，这是所有真理的前提。因为苦难就是压低主体的客观性；它作为自己最主观的能力所经验的表达，是客观的被中介的”。[2]

阿多诺对于文明发展过程的解释很明显是佛洛伊德式的解释。但他和佛洛伊德式又有很大的差别，他的目的不仅是解放那些被压抑的成分，而是要建立一种新的主体与客体的关系，压抑的解除是这种新的主客体关系的结果，就象压抑是启蒙过程中形成的那种主体与客体对立关系的结果一样。这种新的主客体关系的建立就是借助于模仿的保留，借助于审美的行为方式，借助艺术得以表达的。我们知道，模仿的特征是一种“双重自然”的形成，就是说主体与客体的同时并存是这种行为的目的。阿多诺也把模仿作为一种“主观的创造与其他者之间非概念性的密切关系”，在其中主体与客体“既分离但又不完全分离”。[3]

明白了模仿是一种新型的主客关系的表达，我们才能理解为什么阿多诺把艺术作为一种在理性化普遍统治的社会中真理最重要的表达的方式。他所理解的真理是同客观理性联系在一起的，或者说，真理就是由客观理性所表达的那些内容。在理性化的过程中，理性蜕变为完全工具化的，因而失去了表达真理的可能性。而模仿是霍克海默和阿多诺所设想的对于客观理性代替的一个概念，模仿的冲动被艺术保存下来，艺术作品就因此成为真理的表达。也即揭露出现代社会竭力隐藏的无理性以及唤起对于以目的为导向的理性以及超越于范畴结构之外的客观性的记忆。[4] 通过模仿冲动中包含的愚蠢（这是与自然的相似之物）以及对于被理性压抑的苦难的表达，这些对于工具理性而言似乎无理性的要素就揭露出了这个社会在理性化过程中产生的无理性，同时暗示了客观理性的存在，因而成为真理的表达。阿多诺在另外一处提到：“艺术作品的真理内容就是对于具体作品之谜的客观的解决。”[5] “艺术努力给出答案，但既然这种答案是模仿性的而非判断性的，在某种意义上就不是答案。这就解释了为什么艺术成为这样的谜：就如原始时代的恐惧，变化但决不消失。所有的艺术都如地震仪一样记录了这种原始的恐惧。”[6] 进一步的研究会发现，阿多诺对于模仿的论述与对自然美的论述有着对应的关系，对此我会有专文论述。

我们还需要注意的是，阿多诺把艺术作品的概念看成是由多种概念围绕着形式概念构成的星座，其中每一个概念都是构成艺术作品的一个契机，像素材、意向、意义甚至精神这样的概念都是其中的一个契机。模仿也不例外，艺术作品并非单纯通过模仿的契机表达它的真理内容，而是在模仿与其他契机的辩证关系中间接地将其真理的内容表现出来的。

---

① GS7，第 35 页。

② *Negative Dialectics*, pp. 17—18.

③ GS7，第 86—87 页，英译 79—80 页。

④ GS7，第 487 页。

⑤ GS7，第 193 页。

⑥ GS7，第 185 页。

[比较美学]

感知现象学与感物说

史忠义
(中国社会科学院外文所)

身体作为我的生命和我在世(mon être-au-monde)的无法绕开的支撑,一直是西方现代哲学思考的对象,包括对精神和身体如何统一在一起之谜底的拷问。**笛卡尔的灵魂和身体二元说,即肯定灵魂与身体是两个各自独立的存在实体**,人既是思考物(res cogitans),又是被思的对象物(res extensa),是一种混合物体(une substance mixte),但是他未能说明精神和身体是如何成为一个不可分割的统一体的。**这种二元论思想堪称西方传统哲学思考的典型理论。诞生于20世纪之初的现象学本源自意识哲学和笛卡尔二元论的大传统**,不得不重新思考意识与身体的关系,并逐渐发生了一些很重要的变化,衍发了某种感知现象学。20世纪40年代梅洛-彭迪《感知现象学》的发表,意味着感知现象学的基本成熟。

1907至1913年似乎是胡塞尔最陶醉于意识哲学甚至内省式纯粹意识之先验哲学的年代,他仍然毫不犹豫地强调身体问题的重要性和哲学意义。《纯粹现象学和现象学哲学的观念》第一卷在思考作为与世界之关系的绝对参照系的意识仍然有可能进入实在世界的方式时,或者用胡塞尔的话说,即"自身为绝对的东西如何能取消其内在性并具有其超验性特点"时,胡塞尔回答说:"它之所以能如此,仅仅由于在第一层的和原始的意义上对超验性的参与,而这显然是指**物质自然的超验性。只是由于与机体(corps)的经验关系,意识才成为实在人的和动物的意识,而且只因如此它才在自然空间和自然时间中获得位置。"**[①] 意识进入血肉之躯,为其赢得了在时空自然中的"此在和现在"地位;**只有与身体的真实的密切"联结",它才能拥有一个物质的世界和一个社会文化的世界。**

胡塞尔在1907～1913年的研究中似乎已经发现了肉身在现象学领域的"中心"地位并有重要论述,但他关于人体存在的现象学分析的主体部分完成于《纯粹现象学和现象学哲学的观念》第二卷和《笛卡尔的沉思》以及生前未发表的一些文本中。胡塞尔关于身体问题之思想和立论的悖论在于,他发现人体的"原初"意义,而试图走出纯粹意识之封闭领域并领悟主体间的文化的生活世界的任何现象学分析,都理应基始于这一原初现象,但胡塞尔却不放弃纯粹我思领域的优越地位。

"身体现象学"的真正建立应归功于法国现象学家萨特、梅洛-彭迪、米歇尔·亨利(Michel Henry)和保尔·里科尔等人。几位法国现象学家都瞄准经典二元论的基础,批判

① 胡塞尔:《纯粹现象学通论》,李幼蒸译,商务印书馆1997年版,第145页。

或明或暗的被动身体观或身体的单纯接受观，竭力证明富有活力的身体根本上就是主动的，并揭示只能用（意识中的）感性质性（des data sensibles，或感性库）解释感知现象的传统理论的荒诞性。他们都力图建立我之身体与他人身体亦即主体身体和客体身体之经验在客观世界和人类交往世界的建构中的决定性作用，用经验说明，我们的精神或意识不可能封闭在单纯的内省世界里，也不可能还原为我们的身体，反之，我们的活的身体也不仅仅等同于周围的种种物体。他们隐约感到，我们的身体是我们在这个世界上栖居（notre habitat permanent）的方式、是我们生命的“精髓”和我们的存在之源，关注身体在我们的生活经验中的显现方式，突出我们的身体存在（notre être-corps）的某些典型特征，身体在我们生存空间之构成的关键作用，身体构成我们行为和情感之支撑，身体是我们接触客观世界和人类世界的媒介等思想。于是，身体现象学最终扩展为某种真正的“在世人的现象学”（phénoménologie de l'être-au-monde）。

巴黎第八大学荣誉教授、生于 1927 年的现象学家和当代史学家阿里荣·勒·凯尔凯尔在其新著《现象学的遗产》一书中，指出胡塞尔、萨特和梅洛-彭迪身体观的下述共同点或提出的共同问题：一是人体兼有对象和主体、物体和活的有机体的暧昧性，后者必然挑战传统形而上学的身体与精神的二元论思想。二是任何身体现象学同时又是感知现象学，因为身体伴随着全部感知行为，它既是感知主体，又是感知对象，是感知所有可见、可触摸、可听觉事物的机体或工具。由此引出第三点，即我的身体**成为我进入世界的优越方式甚至唯一方式，其绝对的“此在和现在”是我界定世上万事万物的唯一参照中心和方位中心，我的身体本身以及由它决定的我在世界上的栖居形态，保证着客观事物对我的呈现方式，亦完成我之“在世”的圆满实现**。最后，我们的身体让我们直面“化身（肉身化）的秘密”，迫使我们拷问我与我之身体的关系性质，是积极占有拟或被动臣服，是互动还是真实主导或潜在主导？我何以既感觉与其同一又能保持距离、与其不同而又不完全分离或彻底决绝呢？如何理解我与之同一而它却能在一般情景下或中性场合自成体系自行发挥自己的全部功能这种悖论现象呢？[①] 我们参考胡塞尔和梅洛-彭迪的原著、勒·凯尔凯尔和其他一些学者的学术成果，拟通过胡塞尔和梅洛-彭迪的思考，一窥身体现象学兼感知现象学的发展变化过程，阐明感知现象学的寓意，并在重新阐释中国古代感物说的基础上，把两者相比较。

一

首先，胡塞尔在探索我的身体呈现的特殊方式时，**描述了人体本体论地位的暧昧性**。我的身体与所有其他物体有许多共同点，它的独特之处是永远与我相伴随。我可以随时随意离开或移动其他物体，或自我移动以改变观察视角，胡塞尔解释说，但是“我却不能离开我的肉体，也无法让它离开我”，而“所有其他生物，动物或人，只能在**那儿**”，一言以蔽之，“所有物

① Arion L. Kelkel, *Le Legs de la phénoménologie*, *Réception*, *appropriation*, *métamorphose*, Paris, Editions Kimé, 2002, pp. 208—209.

体，它们只能在我对面(mir gegebüber)，在**那儿**，唯独我自己的身体，永远在**这儿**”。[①] 换言之，我的身体是有情感的。这里胡塞尔似乎被物质性或客观性所俘获，注意到我的身体既是欲望体(leib)，又是物体(körper)，它拥有一般物体的所有性能，又与它们彻底不同，我用它，在它那儿感觉。[②] 它是“我唯一能够直接指挥并直接施加我的能力(schalte und walte)的物体”。[③] 胡塞尔的不少文本都有类似的解释，包括20年代末围绕“**交互主体性**”的文字，这些文字都突出了我从自己身体上感受到的“**亲近**”感和“**属于我**”的**属性**。胡塞尔甚至曾经**这样反问过自己**：“**我们为什么不说身体主导(walter)灵魂，总以为灵魂主导身体呢?**”对于这一问题，他在《纯粹现象学和现象学哲学的观念》时期已经预先做了这样的回答：“**精神现实建立在身体物质之上，而非相反，不是身体物质的真实建立在灵魂之上。**”另外，他在描述我们通过感觉而与其他碰撞、拍打、推动我们的物体发生关系时还说，我从我自己身上，而非从这些造成碰撞、拍打、推动的物体那里，“找到了”这些感觉。[④]

我的身体**不仅是我的意志的载体**(l'organe de ma volonté)，**是我的运动机能的寓所，是我作用于世界和物体的工具**，它还**伴随着我的全部感知行为**。这是胡塞尔描述所突出的第二个内容。把身体现象学等同于感知现象学的做法自1913～1916年的文字就初露端倪。胡塞尔告诉我们，“首先肉体是任何感知的手段”，它是“感知的机体，因此**必然**与任何感知同现(mit dabei)”。[⑤] 由于身体是我的全部感觉器官的支柱，我的全部知觉，包括视觉、触觉和听觉都是通过身体而发挥作用，没有身体的中介，世界上任何物质都无法赋予我。换言之，没有我以“身体”形式的在场，空间中任何进入我的意识的可感知之物，包括可视、可触摸、可听觉之物，都不可能为我所知。物体有血有肉(leibhaftig)的呈现是以我的血肉之躯的到场(leibhaftigkeit)为条件的。[⑥]

胡塞尔的著作还阐明了使**我之身体区别于任何其他物体和机体的其他特性**。例如他曾说明，“**方位中心**”是我的身体不可回避的功能，我之身体是我的生存空间及周围世界的“绝对此在”，是我的空间中所有方向的零点(nullpukt)，并由此而成为我周围世界所有方位和视向的零点。[⑦]

胡塞尔注意到，我的身体的全部运动受制于双重因素，一方面是冲动型被动型因素，另一方面是**我思**(mon *ego*)积极参与的主观程序。只有当我有能力遏制本能性因素时，我的

---

① E. Husserl. *Ideen zu einer reinen Phänomenologischen Philosophie*, *Livre II*,《Phänomenologische Untersuchungen zur Konstititution》(以下简称 Ideen II), in Husserliana t. IV, éd. M. BIEMEL, La Haye；1952，尤其是第III章第2节“由活的身体建构的精神真实”(《La constitution de la réalité psychique par le corps vivant》), p. 143—162 et p. 157 sq.

② E. Husserl. *Ideen* II, *loc. cit.*, pp. 145—6.

③ E. Husserl. *Cartesianische Meditationen*, in *Husserliana* t. I, La Haye, 1950, §44, p. 128.

④ René Toulement. *L'Essence de la société* (Paris, 1962, p. 52)引用的胡塞尔的一段手稿(un inédit des manuscrits K III 18, 1936)。同时参见 E. Husserl, Ideen II, loc. cit., p. 143 et p. 146 及 le t. III, in Husserliana t. V, p. 117。

⑤ E. Husserl. *Ideen* II, *loc. cit.*, pp. 56, 13.

⑥ E. Husserl. *Ideen* I, §41.

⑦ E. Husserl. *Ideen* II, §41, pp. 158—159 et aussi *CM*, §56, *loc. cit.*, p. 152.

行为才属于我的自由范畴。反之,当作为我的愿望和行为中心的我的身体受到制约时,我所完成的行为就是非自由行为。这样,极力推崇纯粹意识的胡塞尔就无异于承认,我之自由愿望和行为深深地扎根于某种潜在的冲动型和被动型结构,后者存在于我之身体的最本原的生活中。① 胡塞尔说,"灵魂存在于我的身体之中",但是,我们无法将二者区分开来,也无法具体说明灵魂在何处与身体融合。② 在这个不可分割的"精神和物质的统一体"(unité psycho-physique)中,我意识到我思之精神真实的自我与我的物质的肉体(körperlichen Leib)结合在一起。③ 胡塞尔的多次描述似乎说明,自我的肉身化(la verleiblichung)与后者被我的灵魂的激活(la beseelung)是生命本身的同一程序。这种统一体和这种程序不是靠抽象分析建构起来的,而是被实践证明的。我在自己的每次行为中都感受着体验着这种程序。胡塞尔在1913年发表的《纯粹现象学和现象学哲学的观念》第一卷里即说:"只有通过将意识和有机体联结到一个自然的、经验直观的统一体上去,属于一个世界的诸生物之间的相互理解才能成立。"④ 说明他对此有着清醒的认识。身体在自我精神真实的建构中,在精神的肉身化中,在精神的"自我客观化"(auto-objectivation dans le monde)中,在感知他者以及作为他者的自我的过程中,都发挥着这种明显的首要功能。

这里涉及到**他者的真实存在和他者的经验**问题。这一问题是任何先验现象学的拦路虎,也一直困绕着胡塞尔。胡塞尔公开发表的著作以及晚年未曾面世的著作几乎都绕不开这个问题。他的论述和阐释遭到其弟子们的许多批评和非议。这一问题是由我自己身体的构成以及他人身体的相应构成引起的,更确切地说,由区分"原在"(urpräsenz, présence originaire,原初在场)与"共在"(appräsenz, apprésentation,共同在场)以及对"共感"现象(phénomène de l'《Einfühlung》)的分析引起的。⑤ 胡塞尔的分析犹如一个个迷宫,我们只能简要说明一些相关内容。通过共在,他者的身体亦呈现为一个感觉器官体系的支柱,又呈现为某种精神内在性的支柱;它在我眼中犹如我们经验空间中的另一个组织中心,也有它自己的此在和现在(他眼中的绝对参照中心),亦成为一个感知、意志和行动中心。这种感觉的获得似乎是通过某种"投射"、某种"同类转移"或某种内感(intropathie),这即是说,我从自己的欲望之躯出发,发现他者的身体也被某种精神生活所激活;我对他者的发现只能建立在我对此在自己身体与他在他者陌生身体之间相似性的感知的基础上。⑥ 我猜测,我们可以互易其位,我可以把他在变成我的此在和现在,他也可以把我的此在和现在变成他的此在和现在。这样我们以及我们的身体之间就建立了某种真正的关系。⑦ 这里提出了两个问题:一.我们是在共在情况下相互了解的,我如何确定眼前这个陌生的身体就是他者原在时那个真实的欲望之躯呢?胡塞尔回答说,人们已经先验地区分了真实生存的两种原初范畴,这种区

---

① 关于身体行为的冲动型被动因素话题,参见 E. Husserl, *Ideen* II, §59—60, *loc. cit.*, pp. 252—258. 亦可参见 Anne Montavont, *De la passivité dans la phénoménologie de Husserl*, Paris, 1999.

② E. Husserl. *Ideen* II, *loc. cit.*, p. 33 et pp. 176—177.

③ *CM*, *loc. cit.*, p. 128.

④ 胡塞尔:《纯粹现象学通论》,李幼蒸译,商务印书馆 1997 年版,第 145 页。

⑤ E. Husserl. *Ideen* II, ch. IV, *loc. cit.*, p. 162 et *CM*, §49—52.

⑥ *CM*, §50 à 52 (尤其 pp. 139—141)以及 *Ideen* II, §46, *loc. cit.*, pp. 167—168.

⑦ *Ibid.*, p. 166 和 *CM*, §53, *loc. cit.*, p. 146.

分"假定"(présuppose)我面前的陌生人他者的自我已经完成。[①] 这个回答是奇怪的,无异于肯定我在经验生活中,应该像接受另一个自我那样认定他,而他的在场和行为使我意识到**我思和另一个我思**(alter ego)的双重身份。胡塞尔的另一论据是,在感知外部物质世界特别是文化物质(语言、艺术作品等)时,任何共在都意味着一定程度的原在,两者密不可分地作用于**同一感知**活动中。[②] 第二个问题是,我们是在共在情况下相遇的,我永远不可能直接进入原在时的他者的内部世界,我和我的生活世界与他和他的生活世界,我们永远不会在真切的原在情况下融为一体。[③] 胡塞尔论证说,这里首要的条件是,我应该理解"他者的欲望之躯及其独特的身体行为(leiblich Gehaben)"等等,就像理解我自己一样,我们都作用于自己的身体,只要我们身体的行为符合常规的感觉程序,**共感**就发挥了作用,使我们切肤地捕捉到他者的精神真实。"我从相似情境下自己的行为出发",理解他者身体和行为揭示的这些符号和征兆的(精神)**意义**。[④] 这即是说,**每次感知活动都有某种组合**(association)**和某种真正的联系发生,形成身体间的真实的相互关系。意识间的任何交互主体性**(intersubjectivité)**发生之前,首先存在着皮肉之躯的共同体,存在着某种身体间性**(intercorporéité)。梅洛-彭迪注意并挖掘了这一概念。

二

法国现象学家们同时接受了胡塞尔的现象学和海德格尔的存在主义,这个特点也体现在梅洛-彭迪身上。他没有激烈地基本上否定胡塞尔,而是对他表示了相当的敬意,并发现胡塞尔现象学碰到了很多困难,在批评胡氏许多观点的基础上,在考察萨特观点及其矛盾的过程中,确立了自己独特的现象学阐释。梅洛-彭迪**极力批评"意识存在"和"物质存在"二元交错的思想**,他的全部努力都在建立肉身化且扎根于世界的意识哲学。这意味着,**在身体与灵魂的关系问题上,他主张两者的统一**,认为存在着的人的全部既是身体也是意识,这是其生存条件的根本的暧昧性。这与胡塞尔的学说已经有了根本的不同。**胡塞尔是在追踪纯粹先验意识的过程中,绕不过身体问题,于是发现并谈到了身体的一些特征,他尽管也触及到了身体间性,但他的目的是向精神上的纯粹交互主体性的还原,始终把意识放在主导地位**。[⑤] 因此,梅洛-彭迪拒绝精神与身体关系方面的任何因果解释。首先,我对自己身体的意识不能用身体对该意识的物质作用来解释,梅洛-彭迪强调说:"一事物作用于某精神的唯一方式,即向它提供某种**意义**"。[⑥] "意义"是梅洛-彭迪现象学的一个关键概念,在他对人的

---

① *CM*, § 55, *loc. cit.*, pp. 150 sq.

② *Funktionsgemeinschaft*, cf. *Ibid.*, pp. 150—151.

③ *Ibid.*, § 50, p. 139 和 § § 51 *à* 52, pp. 142—144 及 § 54, pp. 148 sq. 胡塞尔提到了可验证的进入性(*bewährbarer Zugänglichkeit*, accessibilité vérifiable)和原初的不可进入性(*originaler Unzugänglichkeit*, inaccessibilité originale),后者确立了他者作为我的陌生人(*Fremder*)的身份。

④ *Ibid.*, pp. 148—149.

⑤ 参阅《交互主体的还原作为向心理学纯粹交互主体性的还原》一文,见倪梁康选编:《胡塞尔选集》下册,上海三联书店 1997 年版,文章选自 *Husserliana* Bd. XIII, "Zur Phaenomenologie der Intersubjektivitaet"第一部分。

⑥ *La Structure du comportement* (cité plus loin *STC*), Paris, PUF, 1942, p. 215.

存在的所有描述中都起着决定性作用，也是《感知现象学》的核心概念，**说明精神与身体作为深深扎根于真实之中的表意统一体**(une unité signifiante profondément ancrée dans le réel)**是完全统一在一起的**(l'unité de l'esprit et du corp de part en part)。梅洛-彭迪既不能接受亚里士多德把灵魂比作舵手把身体比作船的观念，也不能接受笛卡尔视灵魂与身体犹如工匠与其工具的思想，因为他们都把二者设想为"外在的偶然性关系"("une relation accidentelle d'extériorité")，似乎意识相对于身体具有真实的独立性。梅洛-彭迪评判说，其实，**意识只能真正存在于其化身中。**[①] **任何视意识独立存在然后与身体合为一体的隐喻都缺失了化身现象。即使主张灵魂乃"身体之意义"、身体即"灵魂之表现"的观点亦不足取，因为"两者可能相互支持，但终究互为外在之物"，事实上，"只要生命存在，两者就不可能截然分开"。**[②]

诚然，生活中确有身体**抵制**意识或者相对**独立**于意识的情况发生，如生病时。梅洛-彭迪对此并不陌生，反之，他对病理心理学的经验和教益给予了极大的关注，并努力证实，由身体疾病引起的感知变异影响了身体的正常经验，"灵魂和身体的关系问题与**客观身体**(le corps objectif)无关，'客观身体'只是一个概念，而与**现象身体**(le corps phénoménal)相关"。[③] 因此，应该重新找回**本真的身体**(le corps propre)，本真身体即生活世界中的身体，而非科学之客观主义所设想和扭曲其生活面目的身体物质(le corps-objet)。

梅洛-彭迪感知现象学的第二个思想关涉**身体与世界的关系**。由于身体，我才知道物质和世界的存在。梅洛-彭迪评判说，身体对于我，乃"客观世界源泉的某种决定性时刻"。[④] 我的身体对其周围环境的反映，**我的种种感觉，不是身体器官互不关联的低级运动，这些"动作具有内在的统一性"**，并且"被投入某种可感知的意义"，**这些运动"与外在现象构成某种体系"**。[⑤] 这里表达了人体与世界一体的思想。**在这个体系中，身体不是被动接受的，而是主动地自发地"梳理"**(mettre en forme)、**区分感知材料，并把它们组织成意义板块**，换言之，身体根据自己面临的具体**情境**和自己准备完成的行动，**赋予感觉材料以意义**。我们所谓的"敏感品质"或"感觉"带着"某种动力形态"(avec une physionomie motrice)和"生命意指"(une signification vitale)走向我们。[⑥] 包括基础反映的生理现象总是发生在身体行为和富有复杂意义(原动力意义、生命意义、存在意义)之感知情境的某种环境中。身体就这样通过其多种多样的"行动"和"情感"完成它投资意义的基本功能。它与环境融为一体，互相关联，互相反映。在这种与胡塞尔的思想很不相同的基本判断下，梅洛-彭迪也谈到并深化了胡塞尔和萨特关于身体存在方式之特征的某些话题，如身体与我的共在和常在性、"亲近"感和"属于我"的属性等。在这种基本判断下，梅洛-彭迪解释说，他的"身体图式"(le"schéma corporel")概念"只是对我在世界之中的一种表达方式"。[⑦] 究其实，**我的身体并非在空间中和时间中**

---

① *Ibid.*, pp. 212 et 225.

② *Ibid.*, p. 226.

③ *PP*, p. 493.

④ *PP*, p. 86.

⑤ *STC*, p. 140 et *PP*, p. 59.

⑥ *PP*, pp. 242—3 et p. 245.

⑦ *PP*, pp. 116—117.

生存，它与空间共命运，“它住在空间”(il vit l'espace, ily habite)，**它亦住在时间。**“我的身体拥有时间，它使过去和未来为现在而存在，它不是物，它产生时间而非承受时间。”这是梅洛-彭迪的时间观，**而胡塞尔更多地把时间与内省意识联系在一起。**梅洛-彭迪的身体现象学昭示，在我在场于世界(mon être présent au monde)、世界存在于我(la présence du monde *à* moi)以及我存在于我(mon être-présent-*à* moi-même)之间，有着某种不可缩减的同时性，“属于世界”(être-au-monde)、身体存在(être-corps)以及在场于世界(être présent au monde)原本是一回事。[①] **“属于世界”意味着与世界性质相同，**受相同规律的制约，受制于来自世界的各种决定性因素，梅洛-彭迪后来写到，概言之，**“物质和我之身体是用相同材料制成的”，**没有世界就没有它的存在。[②] 这是这一概念的第一种词义。“属于世界”并不意味着被世界占有，反之，“我通过自己的身体拥有世界，世界犹如未完结的个性，而我的身体是这个世界的力量展示；我通过自己身体的位置拥有各种物体的位置，或者相反，通过物体的位置拥有自己身体的位置”，这种**有的关系**是一种相互真实蕴涵的关系，是物质**固有**且实际扎根世界的关系，由于其自身的意向性(梅洛-彭迪谈论身体的意向性，而胡塞尔谈论意识的意向性)，我的身体“向着世界运动，而世界是我的身体的支撑点”，总之，“身体是我们拥有世界的一般手段”。[③] 由此引出“属于世界”的第二种词义：身体本身，由于与世界共处于自然共同体，由于居住在这个世界之“家”，**与世界有着原初的亲缘性，**后者源自某种先天获得及其在身体幽深处的积淀，身体对世界和物体的“潜在知识”先于任何关于世界的科学。[④]

由加布里埃尔·马塞尔(Gabriel Marcel)依稀窥见、梅洛-彭迪所揭示的“属于世界”的身体存在的第三种词义是，通过感觉和感知，**它与“物体的亲密性”**(en sympathie avec les choses)**关系**。感知世界即参与世界，即与世界**沟通**。梅洛-彭迪认为感觉也是如此，它“严格地说，就是某种**相通**(une communion)”，我的身体本身，作为“感觉和感知主体，既非记录某种品质的思想家，亦非受其左右和更改的死场所，它是与一定存在环境**共生**(co-naît)的力量”。[⑤] 作为“原动力体系或感知力量体系”，本真身体不是“我思”的表达，而是“我能”的表达，在这一点上，梅洛-彭迪继承了胡塞尔和萨特的说法。但是，他反对胡塞尔的“积极综合”说(synthèse active)，胡塞尔认为，意识对原本无意义的感知材料进行综合。梅洛-彭迪的分析说明，我们所有的身体行为，包括反射活动的基础层面，都不来源于某种积极综合活动，反之，它们证实了**“我们的物质属性”**(notre inhérence aux choses)，它不仅使我发现，**我与物质同在，物质反过来亦源源不断地呈现在我的身体中，**同时展示它们的独特个性(leur propre eccéité)以及对我的身体活动的反馈意义。我们的身体与世界有着某种真正的**“同谋”**(connovence)关系。[⑥]

梅洛-彭迪本真身体现象学的最后一个要点关涉**身体的表达及其“外达”整个存在的能**

① *Ibid.*, pp. 402—403.

② *L'Oeil et l'Esprit*, Paris, 1964, p. 21.

③ *PP*, pp. 171, 203 et 402.

④ *Ibid.*, pp. 269 et 275.

⑤ *Ibid.*, pp. 245—247.

⑥ “être corps, c'est être noué à un certain monde”, *ibid.*, pp. 173 et 245.

力。梅洛-彭迪喜欢把世界称作存在。如上所述，身体不**外在**于意识，意识也不**内在**于身体，两者与我的存在融合在一起。在梅洛-彭迪的词典里，"身体"一词即包含着意识，身体是意识的具体而又全面的圆满实现，**"身体是(我的意识的)凝结或一般存在，这种存在是(我的意识的)永久化身"，它既是表达也是表达结果**，我们不妨这样说，存在预设身体，身体预设存在。[①] **身体具有表达全部存在的能力**。梅洛-彭迪用性生活说明人体如何表达世界，并用身体间性(intercorporéité)概念说明我如何通过他者的言语和肢体言语理解他者对世界的表达。在梅洛-彭迪看来，**话语**也是身体表达形式，是本身包含意义的"真正的肢体动作"，**其他肢体动作**把我推向可视、可感知、可操作世界，而语言动作则把我带入一个我们已经生存其中、"已经谈论并永远谈论的世界"，"一个话语已经建构"、已经积淀起来并供使用的意义世界。[②]

三

梅洛-彭迪对胡塞尔的批评以及他后期思想的转向都与他的总体思想相关联，也与我们这里试图阐明的感知现象学的主旨相关联，因此下面的叙述并非多余。梅洛-彭迪一生都在仔细研究胡塞尔最重要的著作，因为现象学不是他思想历程中的过渡阶段，而是哲学本身。他最初学习海德格尔著作时反倒有些犹疑，然而后者矢志不移探究存在之举对他的吸引力却逐渐上升。在重新拷问和重新阐释胡塞尔著作的过程中，梅洛-彭迪向着把"现象学激进化"，向着某种"关于现象学之现象学"的方向发展，最终走到了现象学的边缘但尚不曾背离现象学的地步。他遇到了海德格尔并部分吸收了后者的思想。众所周知，胡塞尔生前，海氏就第一个走上了不惜惹恼现象学之父的道路。

毫无疑问，梅洛-彭迪很早就试图与胡塞尔的理论保持距离，批评其中的意识哲学的残存，但是，他没有迈出与其最终决裂的步伐。**他思想中的"本体论"转向在《感知现象学》一书中还比较隐晦，《符号》(Signes)的前言则宣告了这种转向，他在法兰西研究院(Collège de France)的讲稿和遗著《可见者与不可见者》**(Le Visible et l'invisible)**更明显昭示了这种转向**，某种新思想喷薄而出。

梅洛-彭迪采纳现象学方法的初衷是因为意识到现代科学和现代哲学的危机，它们视一切为物，是地地道道的物质的科学和物质的哲学，梅洛-彭迪后来称之为"宇宙论本体论"(l'ontologie du kosmothéoros)。[③] 30年代初的胡塞尔亦持同样看法，并写了著名的《欧洲科学的危机与先验现象学》一文。**面对种种现象**，包括人文现象，**当时有两种态度**，一种是**客观主义的**和自然主义的态度，从外部看待这些现象，把它们统统纳入自然范畴，另一种是**主观主义的**批评方法，从内心理解所有现象，把它们全部归结为纯粹意识。梅洛-彭迪对这两种方法都不满意，**认为只有第三种途径能够开启未来，这就是现象学途径**。现象学这种新哲学

---

① *Ibid.*, p. 194.

② *Ibid.*, pp. 214 et 217. 第210页说，我的舌头发出的言辞犹如"环绕我房舍的城市视野"。

③ *Signes* (cité désormais *Sg*), Paris, Gallimard, 1960, p. 30. 梅洛-彭迪谈到了哲学是对"(物质)存在的回忆"，甚至是"(物质)存在的形态学"。同时参见 *Le Visible et l'invisible* (cité désormais VI), "Notes de travail"p. 219 sq.

并不排斥实证知识，但主张把它放置到生活世界(lebenswelt)的更广大的视野里，而现代科学往往忘却生活世界。梅洛-彭迪逐渐发现现象学把意识放在首位的传统哲学残余，现象学对"新笛卡尔主义"的呼唤就是明证。[①] 于是，**梅洛-彭迪在探索第三种途径中与存在主义思想展开了对话**，《行为的结构》和《感知现象学》勾勒了这种新途径的轮廓，作者尝试着重新思考意识与自然的关系，从其缘起和多维视野重新界定意识，并用实证知识和经验知识来验证这种现象学方法。这样，**《感知现象学》的前言实际上既表达了梅洛-彭迪对胡塞尔的接受，也显示了他与胡塞尔的距离**。首先，对于早期胡塞尔和梅洛-彭迪而言，现象学不是实证科学使用的分析性和解释性方法，而是**描述性方法**的实践。梅洛-彭迪以为，现象学"直接如实描述我们的经验，不考虑经验的精神起源和因果解释"。[②] **任何分析之前，世界已经在那儿，并呈现给主体，无需构造和组织，而胡塞尔以为要经过意识的构造和组织**。其次，**梅洛-彭迪把感知放在首位，感知是与世界的最初接触，是了解真的优越途径**，尽管尚不能区别真与假，**而胡塞尔则把主观直觉放在首位**。[③] 第三，**胡塞尔坚持现象学还原是现象学的基本方法**，指责他的弟子海德格尔和马克斯·舍勒(Max Scheler)忘记了或不懂得这一方法。**梅洛-彭迪**也对这一方法重新阐释，指出，**现象学还原绝不意味着"回到先验意识"，绝不意味着世界会"绝对透明"地展现在它面前，由先验意识权威地"赋予意义"(Sinngebung)，其结果形成"意义世界"**。[④] 无疑，还原是与我们的世界观惯性相**决裂**，**悬置**把我们带向世界的一往无前的运动，拒绝我们与世界的共谋性，观察而不参与，这是胡塞尔的常用语，但是，梅洛-彭迪补充说，其唯一的目的，是使"世界无动机地涌现"在眼前。[⑤] 于是，他从胡塞尔的论述及其不知疲倦探索还原可能性的行为中，得出这样的悖论：**"还原的最大教训，是完全还原的不可能性。"**与其把还原作为"唯心主义哲学的公式"，他更愿意像海德格尔在《存在与时间》(Sein und Zeit)里分析"在世"(l'être-au-monde，属于世界)时那样，**把它视为某种"存在主义哲学"的表达**。[⑥] 梅洛-彭迪记得胡塞尔关于现象学还原必然是本质还原的定义，但以为本质不是**目的**，而是理解我们实际介入世界状况的一种**手段**。之所以需要经由**本质的探寻**，那是因为"我们的存在过于紧密地附着于世界，当它投入世界时，不能如实地认识自己，意味着它需要理想性的场来认识和把握自己的人为性"。[⑦] 第四，**意向性一向被视为"现象学的主要发现"**，梅洛-彭迪认为，只有扩大它的意义，把它理解为**身体的意向性**，它才可以理解。我们下面还要谈到，后来梅洛-彭迪又把它扩大到**世界的意向性**，他解释说，它不是具体行为的意向性，而是程序性的动向性的意向性(intentionnalité opérante)，是使世界和我们的生活获得

---

① E. Husserl, *Krisis*, g 9, h et sq. et *Cartesianische Meditationen*.

② *PP*, p. 1.

③ 关于胡塞尔，见 *Ideen* I, §24,《Le principe des principes》；关于梅洛-彭迪，见 *PP*, IIème partie, 《Le monde perçu》, pp. 133, 143 及《Le primat de la perception》, in *Bulletin de la Sociéte française de philosophie*, 41(1947), pp. 119 sq. et p. 136.

④ *PP*, p. VI.

⑤ *Ibid.*, p. VIII.

⑥ *Ibid.*, p. IX.

⑦ *Ibid.*, pp I et IX.

前界定那种自然统一的意向性。[①] 我们不妨这样理解，即世界的意义不是一劳(构建)永逸的，存在着某种“意义源”，现象学家有责任描述之。[②]

50年代起，梅洛-彭迪走上了把现象学思想激进化、极端化的道路，对现象学把看放在绝对的首要位置产生了质疑，但是他没有像海德格尔那样用拷问(questionner)代替看的位置，而是把看、问和思融合在一起，思考自然、历史、时间、世界、言语和存在等这些本体论问题。[③] 这种变化或转向使他更接近海德格尔。他承认早期著作中提出的问题一旦从属于意识/客体的区分时就无法解决。[④] 以前所描述的属于主观活动之结果的种种现象从此被转移给了存在本身，作为某种**“本体源”**(ontogenèse)的组成部分，隶属于他所谓的“新本体论”。他把自己的新本体论有时称作**“间接本体论”**，有时又比喻为“反神学论”(théologie négative)，有时又称作**“内在本体论”**(intra-ontologie)。这些名称有些深奥，但我们可以把它们的基本精神理解为，**深化和超越自在本体论(ontologie de l'En soi)，在自在本体论的这边，颠覆主体与客体的对立，即不直接研究自在问题，但站在存在的维度上。**[⑤] 这样，梅洛-彭迪思想中一些常用概念都承受了某些变化，如世界、感知、身体、意义和言语、事实与本质等，最终都是在**存在场**的范围内从**差距**(écarts)和**差异**(différences)角度思考的。由此也产生了一些奇怪的新词，如世界之**肉**(chair du monde)、**交错**(chiasme)、存在的**开裂**(déhiscence de l'Etre)、原始存在或野性存在、存在的开放、存在中的**癫狂**(ek-stase dans l'Etre)、存在的褶皱(pli)或凹陷(creux)等，其中某些术语可以看出海德格尔的影子。

笔者以为，**梅洛-彭迪后期的某些观念很值得我们重视，其思想与前期相一致，或者是前期思想的合乎逻辑的发展。**首先，**与胡塞尔的观点相反，“意义的赋予”不再是个人意识意向性范畴的机制，而归属某种活动型动向型的意向性**(intentionnalité opérante)，归属某种无名氏，甚至归属某种根本的差异**事件**，**彻底剥夺了个人意识承担建构的至上权。先验主体学的绝对参照中心自我被无名氏所代替，“我思故我在”、故世界在被存在所代替。**[⑥] 其次，当梅洛-彭迪谈论肉身时，他不再仅瞄准人身和身体间性，他提出了**“世界的肉身”**概念，此乃真正的“存在的原型”。[⑦] 人与世界面对面的关系结束了，我们与它同质。梅洛-彭迪还提出了“存在的舞台”(la scène de l'etre)概念，一切存在都在这个舞台上上演。[⑧] 这一概念也**彻底改变了我们与世界及物质的关系，改变了我们与存在的关系。**第三，尤其是**存在概念也发生了根本的改变，存在不再是单纯的“自在”，它是我们活动其中的“场域”**(l'élément)。[⑨] **意向性也成了存在内在的意向性**(l'intentionnalité intérieure *à* l'être)。梅洛-彭迪清醒地意识到，**意向性的这种“本体化”与现象学不再相容。**此后，**他批评现象学是“让一切屈从并呈现于意**

---

① *Ibid.*, p. XIII.

② *Ibid.*, p. XIV.

③ *VI*, p. 19 sq.

④ *Ibid.*, p. 253.

⑤ *Ibid.*, pp. 85, 222, 233 et 280.

⑥ *Ibid.*, p. 299.

⑦ *Ibid.*, pp. 170, 183—4 et 192.

⑧ *Ibid.*, pp. 316 sq.

⑨ *Ibid.*, p. 184.

识的本体论，似乎它们源自一次行动即众多体验(Erlebnis，这一概念与意识相关联)之一的原初赋予”。[1] 这样，**在意识潮流内部领会和挖掘的生活现象学也终结了**，应该让位于隐匿维度(la dimension du caché)的“超验本体论”，**努力揭示世界与思维、存在和思想的共同源泉，这是哲学的根本问题**。[2] 与海德格尔一再论述人服从于存在的做法一样，梅洛-彭迪宣称，“不是人拥有存在，而是存在拥有人，因为人把自己赋予存在”，因为“我们在存在之中”；[3] “不是我们在感知，是物在那儿自己感知”，“物质拥有我们，不是我们拥有物质”。[4] 物质和世界是一个永不枯竭的仓库，不可见是一种积极的缺席形式，是世界不可抹杀的组成部分，由此开始了某种缺席哲学。总之，**梅洛-彭迪比以往任何时候都更坚决地反对任何“意识哲学”，反对任何与主客体对立相关联**、以为可以像笛卡尔那样在沉思中领会纯粹“向自我呈现”(une pure“présence *à* soi”)的“体验现象学”(“phénoménologie des erlebnisse”)。[5] 现在他知道没有沉思式的“我思故我在”，“要回到意识的内在性，应该拥有言辞”。[6] 第四，梅洛-彭迪没有把还原的未竟之旅看作障碍，**他从还原中首先看到的，不是意向性意识或建构性意识，而是存在，是“意识方式记录为存在结构化的处所”**。[7] 最后，他像海德格尔一样，**比以往更主动地远离任何形式的人类中心论(anthropocentrisme)或哲学人类学**(anthropologie philosophique)。梅洛-彭迪说：“是存在谈论我们，而非我们谈论存在。”[8] 他像海德格尔一样，不厌其烦地歌颂言语卓越的**本体论功德**，言语远非“存在的简单面具”，而是“存在最有效的见证”。[9]

四

中国先秦文献中，最早蒙胧表示感物观念的，当是一般认为产生年代不晚于西周初年的《易经》。《易经》六十四卦的第三十一卦名为《咸》，“咸”，训为“感”，感即感应，表述阴阳、刚柔相感。由于这个卦的卦象把象征山和少男即阳刚之意的符号部分放在下边，而把象征泽和少女的部分放在上边，表示“柔上而刚下”观念，内涵着“二气感应以相与”、阴阳位置可以发生变化的思想。《易经》把凡是阴阳二气可以相交、相感的卦都视为吉卦，如《泰》卦，凡是阴阳二气背道而驰不能相交、相感的卦视为凶卦或不好的卦，典型者如《否》卦。这些卦象是对自然现象和实际生活现象的总结和感悟，说明当时人们已经有了感物的意识。产生于战国年代解释《易经》的《易传・系词》云：“天地絪緼，万物化醇；男女构精，万物化生。”意谓世间一切事物，天地如人，人如万物，都是在阴阳相感、“刚柔相摩”中产生的。同为战国时代人所作、解释卦象的《彖传》说得更明确一些：“天地感，而万物化生。圣人感人心，而天下和平。

---

① *Ibid.*, p. 298.

② *Ibid.*, pp. 239 et 263.

③ *Ibid.*, pp. 119—120 et 170.

④ *Ibid.*, pp. 239 et 247.

⑤ *Ibid.*, pp. 229, 235 et 275.

⑥ *Ibid.*, pp. 224—225.

⑦ *Ibid.*, pp. 232 et 307.

⑧ *Ibid.*, pp. 247 et 267.

⑨ *Ibid.*, p. 167.

观其所感，而天地万物之情可见矣。”从天地万物的感应，联想到人与人的感应，圣人与普通人之间的心灵沟通，又从人与人的相感，从圣人与普通人之间的心灵沟通，联想到万物亦有情；天地万物各种情状，都是物与物，人与人，人与物，相互感应的结果。

最早明确提出感物说的是《礼记·乐记》。《礼记》虽汇编成书于汉代，但其中多有先秦儒家的言论。据南朝沈约说，《乐记》系取自孔子后学公孙尼子之说。《乐本》篇说：

> 凡音之起，由人心生也。人心之动，物使之然也。**感于物而动**，故形于声；声相应，故生变；变成方，谓之音。
>
> 乐者，音之所由生也。其本在**人心之感于物也**。

《乐记》实际谈到了人与物的互动，人感于物而动，表现为音乐，音乐抒发人的内心感情；物对于情感有强烈的感发作用：

> 是故其哀心感者，其声噍以杀；其乐心感者，其声啴以缓；其喜心感者，其声发以散；其怒心感者，其声粗以厉；其敬心感者，其声直以廉；其爱心感者，其声和以柔。六者非性也，感于物而后动。

感物说到魏晋时期趋于成熟。刘勰说：“人禀七情，应物斯感，感物吟志，莫非自然。”（《文心雕龙·明诗》）又说：“诗人感物，联类不穷。”（《物色》）锺嵘也说：“气之感物，物之动人，故摇荡性情，形诸舞咏。”（《诗品序》）但从《乐记》到刘勰和锺嵘的感物说，似乎都是谈文学艺术的，也一直被理解为文论思想。笔者以为，中国古代文史哲不分，联系到《易经》和《易传》的感物思想，**我们也可以把感物说理解为哲学思想，或者用它来概括中国古代的哲学思想的基本性质**。我在拙著《中西比较诗学新探》（即出）中曾经这样说：**“感物说是中国诗学的机枢，总摄中国古代各种诗学观。感物说其实也是中国哲学的机枢，老庄、孔子和《易经》也许没有直接使用过“感物”一词，这一问题有待于我们仔细重读他们的文本，但道家思想、儒家思想和易学都建立在感物说的基础之上，感物说统摄儒、道、易。老庄在长期感物的基础上，才总结出道家的基本思想。“道可道，非常道。”“道”虽然很神秘，很难用语言表述清楚，但概言之，即是宇宙起源和诞生之途，是自然界和人类社会发展演变的根本规律。《易》只有在感物中才能体验到宇宙万物生生不息不断运动变化的真谛。《乾文言》云：“夫大人者，与天地合其德，与日月合其明，与四时合其序，与鬼神合其吉凶。”这段话不啻易学对人类认识活动和理解活动之高级形态的描述，即人的认识来自对自己、对天地、对日月、对四季和对鬼神的感受和体验。孔子也是在感悟自然感悟社会变化的基础上，才把自己的政治理想和政治学说牢牢地建立在社会现实的基础之上。孔子的“逝者如斯夫”是感物和体悟世界的一个著名案例。他对河中湍流逝去之速度的感叹其实也是对宇宙变化之基本力量的体认和感叹。《孟子·尽心上》说：“万物皆备于我。”这等于说，我的思想深深感受到了宇宙万物，而且这种感受使我上升到了与万物合一的境界。如上所述，与万物合一是中国人感受世界的基本特征，也是中国感物说的重要内容。庄周梦蝶已是世界解读中国哲学真谛的著名典故。由于有这些传统思想的发展过程，王阳明才有可能谈论圣人之博学在于与天、地、万物合为**

一体。墨子和法家的思想又何尝不是建立在感物说的基础上呢？墨子的非攻和兼爱思想，法家以法治国的思想，都是立足于现实世界的根基之上的。感物说与造物说形成了鲜明的对比。中西诗学的所有重大差异几乎都可以归结到这两种宇宙观的根本差异上面。概言之，中国文论的哲学基础和中国哲学的理论基础折射着朴素的辩证唯物论，而西方诗学的哲学基础和西方哲学的理论基础是率性的先验形而上学。”

完成上述文字之后，笔者又重读了《道德经》和《论语》，翻阅了《墨子》、《庄子》等先秦典籍。诚然，老子、孔子、墨子、庄子等先秦哲人确实没有直接使用过感物说一词，但他们的思想确是在感物的基础上形成的。以老庄之学为例，老子的《道德经》论道论德，充满了智慧，其每篇文字都是在长期广泛感物的基础上经过深刻感悟而形成的，论述宇宙基本规律的两段文字亦如此。这两段文字一段如下："有物混成，先天地生。寂兮寥兮，独立而不改，周行而不殆，可以为天地母。吾不知其名，字之曰道，强为之名曰大。大曰逝，逝曰远，远曰反。故道大，天大，人亦大。域中有四大，而人居其一焉。人法地，地法天，天法道，道法自然。"（第二十五章）另一段是："道生一，一生二，二生三，三生万物。万物负阴而抱阳，冲气以为和。"以至于我们很难、亦无必要举其中的具体论述论证之。庄子的"通天下一气耳"与老子的"有物混成"相通，亦被后来的科学思想相印证。他的自然哲学、人生哲学、反映当时政治环境经济现象和社会生活的社会思想、他对当时社会的批判、他的思想的认识结构等，无不体现着长期感物加感悟的结果。

笔者当时和现在一再强调感物说的重要性，意在把它与西方的造物说（和理念说）相对立。这是中西古典诗学和哲学思想的根本区别。中国古代的哲学思想中，没有一个先于宇宙万物而存在的造物神或绝对理念。杨润根先生《发现老子》的一大失误，在于一再用柏拉图和黑格尔的先验形而上学的绝对理念（黑格尔的绝对精神、"绝对逻辑"）解释老子的"道"，用亚里士多德和康德的形式概念诠释"无"，认为"无具有赋予天地万物以形式的意思"，"无……是万物的模本，万物的形式"，用"上帝在安排"的思想解释"无为"。[①] 笔者以为，把道理解为**"宇宙起源和诞生之途及其（自然界和人类社会）发展演变的根本规律"**比较合适，道不是先于宇宙而存在的某种实体或绝对理念。规律是在发展演变中逐步形成的，不是先天存在的，不是宇宙的发展演变去"符合"先天之律，且规律本身也在发展变化。**"无"即虚空，即宇宙场**，它不是一种赋予天地万物以形式的根本的绝对模本。这样理解，老庄的道家思想就通了，也与后来被科学逐渐论证的思想相吻合。中国后来的心学才与笛卡尔的主观先验形而上学思想一定程度上相通。

五

胡塞尔谈论身体的重要性似乎有点"不得已而为之"，他追寻纯粹意识，但绕不过身体的功能这一问题，他确实一定程度上发现了"身体间性"。后期胡塞尔的交互主体的还原概念，其实质是向"心理学纯粹交互主体的还原"。他在《笛卡尔的沉思》中也试图揭示"交互主体性的先验存在领域"，所以在他的思想中，意识是占主导地位的。梅洛-彭迪的感知现象学思想确实可以与中国古代的感物说思想相比较。他后期的间接本体论思想也可与道家的宇宙

① 杨润根：《发现老子》，华夏出版社 2003 年版，例如第 6、64、78、89、212～213、17 页。

观相比较。

首先是梅洛-彭迪的身心统一和同一说。从《行为的结构》和《感知现象学》的某个时候起,在梅洛-彭迪的词典里,“身体”一词包括意识,“意识”一词也必然连带着身体。中国古代哲人不像西方二元论哲学那样把“身”与“心”视为两种各自绝对独立的实体,一般情况下都视为一体。《老子》第七章云:“天长地久。天地所以能长且久者,以其不自生,故能长生。是以圣人后其身而身先,外其身而身存。非以其无私邪?故能成其私。”第十三章说:“宠辱若惊,贵大患若身。何谓宠辱若惊?宠为上,辱为下,得之若惊,失之若惊,是谓宠辱若惊。何谓贵大患若身?吾所以有大患者,为吾有身;及吾无身,吾有何患!故贵,以身为天下,若可寄天下;爱,以身为天下,若可托天下。”这里的“身”皆指身心一体的自我,第二首里兼有身份之意。第二十八章“知其雄,守其雌,为天下溪;为天下溪,常德不离,复归于婴儿。知其白,守其黑,为天下式;为天下式,常德不忒,复归于无极。知其荣,守其辱,为天下谷;为天下谷,常德乃足,复归于朴。朴散则为器,圣人用之则为官长。故大制无割”中的“官”字,本指人的五官功能及其活动,这里借喻为人类的认识与思维活动,可见也是用其身心一体的意思。“官长”即人类认识和思维活动的指导者。

庄子的人学是一个相当复杂的体系,从他对人生困境、对理想人格“至人”、“神人”、“德人”、“圣人”、“真人”等的特点的描述,对人生修养方向的描绘中,皆可看出,他或者把身心看为一体,或者把身心放在同等地位,即精神与身体是一起升华的。下面是他对理想人格的几处描述:

> 藐姑射之山,有神人居焉,肌肤若冰雪,淖约若处子。不食五谷,吸风饮露。乘云气,御飞龙,而游乎四海之外。(《逍遥游》)
>
> 至人神矣,大泽焚而不能热,河汉沍而不能寒,疾雷破山飘风振海而不能惊。若然者,乘云气,骑日月,而游乎四海之外。(《齐物论》)
>
> 古之真人……登高不慄,入水不濡,入火不热。(《大宗师》)
>
> 圣人……入于不死不生。(《大宗师》)

人生修养则要达到“坐忘”的精神状态:

> 堕肢体,黜聪明,离形去智,同于大通,此谓坐忘。(《大宗师》)
>
> 儿子动不知所为,形不知所立,身若槁木之枝而心若死灰。(《庚桑楚》)
>
> 堕尔形体,吐尔聪明,伦与物忘,大同乎涬溟,解心释神,莫然无魂。(《在宥》)

这里的“大通”、“涬溟”是对那种整体性的自然实在的描述,而这种实在性的概念表述则是“道”。这类描述很多。

身体与意识的关系在中国哲学中反映为形与神的关系。《管子·内业》篇认为:“天出其精，地出其形”，形体与精神可离为二，又可合而为一。后期墨家有“生，刑(形)与知处也”。[①]是说形体与知识相融合而有生命。这里的知识主要是精神现象。真正明确提出形神这对范畴的似乎是荀子。他说：

> 形具而神生。好恶、喜怒、哀乐藏焉，夫是之谓天情；耳、目、鼻、口、形，能各有接而不相能也，夫是之谓天官；心居中虚，以治五官，夫是之谓天君。[②]

强调精神对形体的依赖关系，克服了从《管子》到后期墨家以精神和形体为二元的倾向。《淮南子》基于“精神者，所受于天也；而形体者，所禀于地也”，[③] 认为两者的关系是：

> 夫形者，生之舍也；气者，生之充也；神者，生之制也。一失位则三者伤矣。[④]

生命的形、气、神三要素有一定的内在次序，三者之间，“以神为主者，形从而利；以形为制者，神从而害。”这是因为“神贵于形也。故神制则形从，形胜则神穷”。[⑤] 但《淮南子》论述神制形更多地从实用出发，含有以精神理智制约形体的纵情享乐，精神理智若不制约，就会伤害形体健康。“此膏烛之类也。火逾然(燃)而清逾亟，夫精神气志者，静而日充者以壮，躁而日耗者以老。”《淮南子》首先以烛火喻形神，未能摆脱形神二元的影响。

司马迁扩展了形神范畴，把它与生死问题相联系。司马迁说：

> 凡人所生者神也，所托者形也。神大用则竭，形大劳则敝，形神离则死，死者不可复生，离者不可复合，做圣人重之。由是观之，神者，生之本也；形者，生之具也。[⑥]

司马迁是以形神离合论生死的，给“神不灭”论留下了可资利用的思想资料。东汉初年的桓谭对汉代的神仙方术迷信给予抨击，否定了神可离形而存在、精神决定形体的思想。他继承了《淮南子》的烛火之喻：

> 精神居形体，犹火之然(燃)烛矣。如善扶持，随火而侧之，可毋灭而竟烛。烛无，火亦不能独行于虚空，又不能后然(燃)其灺。灺犹人之耆老，齿堕发白，肌肉枯蜡，而精神弗为之能润泽内外周遍，则气索而死，如火烛之俱尽矣。[⑦]

---

① 《经上》第四十，《墨子间诂》卷十。本节关于形神问题的资料参阅了张立文：《中国哲学逻辑结构论》，中国社会科学出版社 2002 年版。

② 《天论》第十七，《荀子新注》，中华书局 1997 年版，第 271 页。

③ 《精神训》，《淮南子》卷七。

④ 《原道训》，《淮南子》卷一。

⑤ 同上。

⑥ 《太史公自序》，《史记》卷一三〇。

⑦ 《祛蔽》第八，《新论》卷中。上海人民出版社 1977 年版，第 31 页。

只有点燃蜡烛才有烛火，精神离不开形体，烛火依赖蜡烛。人老形体枯槁，精神并不能润泽枯槁了的形体内外，使之不衰老，犹如不能用火使蜡烛的灰烬复燃一样，人死气绝而死，形神俱灭，火烛俱尽。

范缜总结前人成果，提出了“形神相即”、“形质神用”等命题。《神灭论》云：

> 神即形也，形即神也。是以形存则神存，形谢则神灭也。[①]

形神不相分离，两者“不得相异”或“形神不二”，而是“名殊而体一”。形是神的基础，离开形体无独立不灭的精神；“形者神之质，神者形之用。”“质”乃本质，“用”即功用，功用依附于本质。范缜用质与用的范畴，刃与利的比喻，把形神范畴提高到本体范畴来认识，他还提到人的感觉思维要以不同的生理器官作为物质基础。我们这里不再展开。总之，梅洛-彭迪的身心统一和同一说与老庄、荀子至范缜一线的中国思想是相通的。

梅洛-彭迪“人与世界一体”的思想在中国古代哲学中有着更充分的表达。老子“域中有四大，而人居其一焉”，庄子著名的“齐物论”思想，即表达了“天地与我并生，而万物与我为一”的同样思想。当然两位哲学家的表述各有特点，庄子更强调人的自由，梅洛-彭迪的“意义投资”、身体对世界和物体之潜在知识先于任何关于世界的科学、身体与世界的“同谋关系”、身体表达和“外达”存在的能力等命题，则有着鲜明的现代特色。中国古代美学是通过诗、音乐和歌舞的起源来谈论人对大自然的表达问题的。

笔者以为，梅洛-彭迪的“世界的意向性”和“存在的意向性”概念与老庄“道”的概念相通。“世界的意向性”或“存在的意向性”不是意识主体的意向性，也不是某种绝对理念、先验意识的意向性，而是世界或大写的存在的发展演变方向。“道”中就包含着这样的意思。他的“本体源”概念可以理解为“道”的另一维度，即宇宙的起源和诞生之途。梅洛-彭迪把自己的“世界的肉身”概念比作大写的“存在的原型”，我们可以把它理解为老庄心目中的生气勃勃的宇宙的原初状态。梅洛-彭迪在“世界的肉身”下所使用的“交错”概念与庄子的“物化”之境，与庄周梦蝶所表达的物我交错、物我两忘的审美趣味亦很接近。

最后我想说的是，感知现象学和感物说都重视现实世界，都重视从现实和实践出发去认识世界。中国古代的感物说加《易经》的发展变化的思想，与马克思主义的辩证唯物主义思想相通。梅洛-彭迪的感知现象学和本体论思想与后者也不矛盾。[②] 它们的区别是时代的区别，论述视角、论述内容和侧重点的区别，论述动机和目的的区别，服务对象以及在历史上所产生的作用的区别。

用一、二元统一的方法论看，“感物说”概念表述了朴素的一元论的世界观、认识论意义上的主客体关系和人的主观能动性。

柏拉图的理念论和西方的“造物说”似乎分别都表述了先验形而上学的一元论的世界观。

马克思的辩证唯物主义是物质与精神同一、人与世界同一的一元论的世界观。它并不

---

① 《梁书》卷四十八。

② 《感知现象学》第五章末尾有一个长注，梅洛-彭迪表达了他与历史唯物主义的关系。他的解释与马克思主义的基本精神是一致的。

妨碍马克思主义者在一元论的世界观的前提下，用二元论的视野去解决认识论方面的问题。

有必要以适应新形势的表述方式重申马克思主义的辩证唯物主义的一元论的世界观。“以人与自然的和谐为本”可能是表述方式的选择之一。

这种表述有助于国内外正确理解“以人为本”和“科学发展观”的思想。所以，我们建议在“以人为本”后增加“和以人与自然的和谐为本并重”的内容。

在康德的崇高感与老庄的人生境界之间

王建疆
（西北师范大学文学院）

康德在他的著名的《判断力批判》一书中通过对审美四契机的揭示和对目的与形式关系的探讨，论证了自由美或纯粹美与依存美的区别，揭示了审美的本质和二律背反现象，在人类历史上第一次把对美的研究放在了一个貌似充满了悖论，但却十分深刻的理论起点上，为人们深入探讨美的本质和规律打下了坚实的基础。

康德的美学并未止步于对美的研究，而是在对美的研究的基础上，进一步探讨了崇高产生的原因，以及崇高产生美感的心理机制，通过对对象的崇高向崇高美的转化生成的研究，涉及到了自然向人的生成这一主题，揭示了自然律与道德律之间的关系，从而为从自然向道德的过渡架起了一座审美的桥梁，完成了由《纯粹理性批判》、《实践理性批判》和《判断力批判》三大批判构成的哲学体系，对近代以来的哲学和美学发生了日益重大的影响。

一　崇高只在心中生成

康德认为，崇高的美是一种间接的美，是由自然的崇高向人的内心转换生成的美。它“是一种仅能间接产生的愉快。”① 它的产生“经历着一个瞬间的生命力的阻滞，而立即继之以生命力的因而更加强烈的喷射②”。这种间接产生的愉快或美感来自于这些“不可度量的”和“不可抵拒”的有时甚至是令人恐怖的自然景象，在使我们“认识到物理上的无力”的同时，却能“同时发现一种能力，判定我们不屈属于它，并且有一种对自然的优越性，在这种优越性上面建立着另一种类的自我维护”③，在这种情况下“自然界在我们的审美判断里，不是在它引起我们恐怖的范围内被评为崇高，而是因为它在我们内心里唤起我们的力量”。因此，崇高之所以为崇高，就在于“在那场合里心情能够使自己感觉到它的使命的自身的崇高

---

① 康德：《判断力批判》上，宗白华译(下同)。商务印书馆 1964 年版，第 84 页。邓晓芒译本为“却是一种仅仅间接产生的愉快。”(康德：《判断力批判》邓晓芒译。人民出版社 2002 年 5 月第 1 版第 82 页。以下邓译版本同此。)一字之差。宗译隐含的是崇高感的产生需要主体的条件，没有这个条件则不能产生崇高的愉快，所以用了“仅能”，仅有可能而不是现实。而邓译隐含的是崇高作为结果，已经产生的愉快。

② 同上，第 84 页。邓译本为：“它是通过对生命力的瞬间阻碍、及紧跟而来的生命力的更为强烈的涌流之感而产生的。”(邓译本 82～83 页)

③ 同上，第 101～102 页。邓译本为：“但却同时也揭示了一种能力，能把我们评判为独立于自然界的，并揭示了一种胜过自然界的优越性，在这种优越性之上建立起来完全另一种自我保存。”(见邓译本 101 页)

性超越了自然"[①]。正是这种超越或战胜才使得自然的不可抵御的恐怖转换成了内心间接的愉快,即同时包含着"积极的快乐"和"消极的快乐"的愉快。[②] 所以,崇高"不存在于自然的事物里,而只能在我们的概念里寻找。"[③] "真正的崇高只能在评判者的心情里寻找,不是在自然对象里"[④],崇高"内在于我们的心里","那对象不单是由于它在自然所表现的威力激动我们深心的崇敬,而且更多地是由于我们内部具有机能,无畏惧地去评判它,把我们的规定使命作为对它超越着来思维"[⑤]。总之,在康德看来,崇高的美和美感是由于人内心的机能能够战胜或超越自然对象所致,是一个由对象到内心、由不可抗拒到被超越、由恐怖到愉快、由利害到无利害、由违背目的到合乎目的、由丑到美的转换生成的过程。

这里的转换生成一词,在康德原著的德文本里是 Subreption,可被译为"暗换"[⑥],即主体对自然对象的崇敬,实质上是对理性观念的崇敬,只不过在具体的审美过程中被不自觉地换成了对对象的崇敬。这里的确有无意识自调节的过程,可惜康德没有对此详加论述。但是,康德关于崇高不在自然和对象,而在心里,和关于崇高的美感是一种间接的愉快的说法实际上已经包含了这一生成或"暗换"的思想。在康德之前的郎吉努斯和博克[⑦] 也都谈过崇高,但他们都没有象康德这样从人与自然的对立转换过程来揭示崇高生成的原理。因此,康德的崇高论是一种具有现代意义的生成论美学。

可以说,从美到崇高,不仅是康德美学思想自身升华的过程,而且也是康德美学至今难以被超越的决定性的一步。

首先,只有到了对崇高的研究,才能揭示出人类整个审美活动形成的机制,以及审美在与认知和道德发生关系时的地位和作用,从而将整个哲学包括美学的研究从现成论和对象论推向了生成论和无对象论的最高层次。宗白华先生说:"美学研究到壮美(崇高),境界乃

---

① 康德:《判断力批判》上,宗白华译。商务印书馆 1964 年版,第 102 页。邓译本为:"在其中内心能够使自己超越自然之上的使命本身的固有的崇高性成为它自己可感到的。"(见邓译本第 101 页)

② 同上,第 84 页。此句宗译原句为:"对于崇高的愉快不只是含着积极的快乐,更多地是惊叹或崇敬,这就可称作消极的快乐。"认为在崇高中积极的快乐和消极的快乐并存。而邓译为:"对崇高的愉悦就与其说包含积极的愉快,毋宁说包含着惊叹或敬重,就是说,它应该称之为消极的愉快。"(见邓译本 83 页)则崇高的愉快从本质上说,是消极的愉快,两者并未放在同一层次上。

③ 同上,第 89 页。邓译为:"崇高不该在自然物之中,而只能在我们的理念中去寻找。"(见邓译本第 88 页)

④ 同上,第 95 页。邓译为:"真正的崇高必须只在判断者的内心中,而不是在自然客体中去寻求,对后者的评判是引起判断者的这种情调的。"(见邓译本 95 页)

⑤ 同上,第 104 页。邓译为:"这个存在者不仅仅是通过它在自然界中所表明的强力而在我们心中产生内在的敬重,而且还更多地是通过置于我们心中的、无恐惧地评判那强力并将我们的使命思考为高居于它之上的那个能力,来产生这种敬重。"(见邓译本第 104 页)按宗译本,这种"内部具有"的"机能"只是"把我们的规定使命作为对它超越着来思维",也就是它的作用是思维"我们的规定使命"超越于自然的威力的。而按邓译,这种能力则是通过这种思维"来产生这种敬重"。

⑥ 曹俊峰:《康德美学引论》,天津教育出版社 2001 年版,第 262 页。

⑦ 郎吉努斯和博克都认为崇高来自于由竞争心或上进心引起的自豪感和胜利感,而非人对自然的征服。参见朱光潜:《西方美学史》上卷,第 240~241 页。

大，眼界始宽。研究到悲剧美，思路始广，体验乃深。"[①] 宗先生是在美学范畴的拓展的意义上来说这段话的。而我认为，康德美学的大境界不是别的，而是康德在博克论崇高的基础上，进一步深入探讨了纯粹外在的自然力是怎样经过我们主观心灵的改造而从先前的对立和压迫感转换生成为最后的和谐和美感这一问题。因为仅就范畴而言，亚里士多德早已创建了悲剧理论，郎吉努斯、博克也先于康德研究了崇高。但是，是康德在人类美学史上第一次找到了崇高由丑向美生成的真正原因，这就是人"心中的道德律"[②]、人的理性和意志以及建立在人的文化修养基础上的人的自尊、自信战胜了外在自然力的压迫，从而在心灵上获得胜利感和自豪感，并由此而与外在压力达成和谐一致。这种和谐一致就是自然事物最后合于人这一"世界的最后目的"。康德说："如果理性必须在验前指定有一个最后目的，那么这个最后目的只能是服从道德律的人。"[③] 因此，"建立鉴赏的真正的入门是道义的诸观念的演进和道德情感的培养；只有在感性和道德情感达到一致的场合，真正的鉴赏才能采取一个确定的不变的形式"[④]。

"崇高在人心中"，而不是在对象中，崇高的美"是道德的象征"[⑤]，具有依存美或附庸美的特征。这是康德美学思想的自我升华。本来康德是主张美在形式的，他认为美是事物的"无目的的合目的性"[⑥]，是目的在形式（形象）上的显现，即认为美是现成的、有对象的。但他的人是最高的目的和自然向人的生成论以及道德律等观念却把崇高美从现成论引向了生成论，把审美对象论改造成了无对象审美论，从而完成了优美（美）向崇高美的历史跨越，完成了美的从客观向主观的转向，实现了自然向人的心理生成。

其次，康德对于崇高的研究揭示了一条重要的美学规律，这就是：正如构成美的条件并不仅仅取决于物的属性，而是同时相关于主体的能力和人类共通感即普遍人性一样，崇高并不是事物的在数学上的大和在力学上的强的属性，而是在主客观激烈矛盾冲突后心灵战胜物体克服了对象后的"一种仅能间接产生的愉快"的属性。康德认为："因为真正的崇高不能含在任何感性的形式里，而只涉及理性的观念……所以，广阔的，被风暴激怒的海洋不能称作崇高。它的景象只是可怕的。如果人们的心意要想通过这个景象达到一种崇高感，他们必须把心预先装满着一些观念，心意离开了感性，让自己被鼓动着和那含有更高合目的性的观念相交涉着。"[⑦] 崇高的产生"经历着一个瞬间的生命力的阻滞，而立刻继之以生命力的

---

① 宗白华：《康德美学原理评述》，见康德《判断力批判》上。商务印书馆 1964 年版，第 222 页。

② 见康德：《实践理性批判》。

③ 康德：《判断力批判》下卷，第 117 页。邓译为："如果在任何地方应当有一个理性必须先天指定的终极目的，那么这个目的就只可能是服从道德律的人（即每一个有理性的世间存在者）。"（见邓译本 308 页）

④ 同上，上卷第 205 页。邓译为："对于建立鉴赏的真正入门就是发展道德理念和培养道德情感，因为只有当感性与道德情感达到一致时，真正的鉴赏才能具有某种确定不变的形式。"（见邓译本第 205 页）

⑤ 同上，上卷，第 199～205 页。

⑥ 康德：《判断力批判》上卷，第 59 页。

⑦ 同上，第 84～85 页。邓译本为："因为真正的崇高不能包含在任何感性的形式中，而只针对理性的理念……所以辽阔的、被风暴所激怒的海洋不能称之为崇高，它的景象是令人恐怖的；如果我们的内心要通过这样一个直观而配以某种本身是崇高的情感，我们必须已经用好些理念充满了内心，这时内心被鼓动着离开感性而专注于那些包含有更高的合目的性的理念。"（见邓译本 83 页）

因而更加强烈的喷射"①。而这种生命力的喷射全赖于人的心意能力，因此，康德给崇高下的定义是："仅仅能够思维它，而证实了一种超越任何感性尺度的心意能力。"② 这种关于崇高美只在于"心意能力"(vermogen des gemuths)的观点，已经突破了康德在研究优美时所下的"美在形式"的定义，即把美从外在形象(形式)所构成的对象转移到了人的主观"心意能力"上。

康德开宗明义地说："自然界的美是建立于对象的形式，而这些形式是成立于限制中。与此相反，崇高却是也能在对象的无形式中发见。"③ "审美判断是涉及对象的形式"，而崇高"却能够是无形式的"。④ 无疑，康德这种崇高是在主客体关系中主体在心灵上征服了客体(对象)后的精神升华，是一种由外到内、由表及里、由客向主的全方位的转换生成，是一种超感性、无对象的美或美感。这样一来，就把人们从美在客体、美在形式、美在对象的传统看法中解放了出来，把崇高美放在了自然向人的生成的历史大背景下，从而使人们树立一种无对象审美、内审美⑤ 的观念，并在无形中拓展了审美的实践领域和范畴领域。康德的这一观念即使在今天也仍然是新鲜的和充满活力的。据康德美学研究专家曹俊峰先生认为，康德的崇高论在18世纪是"最完善最深入的崇高理论"，至今也无人能够超越。⑥ 为什么呢？曹先生没有讲，但我认为，由于康德的崇高论实质上是崇高的审美生成论，而非形而上学的现成论，因此，它不仅在18世纪是超前的，即使在今天，对于那些仍被形而上学禁锢和遮蔽的学者来说，在思想方法上仍达不到康德的水平，遑论超越！

康德的这一崇高美生成论思想可用图一表示：

如图所示，导致主体战胜客体、人克服对象的根本原因在于作为审美主体的人，在于人的文化修养、道德感、自尊心、自信心等构成的人的主观能动性。如果说，康德的《判断力批判》整个都在探讨"审美如何可能"的话，那么，对人的主观能动性、人性结构功能和人的修养的揭示，将有助于我们进一步挖掘人生修养之于审美建构的关系，从而提高审美在人类精神文明建设中的价值含量。当然，由于康德把自然向人的生成建立在心理自信、自尊的道德感的基础之上，因而在揭示了崇高向审美生成的真理的背后仍未摆脱其历史唯心主义的虚妄，这也是我们用马克思主义的"自然向人的生成"观点考察康德美学时所发现的。

李泽厚曾在他的《庄玄禅宗漫述》中讲："无论庄、易、禅(或儒道禅)，中国哲学的趋向和

---

① 康德：《判断力批判》上卷，商务印书馆1964年版，第84页。

② 同上，第90页。邓译为："崇高是那种哪怕只能思维地、表明内心有一种超出任何感官尺度的能力的东西。"(见邓译本89页)虽然作为定义，宗译把崇高定义为"证实了一个超越任何感官尺度的心意能力"，显然不够准确，而邓译作为定义更为准确，因为崇高就是能够"表明内心有一种超出任何感官尺度的能力的东西"而不是那种能力；然而，两个译本都表明康德是强调崇高"表明内心有一种超出任何感官尺度的能力"这一点的。

③ 同上，第83页。"自然的美涉及对象的形式，这形式在于限制；反之，崇高也可以在一个无形式的对象上看到。"(见邓译本82页)

④ 同上，第86页。

⑤ 内审美指不借助耳目视听等感官功能，又没有外在客观对象的主观内在的精神型或境界型审美。参见拙著《修养 境界 审美》第二章，中国社会科学出版社2003年版；又见《西北师大学报》2004年第3期。

⑥ 曹俊峰：《康德美学引论》，天津教育出版社2001年版，第280页。

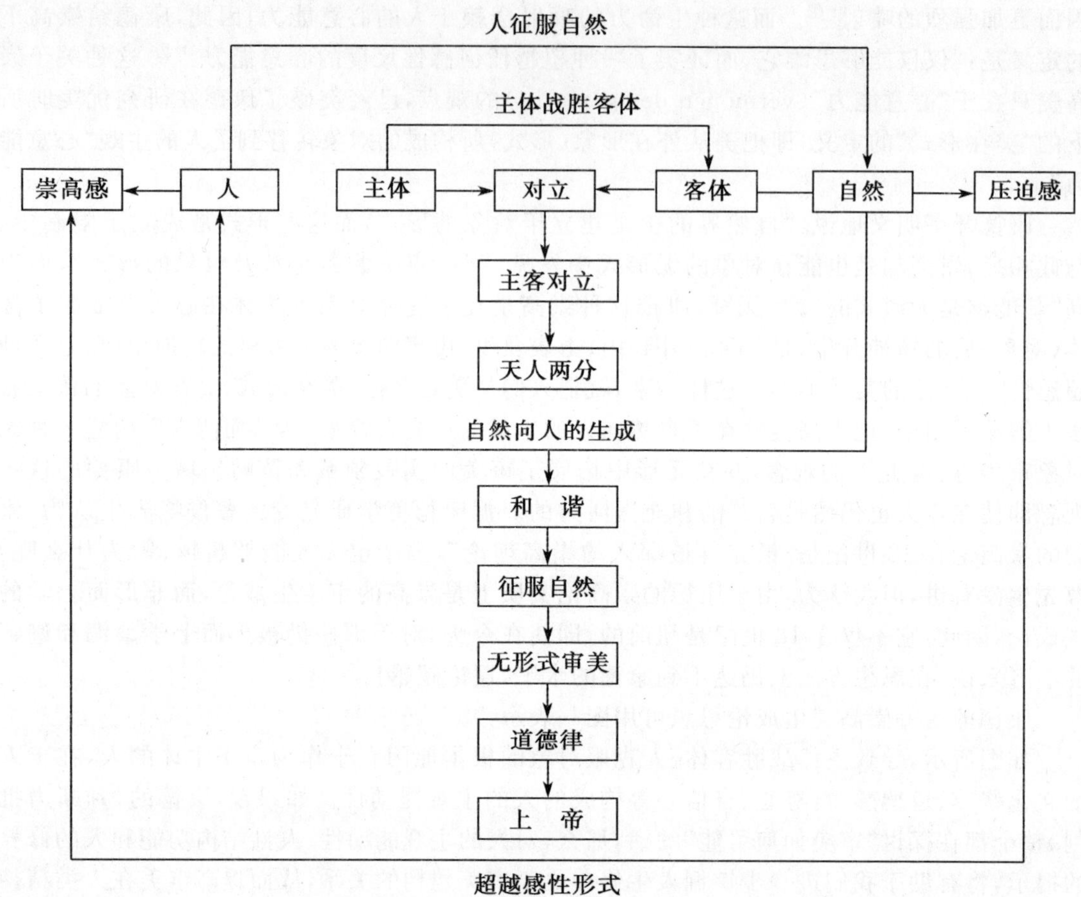

图一 康德的"崇高"生成图

顶峰不是宗教，而是美学。中国哲学思想的道路不是由认识、道德到宗教，而是由它们到审美。"① 李文虽然并未言及西方文化的路向，但当我们回顾康德的崇高美论时，却发现李文似乎已经包含了对康德的论述。实质上，康德所论崇高只是在说明审美作为通向伦理道德的中介，最终必须回归道德。而人心中的道德律的最后根由，康德只好从"上帝"那里去寻找。尽管这个上帝是假设的心灵主宰，但毕竟为宗教留下了缝隙。英国美学史家吉尔伯特在他的《美学史》下卷中写道："崇高感开始于对自然界壮观景象的映象，之后却转向对人的道德尊严的认识；而道德尊严超过了自然界中任何量和力……康德几乎是无人可以觉察地、悄悄地从美学领域滑到了道德领域。按照康德的意见，我们几乎可以说，崇高感是道德感的一种规范。它是从美这个棱镜上反射出来的一种道德；是偷偷地返回到了它当初在康德著作中居首要地位的一种道德。"② 此言可以说是一语中的。而老庄的人生境界生成为审美境界，实际上已超越道德和宗教而达到了人生境界的顶点。

① 李泽厚：《中国古代思想史论》。安徽文艺出版社 1994 年版，第 214 页。

② 吉尔伯特：《美学史》。上海译文出版社 1989 年版，第 448 页。

第三，崇高感的产生一定是心灵的生成而非对对象的实际征服。康德在《判断力批判》中用数学的崇高和力学的崇高显示自然在形状方面的大和力量方面的强。但崇高美的产生并非这种来自自然的形大和力强，而是心灵中“心意能力”的强大和道德感的力量。随着航天科技的发达，人类早已登上了月球，把嫦娥奔月的美妙传说变成了现实，但这一现实却使得美妙的传说失去了应有的光辉，使来自自然的崇高丧失了地位。正如马克思所说，随着避雷针的发明，关于雷神的所有神话将失去魅力一样；被当地土著居民背上珠峰的那些手作V字状在电视里展露风采的人们只能被视为是在作秀。因此，崇高只存在于心灵，心灵中才有永久的崇高。现实中的崇高是易逝的。崇高在心灵中生成，但在现实中委顿、破灭。也正因为如此，浪漫主义的文学境界才具有永恒的魅力。一旦超越了自然崇高的有限性，心灵的崇高就会显示出它的无限性来，这也是康德生成崇高论不会在历史中终结的原因之一。

第四，康德把崇高定义为“超越任何感官尺度的心意能力”，认为美的愉快在“质”的方面，而崇高的愉快在“量”的方面，即关乎数学和力学的大和强。但这种量还必须转化为“大”才能成为崇高。康德说：“但是假使我们对某物不仅称为大，而全部地，在任何角度(超越一切比较)称为大，这就是崇高。”这种大，“只允许在它内部，不得在它之外寻找适合的尺度。它是一种只能自身相等的大。”因此“崇高不存在于自然的事物里，而只能在我们的观念里寻找”，“崇高是一切和它较量的东西都是比它小的东西”。① 在此，康德专门用了一个希腊词noumenon，表示只能想象和思维而不能用感官感知的对象。很明显，康德的崇高是指绝对大或无限大、无比大。这种大只能是心理的大，不在自然的事物里。用中国人的话说是心比天高，大文豪雨果也说比海洋和天空还大的是人心。康德的这种用心之大来定义崇高的说法不仅有广泛的认同心理，而且也与中国古代道家关于大美、玄象、无限、大象的美学思想之间产生了可以进行比较的地方。

二　康德崇高感与老庄“道德境界”的无形式审美生成的共性

两千多年前中国伟大的哲学家老子虽然并没有把注意力放在美学上，而且有明显的贬低世俗之美的方面，如他说：“天下皆知美之为美，斯恶矣。”(《老子》二章)这句话的意思即是，人们都知道美的是美，实际上是恶。但是，老子却通过对“道”这个最高的形而上学本体以及与道的自然无为特点相联系的清净无为的人生境界的揭示，在实际上为人们展示了一种颇具审美属性的“大美”(《庄子·知北游》)的景象。这种大美用老子的话说，是“大象”、“大音”、“玄德”等宏伟无限和广袤无形之美。用庄子的话说，“道”是“有情有信，无为无形，可传而不可受，可得而不可见；自本自根，未有天地，自古以故存；神鬼神帝，生天生地；在太极之先而不为老，在六极之下而不为深，先天地生而不为久，长于上古而不为老。”(《大宗师》)这种无限和无极正好符合康德关于崇高的无形式的特征。而庄子中的“神人”“至人”、“真人”以及“水击三千里，抟扶摇而上者九万里”的鲲鹏等都是一种崇高的玄象。若在现实中见到这种“鹏之背，不知其几千里也；怒而飞，其翼若垂天之云”的大鸟，有谁不会产生惊恐、奇特的崇高感呢？

---

① 康德：《判断力批判》上卷，宗译本第89页。邓译为：“崇高是与之相比一切别的东西都是小的那个东西。”(见邓译本88页)

老子认为："人法地，地法天，天法道，道法自然"。(《老子》四十二章）"法"是效法的意思。用张岱年的说法，"自然"即道本身，而非由天地构成的大自然。因为天地自然皆效法道，所以道不可能反过来再效法天地自然了。[①] 用王弼的说法，"自然"即本然。他说："道不违自然，乃得其性，法自然也。法自然者，在方法方，在圆法圆于自然无所违也。自然者，无称之言，穷极之辞也。"(王弼《老子道德经注》）陈鼓应认为："所谓'道'法自然，是说'道'以它自身的状况为依据，以它内在原因决定了本身的存在和运动，而不必靠外在其他的原因。可见'自然'一词，并不是名词，而是状词。也就是说，'自然'不是指具体存在的东西，而是形容'自己如此'的一种状态。"[②]，即自然而然。道本身是清净无为的，但又是"象帝之先"(《老子》四章)，能"神鬼神帝"、"生天生地"(《庄子·大宗师》)，又是"大象"、"大音"和"大宗师"，具有"大美"的特点。老子认为，人生的最高境界就是要效法道的清净自然，"生而不有，为而不恃，长而不宰。"(《老子》十章、五十一章）"无为而无不为"(《老子》三十八章)，但怎样才能达到这种人生境界呢？老子认为这就需要修养的工夫，具体讲，一是致虚守静，二是涤除玄览(鉴)，三是守中。尽管老子的修养方式是具体的，但修养的根本目的仍在于道的实现。没有这种修养，道的实现就无从谈起。这里，老子已将最高人生境界及其获致途径讲得明白无误了。

截止目前，治老子美学者大都认为老子的"道境"即为审美境界，这种道境似乎就是本然的或现成的审美境界了。但是这种看法忽视了老子的无为是与修养的有为辩证地统一在一起的事实，即老子的"道"的无为是要通过人为的修炼才可以得到的。道要通过"德"来体现、实现，道与德一起构成人生的最高境界。这一貌似悖论的老子学说实际上说明"道境"是在主体的修养过程中生成的，因此，"道境"的向审美生成也是在修道的过程，也就是在德的过程中完成的，而且这个所谓的道境实际上就是前章所说的道德的境界，它的生成是向大美即壮美或崇高美的生成。理由如下：

1. 老子讲道，也讲德，其五千言被名之曰《道德经》，分为道经和德经两部，而且有的版本如帛书《老子》以《德经》为上，《道经》为下即是明证。道为本体，为目的，而德则为道的实现，是道的手段。离开了德，道将无法被把握，将失去存在的意义。而德，恰恰是人通过涤除、致虚、守中等修养手段战胜自己回归自然的过程。因此，道作为最高的美和审美境界既有"先天地生"的一面，又有由人的修养而生成的一面，即所谓"道生之，德蓄之，物形之，势成之"。(《老子》五十一章)"德"，韩非《解老》："德者内也，得者外也。"即舍弃外在的功名利禄之得，才能获得内心与道之自然无为相契之德。"蓄之"即培养和养成之意。如果说道是自然、是天，那么，德就是社会，就是人。道德者即得道者，是人向自然("道法自然"之自然，而非自然界)的回归，也有人因此将它称为"人的自然化"[③] 过程。这一点，在庄子的"同与禽兽居，族与万物并"(《马蹄》)的所谓"至德之世"中，"与天地并生而与万物为一"(《齐物论》)的天人合一境界中表现得似乎如此。但是，人是不可能自然化的，尤其是老庄要人做玄德之人、真人、至人、神人、圣人，欲达超人之境界，因此，表面上的自然化实质上是人的超自然化。

---

① 张岱年：《中国哲学大纲》。中国社会科学出版社 1982 年版，第 421 页。

② 陈鼓应：《老子注译及评介》。中华书局 1984 年版，第 30 页。

③ "人的自然化"一说始见于李泽厚《华夏美学》中的"儒道互补"理论，近年来被广为阐发，似成显学。

显而易见，不同于康德的崇高美源于自然向人的生成，老庄的人生境界之美是一种人向自然(道)的回归过程。但由于老子的“自然”不是大自然，所以，这个自然化过程用冯友兰先生引用黑格尔的话说，是一种更高的觉解，是一种精神的创造①，因而在实质上仍然是作为主体的人克服人的异化造成的人与天、人为与自然、认知与感悟、功利与审美的一系列对立后产生的精神存在。也就是说，道家的人生境界之美仍然是生成的，是在“德”即内在的无为清静中自然获得的精神境界，而非现成的。这种“德”不同于康德的道德律和儒家的伦理规范之德的社会性和人为性特点，具有自身与道相契、同体不二的性质。

这种由德生成的道德境界的壮美或崇高不同于康德处在于，康德讲的是人战胜物、人征服自然后(胜利后)的天人合一，而老庄讲的却是人战胜人自己之后的消除界限、物我冥合、与道为一。庄子讲得更明确：“道行之而成”，是说道必须在其自身的运动中才能体现出来，而且，道本身“已而不知其然谓之道”(《庄子·齐物论》)，是无意识的运行。但是，对于天地万物来说，最根本的问题是要得此“已而不知其然”之道，否则，就连天地万物的运行也成了问题。庄子说：“夫道，渊乎其居也，漻乎其清也。金石不得无以鸣。故金石有声，不考不鸣。”(《天地》)是说钟磬如果不得道，也不会自己发声的。可见，“德”作为人化过程对于道家人生境界向审美转化的决定意义。正因为“德”的作用，才使得“道德境界”在人的心理生成为审美的境界。老庄的壮美(崇高)生成图见图二。

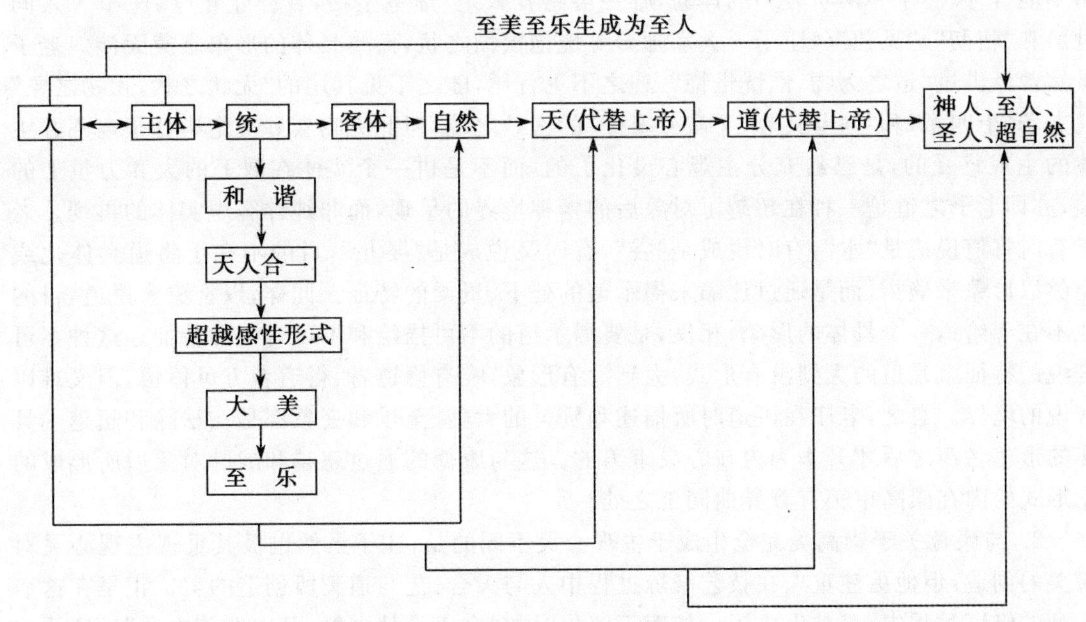

图二　老庄的壮美生成图

2. 康德和老庄的崇高论都有一个去除对象而后产生内审美的转换过程。康德的崇高美学如前所述，是理性和道德自律战胜了对象在体积上的压迫感，从而消解了对象的存在并

① 参见冯友兰《新原人》境界篇。

产生无对象(形式)的内审美。

一方面,老庄都认为"形色名声"有碍于道之大美的获得。老子否认道之美有形象,认为大象无形,大音希声。庄子认为"钟鼓之音,羽旄之容,乐之末也。"又说:"视而可见者,形与色也;听而可闻者,名与声也。悲夫,世人以形色名声为足以得彼之情!夫形色名声果不足以得彼之情。"(《庄子·天道》)即认为凡是具有形色名声的东西包括艺术,都"不足以得彼之情",只能算"乐之末",是与道和大美背道而弛的。而与道相合的音乐,则"视乎冥冥,听乎无声。冥冥之中,独见晓焉;无声之中,独闻和焉。"(《庄子·天地》)具有无形无声的特点。

另一方面,同于"大……无……"的逻辑,老子认为,"五色,令人目盲;五音令人耳聋;五味,令人口爽;驰骋田猎,令人心发狂;难得之货,令人行妨。是以圣人为腹不为目。"(《老子》十二章)这种由对统治阶级纵情于声色犬马的不满而产生的对于感官型审美的贬斥,无疑是在与道之崇高和大美的对比中形成的。庄子认为"至乐无乐",即通过修养消解了俗世间所认为的美,而可能以世人以为是苦的东西为乐,达到了一种超越或舍弃了外在对象的精神悦乐。庄子说:"夫天下之所尊者,富、贵、寿、善也;所乐者,身安、厚味、美服、好色、音声也。"所苦的无非就是以上这些感官的享受和感官的审美无法得到满足,然而,庄子却认为"果有乐无有哉?吾以无为诚乐矣,又俗之所大苦也。故曰'至乐无乐,至誉无誉'。"(《至乐》)《庄子》中有许多静心斋戒、坐忘修道的故事,其中的至乐与至美都是"心困焉而不能知,口辟焉而不能言"(《庄子·田子方》)的体验,唯一可感者只是"虚室生白,吉祥止止"(《庄子·人间世》)和"朝彻"、"见独"(《庄子·大宗师》)等恍惚模糊之状,而与具体的形象之美无涉。老子虽然曾经讲过"道之为物,惟恍惟惚",迎之不见首尾,随之不见其尾的"无状之状,无物之象"(《老子》十四章)和"窈兮冥兮"、"寂兮寥兮"的玄妙之境,但此无物玄妙恍惚毕竟是离不开主体的主观感受的,是已经充分主观心灵化了的,而不是讲一个实体在数上的大和力量上的强,亦即老子之道是一种在超越了对象后的精神境界的呈现,而非纯粹客观实体的再现。老子有时将道说成是"水",有时说成是"谷",有时又说成是"婴儿",目的不在于将道具体化或能够以形象来确指,而是通过比喻来揭示道的处下、贵柔的特征。同样,以玄象来说道,目的也不在于给道一个具体的形象,相反,是要揭示道的不可描绘和不可言说的特征。这种不可言说的特征就是道的大到没有形式,大到没有形象,唯有修道者、得道者方可体悟,但又难以言说的境界。总之,老庄在讲道时所描述和赞美的大美、至乐和玄象都是在祛除和超越了具体的形色名声之后才升华为内在心灵审美的。这与康德的通过超越和战胜对象后所形成的无形式的内在崇高审美有着异曲同工之处。

3. 与康德关于崇高美完全生成于主观心灵不同的是,庄子虽然也极其重视主观心灵对于美的创造,但他更注重人在技艺修炼过程中人与天合、艺与道契所创造的美。正是在这一系列的修炼过程中,美被生成了。如庖丁解牛时的"合于桑林之舞,乃中经首之会"(《庄子·秋水》)的审美效果,就是在修炼过程中生成的。"梓庆削木为鐻,鐻成,见者惊犹鬼神。"(《庄子·达生》)其鬼斧神工、令人叹为观止的审美效果也是在修养实践中生成的,其美是被创造出来的。用蒋孔阳先生的说法,"美在创造中"[①],美的创造过程也就是心灵自由转换生成的过程,既由功利、认知的境界向审美的境界转化的过程,是由自然向人、由"此在"向大道,由

① 蒋孔阳:《美学新论》。人民文学出版社1993年版,第136~159页。

不美向美的转换生成的过程。这种转换生成的机制在老庄那里就是回归于自然无为的修养,就是“德”,而在康德和孔孟那里则主要是社会伦理道德律的体现。但在揭示美的由人的主观能动性生成而非现成这一点上,中西美学在最具代表性的人物那里却有着惊人的相似,这并非偶然的巧合,而是说明真理的同一性。

三　康德崇高之“无”与老庄壮美之“有”的比较

康德和老庄都为我们展示了美的生成过程,展示了人的修养之于审美生成的重要性,并在此基础上揭示了无对象审美、内审美等审美规律,对我们今天的美学研究和人生境界的探索仍具有很好的启发意义。

值得注意的是,有学者甚至思想家认为中国没有崇高。李泽厚在他的《试谈中国的智慧》一文中指出:“鲁迅说,读中国书常常使人沉静下来。我认为,包括上述中国传统思想中的人生最高境界的审美也具有这方面的严重缺陷。它缺乏足够的冲突、惨厉和崇高(Sublime),一切都被消融在静观平宁的超越之中。”① 李泽厚和刘纲纪在他的《中国美学史》第一卷中也说:“庄子所赞颂的‘大美’,也就是我们现在一般所说的‘壮美’,但不同于西方美学所谓的‘崇高’。”原因在于,西方崇高美感伴随恐怖和痛感,而庄子的壮美却只伴随惊叹而无恐怖和痛感。② 有的学者在讲到康德的崇高时认为:“‘崇高论’的审美精神是素来以天然‘和谐’、‘中庸’为标准的中国审美传统中所缺乏的。”③ 类似结论不无道理,在老庄那里的确缺乏人与自然的对立,但过多地强调这种差别而根本看不到相同之处也与事实不符。因为老庄,尤其是庄子在他的著述中多次讲到了“大音”、“大象”、“大美”、“天籁”、“鲲鹏”、“神人”、“大宗师”等玄象,这些玄象虽然模糊、恍惚迷离,不见首尾,但较之康德的纯粹“心意能力”的崇高来,虽然多了几分对象性特点,但仍不失为崇高。而《庄子·逍遥游》中“水击三千里,抟扶摇而上者九万里”的鲲鹏,“乘云气,御飞龙,而游乎四海之外”的神人,《大宗师》中“神鬼神帝”、“生天生地”的大宗师和《秋水》中那种“千里之远,不足以举其大;千仞之高不足以极其深”,“不为顷久推移,不以多少进退”的无限之美等,则更具有崇高和壮美的特点。庄子还从“磅礴万物以为一”(《逍遥游》)来讲道的统摄万物的境界,具有宏伟的气势和崇高的特征。李泽厚先生本人也说,庄子“在审美表现上,经常以气势胜,以拙大胜”④。虽然庄子的这些形象是对象性存在,是“有”,与康德关于崇高只是内心“心意能力”的发挥,即一种外在形象的缺失和“无”有很大的不同,但无疑它们的博大雄伟、神气玄妙之崇高美在自然中也是不存在的,是精神的创造。而受道家老庄影响的《列子》中的神仙以及试图移山的愚公等,还有《淮南子》中记载的神人的神迹等,无不具有崇高的特点。当然,康德所讲的崇高是在人与自然的对立中讲的,与庄子在文本中已消解了这种对立之后所描述的崇高不能等量齐观,但其崇高的属性仍然是不可忽视的。

不同于在康德那里的自然与人的对立需经道德的心意能力的转换才能达到人与自然的

---

① 李泽厚:《中国古代思想史论》。安徽文艺出版社 1994 年版,第 318 页。

② 李泽厚、刘纲纪:《中国美学史》第 1 卷。中国社会科学出版社 1984 年版,第 255 页。

③ 劳承万:《康德美学论》。中国社会科学出版社 2001 年版,第 226 页。

④ 《漫述庄玄禅宗》,李泽厚:《中国古代思想史论》。安徽文艺出版社 1994 年版,第 212～213 页。

和谐，老庄思想中的人与自然、人道与天道之间并不存在天然的对立，相反，天道、自然在老庄看来是人永远效法的楷模。因此，天道、自然对人来说永远是可敬可爱的，它被形象化为“象帝之先”、“水”、“朴”、“大象”和真人、至人、神人、大宗师、圣人等。它们虽非凡人却具有同类的可亲性。相反，在老庄看来，与人形成真正疏离甚或对立的是人与人，而非自然天道，是人的社会构成、人的知识技巧、人的道德规范和人的功名利禄之心等，因此，崇高的美永远不会产生在人类社会的人为之中，只会产生于自然或把握了自然无为之道的得道之人那里，如能“以天合天”的能工巧匠那里，而不是在深明仁义道德的儒士包括被庄子称为“伪巧人”的孔夫子那里。因此，从表面上看，道家的崇高似乎来自于先天地而生的现成的道，但是从道的自然无为和道的德能实现上来看，恰恰是顺道而行者才创造了这种自然无为的审美境界。如提刀而立，踌躇满志的庖丁；能够使其作品“惊犹鬼神”的梓庆；能够“吸风饮露，不食五谷”，但却可以乘着飞龙遨游四海的神人等等。因此，老庄的人生境界中有为与无为的相互转换导致了崇高美的生成。只不过与康德的自然向人的生成不同，它是人向超自然化（更高一级的人）的生成。

在崇高生成的方式上，康德一再强调理性的重要性而否定想象的可能性，如他说：“真正的崇高不能含在任何感性的形式里，而只及理性的观念”[①]“想象力和悟性在判定美里通过它们的一致性，想象力和理性却在此（按：指崇高）通过它们的对立性把心情诸能力的主观的合目的性引导出来。”[②]但老庄却是主张去知的、反对理性的，老子讲要“涤除玄览”、要“绝圣去智”，庄子讲要“心斋”、“坐忘”，还说，“无思无虑始知道，无处无服始安道，无从无道始得道。”（《庄子·知北游》）因此，对于道的崇高境界也是在一种没有理性干预的情况下才能体会到的。而那些作为道的化身的玄象，也只有在想象中才能感悟、“神遇”。但无论老庄还是康德，主观能动性的发挥所带来的精神创造才是各种类型的崇高转化为美感的终极原因。

康德在他的《实践理性批判》中写道：“头上有灿烂的星空，道德律在我心中。”星空的崇高与心中的道德并举，不正是康德关于自然向人生成的主题的生动写照吗？俄国伟大文学家列夫·托尔斯泰在他的《战争与和平》第一部第三卷中描写了在奥茨特里奇战役中负伤的安德列王爵，在战场上苏醒的间歇仰望星空的一幕，那“湛蓝的、深远的、永恒的、崇高的天空”，不仅仅是一个刚从死亡中苏醒的年轻军官的生命体验，而且也是人类崇高美的永恒的象征，它无疑是对康德关于崇高美生成的最生动、最形象的阐释。只可惜的是，安德列，实际上是托翁，并没有体会到庄子那种“天地与我并生，而万物与我为一”（《庄子·齐物论》）的精神境界和“吾以天地为棺椁，以日月为连壁，星辰为珠玑，万物为赍送”（《庄子·列御寇》）的潇洒飘逸。康德的崇高论是推崇理性而否定想象的。相反，老庄是推崇想象而否定理性的，即主张“绝圣去智”、“堕肢体，黜聪明”的。而托尔斯泰对安德列仰视天空的描写很快滑入情感的起伏中。也许，崇高会在不同的本文和不同的阅读史中不断地生成新的意蕴，但是，去除行色名声仍然是崇高美产生的终极原因。

---

① 康德：《判断力批判》，上卷第84页。“真正的崇高不能包含在任何感性的形式中，而只针对理性的理念。”（见邓译本83页）

② 同上，第98页。邓译为：“正如想象力和知性在美的评判中凭借它们的一致性那样，想象力和理性在这里通过它们的冲突也产生出了内心诸能力的主观合目的性。”（见邓译本97页）

［中国现代美学］

朱光潜关于审美对象的研究

梅宝树

（河北大学艺术系）

在美学研究中，有些学者从认识论（反映论）出发，往往把审美客体与审美对象等同起来。朱光潜先生十分关注这个问题，特别是在20世纪50年代美学大辩论中，他为了区别审美客体和审美对象，区别认识对象和审美对象，提出了“物甲”与“物乙”说。现在重新解读朱先生关于审美对象的研究，依然会给予我们以新的启示。

一

什么是审美对象？它的性质是怎样的？

朱先生认为，构成审美对象要具备二方面的条件。

从客观方面来说，必需得有个客观存在着的“物”，这个“物”是具有审美性质的客体。古松之所以能成为审美对象，因为它具有客观的审美性质。“从‘物’的方面说，创造都要有创造者和所创造物，所创造物并非从无中生有，也要有若干材料，这材料也要有创造成美的可能性。松所生的意象和柳所生的意象不同，和癞虾蟆所生的意象更不同。所以松的形象这一个艺术品的成功，一半是我的贡献，一半是松的贡献。”[①] 朱先生认为审美性质是审美客体的价值属性，如果审美客体不具有审美性质，没有“创造成美的可能性”，就不可能转化为审美对象。

从主观方面说，审美客体必需处在被人们欣赏或创造之中，成为被审美经验着的对象。原始森林没有去，画没人看，音乐没人听，它们只能是审美客体，并不能成为审美对象。再美的风景，再美的事物，再美的艺术品，如果碰到审美能力很低的人，不抱着审美态度去欣赏，它们也不能成为审美对象。朱先生反复举这个例子讲：“有人向海边农夫称赞他的面前海景美，他很羞涩地指着屋后菜园说：‘海没有什么，屋后的一园菜倒还不差。’一园菜囿住了他，使他不能见到海景美”。[②] 一个审美能力很差的村民挖出青铜器，也只能把它当成盆盆罐罐来使用或当作文物来变卖，却不能把它作为审美对象来欣赏。事实上，一处自然风光，美的社会现象和艺术作品，它们作为审美客体，并非在任何时候，任何情况下都能成为审美对象的。只有当人们抱着审美态度，有审美能力欣赏它们，使它们处在审美经验之中，其意蕴及

① 《朱光潜美学文集》第1卷。上海文艺出版社1982年版，第485页。

② 同上，第509页。

潜能为欣赏者、接受者所感知、理解，并经过接受者的审美经验加工、创造的情况下，使其产生了审美效应和价值，才能成为审美对象。因而在朱先生看来，审美客体还不就是审美对象，只有当审美容体能直接诉诸或引发、唤起人们的审美感受和审美经验时，它才能成为审美对象，审美对象是在审美经验中完成和实现的。

为了划清审美客体与审美对象的不同区别，朱先生提出了“物甲”与“物乙”说。

“‘物甲’和‘物乙’只是代号，并不表示彼此不相干的甲乙两物。”① “物”（物甲）与“物的形象”（物乙）的分别。物甲是自然存在的，纯粹客观的，它具有某些条件可以产生美的形象（物乙）。这物乙之所以产生，却不单靠物甲的客观条件，还须加上人的主观条件的影响，所以是主观与客观的统一。② 在朱先生看来“物甲”是自然界客观存在的“物”，也就是存在我们意识之外的审美客体。“物乙”是“物的形象”，不同于“物甲”是自然物，而是进入到人们审美经验之中的物，夹杂着人的主观成份的物，也就是“物甲”（审美客体）与美感（审美经验）相结合而产生的审美对象。

为什么朱先生一再坚持要划清“物甲”（审美客体）和“物乙”（审美对象）的区别呢？

朱先生认为：“美感的对象是‘物的形象’，而不是‘物’本身”，③ 不能“把自然‘物’和经过美感反映之后的‘物的形象’混为一事”。④ “物甲”自然物，亦即审美客体，在没跟审美经验结合之前，只是诱发产生审美经验（美感）的客体存在，还没成为美感对象。而当“物甲”（审美客体）被人们欣赏，与人们的审美经验相结合，产生了“美的形象”（物乙），这时它才成为美感对象（审美对象）。也就是说，具有审美性质的物甲（审美客体），只是一种潜在的审美价值，相对“物乙”（审美对象）而言，它只是一种可能性，而“物乙”（审美对象）它已经把可能性变成了现实性，是一种实现了的审美价值，因而两者不能混同。

朱先生在早期和晚期的著作中，都注意区分审美客体和审美对象的不同性质，归纳起来有如下几点。

第一，审美客体（物甲）是客观的；审美对象（物乙）是意象性或经验性的。

审美客体（物甲），是独立存在于我们审美经验之外，具有审美性质的客体。“例如画梅花，画的是一种实物，这实物的客观存在是必须肯定的。”⑤ 由于物甲的审美性质是客观的，因此，“人的主观意识不能影响物甲的客观存在，犹如认识到红色的意识不能影响红色的存在。这是确凿不可移的”⑥。说审美客体（物甲）“‘不依欣赏的人而存在’，我认为是理所当然的。”⑦

审美对象（物乙）为什么说是意象性或经验性的呢？

1. 从转化的根本条件来看

审美客体变成审美对象得依于主观的审美经验。朱先生引证马克思的话说：“‘最美的

① 《朱光潜美学文集》第3卷。上海文艺出版社1983年版，第73页。

② 同上，第38页。

③ 同上，第34页。

④ 同上，第35页。

⑤ 同上，第67页。

⑥ 同上，第38页。

⑦ 同上，第362页。

音乐对于不能欣赏音乐的耳朵就没有意义，就不是对象。'我想马克思这里说的'不是对象'并不是要取消最美的音乐(物甲)的存在，而只是说这最美的音乐(物甲)对于不能欣赏音乐的耳(主观条件的差异)不能产生美的形象(物乙)。也就是说，由于不能欣赏音乐的耳朵的主观条件(美感能力)不够，最美的音乐之所以能产生美的形象的客观条件不能发生作用，就不能产生美的形象(物乙)。"[①] 那些没有艺术修养的人虽然听了音乐，看了艺术品，也是听而不闻，视而不见，在他们面前，艺术作品只是作为一种审美客体(物甲)而存在，并没作为审美对象(物乙)而存在。这充分说明，个体的审美经验是审美客体(物甲)向审美对象(物乙)转化的根本条件，个体的审美经验决定着审美对象的完成和实现，审美对象虽然也受审美客体的制约，但它却依赖于欣赏者的主观意识为转移。

2. 从审美心理的经验事实来看

现象学美学家英伽登曾以欣赏者观看《维纳斯》雕像为例，说明真正的审美对象，既不是给定的那块大理石，也不是大理石雕成的女人像，更不是一个真实女人的残缺不全的身体(如见到真实的断臂女人就要产生不快或同情)，而是通过对这一雕像的审美欣赏，在审美个体心目中形成的女神意象，这个女神意象乃是客体的审美属性和个体的审美经验相互作用的产物，是在个体的审美经验之中，通过感知、情感、想象和理解，再创造出来为自己欣赏的对象。在这种情况下，审美个体才会在不知不觉中，完全忘却雕像肢体残缺的臂膀，所欣赏的是一位完美无缺的女神，甚至反因双臂不曾出现在他的视野里，而使维纳斯这个审美对象更具有无穷的魅力。这说明审美对象是在审美经验中构成的，它不是一种实体性的存在，而是一种意象性或经验性的存在。

朱先生也曾举例说："比如天上的北斗星本为七个错乱的光点，和它们邻近星都是一样，但是现于见者心中的则为像斗的一个完整的形象。这形象是'见'的活动所赐于那七颗乱点的。仔细分析，凡所见物的形象都有几分是'见'所创造的。"[②] 朱先生还以立普斯列举的希腊神庙建筑中的多利克式石柱为例，说明审美对象的经验性质。这种石柱支持上面沉重的平顶，本应使人感到它受重压而下垂，但是我们在欣赏中却感到它们仿佛在耸立上腾，现出一种出力抵抗不甘屈挠的气概。这是什么缘故呢？"下垂属于石柱本身，不下垂属于它的形象或'空间意象'"，"在观赏石柱时，我们只以它的'空间意象'为对象，并非以它的物体本身为对象，所以对于物体本来下垂的事实便无暇顾到了"。[③] 这说明多利克式石柱耸立向上，出力抵抗的形象，是在欣赏者的审美经验中所构建的"空间意象"，它意向到石柱(审美客体)而成为审美对象。所形成的审美对象，不是石柱本身(物理事实)，而是"空间意象"(经验事实)。

3. 从审美不同于认识来看

朱先生认为，把美学、艺术看成单纯是反映、认识，从主体看就会把认识和审美混为一谈，从客体看就会把认识对象和审美对象混为一谈。朱先生说："我主张科学的反映和艺术

---

① 《朱光潜美学文集》第3卷。上海文艺出版社1983年版，第39页。

② 同上，第53页。

③ 同上，第48页。

的或审美的反映,应作为分别处理。”[①] 因为客观事物作为认识的对象和作为审美对象是不一样的。作为认识对象白云就是白云;作为审美对象可以看成是白衣苍狗。作为认识对象墨荷就是黑的:作为审美对象墨荷可分五色,我们从中可以看出其他颜色来。这就是说,客观事物(包括艺术品),作为认识对象它是不依人的意识为转移的客观存在;作为审美对象它是依赖于人的美感经验而构成的艺术形象。

朱先生举例说:“欣赏花感到美与认识‘花是红的’,这中间有一个本质的区别;科学在反映外物界的过程中,主观条件不起什么作用,或是只起很小的作用,它基本上是客观的;美感在反映外物界的过程中,主观条件却起很大的甚至是决定性的作用。”“我认为‘花是红的’和‘花是美的’是两种不同的反映,而我的反对者认为这两种既同是反映现实,就没有什么不同:‘红’和‘美’同是花的属性,都‘不依鉴赏的人而存在’。说‘红’‘不依鉴赏的人而存在’,我认为是理所当然的;说‘美’‘不依鉴赏的人而存在’,我认为是很难说得通的。”[②] 朱先生批评一些美学家以审美客体(物甲)的客观性否定审美对象主观性时说:“把自然‘物’和经过美感反映之后的‘物的形象’混为一事,从‘物不依赖于认识的人而存在’这个正确的原则推演到‘物的形象不依赖于鉴赏的人而存在’这个错误的结论。因此,他把艺术地掌握世界与科学地掌握世界,把认识‘花是美的’与认识‘花是红的’,看成毫无分别。美只是自然物的一个属性,犹如红是花的一个属性一样,完全是客观的,与主观成份毫无关系。这样一来,他剥夺了美的主观性,也就剥夺了美的社会性。”[③]

第二,审美客体(物甲)是现实的存在,具有历史的真实性;审美对象(物乙)是虚幻的存在,具有诗的真实性。

在朱先生看来,古松、翠竹、虫声、鸟语、浩翰的大海、无限的沙漠、飘忽的雷电风雨、血色鲜丽的姑娘,它们作为审美客体(物甲)具有审美属性,以其感性形式取悦于人,都是现实存在的事物。它们虽然具有客观现实性,但却不能超越现实,只能具有历史的真实性。

审美对象是非现实的虚幻存在。当我们凝神观照一个审美客体,构建审美对象时,不但忘却欣赏对象以外的世界,并且也忘记了我们自己的存在,使我们进入一个物我两忘的虚幻世界。比如观看一棵古松,玩味到聚精会神的时候,我们常不知不觉地把自己中的清风亮节的气概移注到松。同时又把松的苍劲的姿态吸收于我,于是古松怦然变成一个人,人也怦然变成一棵古松,我和物的界限完全消失了,我没入大自然,大自然也没入我,我和大自然打成一气,在一块生长,在一块震颤,呈现我们面前的审美世界“仿佛是一种梦境”[④]。此时,“主体在审美对象中忘却自己,感知者和被感知者之间的差别消失了,主体和客体合为一体,成为一个自足的世界,与它本身以外的一切都摆脱了联系。在这种审美的迷醉状态中,主体不再是某个人,而是‘一个纯粹的、无意志、无痛苦、无时间局限的认识主体’,客体也不再是某一个个别事物,而是表现(观念)即外在形式。意志的暂时消灭不仅带来对表象的直觉,而且

---

① 《朱光潜美学文集》第3卷。上海文艺出版社1982年版,第58页。

② 同上,第362页。

③ 同上,第35页。

④ 同上,第16页。

带来美的欣赏”[①]。

对艺术的欣赏也是如此，在李商隐《锦瑟》这首诗中“庄生、蝴蝶，固属迷梦；望帝、杜鹃，亦仅传言。珠未尝有泪，玉更不能生烟。但沧海月明，珠光似泪影，蓝天日暖，玉霞或似轻烟。此种情景可以想象揣拟，断不可拘泥地求于事实。它们都如死者消失之后，一切都很渺茫恍惚，不堪追索；如勉强追索，亦只‘不见长安见尘雾’，仍是迷离隐约，令人生哀而已”[②]。

审美对象（物乙）虽是非现实的虚幻世界，但却能超越现实，具有诗的真实性。我们看《红楼梦》，贾宝玉的痴情，林黛玉的心窄，薛宝钗的圆通，在任何场合他们的一举一动，一言一笑，都切合他们的身份，表现他们的性格。虽然这一切在历史上都是子虚乌有，然而却使我们感到非常“真实”。文学家所创造的角色，如哈姆雷特、夏洛克、塔尔丢夫、卡拉马索夫、鲁智深、刘姥姥、严贡生之类人物，我们欣赏这些审美对象，感到他们比我们在实际中常遇见的类似的典型人物还更入情入理。我们虽然指不出某一个人恰恰是夏洛克、刘姥姥，但是觉得世间有许多人都有几分像他们。一首好诗，一部名著，一个完美的艺术形象，总是让我们从有限的、偶然的、具体的形象中领悟到体现着生活的本质、必然的内容。使我们在微尘中发现大千，在刹那中见到千古，在偶然中找到必然，在有限中寻到无限，这就是超现实的“诗的真实”。朱先生认为艺术作品不能没有几分历史真实，但是，“最重要的真实是诗的真实而不是历史的真实；因为世间一切已然现象都有历史的真实，而诗的真实只有在艺术作品中才有，一件作品在具有诗的真实时才能成其为艺术”[③]。这正是艺术品成为审美对象所独有的。

第三，审美客体（物甲）是比较稳定的；审美对象（物乙）则是很不稳定的。

审美客体是现实存在的事物，虽然也处在发展之中。但它还有一个相对稳定性，不是短促即逝的。而审美对象作为经验性的存在，则不是那么长久稳定的，而是短暂即逝的。为什么呢？

1. 作为超功利、非实用的审美态度不能长久保持，这是审美对象不能长久稳定的根本原因。“一个人不能终身都在直觉或美感经验中过活。”[④] 一个人不可能长年、累月、整天地保持超功利非实用的审美态度，既使你欣赏最好的音乐、电影或戏剧，时间也必竟是短暂的。就是在人们聚精会神地欣赏中，有时也会走神，“比如，在观赏古松时，如果他猛然想到它可以避风息凉或是造桥架屋，这一念之动中他就搬了一回家，跑回到实用世界中去了”[⑤]。审美对象也就跟着消失了。由于戏剧艺术“容易在观众头脑里产生活动在真实世界里的虚假印象”，唤起人们一种实际态度或道德同情，“结果我们很容易像天真的儿童和乡下人那样，把演戏时装出的悲欢当成真的，与演员同悲同喜，想向坏人报仇，而当有情人克服种种不幸和障碍终成眷属时，便不禁鼓掌庆贺。这自然已不是一种审美态度，距离已经丧失了”[⑥]。审美对象也就不复存在了。

---

① 《悲剧心理学》。人民文学出版社 1983 年版，第 136 页。

② 《朱光潜美学文集》第 1 卷。上海文艺出版社 1982 年版，第 95 页。

③ 《朱光潜美学文集》第 2 卷。上海文艺出版社 1982 年版，第 360 页。

④ 《朱光潜美学文集》第 1 卷。上海文艺出版社 1982 年版，第 125 页。

⑤ 同上，第 16 页。

⑥ 《悲剧心理学》。人民文学出版社 1983 年版，第 30 页。

2. 灵感的突如其来，败兴而去，稍纵即逝，也影响到审美对象的持久和稳定。我们常说的“兴”，也就是创作或欣赏中的灵感，兴会一来，形象沓沓而来思致滔滔不绝。兴会来时最忌外扰，本来正当形象沓沓而至，文思滔滔源源而来之际，有什么一打扰，或是墨水瓶猛然打倒了，便会把思路打断，断了以后就想尽办法也接不上来。谢无逸问潘大临近来作诗没有，潘大临回答说：“秋来日日是诗思。昨日提笔得‘满城风雨近重阳’之句，忽摧租人至，令人意败，辄以此一句奉寄。”① 朱先生认为这是“败兴”影响对审美对象创造的最好例子。

总而言之，朱先生认为审美对象是在审美经验之中的对象（物乙），不是在审美经验之外的审美客体（物甲）。审美客体是外在的，属物的，客观的，现实的，成形常往的，具有历史的真实性。审美对象（物乙）是内在的，属人的，主观的，虚幻的，变动不居的，具有诗的真实性。

二

那么，审美客体（物甲）如何才能转化为审美对象（物乙）呢？

从审美心理学看，主体对一个客体的审美观照时，首先出现的是审美态度，然后才能使审美客体（包括艺术品）成为审美对象。审美态度是现代美学注意的中心。在西方美学史上，自叔本华以来这个问题被提得越来越突出。

朱先生在《文艺心理学》和《谈美》的两部著作中，对审美心理活动的分析，一开头也是谈的美感（审美）态度。② 他认为审美态度是人们从日常感知向审美经验过渡的关键环节，是偏重在摆脱思考、意志、欲念的一种心理活动。他列举了对梅花或古松的三种不同的态度。一种是实用态度；一种是科学态度；一种是审美态度。“实用的态度以善为最高目的，科学的态度以真为最高目的，美感的态度以美为最高目的。在实用态度中，我们的注意力偏在事物对于人的利害，心理活动偏重意志；在科学的态度中，我们的注意力偏在事物间的相互关系，心理活动偏重抽象的思考；在美感的态度中，我们的注意力专在事物本身的形象，心理活动偏重直觉”。③ 在审美态度中，“不像实用人，不去盘问效用，所以心中没有意志和欲念；也不像科学家，不去寻求事物的关系条理，所以心中没有概念和思考。他只是在观赏事物的形象。唯其偏重形象，所以不管事物是否实在，美感的境界往往是梦境，是幻境。把流云看成白衣苍狗，就科学的态度说，为错觉：就实用的态度说，为妄诞荒唐：而就美感的态度说，则不失其为形象的直觉”。④

我们面对可以作为审美客体的瓜果、瀑布、图画、雕刻和美人，如果“一看到瓜果就想到它是可以摘来吃的，一看到瀑布就想到它的水力可以利用来发电，一看到图画和雕刻就估算它值多少钱，一看到美人就起占有的冲动”⑤。也就是说，如果对这些审美客体只抱着实用

---

① 《朱光潜美学文集》第1卷。上海文艺出版社1982年版，第529页。

② 同上，第19页。朱先生在作者补注中说：“西文中的aesthetic，在我早期的论著中，都译作‘美感’，后来改译为审美。后者较妥。”

③ 同上，第451页。

④ 同上，第15～16页。

⑤ 同上，第22页。

功利的态度，而不是抱着超功利非实用的审美态度，那么，它们只能成为人们的实用对象，不可能成为人们的审美对象。

朱先生承认在审美态度中，就欣赏的我说，只是单纯的直觉，没有意志和思考，就所欣赏的"物"说，只有单纯的形象，没有实质、成因、效用种种意义。但是，他却反对把审美与认知和意志割裂开来的形式主义美学，他批评形式主义美学"把精神生活分解为最简单的成分，却忘记了活的生物是不能进行活体解剖而继续存在的。'完形'(Gestaet)心理学对原子论心理学的批评同样适用于形式主义美学"①。"实际上存在的只是'完形'、'整体'，或不可分析的应付整个环境的整个心理机能"②。格式塔心理学确立了物理现象和心理现象具有同样的格式塔，即整体性和完形性，这是朱先生美学一个重要的科学基础。

关于整体性原则，格式塔心理学认为，整体先于部分并决定各部分的性质和意义，整体并不等于部分的总和。朱先生认为这非常适合解释审美态度或美感直觉。"审美的人"同时也还是"科学的人"和"实用的人"，"科学的实用的和美感的三种活动在理论上虽有分别，在实际人生中并不能分割开来。""我们如果承认美感经验可以由整个有机的生命中分割出来加以分析，便须否认美感与抽象思想和实际生活的关系。但是这种分割与'人生为有机体'这个大前提根本相冲突"。③ 因而朱先生一再强调审美态度或美感直觉不是孤立的、单一的心理机能和经验，而是与其他经验和人生活动不可分割的整体经验，所以，应从人生有机整体经验出发去研究审美态度或美感直觉，它们既是非概念、道德、功利的又与概念、道德、功利相联系。

"完形"使人们从对审美客体的日常感知向审美经验方面过渡，唤起人们出现超功利、非实用的审美态度，也就是说，格式塔引导人们把注意力不是指向与主体实用目的有关的问题，而是暂时排除日常生活意识的干扰，把注意力集中在对象形式本身，包括线条、形状、声音、时间、空间、节奏、韵律、变化、平衡、统一、和谐与不和谐等等，使审美本身充分享受这些东西，并把主观方面的各种心理因素如情感、意念、想象、理解都投入其中，以加强主体对外在事物感性特征和形式的感受，这就为审美经验构建审美对象作好准备。因而在朱先生看来，审美态度只是整体审美心理机能中一种暂时摆脱生活意识影响的心理指向，它不是否定审美与认识、意志的联系，否定概念认识和道德功利，而是超越它们的一种"无所为而为的观赏"。④ 它把审美注意指向与审美客体同构对应，即完形，而使审美主体获得审美经验，审美客体成为审美对象。

"心理距离"是审美态度的实施或深化，"它给我们确定产生和保持审美态度的条件一个标准"。⑤

朱先生说："对审美对象单纯的观照由于'距离'而成为可能。"⑥ "我们可以把'距离'描

---

① 《悲剧心理学》。人民文学出版社 1983 年版，第 21 页。

② 《朱光潜美学文集》第 1 卷。上海文艺出版社 1982 年版，第 166 页。

③ 同上，第 167 页。

④ 同上，第 15 页。

⑤ 《悲剧心理学》。人民文学出版社 1983 年版，第 28 页。

⑥ 同上，第 25 页。

述为说明审美对象脱离与日常实际生活联系的一种比喻说法。美的事物往往有一点'遥远',这是它的特点之一。"[①] 东方人初到西方,或是西方人初到东方,都觉得面前景色值得玩味,极平常的东西他们也会觉得稀奇,也会成为他们的审美对象。好看的风景,本地人要看惯了也觉得不过如此,漂亮的广场,对一直在那停车的司机说来不是审美对象,田野对农夫也不是审美对象。这说明"距离"的远近影响审美态度的产生和审美对象的形成。

"心理距离"主要指"一物体和我们自己的实际利害关系之间插入一段距离"。[②] 朱先生引用布洛举过的例子加以说明,海上起了大雾,乘客如果怕出危险,担心自己的生命安全,海雾景色(审美客体)就不能成为乘客的审美对象。反之,如果抱着超功利的审美态度,与自己的切身利害拉开距离,把注意力集中现象本身上面,那使水天一色的透明的薄纱,那远离尘世陌生孤独的感受,还有那既给人安恬,又令人感到几分恐惧的一片沉寂,这一切使海雾景色变成一幅格外美丽的画。那么,这场海雾景色(审美客体)就变成了乘客的赏心悦目的审美对象。

朱先生认为,在审美或艺术创造和欣赏中,要注意对"距离的微妙调整",使审美主体和审美客体保持"切身而又有距离"的关系,亦即"距离的自我矛盾"。也就是说,使主体对客体既保持超功利非实用的审美态度,又要使心理距离不割断审美与其他精神生活如欲望、道德、思想以及各种经验的联系,使其处于"中庸"状态而保持"适当距离",这是审美客体转化为审美对象的最佳契机。

朱先生还把"心理距离"应用于悲剧的审美欣赏和创造,如利用时空的遥远性,使悲剧情节与同时代的实际生活相脱离;利用人物、情景、情节的不寻常性质加大与人生的距离;利用艺术技巧与程式使艺术与生活拉开距离;利用诗的语言使悲剧情节高于平凡人生,减弱悲剧的恐怖;利用超自然的力量,加强悲剧感,使想象驰骋于一个理想的世界;利用舞台技巧和布景,保持艺术与生活的距离等等。"悲剧情节通过所有这些'距离化'因素之后,可以说被'过滤'了一遍,从而除去了原来的粗糙与鄙陋。"[③] 才容易成为人们欣赏的审美对象。实际生活中确实有许多痛苦和灾难,许多悲惨的事情,但是由于它们没有"距离化",没有通过艺术的媒介"过滤",它们缺少伟大悲剧中的理想的人物和形式美,因此就不可能成为人们欣赏的审美对象。

朱先生认为,移情作用和内模仿是在审美或艺术创造和欣赏中,促使审美客体(物甲)转化成为审美对象(物乙)的心理机制。

移情作用是把人的生命和情趣"外射"或移注到审美客体里去。尤其在欣赏自然的时候,作为审美客体的大地山河、风云星月、泉石花草,本来是死板的无生命的东西,我们把人的情感移注到它们之中,觉得它们也有情感、有生命、有动作,感到云飞、泉跃、山鸣、谷应。自己喜欢时大地山河都在扬眉带笑,自己悲伤时,风云花草都在叹气凝愁,惜别时蜡烛可以垂泪,兴到时青山亦觉点头,这样自然的一山一水,一草一木……便成为我们的审美对象。

移情作用往往带有内模仿。"我们欣赏颜字那样刚劲,便不由自主地正襟危坐,模仿他

---

① 《悲剧心理学》。人民文学出版社 1983 年版,第 23 页。

② 同上,第 24 页。

③ 同上,第 39 页。

的端庄刚劲；我们欣赏赵字那样秀媚，便不由自主地松散筋骨，模仿他的潇洒婀娜的姿态。”[①] 在内模仿中主体得到审美感受，客体（赵、颜书法）变成审美对象。

在朱先生看来，移情偏重由我及物的一方面，内模仿偏重由物及我的一方面。它们所以能走向物我同一，主客交融，使主体获得审美经验，客体变成审美对象，乃是由于主体的情感结构与客体的形式结构对应的结果。朱先生接受了格式塔心理学关于外在世界物理的力和内在世界心理的力在结构式样上有“同形同构”或“异质同构”的学说，用以解释在移情和内模仿中审美经验和审美对象产生的原因。

朱先生还指出，审美活动中移情和内模仿与主体的心理类型有关，心理学把人分为主观类型和客观类型，这两者之间的差别正同于尼采的酒神与日神精神，荣格的所谓内倾与外倾，缪勒·弗莱因费尔斯所谓分享者与旁观者类型的情况。在人们对戏剧的欣赏中，纯粹的“分享者”容易把审美对象当成是真的，引起道德同情。欣赏京剧《捉放曹》，看到老奸巨滑的曹操，把救他的一家人杀了，就想跳上舞台杀死曹操。纯粹的“旁观者”往往把审美对象看成是假的，他们明白舞台上演的是什么，也很欣赏，但是他们却不会忘掉自己，不会在生动的演出中进入到剧中人的生命活动，在这种类型的观众身上，心智的成分占据主要地位，审美同情只偶而出现。很显然，“分享者”完全参加进去会妨碍观众在适当距离看到戏剧的美。而“旁观者”完全超然的旁观又近于纯批评态度，他们都不能取得理想的审美经验。理想的审美经验既需要分享，又需要旁观，通过分享，我们才能理解艺术品中表现的情感；通过旁观，我们才能看出这些情感是否得到了美的表现。“理想的观众，应当两者兼备：他分享审美对象的生活，却又不会完全失去自我意识”。[②]

在长期的美学研究中，朱先生还看到，审美对象与艺术对象虽然常是同一的，都具有超功利的审美意象性，非功利的情感性，但是艺术对象还具有非审美的观念功利性，这是与审美对象相区别的。其原因：第一，从艺术欣赏的客体艺术品来看，它是融观念情欲于意象之中的物态化产品，本身就是审美（意象）和情欲观念相互交融的统一体，包含着审美与非审美的二重性。我们在艺术欣赏中不仅仅是为了欣赏审美意象。而且还要领悟意象之中交融渗透着的情欲观念。第二，从进行艺术欣赏的文化（审美）心理机制来说，不单是多种审美心理机能的组合运作，而且还需要某种认知心理机能，尤其是理性机能的独特参与运作。正是审美心理与认知，意志心理交融、重叠、回环构成了审美欣赏与艺术解读二重奏的艺术欣赏心理运作机制。第三，从艺术欣赏的目的来看，不只是为了欣赏审美意象，求得超越性的快乐，而且还要从观念上，在想象中认识、理解生活，接受理想、真理，获得信仰，激发斗志，感悟人生，悟解人的价值和意义。基于上述原因，在20世纪50年代朱先生又着重从哲学、意识形态入手探讨审美或艺术欣赏与创造，他指出：“一个人的生活经验、文化修养、意识形态的总和（世界观、人生观、阶级意识等等，这些意识形态通常都伴着情绪色彩，大略相当于从前人所说的‘思想情感’）以及专业方面的技术修养等等都可以影响他的创造或欣赏”。[③] 也就是说，这些都会影响着“物甲”向“物乙”的转化。它们怎样起作用呢？朱先生认为：“意识形态

---

① 《谈美书简》。上海文艺出版社1980年版，第84页。

② 《悲剧心理学》。人民文学出版社1983年版，第65页。

③ 《朱光潜美学文集》第3卷。上海文艺出版社1983年版，第70页。

都是伴着情绪色彩的思想体系，它决定着个人对事物的态度，形成他对于人生和艺术的理想”，“有了这种态度和理想，某些事物、某些性质以及某些形状才使他满意或不满意”。[①] 然后，进行选择，调动审美能力和非审美的艺术解读能力对表象进行“意匠经营”，产生情感意象，才能使审美客体（包括艺术品），变成审美对象或艺术对象（物乙）。

朱先生在晚年特别强调要注意“总的心理结构”，认为它是具有动力性和意向性的心理倾向。他把心理能力看成是以创造想象为核心，包括审美感知、情感、理解等多种心理功能所组成的有机整体，认为在审美中既有价值意识，又包含情欲本能，既包含意识又包含无意识，还应考虑到社会环境、实践活动、意识形态、文化修养、个体经验的影响，这些因素都综合着起作用，都决定或影响着审美和艺术对象的构建。

三

朱先生提出的“物甲”与“物乙”说，让我们区别审美客体与审美对象，具有现实的意义和深刻的理论意义。

长期以来在美学和文艺理论研究中，有人常常把审美客体与审美对象混为一谈，认为审美客体（包括艺术品）就是审美对象，它们是完全独立于欣赏者、接受者的审美经验之外，是不以人的意识为转移的客观存在。诚然，审美客体的审美性质是其本身所固有的，艺术品作为审美客体是艺术家按照美的规律创造的，它们都不依欣赏者的主观意识为转移，这就客体的审美性质而言，就审美客体（物甲）的客观性质而言是正确的。但是，就审美对象（物乙）而言就不正确了。

朱先生在他的美学著作中，特别注重纠正这种错误理论。他一再提请我们注意的是，一定要把审美经验所由发生的那个审美客体亦即客观对象（物甲）与由审美经验所构成的那个审美对象（物乙）严格区分开来。作为诱发审美经验的客体对象（物甲），它是具有一定的审美性质（形式结构）的对象，是在审美经验之外的对象，它是一种客观的现实存在，它不依赖于人的主观意识为转移，不依赖于欣赏者而存在。而由审美经验构成的审美对象（物乙），是在审美经验之中的对象，是一种经验存在。实际上，它就是一个经过审美心理能和非审美解读能力对表象进行改造的审美意象或艺术意象，是经过“意匠经营”的一种非实在的经验存在，它依赖于欣赏者而存在，以人的主观经验为转移。朱先生认为：“说欣赏者所见到的艺术形象和自然印象的美也并非‘不依欣赏的人而存在’，许多人就觉得这话离奇。”[②] 就是因为他们把审美客体和审美对象混为一谈，否定审美对象的意象性、经验性，把作为审美经验事实的审美对象（物乙）和作为客观存在事实的审美客体（物甲）混淆起来的缘故。遗憾的是直到目前我们有许多美学艺术理论著作和文章，仍把二者混同起来。这说明认真研究朱先生的审美对象理论，仍然具有现实意义。

朱先生关于审美对象的论述还有深刻的理论意义。它坚持了审美的普遍性和特殊性，艺术的永恒性和历史性，特别突出了审美个性，明确了在审美过程中欣赏者、接受者的审美经验是使审美客体（物甲）转化为审美对象（物乙）的关键，换句话说，是个体的审美经验在审

① 《朱光潜美学文集》第 3 卷。上海文艺出版社 1983 年版，第 70～71 页。

② 同上，第 371 页。

美对象(物乙)的构建中起着决定作用,为审美与艺术、创作与欣赏注入了勃勃生机。

在朱先生看来,正因为审美客体(物甲)具有客观性、普遍性的一面,人们又有共同的文化心理结构,才能使不同的人们对同一审美客体有相同的感受,产生相似的审美对象,才都会感到"泰山天下雄,黄山天下奇,华山天下险,峨眉天下秀",才能使"我们现在不但还能欣赏祖国的古典文艺作品,就连对希腊、印度等国的古典文艺作品也还是一样地爱好","美学也必须充分估计到这种普遍性"。[①]

正因为审美对象(物乙)是在个体的审美经验中实现和完成的,由于审美个性的不同,就又使不同的人对同一审美客体(物甲)有不同的审美感受,从而形成不同的审美对象(物乙)。同是观赏泰山的雄伟和泰山的日出,不同的欣赏者,老人和小孩,一般人和艺术家,画家和诗人,油画家和中国水墨画家,他们所看到泰山的雄伟和泰山的日出往往是很不相同的。"同是一棵古松,千万人所见到的形象就有千万不同,所以每个形象都是每人凭着人情创造出来的,每个人所见到古松的形象就是每个人所创造的艺术品,它有艺术品通常所具的个性,它能表现各个人的性分和情趣。"[②] 中外的古典文艺作品一方面具有共同性和"永久的魅力",另方面又具有个性和差异性。不同时代的人们对它们的欣赏、接受有不同的感受。"就是同一时代、同一民族,并且同一阶级的人们对于同一文艺作品的看法也不可能完全一致。'有一千个读者,就有一千个哈姆雷特',这句话不是没有事实根据的。"[③]

为什么朱先生特别强调审美个性和个体的审美能力?因为个体的审美经验能否对外界的审美客体(包括艺术品)的欣赏和接受,是审美客体(物甲)转化为审美对象(物乙),创造新意象,实现审美价值的关键,由于欣赏者、接受者的审美个性不同,在同一时期或不同时期每个人的生活经验、社会实践、文化修养、审美需要、审美能力、审美理想以及先天的气质和禀赋的不同,都影响着审美对象(物乙)的构建。

从审美或艺术欣赏看,"一朵花对于我只是一朵花,对于你或许是凝愁带恨,对于另一个人或许是'欣欣向荣'。英国诗人华兹华斯说:'一朵微小的花对于我可以唤起不能用泪表达出来的那么深的思想。'一朵花如此,一切事情也都如此"[④]。中国古代有大量咏月的诗歌,李白的"我歌月徘徊,我舞影零乱";李商隐的"青女素娥俱耐冷,月中霜里斗蝉娟";杜甫的"露从今夜白,月是故乡明";张九龄的"海上升明月,天涯共此时",不同诗人欣赏月亮看出不同意蕴。每个人所能领悟到的境界都是性格、情趣和经验的写照,而由于每个人性格、情趣和经验的不同,所以在欣赏自然风景或是读诗时就会产生不同的审美对象(物乙)。"不但如此,同是一首诗,你今天读它所得的和你明天读它所得的也不能完全相同,因为性格、情趣和经验是生生不息的。欣赏一首诗就是再造(recreate)一首诗。"[⑤]

从艺术创造来看,陶潜的"悠然见南山",杜甫的"造化钟神秀,阴阳割昏晓",李白的"相看两不厌,惟有敬亭山",辛弃疾的"我见青山多妩媚,青山见我应如是",姜夔的"数峰清苦,

---

① 《朱光潜美学文集》第3卷,上海文艺出版社1982年版,第83页。

② 《朱光潜美学文集》第1卷,上海文艺出版社1983年版,第486页。

③ 《朱光潜美学文集》第3卷,上海文艺出版社1983年版,第82页。

④ 《朱光潜美学文集》第1卷,上海文艺出版社1982年版,第42页。

⑤ 《朱光潜美学文集》第2卷,上海文艺出版社1982年版,第56页。

商略黄昏雨”，他们的审美客体都是山，都觉得山美。由于他们的审美个性不同，所贯注的情趣不同，山在他们心中所引起的意象、所表现的境界、所形成的审美对象（物乙）都是不一样的。“同一物甲在不同的人的主观条件之下可以产生不同形式的物乙，这就说明了不同的人的美感能力可以影响到物乙的形成，可以使物甲的客观条件之中某些起作用，某些不起作用，某些起百分之八十的作用，某些只起百分之二十的作用”。① 诗的境界是情景的契合，如果以“景”为天生自在，俯拾即得，对于人人都是一成不变的，这是常识性的误会。“物的意蕴深线与人的性分情趣深浅成正比例，深人所见于物者亦深，浅人所见于物者亦浅。诗人与常人的分别就在此。同是一个世界，对于诗人常呈现新鲜有趣的境界，对于常人则永远是那么一个平凡乏味的混乱体。”② 既便客体存在着美的东西，“如果你不是艺术家，纵有极好的内容，也不能产生好作品出来；反之，如果你是艺术家，极平庸的东西经过灵心妙运点铁成金之后，也可以成为极好的作品。印象派大师如莫奈、凡·高诸人不是往往在一张椅子或是几间破屋之中表现一个情深意永的世界出来么？”③

这说明审美对象是在美感经验中构成和实现的，审美对象的独特性，虽然受审美客体的审美性质所制约，但审美对象的独特性还是由审美个性给予的，决定的。

总而言之，朱光潜先生关于审美对象的研究，并不是从历史发生学入手，而是从审美经验在构成审美对象的现实发生过程中，即从欣赏与创作的现实过程中入手，论证了审美客体与审美对象的区别与联系；个体的包括以审美经验为中心的整个文化心理经验，在构建审美（艺术）对象的重要作用，揭示了审美对象的历史性、复杂性与独特的个性。

[编者附记]这篇文章是梅宝树先生的遗作。梅宝树先生于2007年4月26日病逝于天津，他是中华美学学会理事、河北大学艺术系（即艺术学院前身）的创始人。该文是梅宝树先生生前邮寄到《美学》编辑部的，后来又托人发来了电子版，现列于“中国现代美学”栏目的首篇，以兹纪念。

---

① 《朱光潜美学文集》第3卷，上海文艺出版社1982年版，第38～39页。

② 《朱光潜美学文集》第2卷，上海文艺出版社1982年版，第55页。

③ 《朱光潜美学文集》第1卷，上海文艺出版社1982年版，第475页。

论方东美生命、美和宇宙三位一体的建构

宛小平

(安徽大学哲学系)

从哲学上来讲，方东美所说的本体不是主客两分意义上客观化了的本体，而不如说是主客原本就融贯的那种生命宇宙的统一体。况且，一切美的成就和欣赏都是这生机勃勃的宇宙和生命欲的表现。这样，他实际上建构了一个生命、美感和宇宙三位一体的哲学—美学体系。因此，把方东美生命本体定位在"客观唯心主义"或"客观唯心主义中又包含一定的主观唯心主义"的判断有失公允。另一方面，方东美在生命的背后还肯定了一个不可诠表，只可直观的"情理集团"。我们认为，这就同时肯定了在生命本体之外有一个"超本体论"(情理集团)的存在，它可以用"无名"来指称。据此，学界存在把方东美生命和"普遍生命"区别开来，并认为"普遍生命"是"超本体论"范畴的观点也难以成立。

一　宇宙人生是一个情理集团

方东美有"中国的桑塔耶纳"之称。的确，方先生一生最服膺的两句话是："乾坤一场戏，生命一悲剧!"桑塔耶纳也喜欢说："宇宙就是一部小说。"无论方氏也好，桑氏也好，他们观察宇宙、生命是美的眼光来看的。事实上他们虽然属于生命哲学的范畴，但又和柏格森的生命哲学不太一样。因为，在柏格森那里，生命是一种很哲学化的本体出现的，而在方东美和桑塔耶纳那里，生命的本体不是主客两分意义上客观化了的本体；而不如说是主客原本就是融贯的那种生命宇宙的统一体。并且，这种宇宙和生命是以诗人的美感来表现的。

值此之故，把方东美的生命本体定位在"客观唯心主义"亦或"客观唯心主义中又包含一定的主观唯心主义"的观点是难以成立的。[①] 可以说，方东美讲的"生命本体"已经超出了古典哲学里所用的"客观唯心主义"、"主观唯心主义"的词语范围。一定意义上讲，他是顺着中国传统《周易》的生生之德和体用不二的思路展开的。也就是说，这种思维模式是主客合一的，而不是主客两分的，从而也无所谓"客观"和"主观"唯心主义之说。

还应该看到，方东美在中国二三十年代的一批哲人中，他是思想较早定型的人物。《生命情调与美感》一文在 1931 年初刊于《中央大学文艺丛刊》第一卷第一期，这篇文章已经标志着他建构了一个生命、美感和宇宙三位一体的哲学—美学体系。实际上，这篇文章还可以加一个副标题：以时空观透视不同民族生命情调和美感表现。方东美突发奇想，把希腊人、近代西洋人和中国人的生命情调所托之的宇宙和美感表现比作一场戏，这场戏中有人物、背

① 蒋国保、余秉颐：《方东美思想研究》。天津人民出版社 2004 年版，第 116 页。

景、场合、缀景、题材、主角、表演、音乐、境况、景象、时令、情韵。方氏也就借着揭示这不同民族的文化形态以彰显生命的美感情趣。他说："此种场合最能使人了悟生命情蕴之神奇，契合宇宙法象之奥妙。"①

在方东美看来，柏格森对宇宙生命的诠解固然有价值，而怀特海把宇宙视为一个有机体的思想似乎更有价值。怀特海的一句名言："我是宇宙里的一个节目(item)，宇宙也是我里面的一个节目。"而在方东美那里也就就转换成了另一句非常有名的话："宇宙，心之鉴也，生命，情之府也。"②。他又进一步申述道："宇宙绷束人生，如抱婴儿，心灵缀缬美感，若佩芬华。"③

也许，我们还可以把方东美受怀特海思想的启发所创构的生命哲学—美学的时间再往前提一些。因为他的《科学哲学与人生》虽然是1936年出版，但他在"自序"中称他的这本书的前五章是在中央政治学校讲《近代西洋哲学》一课所用的讲稿，其时在1927年。在这里面，他根据怀赫迪(怀特海)所说的一句话："若以诗意解释我们的具体经验，便知价值，价值，有价值，自身的目的，内在的意味，对于任何实事实相之解释都是不能遗漏的。价值一词所指者便是事情内在的真相。价值的因素简直充满了诗的宇宙观。"认为哲学思想起于对"境的认识"，这属于"事理与色相"，毕竟是"理彰"，还不是"情胜"，因为，"情与理原非两截的，宇宙自身便是情理的连续体，人生实质便是情理的集团。哲学对象之总和亦不外乎情理的一贯性"。④ 在这里，"情理"实事上是生命的别称，他又说："严格地说，'情理'之绝对的来源只是一个哑谜，尽人类之所知，亦无从解答。我们只知有'情理'，有人生，有世界是根本不可否认的事实"。⑤ "生命以情胜，宇宙以理彰。"⑥ 但是，"我们如以关系的全体(relational whole)说明之，有法是一端(relatum on term)有情又是一端。执其两端，性质自异，合其两端使成一连续体，则有法之天下与有情之天下是互相贯串的。因此我们建设哲学时，每提到生命之创进，便须类及于世界，每一论及世界之色法，亦须归根于生命。"⑦

由此可知，方东美的"生命"(情之府)是要和"理"(色法)相联系着的，是他所谓的"情理集团"才对。他在后来的《哲学三慧》中说的更清楚："情理为哲学名言系统中之原始意象，情缘理有，理依情生，妙如连环，彼是相因，其界系统会可以直观，难以诠表。"⑧

值得注意的是，方东美的这个"生命"不是像古典哲学追求的那种指"客观性"的本体，他的这个本体实质上是宇宙人生的"情理集团"。如果把方东美的"情理集团"和怀特海的"事变"(后来用"实有"——actual entity和"实缘"——actual occasion来表示)作一个对比是非常有意思的，我们会发现，俩人的思想是非常相仿的：在怀特海那里，自然是一个有机的整体，可谓是牵一发而动全身(宇宙)，一切存在必须在这宇宙中有一个位置，时空不隔物质，物质不碍生命，生命不离心灵，层层相依，环环相扣，构成一个有机宇宙，这个宇宙有一个最基

---

① 方东美：《方东美卷》。河北教育出版社1996年版，第208页。

② 同上，第210页。

③ 同上，第210页。

④ 方东美：《科学哲学与人生》。商务印书馆1936年版，第35页。

⑤ 同上，第35～36页。

⑥ 同上，第37页。

⑦ 同上，第37页。

⑧ 方东美：《方东美卷》。河北教育出版社1996年版，第302页。

本的单位叫“事变”(类似于旧哲学讲的本体)。而在方东美那里,宇宙、人生和美感为三位一体。他说:“各民族之美感,常系于生命情调,而生命情调又规抚民族所托身之宇宙,斯三者如神于影,影之于形,盖交相感应,得其一即可推知其余者也。”[①] 并且在这层层相依的连环套里,背后还深藏着一个不可“诠表”只能“直观”的“情理集团”。而方东美则借用中国传统的说法,把这个“情理集团”用一种很高妙的方式呈现:“太初有指,指本无名,熏生力用,显情于理。”[②]

可见,由于方东美在“生命”本体这个词之外还用了“情理集团”来指称,并且这个“情理集团”原于“无名”。这就比本体的层次还高,可以说是“超本体论”。方东美后来在《中国哲学之精神及其发展》一书中在谈到老子的“有无”对举时特别强调,这个“无”不能采取西方的理解和用法。因为,在希腊哲学爱利亚学派巴门尼德所讲的“有”(存在)是和“同永恒法相界本体实有之全域,而将‘无’划属最低层次之虚幻界”。[③] 也就是说,巴门尼德根本只承认存在(有)的真实性。“唯有存在(有)是真实的,非存在(无)是不真实的。”那么,现在老子则以“无”径直指称“道之无上性相,据以建立一套超本论系统,且优先于论‘有’属于变易现象界之动态本体论。”[④] 如此说来,方东美的“生命”本体后面还有超本体的“无名”为“一”。并且这个“无”很有一点佛家和道家的结合之义。这也是他为什么会说“生命一悲剧”!因为生命的根身是“无”。

不过,生命何以能把握呢?这就要从“道之发用”来观之。所以,情之蕴发的人,理之鉴托于的宇宙;以及沟通情与理的美感发抒为“三位”,生命是三位的一体。从不同的“位格”可窥见生命的奥谜。譬如从希腊人对时空的观点;西方人对时空的观点;中国人对时空的观点分析可以折射出不同民族生命的情调和内蕴。而从生命情调的表现来看,又可以得出不同民族的“特殊美感”。倘在就“天地之大美”探幽抉微,则“天地之大美即在普遍生命之流行变化,创造不息。我们若要原天地之美,则直透之道,也就在协和宇宙,参赞化育,深体天人合一之道,相与浃而俱化,以显露同样的创造,宣泄同样的生香活意,换句话说,天地之美寄于生命,在于盎然生意与灿然活力,而生命之美形于创造,在于浩然生气与酣然创意。”[⑤]

不妨,我们来分别从这些“位格”来探讨方东美的生命哲学—美学架构。

二　从宇宙空间的文化符号来透视不同民族生命活动的意向

方东美认为:“空间者文化之基本符号也,吾人苟于一民族之空间观念彻底了悟,则其文化之意义可思过半矣。”[⑥] 不仅如此,方先生还借斯宾格勒所谓“此种基本符号,贯注于各个人、各社会、各时代而为之矩约,一切生命表现之风格,悉于是取决焉”[⑦] 之说以进一步诠解不同民族生命的意趣。

---

① 方东美:《方东美卷》。河北教育出版社 1996 年版,第 212 页。

② 同上,第 302 页。

③ 同上,第 122 页。

④ 方东美:《方东美卷》。河北教育出版社 1996 年版,第 122 页。

⑤ 方东美:《中国人生哲学》,黎明文化事业公司 1982 年版,第 212 页。

⑥ 方东美:《方东美卷》。河北教育出版社 1996 年版,第 213～214 页。

⑦ 同上,第 214 页。

大致说来，方东美认为古代希腊的宇宙观是一个“有限说”。近代欧洲的宇宙观是“无限说”，而中土的宇宙观则是艺术的神思，是“寓有限而达无限”。

应该说，方东美早年对各民族的空间观以申述宇宙观之不同的理趣是依据一种现象学的描述，并不带有价值判断的意思。虽偶然有时对近代西方物质科学表示异见，但也还是补充说道这属于“理趣各别耳”①。然而，到了晚年时候，他似乎有些批评的意思在里面了。他说：“中国人和希腊人的宇宙观大部分可以拿‘万物有生论’来解释，这几乎成了一个通则，但在近代西方思想却不然，因为近代欧洲人往往把宇宙当作物质的机械系统，其中并不表现生命，即使有时遇着生命现象，比如说，在地球上的或是在火星的生命现象，也会被化约成物理条件，以迎合物理化学等科学定律的研究，这种思想的趋势，除去新近所发展的‘新唯生论’、‘有机论’与‘物活论’以外，可以称之为‘宇宙无生论’。”②

尽管如此，我们不能据此推断说，方东美晚年已完全倒向肯定中国的宇宙观而否定西方近代的宇宙观，更不能得出方东美从西方哲学完全转向中国哲学的结论。显然，在上述这段话里，方东美明明把柏格森的“新唯生论”、怀特海的“有机论”、以及亚历山大的“物活论”皆放在所谓“宇宙无生论”的论例之外，由此可见他在讨论宇宙观的“世界主义”情怀仍然没有改变。确切地说，方东美是想通过不同民族对空间的观点以提示其宇宙观的不同，进而说明各民族的生命情调的不同。另一方面，我们必须把各民族对宇宙观的不同所显示的生命意向之不同看作是对“普遍生命”共相的一种殊相的呈现。也就是说，方东美内心还是有一个衡量不同文化生命价值的共同尺度，他称之为“共命慧”，但对“共命慧”究竟属何义？方先生似乎没深言，他只说：“意义深密，常藉具体民族生命精神为之表彰”③。看来，方先生走的还是一条以用显体的理路。

对于古代希腊人的宇宙观，方东美早年在《科学哲学与人生》一书里称“物格化的宇宙观”，这种宇宙观“只把宇宙看作状如覆碗，局促有限的境界了。希腊民族寄托在这种整洁有限的宇宙中，仰观天运之象而严得其序，俯察地形之宜而确定其理，上下四方，往来终始，处处都能范围天地之化，会通万象之变，于是产生一种所居而安，所乐而玩，识情明趣，妍虑说心的感想，他们文化的创作都有这种心理的背景。这样看来，物格化的宇宙观不过是希腊民族精神的缩影，他们文化的象征”。④ 后在《人生命情调与美感》一文中又用“拟物宇宙观”来称呼，但其含义并未多大变化。只不过是更加形象化地指出了希腊人的时空是以“摹拟其宇宙形象之美焉。”并说明这种营构宇宙的摹拟依据建筑学和数学原理。希腊人记数方法有三途，其“有限”特征立刻呈现(如图)：

一、排比字母，以形状见其多还是寡：

```
            a       aaa
      a  aa  aa  aaa  aaa
a  aa  aa  aa  aa  aaa  aaa
```

① 方东美：《科学哲学与人生》。商务印书馆 1936 年版，第 217 页。

② 方东美：《中国人生哲学》。黎明文化事业公司 1982 年版，第 117 页。

③ 方东美：《方东美卷》。河北教育出版社，1996 年版，第 304 页。

④ 方东美：《科学哲学与人生》。商务印书馆 1936 年版，第 79～80 页。

二、积叠圆点，以辨别其是奇数还是偶数。

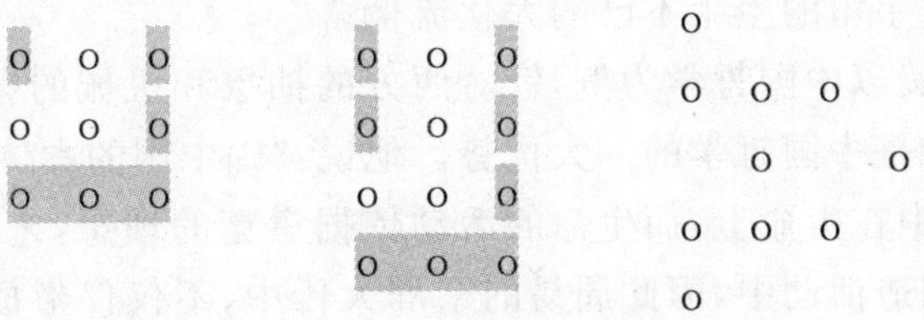

三、罗列线条以示其形象，例如欧几里德(Euclid)之表数法。

方东美指出第“一”法，“则零即不齿于数”；而第“二”法“则唯有正数及整数始可思议”；第“三”法，“则无理数殆难设想矣。”

显然，古希腊之数的概念只停留在“有限”上，和现代“数”之“无限”不合。

那么，近代西洋人的宇宙观在方先生那里又是怎样看的呢？方东美认为，近代西方科学史向人们表明：对物质、空时、数论虽所论几度变更，但“其趋势必渐脱具体之形迹，而邻于抽象之理想”[①]。又说：“旷观近代西洋思想史，科学哲学，虽时或异趣，然其视宇宙为一无穷之系统，则理无二致也。”[②] 这就是说，宇宙空间在近代西洋人那里已经可以被抽象地解析为至大无外，其小无内的“无限”。

值得注意的是：方东美虽然只是对古代希腊和近代西方人对宇宙空间作描述性的分析，但从方先生有意拿中西宇宙观的有限和无限的统一，以及说明在中国人这里，“宇宙”是一个“充满了道德性和艺术性”的观点来看，毫无疑问，他个人是肯定了中国人的“以天地之美达万物之理”的宇宙观是将价值作为中心来层层超越的。换句话说，在中国人的心目中，伦理道德、审美乃至宗教都是能和谐均调的。这就在于“中国人空间之形迹，虽颇近似希腊人之有限，然其势用乃酷似近代西洋人之无穷。其故盖因中国人向来不迷执宇宙之实体，而视空间为一种冲虚绵渺之意境。”[③] 由此观之，“中国人之宇宙，艺术之意境也。科学理趣之完成，不必违碍艺术之意境，艺术意趣之具足，亦不必损削科学之理境，特各民族心性殊异，故其视科学与艺术有畸轻之别耳。中外宇宙之不同，此其大较，至其价值如何论定，则见仁见智，存乎其人可也”[④]。总之，虽然价值如何定论依不同人而定，但方东美实际上是说明了中国人的宇宙观是和价值世界一致的，是最值得嘉赏的。中国人是把宇宙视为普遍生命的一种大化流衍，物质与精神并不是象柏拉图以后的西方世界是把人与自然“截然二分”。相反，在这里，中国人的物质与精神现象是融会贯通的，也可以说是毫无隔阂的。因此，一切至善至美的价值理想皆可以随生命的流行而得以实现。

三　一切美的成就与欣赏都是人类创造的生命欲的表现

方东美的哲学-美学是以价值为中心的，而这个价值又是相对生命而言的。实际上，方先生把天、地、人(三才)的结合看作是一个生命的不断超越过程(上迴向和下迴向)。因此，

① 方东美:《方东美卷》。河北教育出版社 1996 年版，第 218 页。

② 同上，第 220 页。

③ 同上，第 225 页。

④ 同上，第 222 页。

他讲的“生命”不单单是个体人的生命，还更应该指的是宇宙的盎然生机，甚至可以说个体人的生命还是源自于这宇宙的生生不已的大化流衍。

另一方面，方东美以中国哲学为例，针对西方的抽象和机械的弊端，认为把价值论和本体论结合在一起来看是中国哲学的一大优势。他说：“则中国的本体论是一个以生命为中心的本体论，把一切集中在生命上，而生命的活动依据道德的理想，艺术的理想，价值的理想，持以完成在生命的创造活动中，因此周易的系辞大传中，不仅仅形成一个本体论系统，而更形成以价值为中心的本体论系统。第一是以生命为中心的哲学体系，第二是以价值为中心的哲学体系。则周易从宇宙论、本体论、价值论的形成，成了一套价值中心的哲学。”[①] 方东美正是根据周易的这套哲学系统发展成他自己的自下而上又自上而下的立体的、以生命为中心层层超越的境界哲学—美学体系。他这样论证道：“假使我们从形而下的境界上面看，我们在建筑图里面要建筑一个物质世界，把这个物质世界当作人类生活的起点、根据、基础，把这一层建筑起来之后，才可以把物质点化了变成生命的支柱，去发扬生命的精神；根据物质的条件，去从事生命的活动，发现生命向上有更进一的前途，在那个地方去追求更高的意义、更高的价值、更美的理想。这样把建筑打好了一个基础，建立生命的据点，然后在那里发扬心灵的精神；因此以上回向的这个方向为凭借，在这上面去建筑艺术世界、道德世界、宗教领域；即生命所有存在的基础，一层一层向上提高，一层一层向上提升，在宇宙里面建立不同的生命领域。”[②]

很明显，方东美构筑的这个宇宙里的“人与世界的理想文化中的蓝图”是充满着生命的，人与物、人与人可以感通的，并且，人作为生命体还要不断实现其价值的超越过程（提升），以达到至美至善的境界。对于这个架构，方东美的学生傅佩荣在肯定了这个“蓝图”的积极意义之后，似乎不无遗憾地指出方东美讲的这个生命的人性基础在“恶”的方面似乎强调得不够。[③] 我认为傅先生的这个看法值得商榷。因为，方先生之所以主张道家的艺术超越精神，骨子里是承认人性是有“恶”的一方面的，不过不需要有意识地去讲它，你越去讲它，它的“恶”的作用反倒容易现出。在这方面，孔子就很高明，他也不正面讲人性的恶，他只是说人“性相近，习相远。”然后孔子再叫人从善，这就叫人去克服人性容易受世俗影响堕落（恶）的倾向。可以说，方东美为什么总是侧重于从艺术的精神谈宇宙和生命，恰恰是他看到了生命情调和美感能使人摆脱世俗的沾滞，“因为，艺术和宇宙生命一样，都是要在生生不息之中展现创造机趣，不论一首诗词，一幅绘画，一座雕刻，或任何艺术品，它所表露的酣然生意与陶然趣机，乃是对大化流行劲气充周的一种描绘，所以才能够超脱沾滞而驰骋无碍。然而这种宇宙的生命劲气，不论如何灿然展现，也都需要艺术心灵钩深致远，充分发挥，其生命气象始能穆穆雍雍宣畅无遗！”[④]

---

① 方东美：《原始儒家道家哲学》。黎明文化节事业公司 1993 年版，第 158～159 页。

② 方东美：《方东美卷》。河北教育出版社 1996 年版，第 459～460 页。

③ 傅佩荣是这样说的：“在我看来，老一辈人用词比较广泛，他喜欢讲中国人都是主张性善的，这个是主流，但也没有讲得很清楚，到底什么是性善，他也没有否认人有罪恶。当然，性善不是指单纯的本善，但如何解释呢，当时并没有考虑这样的问题。”见加拿大《文化中国》2005 年第 1 期，总 44 期，第 5 页。

④ 方东美：《中国人生哲学》。黎明文化事业公司 1982 年版，第 222 页。

这里，也可以见出方东美讲的艺术是一种超越相对价值世界的理想精神。从这一理想出发，方先生对美的本质的揭示是强调超验的“大美”，并不是经验世界里的“美”，因为经验世界里的这个美还是处在相对价值层面上。所以，方先生在解释老子的“天下皆知美之为美，斯恶已；皆知善之为善，斯不善已。”（《道德经》二章）是这样说的：“我认为，这句话所指的是价值学上的两套系统。我们平常在经验世界或现实世界里，不论是谈艺术、谈道德、或者谈其他的价值，这些价值都还是所谓的‘相对价值’。一提到‘善’，马上有‘恶’同它对待，一提到‘美’，马上有‘丑’同它对待。这相互一对照之后，所谓‘善’也好，‘美’也好，通通离不开同它对比的负面价值。这就是所谓的相对价值。但是，老子在此地就是要从相对的价值领域里面，出离、越脱、解放，把相对的价值点化掉，成为绝对的有高的价值。这个绝对的最高价值，我们一定不能把它跟相对价值混淆。所谓绝对的‘善’，不是善恶相对的善，绝对的美，也不是美丑相对的艺术价值，而是绝对的价值。”①

由此我们也不难理解为什么方东美把美的成就和创造看作是一种生命欲的表现，并且这种表现是一种价值的提升和超越，只有不断地超越，才可能克服世俗世界的诱惑，也才能摆脱善与恶，美与丑的相对价值的层面，一跃而达理想的绝对价值层面。

另一方面，方东美讲的这种审美的超越是把宇宙、生命看作紧密联系在一起的。他强调艺术精神要“提其神于太虚”，要升腾至“寥天一”的高度，唯其如此，个体的艺术创造精神才可以和大道冥合、与真宰为一，与宇宙生命同流，就是庄子讲的“原天地之美而达万物之理”。

同时，我们也不难看出方东美追求的美境是“大美”、不是经验世界与“丑”对立的“美”。因此，方东美一再声称中国的哲人对美的意境是崇尚所谓的“无言之美”。当然，也需要指出，方东美认为真正的圣人、真人在达到那“寥天一”的“大美”境界后还要返观现实世界，要点化现实世界的苦难，并使之转化为光明的世界。这其实也和他幼年同窗好友朱光潜信奉的一句人生箴言——“以出世的精神做入世的事业”是一致的。

诚然，美在于生命欲的不断创化。“天地之美寄于生命，在于盎然生意与灿然活力，而生命之美在于创造，在于浩然生气与酣然创意。”② 从美感出发，更能使我们看出中国艺术家宇宙生命浑然同体，浩然同流，参赞天地而化育的。

四　兼容中西生命精神的“万物有生论”

学术界一般把方东美哲学—美学看作是以“生命”为本体的理论系统。但是，对这个“生命”本体应作何种解释？似乎从方先生著作中找到他对其理论系统的指称很困难。有人根据方先生所说的一句话：“宇宙根本是普遍生命之变化流行，其中物质条件与精神现象融会贯通，而毫无隔绝。因此，我们生在世界上，不难以精神寄色相，以色相染精神，物质表现精神的意义，精神贯注物质的核心，精神与物质合在一起，如水乳交融，共同维持宇宙和人类的生命。”③ 以此证明方东美提出“普遍生命”为本体，而且，由于这个“普遍生命”是已预先设定为超越（在一切生命之上）而又内在（体现在一切生命之中）的，事实上，这个“普遍生命”是

① 方东美：《原始儒家道家哲学》。黎明文化节事业公司 1993 年版，第 188～189 页。

② 方东美：《中国人生哲学》。黎明文化事业公司 1980 年版，第 212 页。

③ 方东美：《中国人生哲学概要》。问学出版社 1980 年增订版，第 13 页。

"超本体论"范畴。[①]

这个看法有明显的误读:一是方东美并没有把"普遍生命"看作"超本体论"。从他著作里,可以看出,他在叙述道家的"无"和西方对"无"之不同理解时,指出了道家这个"无"是根本,是"超本体论"。而就他对自己哲学-美学体系来说,虽然没有用"无"来指称"超本体",但从《哲学三慧》的"释名言"首先以"太初有指,指本无名,熏生力用,显情与理。"以及他讲这个无法说清楚从何而来的"情理"只可"直观"、"难以诠表"来看,应该说方东美实际上也是把"无名"看作"超本体"的。二是把"普遍生命"和具体生命现象硬要勉强分开来这似乎也并不是方东美的本义,而是旧哲学的思维方式的结果。具体地说,方东美的"普遍生命"即使作本体解的话,也不是传统哲学那种与现象对峙的本体之义,它是"有机主义"意义上的"本体"。这也是方东美反复强调这个"生命"是"物质条件"和"精神现象"融会贯通的"第三种现象"。因此,方东美的的著作里虽然也说过"生命是一个普遍流行的大化本体"[②] 这样的话,但这决不是旧哲学意义上的和现象分开的"本体",应该更是"体用不二"的"用"的方面。为什么这样说呢?我们可以从方先生的一段话里推断出:

"宇宙在太初原始阶段之'本体'实乃万有一切之永恒根本(寂然不动):然自宇宙生命之大化流衍行健不已而观之,'本体'抑又感应而动,元气沛发,遂通万有,弥贯一切,无乎不在,无时或已。本体实性则渗入功用历程(即用显体)。"[③]

显然,这里的"本体"是"一切之永恒根本",用道家的话就是"无",但它是"寂然不动"的,要通过"生命"的感应而动,才能参赞天地化育,从这个意义上讲,"生命"似乎是"即用显体"。从现代哲学的"在场"与"不在场"的关系来,则探求宇宙万物本源应该从在场者追溯到不在场者,而不是从某个"实体"概念出发。那么,我们可以说方东美的"生命"好似"在场",而"无名"则是"不在场"。前者是"用",后者是"体",或者说前者是"本体",后者是"超本体"。但必须把这两者关系看作是"体用不二",即体即用的关系。

如此说来,也许用方东美曾经用过的"万物有生论"这个词更能准确地表达他的哲学—美学体系是生命和宇宙乃至美感三位一体的特征。方东美的学生陈康曾把"本体论"(ontologie)译作"万有论",而现在方先生在里面加了个"生"字,这一加,便显现出生命和本体的结合,可以见出方先生的苦心,这就是通过《周易》里呈现的生生不息哲学精神和西方多少有些静止的"本体"(实体)会通起来,并且克服了旧哲学"本体"(实体)的机械性,使之成为一个"动态的"有机体。

吴森先生曾经在拿唐君毅、牟宗三和方东美来谈治学的门户与方法问题,他说三位大师中,从西洋哲学的观点来审视,恐怕唯独方东美的见识能赶得上 20 世纪,至于牟宗三却停留在康德的时代,唐君毅虽然懂得 20 世纪西洋哲学,但在治思上太受黑格尔的精神支配,"只有方氏能从 20 世纪西洋哲学的命脉找出路。他融会贯通了中国传统的形上学(以'易'为主的宇宙论)及现代西哲柏格森、怀特海诸家学说,用文学的神思、生命的情调,千锤百炼的生

---

① 蒋国保、余秉颐:《方东美思想研究》。天津人民出版社 2004 年版,第 95～98 页。

② 方东美:《中国人的人生观》,第 45 页。

③ 方东美:《中国哲学之精神及其发展》,第 31 页。

花妙笔表达出来。"①

的确,方东美的哲学—美学的治思是和20世纪以后的西方哲学—美学合拍的。从方先生一再声称他要向"处处不脱二元对立、时时陷于困惑疑难。在在表现橛裂型态之西方思想模式,展开挑战"② 来说,这实质上表现了方东美已经摆脱了西方古典哲学的主客两分的"二元"格局,因而,旧的"唯物主义"和"唯心主义",乃至所谓"客观唯心主义"和"主观唯心主义"这些词已经被超越了,倘若以这些旧哲学的标准来恒定方先生的哲学—美学的位置是肯定要发生误差的。不仅如此,即使是"本体"这一词也不能作旧哲学的理解。换句话说,方先生讲的"本体"不是和"现象"对立着的,而是"本体现象,略无间阂,澈上澈下,旁通不隔。"③ 由是,我们也可以理解为什么方东美在撷取西方圣哲多以非理性的尼采、柏格森、怀德海、桑塔耶那诸哲学思想为上,象海德格尔他也是既有批评又有吸取。

既然,方东美的"生命"本体不是旧哲学意义上的"抽象物",那么,就不应该看作是"独立于物质与精神之外的实体";④ 也不应该得出什么"他的'生命本体论'哲学应属于客观唯心论";⑤ 更不能抽象地把方东美本来是指"有机体的生命"坼开为所谓"将人的主体生命精神本体化——先将生命由主体精神化为客体精神,然后再将客体精神化为超越精神,所以他的客观唯心论哲学体系内也具有浓厚的主观唯心论的理论色彩"⑥ 云云。之所以出现这样的误读,就是没有看到方东美哲学—美学的方法——"既内在又超越"实际上已经不能用旧哲学的主观、客观,唯心和唯物来说明了。它侧重的是物我(宾主)不分,是"同一";而不是主客对立后的"统一"。由此可知,方东美的哲学—美学不存在所谓"一元"和"二元"之间的矛盾,也不存在硬要把"生命"归入物质现象或者精神现象的做法。

总之,"万物有生论"很好地说明了方东美成功地将《周易》中的"生生"哲学与西方的怀海德的"机体主义"哲学调和了起来。同时,生命、宇宙和美感的观照也在这生生不已的大化中一体同流的。这就是方东美整个哲学—美学本体论的建构。由于他的这种带有诗化的宇宙(时空)情怀,这可以拿杜甫的诗句:"乾坤万里——眼,时序百年——心"来作象征。关于方先生的美学治思和情怀以后还要详论。我们认为,只有了解方先生的美学神韵,方才可能更深入地把握他体系建构中的情理双融的特征。

---

① 吴森:《比较哲学与文化》(一)。东大图书公司1978年版,第192页。

② 方东美:《方东美卷》。河北教育出版社1996年版,第3页。

③ 同上,第27页。

④ 蒋国保、余秉颐:《方东美思想研究》。天津人民出版社,2004年版,第430～431页。

⑤ 同上,第430～431页。

⑥ 同上,第430～431页。

［东方美学］

今道友信超存在论的形而上学美学

李心峰
（中国艺术研究院）

与日本现代其他一些重要美学家相似，在今道友信[①] 的美学思考与美学建构过程中，传统（古典）与现代、东方与西方的关系也是他所思索的核心问题，而且，在他这里，其问题意识更加突出、明晰，解决这两对矛盾从而提出自己的美学构想、形成自己独有的美学体系的意图也更加明朗，成果也更加显著。如果要概括他的基本思想及主要特色的话，可以说，他超越了对现代的简单认同的历史水平，而主要是通过揭示现代的悖论，在对现代进行批判和超越中思考现代美学的路向。在这种思考中，他还引入了“将来”的维度，提出了以现代美学思索为基础的“美学的将来”的构想。在东方美学与西方美学的关系问题上，他强调重新认识东方美学的价值与意义，特别突出了东方美学的现代意义乃至将来的意义。这样，他便把自己对传统与现代、东方与西方两个维度上的问题，统一到同一个问题上来，即对现代美学和美学的将来的思考之中，建构了独具特色的今道友信式的“卡罗诺罗伽”的美学体系，亦即超存在论的、形而上学的美学体系。

一 “技术关联”的现代及其影响

如果说，作为日本战后第一代美学家的主要代表，竹内敏雄的美学思想主要形成于20世纪50、60年代，其基调是对于现代技术社会的认同，并在这种认同的前提下建构起现代形态的美学，它以对“技术”的价值的基本肯定的立场以及技术与艺术的历史与逻辑的同一性的认识为理论基础，形成了其美学的基本观念和有关艺术本质等艺术理论问题的基本看法的话，今道友信可以说是日本战后第二代美学家的代表，其美学思想成熟、定型于60年代中期以后。时代的征候使“现代”的内涵发生了一定的变化，时代给现代美学提出了新的问题，今道友信的“现代美学”所要回答的核心的理论课题也悄然发生着变化。这使今道友信的美学呈现出异样的“现代”色彩和独特的品格。

---

① 今道友信（Imamichi Tomonobu，1922～）是目前仍健在的日本乃至东方世界为数不多的有世界影响的美学家之一，也可以说是日本战后继竹内敏雄之后最重要的美学家。他既是一位美学家，也是一位哲学家，在哲学和美学方面著述颇丰。主要著作有《同一性的自己塑性》、《美的相位与艺术》、《解释的位置与方位》、《亚里斯多德诗学译注》、《东方的美学》、《东西的哲学》、《关于爱》、《关于美》，以及由他主编的《讲座美学》（共五卷）、《西方美学精粹——西方美学理论的历史与展开》，及西文著作 *Betrachtungen über das Eine* 和 *Studia comparata de aesthetica* 等。

那么,今道友信所直面的"现代"在内涵上究竟发生了怎样的变化?今道友信对"现代"有怎样的感悟、体认呢?

应该看到,今道友信也是从"技术"的角度来界定"现代"的本质特征的。只不过,与竹内敏雄不同的是,今道友信明确区分了两种"技术"。他指出:一种技术,或者叫古典的技术、传统的技术,是像"和18世纪产业革命相关的技术"那样,它是由于动力方面的新发现,带来了机械的一大飞跃。这种技术"只不过是人类工具的扩大,不过是自我的外部现象。也就是普罗米修斯赐物的变化,是人类面对自然强调自己的武器。"① 这种技术,也就是人类为了征服自然而使用的工具或工具的扩大、进化。从本质上讲,它与普罗米修斯为人类生存所盗来的火种以及人类最初使用的石制工具等等相比,并没有发生根本的变化。工业革命所带来的蒸汽机等机械,极大地促进了人类社会的进步。但从技术的角度看,它仍属于古典的技术、传统的技术的范畴。

不过,今道友信敏锐地指出:"技术的这种含义已成为过去"②!在他看来,当人类社会真正进入"现代",上述那种古典的技术便发生了根本的、本质性的变化,出现了一种全新的技术形态。这种技术,今道友信称之为"现代技术"或"技术关联"③,即由现代科学技术所形成的技术组织、技术结构。"在此处被提出的现代技术问题,是和作为人类工具的向着外部世界的外部扩张完全不同的问题。它是机械系列的自我设定,是中介于人类和自然界之间的世界。它是一种自律性的运动,是自我机能的延长世界,是一个实在世界。"它"是机械性的技术、高度技术性的组织,技术的统治,科学技术、科学工业性的功能系列,技术世界,是掌握在现代技术、科学技术者手中的,同时又是背离人类的能量、制约着人类的现代技术。"④

以现代技术关联为主要标志的"现代"是从什么时候开始的呢?今道友信指出:1960年代以后的世界,一言以蔽之,就是技术关联。⑤

今道友信在他的一系列论著中,从不同的视角涉及到以技术关联为主要特征的"现代"社会的一些显著的征候。

首先,技术关联在人与自然之间形成了一个独立自主的、实在的世界,它遵循自己的规律作"自律的"运动。

其次,过去,人类以整个自然世界为自己的生存环境,而技术关联则在人类与自然世界之间形成一个新的技术世界,它同自然世界一样,成为人类无可回避的环境的一个组成部分。

---

① 今道友信:《美的相位与艺术》,周浙平、王永丽译。中国文联出版公司1988年版,第169~170页。

② 同上,第170页。

③ "技术关联",日语原文为"技术联關",有时也被译为"技术组合"或"技术组织"等。它不是一般的技术,而是指现代自动化技术、计算机技术、现代信息技术等所形成的人类无可回避的环境的一部分,是自律的、制约着人类的技术体系。"技术关联"是贯穿于今道友信一系列著作中的核心的关键词。

④ 今道友信:《美的相位与艺术》,周浙平、王永丽译。中国文联出版公司1988年版,第170、168页。

⑤ 今道友信对于技术关联的现代究竟起于何时,实际上有一个认识发展的过程。他在初版于1972年的《关于爱》一书中认为大约是30、40年代以后,进入了技术关联的现代社会(今道友信:《关于爱》,徐培、王洪波译,北京,生活、读书、新知三联书店1987年版,第7页)。而在初版于1985年、由他主编的《美学的将来》一书中,他对自己过去的说法作了修正,以十分肯定的语气指出"1960年以后的世界,一言以蔽之,就是技术关联"(今道友信主编:《美学的将来》,日本东京,东京大学出版会1985年版,第13页)。

第三，技术关联作为一个自律的世界，由以往的帮助人类征服自然的工具、人类的助手演变为统治人类的异己的力量。

第四，在他看来，“人类的意识不是空间性的，而是时间性的。”“人类实在的本质正是时间性。”但是，技术关联的“现代技术……具有加速度性和缩短时间的机能。它消灭了时间性的停滞。”因此可以说，“在现代技术中，有使人类意识、人类实在虚无化的倾向”。[①] “技术是使时间性在人类生活中极小化的操作，是使把时间性作为本质的人类意识虚无化的装置。这种装置是使作为人类生活内部的核心活动的意识接近于零的位置。如果我们看不到这种倾向与人类意识，即需要扩大、延续的人类意识的矛盾，我们就不懂得现代。”[②]

第五，技术关联带来了“技术抽象”。即“在技术关联中……人只能企图进行反应、计量，而不能思索……作为他的反应，经常是面对目的选取最短距离。”“在这里，我们可以发现全新的抽象。它不是逻辑的抽象，而是技术的抽象。人在这里看到的不是从特殊抽象到普遍，而是舍去一切其他价值，只看结果的抽象。”对于这种技术抽象，今道友信还把它称之为“结果主义”。他指出：“这种结果主义，这种技术抽象，支配着我们的时代。”[③]

第六，技术关联导致人的物化，使人变成机械，从而改变了现实世界的“分类的原理”，改变了人类的归属。“当今，人就像非人格的机械装置中的数字带，就像那流动的数字带一样急匆匆地运动着……在那里，人只具有没有思想的物理的机能。”“从现代技术具有的规定性来看，人类和机械是同等的东西，因为无论是人类还是机械，两者都是被置于能够计量、能生产一定产品的机能组织之中的。”[④] 在传统的分类原理中，根据有机物这一共同规定，人作为有机物、“高等动物”，被与同样是有机物的动物划归为一类。但技术关联完全改变了这种分类原理，把人类与无机的、无生命的机械等置起来，归为同一类别了。

今道友信指出，由于技术关联所带来的一系列变化，结果导致另一个重要现象的出现，即导致人类行为逻辑发生根本结构的“逆转”。对此，今道友信有精彩的分析。他认为，人的内心世界、人的思想轨迹虽然隐而不露，深不可测，但它却可以由行为来显示。人类的行为是人类的自我内心的显露。所谓行为，是思想的实践性呈现，它必然通过实践三段论法来表现自己的内在逻辑。人类行为的古典的逻辑结构模式可以概括为：

大前提：我希望甲。

小前提：乙丙丁是使目的甲成为可能的手段。

结论：因此(根据必然的理由)，我把丁作为甲的手段来实行。[⑤]

今道指出：“在上述推论式中，小前提是可以自由选择的。而且，选择的对象是为了实现目的行使的手段。目的的位置比理想的有效手段的位置优越。”

---

① 今道友信：《美的相位与艺术》，周浙平、王永丽译。中国文联出版公司 1988 年版，第 176 页。

② 同上，第 183 页。

③ 同上，第 179～180 页。

④ 同上，第 176 页。

⑤ 同上，第 171 页。

可是，当这种作为手段的技术在现代获得飞跃式的发展，由人类的助手的工具的角色演变为自成一体的“技术关联”时，人类行为逻辑的结构中手段与目的的关系便发生了根本的逆转。“这一飞跃使手段发生了质的变化。从他律性的器具向自律性机能飞跃。这种技术的手段进展使手段变得比目的更优越，这个比目的更处于优越位置的手段的力的组织，带来了人类行为在一切领域中的现代现象。有关行为的古典逻辑在这里遇到了重大的困难。人类在现在有了像原子力、电动力、世界资本那样的巨人般的能力。结果，关于那行为的推论式，那大前提和小前提就不能不发生决定性的逆转了。”

> 大前提：我们具有手段丁。
>
> 小前提：丁能使作为目的的甲乙丙实现。
>
> 结论：因此（根据必然的理由）要实现作为手段丁的目的甲。[①]

在这种技术关联的现代的典型的行为逻辑中，表现了与古典行为逻辑迥然不同的结构。这突出表现在：手段由被决定的因素，一转而为决定性的因素，相反，以往处于决定性地位的目的反倒退居次要，处于被决定的地位。一句话，便是由古典行为逻辑的“目的优越”逆转为现代行为逻辑的“手段优越”。[②]

技术关联的现代带来上述这些突出的社会文化的变迁，它对美学与艺术有什么影响呢？对此，今道友信也做了广泛深入的揭示与分析。

首先，是艺术中的超越精神的丧失。现代的技术关联所导致的手段与目的关系的逆转，这种结构关系“必然会影响到美学各问题，特别是作为人的行为的艺术创造。当今，艺术创造的目的未必是对于超越理想的追求，倒常常是现有能力的实现。或者说是在这种能力范围内的一种尝试。它不是趋向无限的精神运动，而是在被限定的事物中，以被限定的样式进行的游戏”[③]。在这里，今道友信对现代艺术不断花样翻新、一味追求新奇的现象给予了深刻的分析和批评，认为这并非真正的独创性与个性的体现，而不过是各种新的技术手段、表现能力的试验，其中并不存在某种精神超越的目标。

其次是艺术以表现为理念。技术关联时代的技术的高度发展，使依赖于机械技术的再现能力如摄影、录音、录像、计算机多媒体等空前发达，这使以模仿、再现为正统艺术理念的传统美学发生根本逆转，导致“自我表现，成了新的现代艺术的唯一正统理念。根据这种表现的理念，艺术使其机能深化为表现人类的内心意图”。在今道友信看来，这种以表现为唯一理念的现代艺术，把再现的功能“让给了现代技术”，向着人的心灵深处深化，这“的确是艺术的一种进步”。并认为“这就是艺术之所以能与实在相对应，代替了宗教，或曰是完成了准宗教的解放机能的理由。”“艺术几乎成了像鸦片那样的东西，成了能使人们从不安中被解救出来的梦。”不过，今道友信仍指出了这种艺术的致命弱点，这就是它“忽略了自我本应具有

---

① 今道友信：《美的相位与艺术》，周浙平、王永丽译。中国文联出版公司 1988 年版，第 171 页。

② 关于技术关联导致人的行为逻辑发生逆转的论证，亦见于今道友信《关于爱》、《关于美》、《美学的方法·卡罗诺罗伽》等论著。

③ 今道友信：《美的相位与艺术》，第 172 页。

的超越意向”。[①]

再次是艺术以自身为目的。艺术本来是人类能力的产物,“这种能力是为着使人类内心的花能在彼岸开放的能力。因此,在本质上艺术作品是一个中介者,是中间物,是手段。”但是,由于现代技术的发展,手段无视目的这一超越者的宝座并夺取了它的位置,这在艺术上产生一个结果:即艺术以自身为目的,亦即“为艺术而艺术”。艺术的这种自我满足的自律性使艺术家从他的那个社会被孤立了出来。艺术、艺术家,还有美,在现代社会几乎成了剩余品、累赘。但是,对于人类的精神来说,这不能不是一个极大的错误,极大的损失。对此,今道友信指出:“艺术、艺术品、艺术家,还有美,决不是多余的东西,而是人类生活不可缺少的东西。对于人类来说,没有艺术的世界是不能想象的,即便是在最原始的种族历史中,我们也看不到没有艺术的社会。”[②]

第四是抽象艺术与非对象艺术的泛滥。现代技术带来的手段的优越位置,也有有利于艺术的一面。因为现代技术带来了人们的空闲时间的扩大,这为人们从事艺术生产和艺术欣赏创造了条件;此外,现代技术夺走了目的的优越位置,也使艺术创作从以往从属于诸如神学、政治权威等其他目的的状况下解放出来。但是,现代技术在为艺术创造了这些有利的条件的同时,也在“侵蚀着艺术的中心,它就像一个阴谋集团,虎视眈眈地盯着艺术。”今道友信这里所指的就是现代技术关联对于时间的挤压所带来的人的意识的虚无化、人类实在的虚无化、人类本身的物化、机械化。这对美学和艺术将带来怎样的后果?今道友信分析说:“从这里产生出两种世界观:① 没有动物影子的机械性,没有内心自由的机械性=数学的必然性。② 对于上述倾向的反抗,是动物性的无意识扩展,也就是深层意识的觉醒。这两方面,无论哪方面都不是人性——人类性——的理想场所。”这两种倾向体现在现代艺术思潮中,便产生了这样两种艺术倾向:一是抽象艺术;一是非对象艺术。“前者是取消了生物性的机械性的展伸,后者是对于放弃了理性描写的生物意识的强调。这便是这种世界观在视觉艺术中的反映。”[③]

第五是“方法主义”普遍化。现代技术的机械性使一切都予以“方法化”,导致“普遍的方法主义”、“方法万能”。这在艺术中,使得“对于一切艺术都采取方法性的实证主义和方法性的发现态度在现代流行起来。”然而,“卓越的作品往往是凌驾于一般方法之上的。”“对于现代的创造精神来说,那普遍的方法主义,那平庸的强制教育是十分不利的。”[④]

第六是导致动物性的无意识扩展。作为对于方法万能的反抗,也导致了另一个极端的出现。“作为对于方法万能的反抗,在强制中产生出来的自由主义以及解放主义成了艺术家周围的氛围。”“在这里,对于普遍性的方法的蔑视,带来了对于艺术的熟练技巧的忽视。”对于技术的机械性的抵制,产生的是“动物性的无意识的扩展”。这里,的确没有了非自由的机械性的冷酷的决定性,因而成了“逃离技术世界的避难所”。但是,今道友信认为,这并不意味着真正的自我的解放,而实际上只是带来了“自我忘却”。它使人“又回到了动物的意识水

---

① 今道友信:《美的相位与艺术》,第 173 页。

② 同上,第 174 页。

③ 同上,第 176～177 页。

④ 同上,第 177 页。

平。""人们在动物性的水平上,逃避了被技术化的人生,使自己得到了安慰"。在今道友信看来,无调性音乐作品和超现实主义的绘画,是人的偶发性的、深层的无意识的表现。"这是向着人类以前的生气勃勃的运动的复归,也是向着前人类的黑暗的退步,是心理的退向运动。"就是说,艺术向无意识、潜意识、深层意识的沉潜,虽然实现了对技术世界的逃避,但却使人还原到动物的意识水平,离人的精神超越的目标更加遥远。

第七是偶然性艺术的出现。现代社会的技术抽象、"结果主义""支配着我们的时代"。"它对美学领域的影响是令人恐惧的。这个新的抽象根本不考虑人通过自己对于自由的尝试,和将那种尝试结晶于作品,及艺术创造过程中的意义和价值。这便是偶然性艺术制作的由来。也就是说把人类的自由委托给物质的偶然性,例如那根据偶然性的作曲或让油彩任意流淌而创作的绘画。"今道友信尖锐地指出:"它们不是音乐,不是绘画",不过是声音的游戏和色彩的游戏罢了。今道友信反问道:"猫跑过钢琴的键盘,有时也会发出不错的音的组合,但人能把这叫做音乐吗?"① 尽管今道友信指出我们不应忽略这样的事实:"在这种被称作为偶然性的艺术中,也含有要逃避那没有自由的技术必然性的意图。"但是,他正确地指出:"自由也决不是偶然。偶然是没有责任过程的瞬间游戏。自由是伴随着责任过程的时间性努力。根据偶然性产生出的艺术,遮断了通向自由的道路。它是上述技术性抽象的反映。"② 等等。

应该说,今道友信对所谓"技术关联"所导致的各种时代征候及其对美学和艺术所产生的影响的分析是十分敏锐、相当全面具体的。一般而言,揭示现代科学技术所引起的人的物化、人性的异化,抗议技术对于人的自由的剥夺,暴露现代技术体制给社会、人生、心理带来的荒谬感,是20世纪中叶前后西方不少哲人、文学家、艺术家都曾作了深刻思考和探索的问题。如雅斯贝尔斯、海德格尔、萨特、加缪以及西方马克思主义的一些代表人物如马尔库塞、本雅明等等,都是如此。今道友信对于"技术关联"的现代的批判及对其种种时代征候的分析,显然与这样一个大的历史语境分不开,有些思想也能看出其所受到的西方思想界有关现代技术批判思潮的影响,但不能否定的是,像今道友信这样系统、全面、集中的分析与阐述,还是不多见的。

二 美学现代课题的思索

如前所述,今道友信是对他所处的时代即"现代"的观察非常敏锐、分析十分透辟的思索者。就美学领域而言,他认为"现代向我们提出了各种各样急需解决的新问题"。③ 作为一位直面现实勇于思考的美学家,他当然不愿意人云亦云地重复以往所提出的那些美学命题,而是努力提出自己所认识到的现代美学课题,并努力做出自己的解答。在这个问题上,他赞成波兰著名美学家塔塔尔凯维奇的这样一句话:"我们现代的美学家必须对美学做出我们特

---

① 今道友信:《美的相位与艺术》,第180页。

② 同上,第181页。

③ 今道友信:《美学的现代课题》,郭悦越译。中国社会科学院哲学研究所美学研究室编:《美学译文》第一辑,中国社会科学出版社1980年版,第288页。

有的学术贡献。"[①] 那么,在今道友信看来,"现代"给美学提出了哪些重要的课题呢?

1976年在原西德达姆施塔特召开的第八届国际美学会议上,今道友信曾代表国际委员会作了一次公开讲演,题为《美学的现代课题》[②],集中地谈了他对美学的现代课题的思考。在这篇讲演中,他重点谈到了美学的四个最为重要的现代课题:

第一,由于现代社会中与技术关联密切相关的实证主义的过剩,导致"没有思考的研究"大量泛滥。"实证主义的效果就是对象及其各种关系的计量性描述,说得更明确些,就是现象之量化。因此,它要把不适合于定量化的对象和关系从自己的问题中排除。"的确,美的理念的光辉正是实证主义这种"没有思考的研究"首先要排斥出去的。针对这种"没有思考的研究"对于美的理念的排斥,今道友信指出,美学的第一个现代课题是:"为了彻底地考察各人作为原体验所具有的、因而在逻辑上不能排斥的美,就要研究作为与美的理念相关联的形而上学的美学。"

第二,在今道友信看来,现代的社会,与"没有思考的研究"的泛滥同时出现的另一种倾向,是"没有研究的思考"。"没有研究的思考是什么呢?它就是意识形态。与实证主义固执于事物的数量性而忘记人的动机相反,它是武断地教条地确立人的实践标准的原理和目的。而且,作为行动体系的观念形态一旦被确立起来,就再也不想去研究它是否切合实际这个问题。"这种带有意识形态倾向的美学只注重艺术的政治的、社会的功能,而并不想追究艺术的本质究竟是什么。因此,今道友信认为,美学的第二个现代课题是:"为了彻底地考察艺术,就要确立作为与艺术本质相关联的现象学的美学。"[③]

第三,今道友信指出,由于现代技术关联极大地提高了生产效率,它导致"作为劳动过程的时间往往成了所谓机器设备这种空间机构的陪伴这个事实。这也就是说,作为人类本质的时间性已经使人类自己向作为物体本质的空间性方面异化了。正是在这里产生了劳动的非人化。"本来,在技术关联之前的社会,劳动是真正的"人的课题":劳动"自古以来是培养理念性的善的各种伦理道德的场所,是忍耐、牺牲、勇气、亲热、自立的真正基础"。但是,在技术关联的现代,劳动这种道德上的善的源泉却变成了恶的根源:"培养道德的园地反而倒向了作为空间化的非人化。其原因就是工艺学所强加的时间异化。"而且,更可怕的是,这种自动化的工艺学,"其目的不仅是时间的异化,而且是要消灭……劳动本身。"因为,"工艺学把生产过程中没有人的自动化作为它的理想。"这样,它就必然会使"道德的故乡(指劳动——引者)化为乌有"。总之,由于"作为延续性的时间才是道德的基础",如果说现代技术关联的工艺学"正在实现时间的消失",那么,它的结果就是导致道德的基础的逐渐消失,"作为内在活力的道德恐怕也会由于这种工艺学而消失。"在这种历史条件下,"为了维护作为人类本质的时间性",以至于"为了把道德性的基础保持下去,就必须抵抗工艺学。"今道友信所找到的

---

① 转引自今道友信:《美学的现代课题》,郭悦越译。中国社会科学院哲学研究所美学研究室编《美学译文》第一辑,第287页。

② 今道友信的这篇讲演最初为德语。其日语译文发表于日本《美学》1977年总第110期。中译文载于中国社会科学院哲学研究所美学研究室编:《美学译文》第一辑。

③ 参见今道友信:《美学的现代课题》,中国社会科学院哲学研究所美学研究室编:《美学译文》第一辑,第285~287页。

能够与这种工艺学分庭抗礼的文化现象便是艺术。在今道看来，艺术的存在本质，便是时间性。“无论在享受和鉴赏或者在制作和创造方面，艺术在事物性这点上总是需要时间……艺术一般无非就是一种增加作为延续性的时间的活动。特别是理解优秀的作品以及一般说来创作优秀的作品的活动，假如没有时间所孕育的劳动，是无法完成的。艺术就是这样在追求艺术的劳动过程和劳动延续性中，会唤醒并且激发忍耐、牺牲、勇气、自立等，作为必要善的道德。”通过艺术与现代工艺学的比较，今道友信在艺术中发现了在现代社会重建新道德的新基础，并把它看作美学的第三个现代性课题：“这样，美学的第三个现代性课题就是必须考虑在艺术经验中作为关于艺术的学问而被唤起的道德要素，所以，为了阐明道德性的新基础，就要和伦理学相联系。而且，美的这种道德性课题，不仅仅是给旧道德名目以新基础，同时是必须给崭新的道德名目以基础。”

由于美学在现代社会中给道德提供新的基础的重大使命，使美学与伦理学发生密切关联。而对于伦理学，今道友信也有自己的崭新思考。他是从人的根本的生态环境的改变入手来考虑这个问题的。他指出，“在过去的时代，自然界曾经是人类活动的唯一正统的舞台”。但是，“与过去那种结构单一的环境相比较，我们就不能不说，我们的现代是具有复杂得多的复合结构的环境。现代的人类环境由自然界、技术和文化三方面组成。”而且，我们人类只是间接地生活在自然界中，却直接地生活在人工事物之中。特别是技术关联的世界，对于人类来说，是种异质的存在。“我们不应该忘记我们人类是被那些在性质上异己的事物所包围这样一个事实。对于在这个异质世界中的人类的生态学，我们必须探索哲学人本主义的新位置，从根本上重新加以考虑。我想建立起一门新科学——生态伦理学[①]，作为对这方面的研究。”以往的伦理学，是“人际关系之学”，探讨的是人们相互之间的道德。但是，生态伦理学却必须同时包含人对于事物的道德。包括人对于艺术品的道德责任问题。总之，“现代的美学课题之三，就是这样为了给道德性以基础而同伦理学发生关联。”[②]

第四，在今道友信的思索中，美学的现代课题不仅与伦理学密切相关，而且同人的思维密切相关。在他看来，现代的技术关联改变了人的思维模式。现代的工艺学的高度发展，使人们原本内涵丰富的“理解”活动变得简单化、表层化，以至于发展到在现代“所谓理解就是操作”的地步。它不再需要描述、判断等思维活动，也不再需要由“结果”追溯“原因”的思维过程。这种思维的简化，必然导致人的思维的退化、弱化。不过，今道友信认为，在现代，美学这种与艺术现象密切相关的活动却可以拯救人的“理解”。“这是因为艺术理解要人们作了解释以后才能完成”，而这个解释却是一种与理念相关的思维形式。这种思维形式是描述、判断、由结果追溯原因等思维的初级阶段所无法企及的。正是在这个意义上，今道友信认为，“美学在现代的第四个课题就是为了完善作为理解的思维而改革逻辑学。而且，这是美学课题中最重要的课题之一。因为在这里成为主题的解释，正是作为在其内部扬弃了描

---

① “生态伦理学”的观念在今天已在相当广泛的范围内为人们所谈论与接受。而今道友信正是在世界上最早倡导“生态伦理学”的思想家之一。

② 参阅今道友信：《美学的现代课题》，中国社会科学院哲学研究所美学研究室编：《美学译文》第一辑，第287～292页。

述、归因和判断而保存下来的东西,也就是思维的补充阶段。”[①]

在上述美学的四大现代课题中,今道友信特别强调了后两个课题的重要意义。他指出:“美学必须给伦理学打基础,而且,美学必须以革新的精神补充逻辑学。这两个课题是美学在现代具有的最重大的课题,但是它们不可能通过古典美学的复兴来完成。”以往的美学,有两种路向。一种美学,往往把美学学科仅仅看作哲学体系中的一个分支学科,或者看作是哲学原理、哲学基础理论在美学这一特殊领域的运用。这种路向基本上否定了美学的自主性。另一种路向的美学主张美学应该有自律性。但由于它“只是把自己的领域限定在极狭小的范围内,因此反而会越来越靠其他学科去进行基础性研究,和自己的主张相反地不断增加他律性的程度。”今道友信所理解的现代的美学具有远大的抱负和重大的使命:“作为一个时代开端的今天正在向既是基础学又是补充学的美学展示出新的境界。因此,美学在今天必须是思维的开始和终结,是思维的原理和目的,换言之,美学是哲学的枢轴。”[②]

三 美学的现代课题与“美学的将来”

值得我们注意的是,今道友信对于美学的现代课题的思考还与他对“美学的将来”的课题的思索联系在了一起。

今道友信对于美学现代课题的思索,可以说基本上是建立在对“技术关联”的现代的批判和否定的基础上来展开的,是力图超越“技术关联”的现代而提出的美学现代课题。这样的美学思考,必然使他的现代美学思索包含着面向将来的思维向度。这使他在美学研究过程中提出了一个富有挑战性的命题:“美学的将来”。

“美学的将来”作为一个理论话题,原本是由法国现代著名美学家、曾担任国际美学会主席的 E. 苏里奥(E. Souriau,1892～1979)[③] 提出来的。苏里奥早在 1929 年曾出版一部法语著作,书名即为《美学的将来》。在该书的序言中,苏里奥强调指出:他自己所要探讨的是“美学的将来”,而不是“将来的美学”。意思是,所谓“美学的将来”指美学这门学问在学术上的展开,而不是去预见由于外在于美学的某种因素所导致的某种并非是美学本来的状态。今道友信指出,作为论述“美学的将来”这一问题的基本态度,自己也将“循此道而行之”[④]。不过,今道友信对于这一问题的回答,却显示了与苏里奥看法的根本对立。

苏里奥的“美学的将来”所思考的中心问题,是要判断什么才能够成为美学的“实证的、自律的学问的对象”。“通过本来应称作 meta-esthetique(元美学)的研究,依据认识论的最确实的原理去选择能成为美学特定对象的东西,这种努力是一项为使美学成为一门学问而做的重要工作。”[⑤]

---

① 参见今道友信:《美学的现代课题》,中国社会科学院哲学研究所美学研究室编:《美学译文》第一辑,第 292～293 页。

② 同上,第 293 页。

③ E. 苏里奥(E. Souriau,1892～1979),法国现代著名哲学家、美学家。著有《神之影》、《感情的抽象》、《生机勃勃的思维与形相的完全性》、《美学的将来》、《哲学的创建》、《诸艺术的照应》、《二十万戏剧状况》、《动物的艺术感觉》、《美学的钥匙》等。

④ 参见今道友信主编:《美学的将来》,樊锦鑫等译。广西教育出版社 1997 年版,第 6～7 页。

⑤ 同上,第 7 页。

苏里奥所选择的美学的独特对象，便是最广义的 forme(形)。他说："美学是形(forme)的科学。"①

今道友信指出："所谓讨论学问的将来，只能是把永恒加以时间化。这是一种认知的过程，即把永恒的课题努力拉到当下的问题旁边。在这一过程中，将永恒的问题转化为将来的课题。反过来，还要把当下提升，使之以将来的形态趋向永恒。换句话说，所谓学问，只能是在理论的层面上将永恒与当下联为一体，美学当然也不例外。因此，所谓美学的将来，便是在对永恒的透视中通过一边提问一边解答的对当下的课题合乎逻辑地透视到的课题。所以，当下没有课题的人就无法透视将来的课题。而且，不追求永恒的课题的人，也不能使现在成为课题的问题继续发展为将来的问题。"② 在今道友信看来，苏里奥提出的问题就是一个在认识论上探讨美学的可能性的永恒的问题：使美学成为一种学问的特有对象究竟是什么？美学是"形之学"就是苏里奥立足于当时的课题所提出的美学的将来课题。

针对苏里奥关于"美学的将来"是要使美学成为"形的科学"的核心观点，今道友信根据自己的研究提出了根本的质疑，做出了完全相反的回答。

今道友信的质疑和回答，源于他对他所面对的"现代"的不同体认及对他所理解的美学的现代课题的不同认识。

关于今道对"现代"的独特认识，上文已经作了详细的评介，这里不再赘述。一句话，他所说的现代就是"技术关联"的时代。那么，在他看来，"技术关联"时代在"形"的问题上提出了怎样的美学课题？它与"美学的将来"有什么联系？

上面，我们已经介绍了今道友信对于美学的四个重要的现代课题的概括。这里，我们必须指出：今道友信在与苏里奥的思想的对话与撞击中揭示了美学的另一个更为核心的现代课题，这便是对于"形之学"的超越。

今道友信曾一针见血地指出："我们现在应该承认一个毋庸置疑的事实：形的文化正在结束。"

他具体地分析说：在自然界，物体的形明确地呈示着它的本质并暗示其功能。比如，在自然世界，凡是牛就有牛的形，有牛之形者，一定不是马，而只能是牛。因此，在自然界，也可以说，形、形相与其本质相联结，形相即本质。在人类社会，"在技术还处于能够按自然的类推来理解的程度时，机械只不过是孤立的工具的存在而已。这或许可以说是 20 世纪前半期以前的一般状况吧。"那时的人工产品，其外形与其功能也具有统一性。比如，早期的录音机带有喇叭状的扩音器，预示着某种音响的发出。算盘有大小相同的圆珠排成几排，一看它的形，就能推测出它是计算的工具。就连建筑物，如寺院、教堂、银行、车站、学校等，其外观不同于一般住宅，一看其外形，便能了解其功能所在。

然而，在技术关联的现代，"这种形的优越地位由于科学技术的结构变革而完全改变。""进入 20 世纪后半期，科学技术即使在它的应用领域，也发生了从物体论向功能论的结构变革。这种变革推翻了自然学的这样一种常识：大凡物体，皆各有其形，其形态便暗示着其功能。然而，相对于外形来说功能处于优越地位，却是电器制品的特色。在技术关联的世界，

① 转引自今道友信主编：《美学的将来》，樊锦鑫等译。南宁，广西教育出版社 1997 年版，第 7 页。

② 今道友信主编：《美学的将来》，东京大学出版会 1985 年版，第 12～13 页。

随着技术的进步，一切制品均变得轻便简捷，同形异能的事物比比皆是，只看其形便无法区别。”比如，在现实中，人们拿在手中的长方形小盒子，它究竟是打火机还是用于偷拍的照相机？是计算器还是定时炸弹？是窃听器还是盛小物品的盒子？如果只看外形便无法确切地了解。总之，“对形的不信任，在知觉世界里正趋于一般化。”

这种对形的不信任，不只是发生在技术产品的领域。在艺术领域，也同样如此。“仿佛是要表明对形的不信任似的，对形的忠实在艺术的一切领域里正逐渐地崩溃。这是一个显著的倾向，尤其是在卓越的天才们那里。”他举了各种艺术领域对形的背离。他概括地指出：“以所谓形对于艺术究竟有什么意义的质询所内在地发生的对于形的不信任，当然很快便会唤起这样的问题意识：说美学就是形之学大概并不充分吧。”由此，只能得出相反的结论：“美学的对象并不是形”。“所以，美学必须寻求形的替代物以作为自己的对象，对现在而言，美学的将来或许就是对这一课题的挑战吧。”总之，在他看来，当下的所谓“美学的将来”，必须寻求取代形的东西，以作为美学的真正对象。[①]

立足于自己对现代的独特认识，通过与苏里奥关于美学的将来是使美学成为“形之学”的见解的对话与扬弃，今道友信得出了自己的崭新结论：美学必须是超越形的学问，美学的真正对象只能在对形的超越的层面上来寻求。这才是美学的将来之所在！如他所说：“这是一种以形为线索的期待，期待形内部的东西，超越于形的东西、追求无限的美学。作为期待，这是在宣扬以形的学问为前提但又从根本上使之动摇的美学。”[②]

在今道友信看来，这种崭新的有关“美学的将来”的构想，对于整个哲学的新生具有特别重大的意义。一方面，“美学也以此种方法而与伦理学相关。”即这种美学将对传统的伦理学的革新发生影响，从而产生一种新的伦理学即“生态伦理学”。另一方面，这种美学构想，“通过想象力的逻辑分析及其在认识论上的地位这样的问题，逻辑学也不能不发生变革。”这样一来，“美学的将来，不仅在于对形的不信任而产生的方法，而且在于利用这种方法而成为整个哲学新生的契机。广而言之，这无非是向精神创造活力中心的挺进。”[③]

放在20世纪日本现代美学发展的整个过程中，甚至放在整个世界现代美学的背景下来看今道友信有关现代美学课题的思考特别是他有关“美学的将来”课题的思考，不能不说这是一种十分独特、极有价值的美学思维成果，甚至可以说，超越“形之学”的美学的将来构想，是一种真正具有革命意义的美学构想。因为他不仅与西方现代美学的重要代表人物之一苏里奥作为“形之学”的美学将来构想演唱了一出对台戏，反其道而行之，把美学的将来诉诸“形的超越”，而且对整个西方以形、形式、形象、形态、感性等为原点的美学乃至哲学传统进行了彻底颠覆。而且，他的美学现代课题的设定以及美学的将来构想，并不是狭隘地、封闭地就美学本身来谈论美学的革新、美学的将来，而是把美学放在整个哲学的结构中，放在与伦理学、逻辑学等的相互关系中，思考美学的革新与未来，以及它可能给整个哲学的结构特别是伦理学和逻辑学等的革新所带来的推动作用。

可是，美学如何能够超越形之学？今道友信把目光投向了另一片意蕴丰厚的美学领域，

---

① 参见今道友信：《序论・美学的将来》，今道友信主编：《美学的将来》，第12～15页。

② 同上，第18页。

③ 同上，第19页。

这就是东方的美学传统。

四　东方美学的意义

不只是美学的现代课题以及美学的将来的建构，是今道友信美学研究的重心所在，另外一个与此密切相关的问题即东方美学的意义以及东方美学与西方美学的关系问题，也是今道美学研究中一个十分重要的主题。

《东方的美学》[①] 是今道友信专门以东方的传统美学（主要是东亚的中国、日本的美学）为研究对象的美学著作，也是今道友信美学的代表作之一。在这本书的"序文"中，今道友信开宗明义，首先谈了他对"为什么要考察东方美学"的思考。他认为，"本来，中国、朝鲜（韩国）及日本是美学思想丰富的国家"，但是，与对西方美学的研究成果相比，对于东方美学的研究的优秀成果却很少。其原因是，人们为了消化西方具有严谨方法的学问（包括哲学）的传统而将注意力集中于此，"因而从学问的立场重新认识属于自己的东方美学思想的研究就落后了。"他从四个方面来具体地揭示东方美学研究的重要意义：

第一，通过文本的解释，把尚未被打开的丰富思想宝库中的逻辑性逐步予以阐明。

第二，把它与西方美学思想相对比，通过文化比较，不拘泥于局部的即西方的传统或东方的传统的局限，在美学上发现从全人类立场出发考察问题的线索。

第三，美和艺术构成人类全体成员最直接的经验之一。假如能够站在全人类视野去考察，这种研究就能够对人类相互之间根本上的理解与和睦发挥作用。为了能够站在全人类视野上，不仅要研究西方美学思想，而且必须阐明尚未为人所知的东方美学思想。因此，对于东方美学的研究，不只是为了东方人了解自己，而且可以使西方人了解作为"他者"的东方，同时，在这一领域，最容易成为包括东方与西方在内的整个人类互相接近的场所。

第四，东方的美学思想比一般人所想象的要远为丰富，而且水平很高。可是，"尽管在我们的历史的背后拥有这些内容，而且在现实的环境中把它保存于意识之下，假如不让它在现代学术领域中充分地明朗化，这难道不是我们对于文化的怠慢吗？！"作为东亚文化圈的一员和生活在现在的时、空交叉点上的学者，今道友信认为有义务与读者一起为此而努力。今道友信指出："以上四点是必须研究东方美学的主要理由。"[②]

不过，在我看来，上述四点理由还不是今道友信花了很大力气研究东方传统美学的最重要的意义所在。那么，什么是他进行东方美学研究的最主要的意义呢？今道友信在该书最后的《结语・东方美学研究的现代意义》中集中地回答了这个问题。这也就是为了解决现代美学的困境、现代思维的困境乃至现代人类所面临的困境，为现代美学的建构乃至美学的将来提供思想资源，指明探索的方向。

在这篇"结语"中，今道友信提出了东方思想传统中与今日大肆泛滥的"悟性的思考"完全不同的一种思考即"基于意象的思考"。他指出：

---

① 今道友信《东方的美学》一书中所谓"东方"，在日语原文中均写作"東洋"。在这一点上，该书与大西克礼《東洋的艺术精神》是一致的。在该书的中译本（蒋寅等译，三联书店 1990 年版）中，"東洋"均译作"东方"。本论文也遵循这一惯例，使用"东方"的概念而不用"东洋"一词。

② 参见今道友信：《东方的美学》，第 2～3 页。

世界的现状是依存于计算的计划的竞争。依靠这样的竞争而发展的技术关联由于能够维持文明、使人的物质生活普遍提高而不可或缺。因此，计算的思考的逻辑之重要，在今天依然如此。可是，悟性的思考(cogitatio rationalis)由这种计算的思考的逻辑所支撑。由于这种悟性的思考，人的精神也被化为可以测定的心理现象；理念则被等同于单纯的概念。它只会把自己所构筑的技术关联的层次上能够把握的东西作为对象，而不可能把其他的东西作为对象。但是，如果把自己的内在世界及与自己的志向相关的东西都置于思考之外，那就是自我丧失，几近于人的资格的丧失。

作为技术关联的现代世界是非人性的，要在世界上复归人性，就必须了解上述被非人化的自我的必不可免的无力化程度。完全化为计算的思考的人，为了能够作为人得以再生，必须有不属于计算的思考的思考。这种思考是怎样的思考？这样的思考必须超越悟性的合理性，是基于意象(imago)的思考。今天，如果没有这样的思考，人类便无法到达理性的思索(contemplatio intellectualis)。①

今道友信认为，这种把悟性与理性相结合的“基于意象的思考”，在中国古代思想家孔子那里，已经在原理上作了阐述；中国道家的老子和庄子实际上也达到了这样的思考境界。他特别举出日本古代思想家空海② 早期著作《三教指归》中以意象的思考来推动思维飞跃上升的实例，来说明基于意象的思考也是日本古代思想的重要特色。他指出:《三教指归》“每到思索的重要的关节点，便作诗以使自己的论证明了易解。”该著作中有三个假想的人物，一个是龟毛先生，代表儒家；一个是虚亡士，代表道教；一个是假名乞儿，代表佛教。三人就儒、释、道三教之教义进行辩论。假名乞儿批评了儒教与道教，力说佛教的教义最高。这部著作中，共有五首诗歌，分别为《写怀颂》《无常赋》《受报词》《生死海赋》和《咏三教十韵诗》。今道友信一一介绍了这五首诗在文中所起的作用，最后总结说:“空海在解决悖论或使逻辑得到飞跃的展开时，便会使用诗歌；在使概念的系列得到整体的升华时也会使用诗歌。”本来，“在佛教中，当以诗的形式表达思想时，一般会使用偈的形式。不过，在展开思索的能动性上让诗歌发挥决定性的作用，这是《三教指归》的显著特色。它不只是在形式上与中国的诗的结构、音韵的模式相符合的诗，而且其意象的跳跃也很出色。而且，意象推动思索；使思索结晶。这正是空海所体现的日本的特色。”“所谓思想的内容，不只是结论，也包括论证结论的方法。空海的确是以发端于印度而在中国体系化了的佛教作为自己据以立论的思想，但他在证明佛教思想是三教之中最高的思想时所使用的基本方法中，正是活用了日本的基于意象的思考和诗的逻辑。”③

今道友信指出，在东方美学思想史中我们所看到的是“充满诗的意象的思索体系，围绕着美的理念、精神的美和艺术等而展开。”这种基于意象的思考不只存在于日本，在中国美学史上，更是“充溢着这种意象，比如庄周、苏东坡的著作便是如此。”今道友信这样来概括东方

---

① 这里的译文，由笔者根据日语原文重新作了翻译。见今道友信:《东方的美学》，TBS不列颠百科全书股份有限公司1980年版，第359～360页。

② 空海，即遍照金刚，著有《文境秘府论》等。《三教指归》是其早期著作之一。

③ 今道友信:《东方的美学》。TBS不列颠百科全书股份有限公司1980年版，第365～367页。

“基于意象的思考”的巨大而神奇的作用:“那是想象力突破概念的思考的悖论和僵化,它使动态的想象更自由地漫游。它向人类启示宇宙的神韵和艺术的秘密,不,是存在的神秘,是超越者的美。”①

作为一位思索着现代美学课题和美学的将来课题的美学家,他更加看重的是这种基于意象的思考在现代的意义:“在面对技术文明的悖论时,无论是对于技术者的技术的革新,还是对于哲学家的新的思索的改善,作为一种必要的智力,都必须在逻辑上开拓基于意象语言的思索方法。”②

总之,在今道友信看来,“东方美学的研究,为了现代所必须的思维的完善(emendatio cogitationis),首先在认识论乃至逻辑学的领域,是一个很切实的问题。而且,为了哲学不要蜕变为数学,必须在历来都是以 imago(意象)作为主题之一的美学中寻求其逻辑的基础。这大概是对近代将美学看作哲学原理的一个应用学科的传统观念的挑战,是对把美学看作哲学体系中的一个分支学科的传统观念的挑战。但这不是无谓的挑战,而是为了使哲学克服和超越现代的危机,在哲学的思索内部进行的必要的结构改革。”③ 这样,他便把对于传统的东方美学思想资源的研究,与其有关现代美学课题和美学将来课题的思考紧紧地联系在一起,使之合二而一,变为同一个问题了。

归纳一下今道友信关于东方美学研究的意义的论述,我们可以从这样几个层面来理解:首先,东方美学研究对于克服并超越现代美学的危机、构建美学的将来,具有重大意义。这主要是指中国古代孔子的艺术哲学④、庄子的美的形而上学⑤ 以及日本古代的“风的美学”、代替形的“姿的美学”、无的美学、道的美学对于克服今日“形的美学”的危机、构建现代乃至将来的超越“形的美学”⑥ 所具有的重要的启示意义。其次,东方传统的美学思想资源对于克服今日哲学的思考或人类的思维的危机,具有重要的价值。这主要是指东方传统美学中基于意象的思考对于克服今日那种基于计算的思考、悟性的思考过于泛滥的思维危机具有

---

① 今道友信:《东方的美学》。TBS 不列颠百科全书股份有限公司 1980 年版,第 367～368 页。

② 同上,第 368 页。

③ 同上,第 368 页。

④ 参阅今道友信:《东方的美学》第一部“中国古典美学——孔子和庄子”第三章“孔子的艺术哲学”。在该章中,今道友信指出:“孔子的艺术思想是什么? 用一句话说是向彼岸世界的精神的上升……艺术是内在的事象,因此孔子说:‘人而不仁,如礼何? 人而不仁,如乐何?’”“就孔子来说,真正的艺术是内在的光辉,尽管孔子没有使用过表现(写意)这个术语,但作为艺术理念的表现(写意)的思考,在公元前六世纪时在孔子的思想体系中已经成为事实了。”《东方的美学》,第 113 页。

⑤ 参阅今道友信:《东方的美学》第一部“中国古典美学——孔子和庄子”第四章“庄子形而上学的美学思想”。在该章中,今道友信认为庄子《逍遥游》中鹏的扶摇而上,象征着螺旋上升的思维的必要性:“因此它是从相对中解放出来而与绝对相一致的超越的思维,是纯粹自由的形象,也就是获得纯粹的思维的形象。在这个意义上,思维也许应该说是以‘自由’为目的的。”“哲学化了的这个目的,在庄周是人类精神向一的还归,是回到绝对的一去,是精神触及光本身,精神的沉醉在光也就是一中得到实现。”“在光里的这种陶醉,庄周名之为逍遥游。他视此为人生的充实,而且认为人类精神只通过思索就能获得这样的逍遥游。”“在庄周,艺术是精神通向沉醉的超越的起点,而沉醉才是思维的实际状态。”《东方的美学》,第 127、134 页。他把庄子的思想视为“光的形而上学”、“美的形而上学”。

⑥ 参见今道友信:《东方的美学》第二部“日本的美学”第五章至第九章。

解毒的功效。再次，东方传统的美学思想资源对于克服现代社会或现代人类的困境也具有重要的意义。这主要是指传统的东方美学中对于想象力的高度重视对于克服现代社会由于技术关联的统治所导致的机械化、人的异化以及人们的想象力和创造力的丧失，恢复人的想象力、创造力，恢复人之为人的本性，将起到重要的作用。

今道友信对于东方传统美学的研究，给我们带来这样几点宝贵的启示：首先，无论是在美学上还是在哲学及其他人文社会科学领域，西方的思想、学说并不意味着普遍，不是“人类一般”。与东方一样，西方也只是地域性存在，地域性的概念。这就根本打破了西方中心主义把西方的视为普遍的、一般的、把东方视为局部的、特殊的观念，指出了东方在构建全人类的美学或哲学中的作用，与西方的传统具有同等的地位、价值。如他所说，“美学作为一门学问，其理论形成的场所不只是西方的传统。”东方的传统同样可以成为形成新的美学理论的充满生机活力的场所。第二，为了解决现代的技术关联所带来的困境，解决形之学的美学的困境，东方的传统美学思想资源能够提供决定性的思想资源。第三，对于东方传统美学的研究并不是说只能把它作为东方的古代的东西进行独立的研究，而是可以把对它的研究同对于美学的现代课题和将来的课题结合起来、统一起来，看作同一个问题进行通盘的思考。对于他来说，传统与现代（乃至将来）的关系与东方与西方的关系，不是两个互不相关的课题，而是有内在关联的同一个问题。第四，他对于东方传统美学乃至哲学的研究，常常是在与西方传统的美学乃至哲学的比较中进行的，而这种东方与西方的比较、研究、阐释，最终是为了建立全人类的美学和哲学。[①]

五　超存在论的形而上学美学构想

今道友信是一位美学家，但其研究的范围又不限于美学，而是把自己的研究触角延伸到了哲学的许多领域，在许多方面做出了创造性的建构。比如，在逻辑学上，他曾在 20 世纪 60 年代初的维尔茨堡大学的讲学中和 1963 年巴黎国际形而上学会议上，提出逻辑存在学(logo-ontique)的设想。到了 70 年代初，针对现代社会的技术关联的统制，提出了超技术学(metatechnica)的构想；与此相联系，在伦理学上提出了生态伦理学(ecoethica，日语原文为“生圈道德学”)。后来，又在上述研究基础上，在社会哲学方面，针对现代社会特点，提出了城市哲学(urbanica)的设想，以此作为未来社会哲学的核心，用以取代以往的国家哲学和以国家为核心的政治学。1981 年，今道友信出版了他的系统的比较哲学著作《东西的哲学》，通过对东西方哲学的相当全面的比较研究，集中地表达了他试图创建一种真正意义上的“人类的哲学”的宏伟设想。[②] 他甚至还对西方现代思想史、西方古代哲学史进行过自己的系统研究，出版过影响颇大的研究著作《现代的思想》及《西方哲学史》。此外，《关于爱》也是一部探讨爱的真义的伦理哲学著作。从这个意义上说，今道友信也是一位成就显著的、有影响的

---

① 今道友信有关从“地域主义”走向“人类主义”，从而建构真正意义上的“人类的哲学”的思想，是其另一部哲学、美学比较研究著作《东西的哲学》(TBS 不列颠百科全书股份有限公司 1981 年版)一书的主旨所在。

② 《东西的哲学》中译本书名译为《东西方哲学美学比较》。中国人民大学出版社 1991 年版。参阅《译者前言》。

东方现代的哲学家。

不过，今道友信的主要学术贡献仍在美学方面，特别是美学体系的建构方面。今道友信曾这样评价自己："著者本来是以探讨美学体系为课题的"[①]。他的这一评价是符合实际的。应该说，他的全部美学探讨，包括他对美学的现代课题和美学的将来的探讨，对于东方美学、比较美学的探讨，等等，最终都指向同一个目标，即建构自己独特的美学体系。他曾这样谈到自己对一种独特的美学体系的执著追求："我认为一个学者要确立自己的地位是很困难的，提出某种决定性的命题及其论证，正是进行思索的学者的义务。因此，为了真理，即使遭到憎恨，失去地位或被杀也要毫不后悔地在逻辑上锤炼自己。我亮出自己的学说也是为此。"[②]

那么，究竟什么是今道友信的美学体系？什么是他"自己的学说"？

质言之，就是他所命名的"卡罗诺罗伽"，亦即一种独特的超存在论的、形而上学的美学体系。这一美学体系的根本特点，就是在与美和艺术相关的几乎所有问题、所有层面上都试图贯彻一种"超越"的意图，建构一种以"超越"为基本精神内核的"超越论"的美学。我们可以从以下一些层面，来把握今道友信的"超越"美学的基本内容。

超越现实。在审美和艺术与现实的关系问题上，今道友信认为，审美和艺术创造活动是人的一种精神上的超越活动。这可以说是他的美学和艺术哲学思想的根本出发点。应该说，认为审美活动、艺术活动是一种超越性的精神活动，是向着无限的精神运动，这是今道友信的一个基本思想。他经常会表达甚至反复强调这一点。如他说艺术是"向着超越的自由飞跃"[③]；认为孔子《论语》中所说的"成于乐"是"把艺术看作为以精神的自由解放为目的的超越之路"，并认为"这是十分出色的见解"[④] 等等[⑤]，都是如此。他批评现代艺术的目的"未必是对于超越理想的追求"，"不是趋向无限的精神运动，而是在被限定的事物中，以被限定的样式进行的游戏。因此，它不是垂直的价值（指精神的超越性价值——引者），而是在水平方向上产生出的新问题。"[⑥] 无疑也是从审美与艺术具有超越性这一基本观点出发所做出的判断。

超越"技术关联"的现代。在对于"现代"的根本态度上，今道友信主张对其进行批判和超越。上一章我们曾指出，竹内敏雄将现代界说为"技术时代"。虽然他作为一位笃诚的学者，不能不看到这种技术社会所带来的负面的、消极的影响，包括对于现代艺术思潮的消极的影响，并对之做出一定的批评，但他更主要的价值取向，是对技术时代形成的技术美的肯定，并试图从学理上来解释它；对艺术与技术在本源上和本质上的同一性进行理论说明。就是说，其主导的思想倾向是对现代的认同、对技术时代的肯定。相反，今道友信将现代规定

---

① 今道友信：《东方的美学》，第 280 页。

② 今道友信主编：《美学的方法》。文化艺术出版社 1990 年版，第 50 页。

③ 今道友信：《美的相位与艺术》，第 172 页。

④ 今道友信：《美于美》，鲍显阳、王永丽译。黑龙江人民出版社 1983 年版，第 52 页。

⑤ 今道友信正是从其"超越论"的美学、艺术观点来解释孔子的艺术哲学及庄子的形而上学美学的。参见《美的相位与艺术》第十三章"艺术中的超越问题——关于孔子美学"及《东方的美学》第三章"孔子的艺术哲学"和第四章"庄子形而上学的美学思想"。

⑥ 今道友信：《美的相位与艺术》，第 172 页。

为技术关联的时代，从一种超越论的立场出发，或者说从一种多少带有审美和艺术的乌托邦色彩的理想观念出发，对现代社会主要取一种批判、否定并力图超越它的立场和姿态，努力揭示技术关联时代的种种消极的时代征候，分析技术关联时代对于审美和艺术的种种负面影响，希冀以审美和艺术来反抗现代社会，拯救现代社会造成的种种危机。

超越技术。在艺术与技术的关系问题上，主张艺术在现代社会中是对于技术的超越。日本战后第一代美学家的最重要代表人物竹内敏雄对于艺术与技术的关系，更加侧重于艺术与技术的共性，并为艺术哲学重新确立了一个“技术哲学”的理论基础，逻辑严密地论证了艺术作为一种生产美的价值的技术的本质。但是，在这个问题上，今道友信的看法与竹内敏雄的观点可说恰成鲜明的对比：今道友信更注目于艺术与技术的区别，特别是在技术关联的现代社会艺术与技术的根本对立，反复强调艺术对于一般技术特别是技术关联时代的现代技术的超越性品格。今道友信认为，艺术在本质上是与技术对立的，是一种超技术的存在。他指出，“在上古时代，艺术和技术在语言上是没有什么区别的。”但到了近世，艺术与技术已产生了明确的区别：艺术是使人类内部的精神向彼岸世界上升的载体；而技术则是为了使人类的外部的肉体具有力量的载体。“它们在本质上是有区别的，这无论问到谁都是知道的。”① 特别是在现代技术关联所统治的社会，“艺术给人类带来了希望。艺术并没有遭到现存技术社会的破坏，反而依靠技术的发展，对技术发展带来的非人化倾向，发生着抵抗作用。……因为艺术处于人和技术之间，便使得人的自我复归成为可能。”“在今天，技术已使社会改变了体制，艺术却在这个体制中，站在技术的对面，与技术竞争，反抗那种体制的压抑，热情地保卫着人的真正价值。在这个意义上，在现代社会，也可以说艺术是游戏。同时也可以说具有使人性复归的社会机能。这个问题，是现代社会的一个重要问题。”②

美学是“美之学”，而不只是艺术之学。在美学与艺术哲学和艺术学的关系问题上，坚定地主张美学是“美之学”。它包括艺术哲学，但决不能只限于研究艺术美。作为美之学，必须把艺术美之外的广泛的美的领域，如自然美、技术美、行为美、人格美等等都纳入自己的视野。“我们无论如何也要在作为艺术学的美学之外，直截了当地研究作为美的学问的美学。如果不这样做，研究美本身的学问就要寿终正寝了。因此，要反复强调，我们一定要把美学分成美的学问和艺术的学问两大类。”③ 关于美学与艺术学的关系，他主张将艺术学看作对于艺术的实证的、科学的研究，认为它可以被包含在艺术哲学的范畴之中，但它对于美学来说，只能作为一种“补助学”。他说：“美学在这里是 Calonologie（可音译为卡罗诺罗伽——引者）、美的形而上学。它把艺术哲学（artiologie）作为自己的一部分。虽然这个 artiologie 包含作为补助学的艺术学（science des arts），例如音乐学、文艺学、美术史学、建筑学等，但我们所说的美学，是最纯粹的，是 Calonologie。”④

美的意识的双重超越性与美的相位。今道友信认为，美并不是物的内在结构，同时，也不是纯粹意识的内在结构，它是双重地超越了客观实在与主观意识的存在，只能作为存在物

---

① 今道友信：《美的相位与艺术》，第 182 页。

② 今道友信：《关于美》，第 126～127 页。

③ 今道友信主编：《美学的方法》，第 324 页。

④ 今道友信：《美的相位与艺术》，第 168 页。

间——这其中一方必须是意识这种存在物——的一种关系而存在。就是说,美离不开客体对象,也离不开以之为对象的意识。美的意识必然是一种超然于存在物、超然于对于对象的意识之上的具有双重超越性质的意识。① 从这种根本的美学观点出发,今道友信提出了他的著名的"美的相位说"。他认为,在审美活动中,美存在着不同的种类、不同的形态。而美的不同种类、不同形态,并不取决于对象的结构,而必须根据意识的状态来确定。美在人的意识中的相位是可以变化的。美的形态,由变化中的意识的相位来决定。他说:"美的不同种类(自然美、技术美、艺术美、行为美、人格美等)不是对象论意义上的存在之差,而是通过现象学的考察,还原为意识在活动方位上的差别。"②

审美的超感性与美学对感性学的超越。他认为,审美不能停留在感性的层面,而必须超越感性的层面,达到形而上的层次。美学不是感性论。"作为美的学问的美学,一定要从知觉层面达到超越性的、非感觉的领域。由于这个缘故,直截了当地说,作为美的学问的美学,一定要看作是从生理学性质的心理学开始,进入以超越物作为对象的形而上学。所以,必须研究作为美的形而上学的美学。"③

美学是超形之学。与美学不是感性之学而是超感性学这一思想相关,正如我们在前文中已经看到的,今道友信通过对美学现代课题和美学的将来课题的思考以及对东方美学的探讨,得出了美学不是"形之学"的看法,认为美学是对形之学的超越,是超形之学。美学的对象不是感性,不是形,而是形背后的东西。这种思考问题的方式,最终必然走向东方传统思想中的"无"或者"道"。

艺术"解释"向美的飞跃。今道友信认为,艺术必然以美为自己的本质。而艺术品中的美的价值的发现,往往并不是靠感觉就能予以完全把握的,而必须依靠理性的"解释"。④ 什么是今道友信所说的"解释"呢?在《关于美》一书的第二章"美的理解"中,今道友信指出:对于美的欣赏虽然也需要感觉和分析(智力操作)这些准备性的阶段,但它们都不能真正理解艺术中的美的价值。要真正理解艺术中的美的价值,必须依靠艺术的"解释"。他说:"智力操作始终是必要的。但我们不能把对作品的分析和发现作品的美混为一谈。把分析的结果综合、组织起来,通过作品向作品所指出的美进行精神攀登,这一运动就是解释。"⑤ 这种"解释",也就是卡罗诺罗伽的态度、超越论的态度。他指出:在艺术作品中,"我们试图发现美的态度,即卡罗诺罗伽的信念,就是超越单纯艺术学的阶段,使人进一步达到审美地体味艺术作品的境界的途径。如果把这种情况换种说法的话,也就是我们抱着卡罗诺罗伽的态度,把隐藏在作品中的美的真相找出来。就是说,卡罗诺罗伽的解释其意图在于:一面体味作品的形象所能显示的所有深层意象的重叠结构,一面以该作品为场地,向着美飞去。"⑥

美是超越真与善的最高价值。今道友信的超越论的美学,还有一个突出的表现,就是在

---

① 参见周浙平、王永丽:《美的相位与艺术·译者前言》,第8～10页。

② 今道友信主编:《美学的方法》。文化艺术出版社1990年版,第50页。

③ 同上,第324页。

④ 艺术解释论,是今道友信美学理论中的一个十分重要的组成部分。其《解释的位置与方位》就是一部专门研究艺术解释论的美学著作。

⑤ 今道友信:《关于美》,第31页。

⑥ 今道友信主编:《美学的方法》,第331页。

价值论上，认为美的价值超越于真和善的价值之上，是一种人类最高的价值。他说："美的光辉是伴随着自我牺牲的伟大性而成立的。""没有远远地凌驾于善之上，根据情况使自己牺牲，没有超越人伦常识所理解的重大牺牲，美便不能成立。这样看来，就必须说美是人生中最高的价值。"[①]《关于美》的第九章即最后一章，标题即为"最高价值的美"。在这一章中，今道友信以生动的实例说明"在生活中，只有努力站在对方的立场上，真正想使这个世界变得更加美好的心情，才能产生出行为美或同情美来。"与善相比，善确实包含着某种意义上的牺牲，"但是，只有超越常规的牺牲才是美的。""这样看来，美的最高形象是与宗教的圣相等的最高价值。美是精神表里如一，具有牺牲精神的人格形象……美的光辉是照耀人们心灵的灯塔。""美作为最高价值，可以说是为了人类牺牲自己美以爱来完成一切细小的事情，并在生活中点燃起希望的光辉。""美是存在的恩惠……美是人类的希望，美是人格的光辉。"[②]

美是对存在的超越。与他独树一帜的美的价值论相联系，在美与存在的关系这一根本问题上，今道友信主张美是对存在的超越。他指出，以往的存在论美学一般都把美与存在放在同一层次，并认为美与真、善等人类的精神价值处于同一个层面上，或者认为美不过是存在的一种属性或功能等等。而在今道友信看来，美不再是存在的附属物，也不是与存在处于同一水平上的价值，而是只有超越了存在、否定了存在，才有美的诞生。在他看来，美的最典型的表现是为自己所爱的人或为公共事业、为艺术、真理、正义等人类价值做出牺牲，甚至牺牲自己的健康乃至生命，即否定了自身的存在（健康、生命是标志着人的现实存在的基本形式），只有此时，才能充分看到美的光辉。"美被理解为这样：它既超越了义，也超越了善，是卓越的最高的价值，究极而言，这种美的光辉，只有在类似奉献出生命的时刻才放射出来。但是，生命对于人来说，是关系到自身存在的事，所以，假如美是只有自己献出生命时才能由自己充分、完全地实现的话，那就必须说美是超越了存在的最宝贵的东西。"[③]

美学是"超存在论"，是形而上学，是卡罗诺罗伽。正由于美是对存在的超越，所以，今道友信把美学看作是"超存在论"。他认为，美学不是一般意义上的存在论或本体论，而应该是一种"超存在论"。这种超存在论，同时也是一种形而上学的美学。他又称之为"卡罗诺罗伽"。

今道友信有关美学是超存在论、是形而上学的理论，其实并不是一开始就形成了的，而是经历了一个演化发展的过程。他说："直到60年代中期，我仍然以为美与存在在最高的绝对的水平上是同一的。但是，从70年代中期开始，我的思考有了深化，开始认为美是只有在对存在的否定中才能表现出来的价值。此后，我认为卡罗诺罗伽不是存在论，而是超存在论，并用这一名称，兼顾欣赏、创造、思考三个方面，展开了新的美学构想。"[④]"作为价值论，我把美作为最高的价值置于真和善之上；作为证明它的方法，我认为按照命题结构的逻辑分析围绕主辞与客辞的同一性的考察是思维的核心，以此来探明这种同一性现象……另外，我的美学是形而上学而不是存在论；就超越存在才能看到美的光辉这一点来说，可称之为卡罗

① 今道友信主编：《美学的方法》，第335～336页。

② 今道友信：《关于美》，第190～192页。

③ 今道友信主编：《美学的方法》，文化艺术出版社1990年，第337页。

④ 同上，第49页。

诺罗伽或超存在论。关于它的证明，遵循着将有关死和自由的考察与艺术和审美经验结合起来的逻辑及解释的逻辑。"[①]

由于今道友信把美看作是超越存在之上的价值，因此，他把美学称作"超存在论"可以说是顺理成章的。不过，今道友信还反复强调他的美学是一种形而上学美学。今道友信曾多次表明，他的美学是"日本的形而上学的美学的例证"。他说："日本的哲学美学传统留下了丰厚的业绩，例如大西克礼的范畴论著作《幽玄与哀》和竹内敏雄的综合性体系《美学总论》等都是卓越的研究著作，但都不是形而上学。"他则试图在日本创立一个真正具有形而上学品格的美学体系。他还明确指出了自己创立形而上学美学的一些最主要的思想来源："我觉得在同时代的人中，使我受惠最大的是刚刚提到的三位（指苏里奥、贝林格、帕雷逊，他们都是西方现代形而上学美学的代表人物——引者）……而学习古代西方的柏拉图和东方的庄子所受的影响也很大。"[②] 可是，他为何称自己的美学构想是形而上学美学呢？这主要是由于他总是把美看作是最高的价值、最高的超越，[③] 有时，他还把美看作如同"光"一般的超验的存在或视为终极的"一"，[④] 它只能是一种超验的存在、形而上的存在或超存在的存在，对于这种超越的、超验的、形而上的对象的研究，显然必须诉诸形而上学的方法。如前所述，他曾这样说过："直截了当地说，作为美的学问的美学，一定要看作是从生理学性质的心理学开始，进入以超越物作为对象的形而上学。"

可是，这种超存在论的美学、形而上学美学，为什么又被他称之为"卡罗诺罗伽"呢？

卡罗诺罗伽是 Calonologia 的音译。这个词语是今道友信根据美、存在、理性、学问四个希腊语单词复合创造而成的术语，它们如果改用拉丁字母来表示即 kalon（美），on（存在），nous（理性），logos（学问），"它的真意是力求以理性来探索超越了存在的美的价值的学问"[⑤]，用以命名美学这门学科，代替鲍姆嘉通所创造、一直沿用至今的 Aesthetik（本义为"感性学"，通译为"美学"）。"可以说，形成这个术语是在 60 年代。我最初在 50 年代认为美学是 ontodicea（辩在论）；在 1956 年威尼斯第三次国际美学会议上我也谈了这一课题，但是不久，随着思考的深化，我认为 ontodicea（辩在论）完全可用之于现象学，于是将美学定义为 Calonologia（卡罗诺罗伽）……从 70 年代中期开始……我认为卡罗诺罗伽不是存在论（ontologia）而是 matontologia（超存在论）、exontologia（存在论之上）。"[⑥]

可以认为，今道友信的这种卡罗诺罗伽的美学构想是他对美学现代课题的思考的必然结果，也是他探讨东方的美学和美学的将来的必然归宿。总之，是他数十年美学思索的一个

① 今道友信主编：《美学的方法》，东京大学出版会 1985 年版，第 21 页。

② 同上，第 21～22 页。

③ 同上，第 31 页。

④ 参见今道友信《东方的美学》第四章"庄子形而上学的美学思想"。

⑤ 今道友信主编：《美学的方法・十一 卡罗诺罗伽》，东京大学出版社会，第 318 页。

⑥ 今道友信主编：《美学的方法》，东京大学出版会 1985 年版，第 30～31 页。

总结，也是他的美学的独特性的充分体现和对美学的最重要贡献。[①]

上面，我们着重介绍分析了今道友信对于技术关联的现代的批判、对现代的美学课题和美学的将来课题的思考、对东方美学的意义的阐释特别是他的超存在论的、形而上学的、卡罗诺罗伽的美学构想，我们看到，不只是时间的、历史的维度上的现代乃至将来的美学课题是他思考的重心所在，而且空间的、地域的维度上的东方美学的意义，也是他思考的重心之所在。尤其值得我们重视和深长思之的是，在今道友信这里，时间维度上的传统与现代、将来的关系问题同空间维度上的东方与西方的关系问题最后成了你中有我、我中有你、互相关联、密不可分的同一个问题，并且最终指向同一个目标，就是建构自己的"卡罗诺罗伽"的美学体系。这一美学体系，缘于他对现代技术关联的批判和对现代美学课题的思考，带有现代的鲜明的时代印记，另一方面，这一美学体系也受到了孔子的艺术哲学、庄子的形而上学美学、日本传统美学这些东方美学思想资源的直接的、显著的、巨大的影响和启示，体现出鲜明的东方思维的特色。我们不能不高度评价他的美学在各个领域所进行的有意义的探索以及他的美学研究的思路与构想的独创的价值。

与此同时，我们也不能不指出今道友信美学研究中存在的某些弱点与可质疑之处。首先，今道友信对技术关联的现代社会的批判常常能够切中要害。但是，他是否过于看重其负面的消极作用而对其可能具有的正面的积极作用估计不足？与此相联系，他将反抗技术关联的现代、使人性得以复归的重大历史使命完全寄托于美和艺术，却丝毫不谈人们的社会实践本身克服异化现实的能动作用，这是否存在审美乌托邦和艺术至上论之嫌？其次，他认为美学不是形之学而是超形之学。这种否定、颠覆与新的建构无疑是有价值的。他从东方传统美学思想资料中寻找依据，在形的背后、形的深层寻找美学的对象——美，这种思维是具有革命意义的。不过，他的结论也不是不可以再讨论的。美不是"形"，美不只存在于浅表层次的"形"，但是，美与审美是否能够完全离开"形"呢？如果完全否定形而只看重"形而上"的"一"与"光"之类的终极的超越性存在，是否从一个极端跑到了另一个极端？再次，他将美的价值放在真与善之上，作为最高的价值，也值得商榷。此外，在艺术与技术的关系上，特别是在现代技术与艺术的关系上，他过于看重二者之间的区别、差异乃至对立、对抗，而对艺术与技术都属于广义的技术范畴因而必然具有一定的共性以及二者在某种程度上能够相互促进相互结合这一面很少触及，从而在一般与特殊、共性与个性的对立统一关系上缺少了一点辩证法的观点。等等。

尽管存在着上述一些弱点和可质疑的地方，我们仍应肯定，今道友信是日本战后继竹内敏雄之后又一位有重要学术成就和学术影响的美学大家。其美学成果值得我们认真研究和借鉴。

---

① 据今道友信所说，已有人以"卡罗诺罗伽"作为博士论文的课题加以研究。见今道友信主编：《美学的方法·十一 卡罗诺罗伽》，日本东京，东京大学出版社会，第317页。此外，1988年日本北泉社出版了一本由西方学者达穆雅诺维奇、玛考米克、闵盖、瓦提墨、奥里维蒂和韩、日美学家白、逵村、坂部、桥本等九人共同编著的专题论文集 *Aesthetica et Calonologia*，标志着今道友信的卡罗诺罗伽的美学构想已在国际美学界引起一定的反响。参阅今道友信主编：《西方美学精华——西方美学理论的历史与展开》，ぺりかん社，1990年，第433页。

[作者附记]在我刚刚完成本论文之际,我收到了今道友信先生寄赠的他的新著《美的存立与生成》(日本东京,ピナケス学术书局 2006 年 7 月初版)。今道友信先生称"经过《美的相位与艺术》之后约四十年的思索,我的美学体系在这本书中大体完成"。该书共分三章:第一章:现代的课题与解释的矢量;第二章:想象力的阶梯——像化作用的机能与结构;第三章:时间与身的诗学。这部可称之为著者总结性的美学体系著作,对著者以往的美学思考作了总结和系统化,同时不乏富有启示意义的新的思考。比如,"像化作用"这一审美及艺术创造的核心问题成为该著的中心主题之一;而在"身的诗学"这一有关美学的新探索中,他甚至深入讨论了"身"与"身体"的存在论的差异。尤其引起我们浓厚兴趣的是,在该书中,著者多次指出,他的"身的诗学","作为自身净化的美学"、"立身"的美学,也可称之为"实践美学"(Aesthetica Practica),等等。这是著者年届 84 岁高龄时出版的一部厚重之作。对于该书的主要内容,笔者计划另文作专门介绍。

［自然美学］

对生态美学研究的一些再思考

马　驰

（上海社会科学院上海研究中心）

生态美学是受生态哲学生命观的启示，在时代的感召和现实生活迫切需要的推动下应运而生的。尽管生态美学不是生态学和美学的简单的机械结合，但正是当代的生态化趋势与人类对于美的热切追求，促使生态学与美学结合，催生了生态美学。生命融合性与生命对等性是生态学和美学走向联姻的契机，也正是生态美学的基本要义所在。但作为一门学科，或者作为一个特定的、有具体内涵的研究对象，生态美学本身的若干问题却还值得思考与追问。

一　我们应该运用什么方法，站在什么立场上讨论生态伦理和生态美学？

无论讨论什么问题，方法和立场至关重要，讨论生态和生态美学亦然。方法、立场不同，观点和结论也许就大相径庭。

有学者认为："生态美学，顾名思义，应是生态学和美学相交叉而形成的一门学科。生态学是研究生物（包括人类）与其生存环境相互关系的一门自然科学学科，美学是研究人与现实审美关系的一门哲学学科，然而这两门学科在研究人与自然、人与环境相互关系的问题上，却找到了特殊的结合点。生态美学就生长在这个结合点上。"就此他认为，"生态美学研究人与自然、人与环境的关系。"[①] 持这种观点的学者目前不在少数。把生态美学视为生态学和美学的交叉学科，并认为生态美学研究人与自然、人与环境的关系这本身还不是问题的实质，真正的问题是我们应该在什么范畴、运用什么方法讨论生态？

众所周知，生态学（ecology）一词最初来源于希腊语的"oikos"和"logos"，前者表示住所和栖息地，后者表示学科，原意是研究生物栖息环境的科学。如今，尽管学者们对这个词的定义还存在争议，但都认为生态学是研究生命系统与环境系统之间相互作用规律及其机理的科学。人作为一个族类，自然是一个生命系统，或曰生物物种，但人类所面临的问题却比其他的生命系统或生物物种要复杂得多。这是因为人首先是社会性的人，作为社会性人类所栖息的环境，绝不仅仅是自然环境，还包括更为复杂的社会环境。人在与自然发生关系的同时，还要和人赖以生存的社会乃至于人本身发生关系。这就决定了无论作为个体的人，还是作为族类的人所面对的生态是极其复杂的，这个生态决不仅仅是自然。遗憾的是，时下的不少生态美学论者都将生态简单地界定在自然的范畴内，而忽略了人所面对的生态的社会

① 彭立勋：《生态美学：人与环境关系的审美视角》，《光明日报》2004 年 5 月 29 日。

属性。同理，讨论生态美，不仅要关心人与自然的和谐相处；更重要的是还要关心人与社会、人与人的和谐相处，包括和谐的政治制度、法律体系、社会生活等等。

马克思主义的基本原则和基本立场告诉我们，讨论生态问题不能离开历史的具体性。的确，我国古代的思想家们确实把天地万物视为一个有机联系的整体，相互依存，相互支撑，只有处于和谐关系中，才能各得其所，得到发展并生生不息。正如《中庸》所说的："万物并育而不相害，道并行而不相悖……此天地之所以为大也。"但同时他们又不把生态简单地局限在自然的范畴里，在这方面，即便是时下很多生态美学论者非常推崇的老子也有不少值得我们关注的论述。他创立的"道"的理论认为"道可道，非常道"，"道法自然"，道是无为的。他告诉人们要"唯道是从"，爱道，循道，无为而无不为。他的"自然和谐论"的政治思想体系就是这一思想的体现。根据这种思想，统治者的作为应该顺应自然，是自然而然的事。统治者要很好地进行统治，还得处理好人与物的关系。维护万物的"自然"状态，保持自然的秩序不变。一句话，应该遵循"道法自然"的原则，这是老子提出的根本原则，也是最高原则。老子所说的自然并不等同于我们现所说的大自然或自然界，而是一种自然状态。老子所关心的不是自然界，而是人类和人类社会，是与人类社会生存有关的状态，是一种类似于自然无为、自然而然的和谐状态。自然状态包含事物自身内在的发展趋势，是原有自发状态延续的习惯和趋势。老子眼中的"自然"是一种自然而然的状态，是事物自发状态的保持与延续的习惯与趋势，或者说是事物内在的规律性。老子所描绘的这种"自然"状态下的人类社会，统治者与老百姓之间自是互不干扰，相安自得，怡然自乐，从而使整个社会呈现出一种自然和谐的田园式理想状态。

众所周知，我国目前还处在社会主义初级阶段，我们正在全面建设小康社会，现代化进程还很漫长，可有些学者却不顾这个特定的历史具体性，将生态美学放在后现代主义的文化背景下加以考察，提出："后现代经济与文化形态的形成为生态美学的产生创造了必要的条件"。"……建设性后现代主义虽然也提出了某些建议，但总体上持开放的非决定论的态度。这是一种宽容的、开放的、探索的态度，后现代世界将在这种富有责任意识的实验中诞生。后现代社会作为对科技理性主导现代工业时代的超越，实际上形成了一种新的经济与文化形态，在经济上以信息产业作为其标志，以知识集成作为其特色，实际上是一种后工业经济，而在文化精神上则是对科技理性主导的一种超越、走向综合平衡和谐协调的生态精神时代。"① 如果用这种立场和方法去讨论西方发达国家的生态和生态美学问题，倒也无可厚非，但如果将这种方法普适化，并应用于中国这样的发展中国家，就显得十分勉强。因为在现实世界，我们不仅没有看到帝国主义、超级大国的"责任意识"，没有看到其贪婪、扩张的野心有所收敛，也没有看到少数发达国家对广大发展中国家转移各种污染环境或破坏生态的低端制造业及其产品的速度。以中国为例，虽然我们的东部沿海有些地区已经率先实现了现代化，但就我国总体情况而言，我们还没有最终解决温饱问题，中国还远远没有实现工业化，至于"综合平衡和谐协调的生态精神时代"更是遥远，从这个意义上说，我们还不能拒绝"技术理性"。西方学者提出站在后工业社会的立场批判技术理性，提出"未来环境整体化不

① 章海荣：《生态伦理与生态美学》，复旦大学出版社 2005 年版，第 334 页。

能靠应用科学或政治知识来实现，只能靠应用美学知识来实现”[①] 我们还不能苟同，我们还要用科学技术全面提升国家的综合实力。

在生态问题上，目前我国学术界研究得较多的是西方现代人类中心论和非人类中心论(自然主义)的生态伦理。在这些学科争论的最基本问题就是到底应该走出人类中心主义还是应该走入人类中心主义的问题。在争论的过程中不少论者认为应该放弃“人类本位”而代之以“生态本位”；也有不少论者在坚持“人类本位”的同时，认为在生态问题面前，“人类利益”高于“民族利益”、“地区利益”，因而主张用“全球伦理”代替当前人类的伦理价值观。这两种生态伦理尽管具体理论观点存在着较大的区别，但是其共同点是脱离社会政治制度及其生产方式，停留在从抽象的哲学世界观和价值观的层面上，探讨解决生态危机的可能途径，这种研究的目的论和价值论又是值得商榷的。值得注意的是，西方马克思主义的生态伦理，则分别从哲学世界观、资本主义制度及生产方式、消费主义文化及生存方式等方面分析了当代生态问题产生的根源及其解决生态危机的出路，这种理论基本继承了马克思主义的思想方法，值得我们关注。

在《历史和阶级意识》中，卢卡奇指出，脱离“人类实践”和“社会历史”研究自然物质世界，这实际上是一种旧唯物主义哲学，并没有把握马克思实践唯物主义哲学的真谛。他认为，在实践唯物主义哲学那里，“自然是一个历史的范畴。这就是说，在社会发展的一定阶段上什么被看作是自然，这种自然同人的关系是怎样的，而且人对自然的阐明又是以何种形式进行的，因此，自然按照形式和内容、范围和对象性应意味着什么，这一切始终都是受到社会制约的。”[②] 因此，自然的发展状况实际上是由社会发展的状况所决定的，而把社会和自然联系起来的中介就是人类实践。卢卡奇认为，在资本主义制度下，社会和自然关系的异化，生态问题的产生具有必然性。首先，从资本主义制度的本质看，其生产的目的并不是为了实现人的自由和全面发展，而是服从和服务于资本追求利润的需要，因此在资本主义制度下人的发展方向取决于资本追求利润的需要，人就陷入被物所支配和奴役的异化状态。其次，正是资本主义制度的本质决定了工具理性和价值理性的分离，从而导致理性变成技术理性，反过来成为统治人、奴役人的工具，进而也必然导致纳入人类实践活动中的自然的异化。问题在于，“理性”在资本主义制度下是如何演变为“技术理性”的呢？后来的西方马克思主义理论家认为，其根源就在于西方传统的哲学世界观中，特别是西方近代的启蒙理性中。霍克海默尔、阿多诺在《启蒙的辩证法》一书对这一问题进行了系统的分析。他们指出，近代启蒙运动的主旨在于把理性从神话的压迫下解放出来，其目的在于“使人们摆脱恐惧，成为主人”[③] 近代启蒙理性认为，人之所以能够成为主人，就在于人具有理性和知识，这里他们所讲的知识并不是揭示事物本质的概念和观念，而是指作为人类征服自然和改造自然的方法和技术。由此一切有关实体、存在、生存、实质、因果性这样一些概念都因其超验的性质而被视为形而上学，从而被逐出科学的领域。凡是不可预料和利用的东西，启蒙理性都认为是可疑的。由此世界仅仅被归结为量的形式方面，启蒙理性以形式的抽象统一原则来把握世界，数学化、

① 章海荣：《生态伦理与生态美学》，复旦大学出版社 2005 年版，第 335 页。

② 卢卡奇：《历史与阶级意识》，杜章智、任立、燕宏远译。北京，商务印书馆 1992 年版，第 318～319 页。

③ 霍克海默尔、阿多诺：《启蒙的辩证法》，洪佩郁、蔺月峰译。重庆出版社 1990 年版，第 1 页。

标准化、实用化成为了启蒙理性的标志。其结果是启蒙理性不仅没有使人们从神话中解放出来，而且还走向它的反面，带来了新的神话。因为启蒙运动自培根提出“知识就是力量”，并将知识归结为技术以来，人们便相信只要凭借着科学技术理性，不仅可以从宗教神学和自然崇拜中解放出来，而且还可以依靠科学技术，通过征服自然，而成为自然和宇宙的主宰，这实际上是一种新的神话。这种以工具性为特征的启蒙理性既造就了理性的异化，也导致了人和自然关系的异化。

值得注意的是，西方马克思主义的生态伦理不是站在资产阶级的立场上，不是在资本主义框架范围内寻找摆脱生态危机的出路，而是力图运用马克思主义哲学理论分析西方社会的现实，始终坚持把技术理性批判和资本主义制度批判有机地结合起来，同时他们也并不否定技术发展的必要性和满足人的需要的必要性，只是认为在资本主义条件下，科学技术必然会异化为统治和奴役大众的工具，西方传统的人类中心主义必然会演变为“阶级中心主义”，人的需要必然不是自主的、合理的需要，而只能是被资本所控制、所支配的需要。因此生态问题、人和自然关系的紧张是资本主义制度的必然产物。要从根本上解决生态问题，只有通过制度变革，摆脱消费主义文化和生存方式的支配，正确处理劳动、消费、需要与幸福之间关系。应该说，这种理论更具有历史感和现实感，更深刻地揭示了生态问题的本质，因此更值得我们关注。

还应该看到，西方马克思主义生态伦理有利于我们建立非西方中心论的发展观、科技观和生态观。西方马克思主义学者把注意力集中在对消费主义文化和生存方式批判。通过这种批判，揭示出当代西方社会盛行的消费主义文化和生存方式，实际上是资产阶级意识形态故意制造出来的，其根本目的在于维系其统治的合法性，使广大群众沉醉于服务于资本追求利润的异化消费中，弱化其政治意识和革命意识。消费主义文化和生存方式必然会进一步强化当代生态危机，他们通过树立新的需要和幸福观念，使人们从受支配、被牵引的需要中解放出来，把对幸福的追求和确证建立在创造性的劳动过程中，而不是异化消费中。西方马克思主义理论家认为，在当代西方社会消费主义文化的牵引下，人的需要并非是出于人的真实意愿自主选择的结果，而是完全由消费主义文化所制造出来强加于人的，人的心灵世界实际上已经处于被支配和被控制的状态。在这种状态下，人们逃避到商品消费中去寻找心灵的慰藉，去体验为逃避异化劳动的所谓幸福。而实际上这种被支配的需要和幸福既无法使人们实现自己的自由和价值，也必然会加剧生态危机。西方马克思主义学者的上述分析确实是抓到了资本主义的要害。

应该说，西方马克思主义的这些论述对于学科建设和学科发展是必要和有意义的。但是，我们应该清醒地看到，当代资本主义国家正是借全球性生态危机的出现，在捍卫“人类整体利益”口号下，不仅不承担其保护生态环境应有的责任，而且对广大发展中国家实行“生态殖民主义”，并在保护生态环境的“生态帝国主义”的口号下，对广大发展中国家实行所谓“绿色贸易壁垒”，其根本目的在于维护本国资本追求利润的需要。正如西方马克思主义生态伦理所揭示的，在目前资本主义生产体系不断扩张的条件下，在生态问题上，放弃民族利益而实施“全球伦理”实际上是不可能的，那只会导致本国更大的生态灾难。中国作为一个后发的现代化国家，我们不应忽视本国的历史条件，超越社会发展阶段，对西方国家的生态哲学、生态伦理学和生态经济学全盘接受，而应该在马克思主义基本理论的指导下，结合本国的实际情况和人类历史的发展现状，创立超越西方中心论基础上的生态伦理，以指导制定本国的生态发展战略。

二　我们应该用什么样的智慧来改善生态环境？

众所周知，中国既是一个发展中国家，我们目前面临的首要任务就是全面建设小康社会。中国目前还是个农业国，改革开放20多年，中国的经济实力尽管有了显著的增强，但整个国家工业化的道路还十分漫长，我们还远远没有实现现代化。与此同时，20多年工业化的历程，也使我们的国家付出了沉重的代价，使我们本来就十分脆弱的生态环境面临更严峻的考验。于是有学者开始痛批工业化乃至于现代化的“恶果”，并把注意力集中到了我国遥远的古代，怀念起了远古那种田园牧歌式的生活，并关注起我国古人的生态智慧。有学者认为“擅理智，役自然”的现代性在全球范围的扩张已使世界“天翻地覆”，造成文明的偏颇和人对自己在宇宙中位置的错置，不仅生发了严重的生态灾难，而且把人扭曲为患了征服偏执狂的精神病人；资本主义精神是外部自然生态危机和精神生态危机的罪魁祸首，因为它把一切都归结为对效率和利润的算计，是以理性的形式表现自身的非理性力量；人要在地球上生存下去，就必须反思和超越现代性，寻找世界的返魅和人的归乡之路。“现代工业文明超速发展的300年，给地球的精神圈遗留下过多的空洞和裂隙、偏执和扭曲，给我们这个看似繁荣昌盛的时代酿下种种严重的生态危机与精神病症。修补这些空洞和裂隙，矫正这些偏执和扭曲，重修人与自然的关系，建设一个和谐、健康的人类社会，正是‘人类纪’的人们面临的重大历史使命。”①

在人们普遍关注生态与生态环境的同时，有不少学者开始从古人那里寻找生态智慧，我国古代的“天人合一”思想首先被他们所推崇。

“天人合一”强调人与自然和谐，强调“知天”与“畏天”的统一。按照“天人合一”的哲学思想体系，人与自然不是对立的，人是自然的一部分，而不是与自然对抗的力量，强调“知天”和“畏天”的统一。孔子在《尚书·大传》中以和子张对话的形式阐述“仁者乐山”的道理。孔子说：“夫山，草木生焉，鸟兽蕃焉，财用殖焉，出云雨以通乎天地之间，阴阳和合，雨露之泽，万物以成，百姓以食，此仁者之乐山者也。”在孔子的慧眼里，山可以生长草木，草木繁衍鸟兽和其他有价值的物质，调节气候和雨水，形成万物，使百姓有其食，有其用。孔子这一席话，形象地概括了山川河流在地球生命圈中作为生命的介质和载体周而复始生生不息运行的规律，描绘了河流湖泊生态系统的勃勃生机，分析了按照现代生态学的说法叫做河流生态系统的功能，正是靠山川河湖抚育滋养万物，自然界为人类创造了栖息繁衍和发展的条件，“万物已成，百姓以食”。

这种和谐来源于对自然界的尊重和敬畏。孔子还讲过“知天命”。所谓“天命”泛指自然规律。“知天”和“畏天”是对立统一的。“知天”，指人掌握自然规律；“畏天”，指人对自然界要心存敬畏。“畏天”而不“知天”，是人类蒙昧时代神秘主义的根源。另一方面，片面强调“知天”而不“畏天”，则逐步形成了西方近现代的“人类中心主义”哲学理论，继而又以现代科学技术作为武器，把人类推上了全面与自然相对抗的道路。

---

① 鲁枢元：《生态批评的视野与尺度》，《中国艺术报》2005年4月15日。

不过我们毕竟应当清醒地看到，“天人合一”是我国古代农业生产与自然资源保护的哲学理念，用这种理念去解决我国当代工业化进程中出现的种种生态和环境问题，总有隔靴搔痒的感觉。

我们也知道，西方的各种社会思潮有两个大的理论来源，即古希腊文化和希伯来文化。古希腊人遵奉二元主义——灵肉分离，人与世界分裂；希伯来人主张神人分离，法律与犯人对立，人与大自然对立。这种天人分离的思想后来发展为以人为中心的启蒙运动，到近代则走向了极端人类主义——如尼采称“上帝死了”，提出“超人哲学”，推崇生命力的扩张。尼采在一首诗中号召：“夺取吧，只管去夺取！”它正代表了人类意志的盲目膨胀。与中国传统哲学主流提倡的“天人合一”相对照，近代、现代西方占统治地位的哲学思想是所谓“天人二分”。西方哲学长期把精神界和物质界看成是独立的，互不相干的，因此其哲学是以“精神界”与“物质界”的外在关系立论，“天人二分”的哲学思想，把人与自然处于一种对立的地位。近代法国哲学家笛卡尔创立了主客二分的哲学和数学归纳法，在笛卡尔的体系中精神和物质世界是两个平行而彼此独立的世界。在人与自然的分离和对立中，人成为自然的主宰。

“天人二分”哲学思想为“人类中心主义”奠定了哲学基础。人类中心主义思想从古代萌发，在中西文化历史中都有其发展的轨迹，但这种理论取得主导地位并在理论与实践中取得重大成就，则是由西方完成的。人类经过几十万年与自然界的艰苦斗争，终于结束了茹毛饮血的生活，从与自然浑然一体的状态中走出来，开始了新的觉醒，对于自身巨大创造力有了全面的理解。随着近代社会生产力和科学技术的发展，人类改造自然的能力发生了质的飞跃，人类对于自然界取得的一个又一个胜利，从理论到实践都不断验证人类中心主义的“正确性”，更进一步强化了人类作为自然界主宰的信心。18世纪英国工业革命成功，西方国家进入了工业化时代。科学技术取得的巨大成就，导致生产力的迅速发展。改造自然、征服自然成为人类豪迈的目标。人们认为地球的自然资源是取之不尽的；认为自然资源是大自然的恩赐，是无须付出代价的；还认为只有人具有价值，自然界是没有价值的。在这种思潮的推动下，对于水、土地、森林、矿产等资源掠夺性的开发、滥用和浪费，导致了地球环境的急剧恶化，自然资源的短缺和枯竭，环境事故、生态灾难以及自然灾害频繁，生物多样性降低，生态系统退化，产生了全球范围的生态危机。这一切确实说明由于人类中心主义的极端发展，最终暴露了其极大的局限性。

从20世纪中期开始，一些学者对于“天人二分”哲学和“人类中心主义”进行了深刻的反思。德国哲学家海德格尔在1946年《论人类中心主义的信》中指出：“人不是存在者的主宰，人是存在者的看护者。”1962年美国生物学家R.卡逊在其著名的《寂静的春天》一书中指出：“‘控制自然’这个词是一个妄自尊大的想象产物。”英国历史学家阿诺德·汤因比在1976年出版的《人类与大地母亲》一书中发出警告：“如果滥用日益增长的技术力量，人类将置大地母亲于死地……”“人类，这个大地母亲的孩子，如果继续他的弑母之罪的话，他将不可能生存下去。他所面临的惩罚将是人类的自我毁灭。”1987年联合国任命的世界环境与发展委员会完成的《我们共同的未来》报告中，首次提出了可持续发展的定义。1992年在里约热内卢召开的联合国环境与发展大会上；通过的《里约环境与发展宣言》和《21世纪议程》也反映了对于人类与自然关系认识的突破。经过几千年的正反经验教训，人类最终认识到，主宰世界、征服自然是不现实的，需要回到顺应自然、尊重自然的观念上来。

在这种思想背景之下，西方社会先后出现了一批思想家，对人类过分相信科学技术的心理以及科学技术创造的社会进步产生了怀疑，同时，还产生了一批身体力行的文化批判者与思想斗士。

于是，又有些人，特别是有些外国朋友留恋起了20多年前中国的生活状态。他们认为，潮水般的自行车，几乎找不到一个肥胖症的面孔……等等，是一种原始的美。他们认为那时的中国没有污染，能源消耗很小，在保护地球的同时，中国人正过着田园诗般的生活。中国人不应该打破这一切……从现象上看，我们似乎不能不承认他们说的有一定道理。但是，从理性和情感上说，无论他们的理论多么动听，我们都不能容忍有人阻碍中国人民追求现代化生活的要求。阻碍社会发展，无论出于何种目的，都是不得人心的。社会要发展，自然界要进化，人民要过上幸福的生活，是任何人也不可能阻止的客观规律。当着我们社会上的一些强势群体开着汽车，住着洋房，享受着现代化文明的时候，却要对着一部分弱势群体大声疾呼，“请为我们的子孙保留一些自然生态吧”！这些弱势群体能接受吗？我们也和外国人一样，要求我们这些高尚的环保人士，和他们来一个换位，用其一生的刀耕火种呵护那些珍贵的野生物种？

作为后发展国家，我们固然要避免重蹈西方发达国家工业化进程中种种失误覆辙，也不能把眼光仅仅盯在我国古人的生态智慧。要从根本上解决人与环境的问题，要从学理上研究生态美学，就应关注人类文明的转变。即人类要从战胜大自然转变为与大自然和谐相处，从天人相分、天人对抗转变为天人合一、天人为友，从农业时代的黄色文明（10000年前开始）、工业时代的黑色文明（200年前开始）转变为后工业时代的绿色文明。也就是说，人类需要一场深刻的变革，一场绿色革命。我们的价值观应从“人是自然的主人和所有者”、“征服自然”、发展为“人仅仅是自然链条上的一个环节”、“人是自然之子”。人类必须学会尊重自然、师法自然，不再把自然当作永无止境的盘剥的对象，而应看作是人类存在的根基。这些都是需要结合古今中外生态智慧重新建构起来的大智慧。

三　我们应该在什么哲学基础上讨论生态美学？

任何学科，只要称得上是学科，都会有自己的哲学基础甚至为之建立起庞大的哲学体系。生态美学是受生态哲学生命观的启示，在时代的感召和现实生活迫切需要的推动下应运而生的。我们知道，人类自从成为人类以来，最重要的是要处理好人与自然、人与社会、人与人之间的关系。这些关系处理得当，人类就会拥有一种良好的生存境遇，否则就必然会陷于一种生存困境之中。从生态哲学的观点来看，人类当下所面临的生存困境根本上源于人对自然环境的非生态的主宰式态度。这种态度建立在一种主客二分与人类中心主义的生命观之上，将自然当作一个在我们人类生命主体之外可供我们任意征服和索取的对象来对待。在这里，人与自然的关系是一种两分的甚至是对立的掠夺式关系。人居于整个宇宙生命体的中心地位，是大自然的主人，大自然生命体只是一种附属甚至非生命的仅供满足人类需要的工具和手段。显然，这是一种对待大自然的非生态的态度，也正是人类当前所面临生态困境的思想根源所在。

生态哲学与之相对，主张从宏观总体平衡的角度把握人与自然、人与人以及人与己的关系，在生命观上讲求的是一种生命的融合性和生命的对等性，前者实现了对主客二分的超越，后者实现了对“人类中心主义”的超越。生态哲学对生命融合性的倡导集中表现在它所独具的那种超越人与自然主客两分，人与自然区别对待，而要求返回到原始性的天人源本合一，万物源本一体的大道浑然一如的整体性存在上。认为我们生活于其中的现实世界并非是一个与自然界判然两分、主客对立的世界，而是一个人与自然理应和合与共，人与天地万物同生共运、不分彼此地保持着一体化亲密关系的生态世界。生态哲学的这种浑然一如的整体生命观明显有别于以往认识论哲学所持的二元对立的生命观。生态哲学认为，理性主义认识论哲学长期以来所主张的那种主体性哲学，并不是一种具有本源性的哲学，它所肯定和高扬的只是一种片面的生命主体。因为它主张的人的主体性是以主客体对立二分为前提的。生态哲学不主张人只是主体、自然只能是客体的观点。在生态系统中，没有绝对的主体，也没有绝对的客体。当我们凝视一个生命体时，它也在以同样关注的神情回望着我们。由此，人在生态系统中只是作为一个环节，而不可一味地作为绝对主体看待。这种具有存在主义意味的哲学观固然有可取之处，但它在论证现实社会中人类如何克服生存矛盾和生态危机，使人类获得真正的自由等方面又显得十分乏力。

不错，“人类中心主义”源于主客二分的文化体系和思维方式，是人的主体性恶性膨胀的结果。因为它将自然看作只是作为支配、役使、宰制、索取的对象。人成为自然的主宰，人为自然立法，自然向人生成，使自然仅仅作为人的生命存在的原材料而存在着。这种观点在实践哲学中的表现也很明显，尤其是在其“人化自然”的理论论述中突出体现出来，自然纯粹成为人的实践劳动改造、征服的对象，成为最终表现和确证人的本质力量的存在。这种哲学观是根本无视自然自身的生命意义，无视生态世界的本源性存在的。人类的这种傲慢与无度，也正造成人类自身生存的当前困境。虽然恩格斯早在一百多年前就已经发出了警告：“我们必须时时记住：我们统治自然界，决不像征服者统治异族人那样，不像站在自然界之外的人似的……”，“我们不要过分陶醉于我们人类对自然界的胜利。对于每一次这样的胜利，自然界都对我们进行报复。”[①] 但人类仍旧忽视了自然生命的自由，仅仅关注着自身的主体性自由，最终不可避免地导致了自由的被剥夺，“剥夺者最终被剥夺”。面对日益恶化的生态环境，人类的健康和生命都遭受着严重威胁。由此，生态哲学生命观要求我们摆脱“人类中心主义”，将人类和自然界的天地万物都同样置于一个平等共生的生命大系统之中。不单讲自然人化，在讲自然人化的同时，也要强调人的自然化，将自然人化与人的自然化融合起来，这是合理的，正如马克思所说：“自然人化固然使人的感觉成为人的，但人的感觉也必须同人的本质和自然的本质的全部丰富性相适应。”[②] 这样才有可能真正实现人自身生命内在文明性与自然性、理性与感性的统一，进而实现人与自然整个生命大系统的和谐统一。无疑，这种对包括人类在内的生命系统有着宏观理解与深刻把握的生态哲学生命观，已经超越了以往认识论哲学对生命理解的局限。建立在这样的哲学基础之上的美学，也有可能实现对以往美学形态的综合与超越，从而更好地引导人类走出困境，

问题是：人类为了生存与发展，必须不断从事各种形式的实践活动，这就使实践具有了无限发展的特质。与此相应，作为能动反映客观实际的先进思想和理论，也必须随着实践的

---

① 《马克思恩格斯选集》，第 4 卷。人民出版社 1995 年版，第 383～384 页。

② 《马克思恩格斯全集》，第 42 卷。人民出版社 1979 年版，第 126 页。

发展而发展。理论是实践的产物，具有很强的现实性。反人类中心主义的生态论哲学是否能够解决人类社会发展的当下问题，以及究竟能在多大程度上解决人类当下面临的各种问题，这些本身都是很有争议的，而人们对建立在这一基础只上的生态美学提出种种质疑，也是十分正常的。正如马克思在《〈黑格尔法哲学批判〉导言》中所说："理论在一个国家实现的程度，总是决定于理论满足这个国家需要的程度。"[①] 同时理论本身又具有独特的自主性，它不能成为技术的奴婢。这就需要理论向较高的境界——哲学境界的提升。生态美学如果要成为哲学学科的分支——美学的一个子分支，同样需要哲学境界的提升。正如有学者已经敏锐地提出："目前，生态美学能否成立的核心问题是其最重要的哲学——美学原则'生态中心'原则能否成立。无疑，这一原则是对传统的"人类中心"原则的突破。但分歧很大，争论颇多。"[②] 生态美学所建立的哲学基础是否牢靠？它的理论与现实依据是什么？建立在这种哲学基础之上的生态美学能在多大的程度上满足我国全面建设小康和建设社会主义和谐社会的需要，即这一理论的"有用性"，确实是这一新兴学科亟待解决的问题。

---

① 《马克思恩格斯选集》第2版，第1卷。人民出版社1994年版，第11页。

② 曾繁仁：《当前生态美学研究中的几个重要问题》，《江苏社会科学》2004年第2期，第205页。

[艺术美学]

作为一般艺术学支柱的中国艺术史研究

长　北
(东南大学艺术系)

一般艺术学是一门新兴的学科。作为一般艺术学学科支柱的中国艺术史研究，其特点怎样？现状如何？意义何在？存在什么问题？本文试作论述，以就教于海内外方家。

一　"一般艺术学"的诞生和发展

1906年，德国柏林大学教授马克斯·德索(1867～1947，又译作狄索瓦、德苏瓦尔)《美学与一般艺术学》出版[①]。德索在书中指出，艺术作为社会现象，与审美活动仅仅部分重合，理应在美学之外，建立"一般艺术学"，以多视角地研究艺术，研究艺术背后的文化。德索的理论，意味着区别于研究门类艺术的"特殊艺术学"、研究审美普遍规律的美学的"一般艺术学"理论的诞生。

我国美学家宗白华先生留学德国期间，曾经是德索的学生。他回国之后，于1926～1928年在东南大学开设艺术学课，作为对国际艺术学潮流的应答。他说："盖艺术除美的实现外，尚有其他各种美以外的价值：如一个艺术品所表现的文化，作家的个性、社会与时代的状况、宗教性，俱非美之所能概括也。故艺术学研究之对象不限于美感的价值，而尤注重艺术品所包含、所表现之各种价值。"[②] 宗白华《艺境》、朱光潜《诗论》、钱锺书《谈艺录》以及邓以蛰《美术文集》、蔡仪《新艺术论》等前辈著述中，将中国传统艺术的批评模式与西方艺术的批评模式融合，见明显的综合研究、比较研究、跨文化研究的取向，为一般艺术学的研究开启了思路。前辈们没有能够把对国际潮流的应答推衍成大气候，没有看到艺术学作为一门学科在中国诞生，因为在他们著述的年代里，或强调艺术为启蒙、救亡服务，或强调艺术充当政治的工具，政局的动荡耗损了学者们的年华与生命。

我国改革开放以后，西方艺术理论被源源不断翻译进来。在西方艺术思潮的推动之下，我国学者比以往任何时候都清醒地认识到学科本身的自律性，比以往任何时候都强烈地产生出学科建设的自觉意识。1988年，中国艺术研究院李心峰先生提出建立"艺术学"学科的建议[③]；1997年，国务院学位委员会和国家教委颁布了调整后的"授于博士、硕士学位和培养研究生的学科、专业目录"，将"艺术学"作为二级学科列入；1994年，东南大学以张道一先生

---

① 德索：《美学与一般艺术学》，中译本作《美学与艺术理论》。中国社会科学出版社1987年版。
② 宗白华：《艺术学讲演笔记》，《宗白华全集》第1卷。安徽教育出版社1994年版，第557页。
③ 李心峰：《艺术学的构想》，《文艺研究》1988年第1期。

为首,成立了中国现代历史上第一个艺术学系;2003 年,国务院学位委员会批准设立了“艺术学”一级学科,中国艺术研究院成为全国首家设立艺术学博士学位授权点的单位;2005年,东南大学艺术传播系以凌继尧先生为首,获批设立“艺术学”一级学科硕士学位授予点;2006 年,东南大学艺术学院成立;2007 年,东南大学“艺术学”一级学科成为全国重点学科。以上种种,标志着我国学者为艺术学学科从工具性向主体性转换、从代言人向主讲人转换所作的自觉努力。作为一般艺术学支柱的综合艺术史研究,也于学科建设的同时,被提上了议事日程。

二 作为一般艺术学支柱的艺术史研究

一般艺术学把艺术作为复杂的文化现象,研究它与当时社会政治、经济、科技、民族、宗教、伦理、道德以及地理环境等的互动关系,体现了文化的整体观。作为一般艺术学支柱的艺术史研究,广泛借鉴文化人类学、民俗学、文艺学、社会学、历史学等相关学科的研究成果,立足于对社会和艺术发展过程的总体把握,多视角地概括和总结每时代艺术发生发展的外在原因和内部联系,反映共生于同一社会环境和文化背景下各类艺术的总貌,从而揭示艺术发展的本质和规律。也就是说,作为一般艺术学支柱的艺术史研究,不但客观描述艺术的演变过程和演变史实,更透过艺术现象,梳理艺术演进的历史线索和内在逻辑,揭示隐藏其后的本民族哲学思想、宗教信仰、思维方式和行为规范。艺术的一体性以及门类艺术的关联性,在特殊艺术学的门类艺术史研究中无法体现,一般艺术学以综合研究、比较研究、跨学科研究的方法,弥补了特殊艺术学研究的缺憾。

一般艺术学属于人文学科。如果说社会科学以社会组织、社会结构为研究对象,关注的是人的社会行为和社会关系;人文科学则横跨自然科学、社会科学两大领域,关注的是完整的、活生生的人;自然科学和社会科学都重视一般性和普遍性,人文科学在寻找客观规律的同时,还关注个别性和特殊性。作为一般艺术学支柱的艺术史研究既然属于人文科学,理应体现出著者个人的体验性(著者以知、情、意融合,以自身的鲜活体悟进行史论阐述)、教化性(著者以引导读者追求完美人生、思考价值世界和意义世界为己任)、评价性(著者对每一时代的艺术和艺术家作出评价)。也就是说,作为一般艺术学支柱的艺术史研究,不以“一般”、“普遍”作为浮光掠影、大而无当的借口,而是注重实证,注重直观把握和亲身体验,从对艺术的真切感受之中升华而出科学的认识和客观的评价。

艺术学作为一门学科诞生以前,文艺学是一个涵盖艺术史论研究的大概念;艺术学作为一门学科诞生以后,文艺学以文学为研究对象,艺术学则以文学以外的艺术为研究对象。另一方面,文艺学研究与艺术学研究又有着千丝万缕、难分难舍的联系。作为一般艺术学支柱的艺术史研究,理应借鉴文艺学研究、人文学科内其他成熟学科的研究成果。人文学科内其他学科研究的深入,将带动一般艺术学研究的深入;一般艺术学研究的深入,又将带动人文学科内其他学科研究的深入。

三 艺术史研究与当今社会的文化迷失

20 世纪末,影视技术的发明与进步,电子媒介的出现与普及,把人们带入了一个眼花缭乱的图像时代。从积极的方面说,人类空间距离缩短,信息传播无比便捷;从消极的方面说,各种信息渠道散布着大量的文化垃圾，社会生活失去了往日的平静心态，伪文化也包装上了"文化"的外衣，真正的文化、真正的艺术、真正的审美被挤到了边缘地带。其结果是，人们物质生活越来越富裕，精神生活却越来越贫乏；人们审美嗅觉钝化乃至退化，异化，艺术的本质被消解；人们变得不辨美丑，甚至说不清孰为艺术，孰非艺术了。面对前所未有的文化失落特别是传统文化的失落，有识之士呼吁：人不应成为精神贫乏、缺乏情感的功利型动物，人的发展应该是全面的，完整的，和谐的，自由的，人类创造艺术，正是为了人全面、完整、和谐、自由地发展。我们理应重温中国古代人文教育的传统，重温19世纪以来西方哲学家如胡塞尔、海德格尔等人的理论，重塑人的社会性、精神性、文化性，把人类从物质的、功利的桎梏中解救出来。

艺术的诞生与人类文明的曙光同步，因此，艺术史是人类了解自身和认识世界的重要途径。人类浩瀚的历史长河中，流淌着无数的艺术精品。文学艺术——高雅的、真正的文学艺术，包涵着个体的，也代表着群体的情感。它启迪人生去追寻价值世界和意义世界，它让疯狂的人群趋于冷静，让苍白的心灵得到精神的慰藉。重温人类历史长河中的经典艺术，对当今人类的精神迷失，有着不可忽略的纠偏、疗救意义。

二战以后，西方一度不重视人文学科。在尝到人类异化的苦果以后，20世纪90年代，美国120多所大学建立了艺术史系，50多所大学培养艺术史人才；目前，西方每一所综合大学都设有艺术史系，学经济的、学化学的、学物理的……也跨进了艺术史系的大门，学艺术史与功利无关，与谋职无涉，读书不为稻粱谋，只为认识人类的文化身份和本民族的文化身份，为自己更健全，更聪明。艺术史成为文明人的必修课。

中华民族是有着数千年文明史的伟大民族。中华文化的精华，如对自然的尊重与亲和、民胞物与的思想、厚德载物的胸怀、安贫乐道的精神、诗意的生活态度等等，都融化在本民族的艺术形式里。中华文化的精华，正好可作疗救当今社会工业文明弊端的药方。在当前文化背景下，重视并推进中国艺术史研究，有助于抢救和振兴民族文化，重塑民族精神，使人们心灵净化，社会有序发展；有助于推进世界文化的平等交流，使世界各民族文化多元发展，打破西方话语垄断；有助于协调人与自然的关系，以营造一个平衡、和谐、安全、健康、体现人与自然互相尊重的生存环境。中国艺术史研究的意义，远远超出了学科自身。

四　作为一般艺术学支柱的中国艺术史研究

20世纪以来，中国艺术史中门类艺术史的研究取得了前所未有的丰硕成果，特别是20世纪80年代以来，新著如雨后春笋，集大成者如王伯敏主编的《中国美术通史》，张庚、郭汉城主编的《中国戏曲通史》，杨荫浏《中国古代音乐史稿》，王克芬《中国舞蹈发展史》等；艺术理论史如谭帆、陆炜《中国古典戏剧理论史》，于润洋《音乐美学史学论稿》，李一《中国古代美术批评史纲》，葛路《中国古代绘画理论发展史》，杭间《中国工艺美术思想史》等；艺术专门史如金维诺、罗世平《中国宗教美术史》，王树村《中国年画史》，陈传席《中国山水画史》，王子云《中国雕塑艺术史》，刘敦桢《中国古代建筑史》，田自秉《中国工艺美术史》、高丰《中国设计史》、陈瑞林《中国现代艺术设计史》等；还有艺术断代史、少数民族艺术史、地方艺术史等：研究趋于过细。如云的新著对史料作了详尽的梳理，为作为一般艺术学支柱的艺术史研究提供了翔实的实证资料和坚实的理论依据。用一般艺术学的新视角，把艺术作为社会现象，置于社会文化的大背景下进行综合研究,撰写综合艺术史,成为学科建设的需要,学术研究走向深入的大势所趋。

作为一般艺术学支柱的中国艺术史研究,研究主导本民族艺术活动的社会思潮、哲学思想、宗教信仰和行为规范,揭示中华艺术有别于西方艺术的独特规律。中华艺术比西方艺术靠近哲学,更多形而上的层面。如果说西方理论家长于用机械的、解析的方法研究艺术,中国艺术家和理论家则用整体把握的思维方式体悟艺术,中国传统的艺术鉴赏和艺术理论研究,更接近艺术的本质。基于此,作为一般艺术学支柱的中国艺术史研究,比门类艺术史研究更具备明显的哲学性格:既重视一般性和普遍性,也关注个别性和特殊性;既关注艺术作品和艺术家,又关注每一时代哲学思潮对艺术的推动与影响:是哲学的研究与实证的研究的结合。

我国古代将艺事称之为“乐”,“中国旧时的所谓‘乐’,它的内容包含得很广。音乐、诗歌、舞蹈本是三位一体可不用说,绘画、雕镂、建筑等造型美术也被包含着,甚至于连仪仗、田猎、肴馔等都可以涵盖。所谓‘乐’者,‘乐’也,凡是使人快乐、使人的感官可以得到享受的东西,都可以广泛地称之为‘乐’。”① “乐”包含在“六艺”之内,“六艺”是:“礼”——政治、道德教育,“乐”——艺术教育,“书”——历史知识教育,“数”——实用知识教育,“御”、“射”——强健身体的必要手段,可见,早在我国古代,教育便不以培养生存技能为目的,而是对公民进行教化,培养他们丰富的心灵和健全的人格。古代有专门的匠人,却没有专门的艺术家和艺术理论家,“文化人”、“读书人”就是艺术家和艺术理论家的身份。两宋以来,艺术成为士大夫政事之余、陶冶性情、完善人格的手段。文人们琴、棋、书、画都精,诗、词、歌、赋全能。他们将文学、音乐、绘画、书法……多方面艺术创作与鉴赏的经验融通,更多地研究艺术的共性。在他们笔下,艺术史、艺术论、艺术批评浑融一体,无法区分。蔡邕、嵇康、苏轼、姜夔、赵孟頫、徐渭……中国艺术史上不乏这样一些文化的通才,不乏这样百科全书式的人物。各门类艺术史的研究中,不断重复地提到他们,学者们很难把他们仅仅划归某类专门艺术史进行论述。而现代,随着社会分工的日趋细致,艺术家与艺术理论家专门化、职业化了,艺术远离了人文,成为谋生的手段,连文化人也对“艺术”陌生起来。这实在是一种很不正常、很不健全的反文化现象。一般艺术学研究的新视角和新方法从西方传来,又恰恰是对艺术行将失落的人文精神的追寻、中国传统治学方法断裂以后新的复归。

五　中国艺术史研究的话语体系

目前我国,西方文化强势侵入,民族文化被迅速排挤到了边缘地带。年轻人对西方世界的追慕和了解,远过于西方人对我国的追慕和了解;从功利出发的全民学英语,花费的有效生命远过于对传统文化的学习;学界国学功底的空前滑坡,不亚于全社会本土文化的空前滑坡。民族文化的节节败退和文化交流的不对等,使每一个有着民族自尊心和民族自豪感的学者感到屈辱,也感到肩上的重任。

在世界文化交流的大背景下,每一个人都接受着八方风云的激荡,每一个学者都接受着西方学术的影响。学习舶来的艺术理论,可以促成自身思想和研究方法的更新与变化。接

① 郭沫若:《郭沫若全集·历史编》。人民出版社 1982 年版,第一卷,第 492 页。

受是必然的，建立融会东西方文化的世界文化，更是大势所趋，不可逆转。但是，接受舶来理论影响不是数典忘祖，东西方学术研究方法整合不是西方学术研究方法取代东方学术研究方法，东西方文化融会不是西方文化取代东方文化，忘记自身的民族身份和文化身份。当前的主流倾向不是缺乏引进，而是传统断裂，西方话语已经垄断了艺术学科内的一些课程构架，造成根本理论问题上的话语失解。当今中国，缺乏的不是“拿来”的热情，缺乏的是“拿来”并消化的基础：对本民族传统文化、传统哲学、传统美学、传统艺术思想的了解、热爱和研究。在民族文化边缘化的紧急关口，中国艺术史研究理应继承发扬中华传统治学的长处并加以现代转换，建立“中学为体，西学为用”的话语体系，以避免根本理论问题上的话语失解，争取中国文化与西方文化平等的话语地位。

六　一般艺术学学科建设的基石

如果说艺术史、艺术理论、艺术美学是艺术学学科建设的三大支柱，以艺术哲学为支撑的艺术史研究则是三大支柱中最为重要的支柱，是艺术理论研究和艺术美学研究的依据。作为“一般艺术学”支柱的中国艺术史研究，其宏观性、整体性和综合性带来研究的高难度，因此，综合艺术史研究乏人涉足。2005 年，凌继尧先生在上海大学美术学院演讲时说，迄今为止，中国还没有一本作为一般艺术学研究成果的《艺术史》问世。

笔者长期担任东南大学艺术学研究生一级学科必修课《艺术史》课程，受命撰写中国艺术史。十余年来，焚膏继晷，钻研古今典籍；风尘仆仆，万里行程考察。2006 年 7 月，适应一般艺术学学科建设需要的《中国艺术史纲》由商务印书馆出版。作为一般艺术学研究立足综合的《中国艺术史纲》，全面关注社会文化、艺术思潮、艺术流派以及各门类艺术的经典作品和重要理论，把艺术放在时代文化的大背景下，分析外在因素的影响，归纳时代风格的演变，注重形式语言的分析，不对个体艺术家作穷尽资料的罗列，有了明确的在一般艺术学学科构架下治史的自觉意识，其中接受了西方风格学、形式分析和社会学研究方法的影响。艺术的发展纷纭错综，有退有进，更替变化，不以时代为截然分界。《中国艺术史纲》吸纳滕固、郑昶艺术分期的观点[①]，却没有作艺术分期的简单归纳，而是老老实实，沿朝代更替，将艺术风格演变的线索理出，将艺术思想的交替廓清。郑昶希望见到“集众说，罗群言，冶融抟结，依时代之次序，遵艺术之进程，用科学方法，将其宗派源流之分合与政教消长之关系，为有系统有组织的叙述之学术史”[②]；李心峰认为“理想的艺术史，应是名家名作的历史与思潮、流派的历史、非连续的历史与连续的历史的某种辩证结合”，“理想的艺术史应是作品史、社会、文化史与艺术家创造实践的历史的较好的结合”[③]，这正是笔者冀望于《中国艺术史纲》并努力追求的。《中国艺术史纲》是东南大学艺术学学科为我国一般艺术学学科建设奉献的一块基石。

毋庸讳言，由于一般艺术学作为一门学科在我国建立未久，积淀未深，《中国艺术史纲》

---

① 滕固把中国美术史分为生长、混交、昌盛、沉滞四个时期，见滕固：《中国美术小史》，商务印书馆 1929 年版；郑昶把中国绘画史分为实用时期、礼教时期、宗教化时期、文学化时期，见郑昶：《中国画学全史》，中华书局 1929 年版，自序。

② 郑昶：《中国画学全史》，中华书局 1929 年版，自序。

③ 李心峰：《元艺术学》，广西师范大学出版社 1997 年版；第 321、322、328 页。

与其后出版的十三卷本煌煌巨著《中华艺术通史》虽然有了在一般艺术学学科构架下治史的自觉意识，都还没有来得及化尽门类艺术史的痕迹，没有真正做到钱钟书所说的“打通”[①]；独立撰写的《中国艺术史纲》立足简明，更难完备。作为一般艺术学成熟成果、全面“打通”的综合艺术史，将与学科的成长、成熟同步，有待贤者。

① 艾朗诺：《〈管锥篇〉英文选译本导言》，《文艺研究》2005年第4期。

伯格曼的电影美学解析

林　琳

（中国艺术研究院）

英格玛·伯格曼是20世纪五六十年代风靡欧美的艺术电影大师，他的电影以表达哲思著称，其鲜明的主观主义风格与当时欧洲现实主义电影风格构成了一股均衡力量，成了20世纪50年代到80年代欧洲艺术电影理论关注的重点。"形而上"的主题关怀、诗意的形式风格和纯熟的技艺特点成就了伯格曼电影深沉而智慧的魅力，令人们得以透过电影艺术反思自我、追寻人类灵魂的问题。

众所周知，伯格曼是与意大利导演费德里柯·费里尼和米开朗基罗·安东尼奥尼齐名的欧洲现代派电影大师，他与费里尼和安德烈·塔尔科夫斯基并称为世界现代艺术电影的"圣三位一体"，与罗伯特·布列松和刘易斯·布努埃尔并列为倍受"作者论"推崇的"三大作者"。他"是通过探究内心世界来构建全部艺术作品的第一位电影人"。[①]"确定地说，没有任何导演能够像伯格曼一样深刻而强烈地传达着人类精神与灵魂的声音。"[②] 他的电影从未离开过哲学性的思索和灵魂的关照，正是对人类灵魂问题的关注和对艺术创作的执著让伯格曼在国际影坛上奏响了如此震撼的音符。

一　"形而上"的主题关怀

欲知"形而上"先览"形而下"，形而下是指一切可以显现的事物及关系；形而上则代表从形而下（即所有客观事物的关系）中摆脱出来，它所关注的不再是具体事物及其关系，而是所有这一切显现背后的不可呈现的无限本源。"生之后只有死亡。这就是我们需要知道的一切。感伤或恐惧会转向教堂，无聊和冷漠会导致自杀……上帝死了或被打败或随便你想怎么讲。生活是残酷的，但生死之间是条诱惑的路。一部巨大而可笑的杰作，美丽又丑陋，毫无怜悯或者意义。"[③]

从伯格曼独立执导的第一部影片《牢狱》开始，哲思或称"灵之思"就成了伯格曼电影最耀眼的特色，一以贯之的"形而上"主题关怀便是这一特色的集中表现。伯格曼是问问题的人；他不断然给出答复，只以冷峻的、表现主义的手法处理抽象的两难之境；他通过电影探讨人与自我、与他人、与上帝之间的关系，在执导电影的过程中苦苦思索人类的处境和生命的

---

① The Demon Lover. "Ingmar Bergman", in *Show and Tell*, ed. John Lahr. NY: Overlook Press, 2000, p. 229.

② Leonard Quart. "Ingmar Bergman The Maestro of Angst", in *Cineaste*, Fall 2004, p. 30.

③ 《牢狱》的序言。

意义。

灵魂的地貌——关于存在。伯格曼电影的主题都相关于20世纪的人类存在，他常通过自己的电影不断追问：什么是人最深邃、最真实、最本质的东西？面对这一真实，我们能为我们的生活找到什么意义？他的目标是描绘带着心脏跳动的毫无掩饰的人类肖像，是没有保护、面具和谎言的肖像。这样的肖像为人类提供了一面镜子，在里面我们可以清晰地看到真实的自我，面对面地审视自己的灵魂。伯格曼是位“电影形而上学者”，他的电影哲学思想主要表现在：

(一) 判决——绝对的不可得与死亡的必然

我们的幻想被赶走，我们赤裸地站在自我面前，但有限的能力无法让我们到达得以安放慌恐心灵的温暖之地。上帝探透的眼睛取代了我们自己的，所有一切对我们而言就是去承认判决。这种“天启”的形式，在伯格曼的影片中表现为显露的判决瞬间，一种我们所有人不得不去面对的判决瞬间。面对死亡，我们被给了一次真诚地审视自己的机会，我们究竟是谁？生命的意义何在？对有些人来说，生命在很长时间以前就离开了，留有的只是那伴着神秘孤独和空虚的自满。对观众来说，这同样是一种判决，我们必须理解和接受。然而宣判并不意味着终审判决，在基督教理论中人可以通过真诚的悔改获得救赎。伯格曼的电影里，审判的这一时刻常以人的自知和意义的获取得以展示和揭露，如著名影片《野草莓》。

(二) 被抛——上帝的沉默与人类的生活境遇

接受审判之后，伯格曼的影像世界继续引导我们玩味被抛的人类境遇，引我们反思这种“不自由的自由”①。我们不能支配未来，不能支配生活境遇，我们生活在完全的不确定中。以前意义就简单地在那，现在却似乎永远不能复原，我们被抛入绝望之中，我们的“精神”死了。除了自我以外，不再有任何事可靠；生命的意义，我们的价值和目的感，甚至是我们生存的欢乐，都遗失在悲伤、怨愤、失望、孤独和痛心之中。结果世界沉默了，向沙漠一样荒凉。在伯格曼的电影中，精神的贫瘠经常突显于黑白之间，自然背景本身就编码了隔绝孤立和内部荒芜的状态，如“沉默三部曲”。被抛让人失去了精神的快乐之源，而人们必须容忍和承受。

(三) 爱——存在的终极力量和艺术的召唤使命

“爱”通常是伯格曼电影的最终落脚点，如果没有“爱”，被抛的境遇将无法忍受。不能穿透但求联合和接触，在爱中放下“我”的各种角色，达到团结“我们”，形成真正的共同体，这才有力量。要知道不是“绝望”把人一步步推向死亡，而是冷漠和缺少爱！人类的灵魂需求解脱，爱成了解脱灵魂的武器。我们拥有的唯一资源就是我们自己去爱、去安慰的能力。爱“在堕落之后”！上帝是爱，是关照！是这完全不完美的世界中最完美的东西！是拯救人类精神的唯一力量！

二　诗意的形式风格

伯格曼的作品是影像诗，它深植于个人体验，关乎人类共通的情感共鸣，但从来不是社会和政治的。伯格曼的作品很少展示智力或讽刺，却时常带有生命的不可懈怠，就像一股沁人心脾的泪水。他的作品常以爱和接触为中心，而不是什么孤傲的自由选择者。人类的根

① “不自由的自由”这里指：你是自由的这一点本身不是你自己能够决定的。

本性体验是被抛，寻找接触和对沉默的意识。亲密的爱是上帝缺失的世界上唯一希望的信仰。就形式风格而言，我们可以用动态的生命旅程、戏剧性的静态特质、诗意的影像音乐和梦幻与现实的完美结合来形容伯格曼的电影。

（一）动态的生命历程

人生无异于旅行，生死就是起点和终点，步履就是生命历程。旅行几乎在所有伯格曼成熟时期的电影中都充当着主要的角色，它决定了几部最杰出的伯格曼电影的构架，如《第七封印》、《野草莓》、《沉默》。作为伯格曼电影中典型的结构形式，旅行具有一种强大的驱动力，它推动剧中人从病和束缚的精神状态朝向健康和自由迈进，它不强调到达而强调热情追寻的过程。很多杰出的伯格曼电影都以旅行为形式建构了这种动态的推进原则，它们的剧情大都围绕一条发展主线（旅行），并且时起时伏，然后再以新的面貌到达终点或某地，完成旅行者自身整体生命的提升过程。伯格曼电影中的旅行有时有明确的目的，并且目的总会完成，但请注意这里的旅行目的不是物理上的定点，而是关联于人物角色的思想发展。这种旅行往往会在短暂的24小时甚或几个小时内，通过偶发事件引起旅行者精神观念上的根本性转变，进而完成他们灵魂前进式的运动，如《野草莓》、《第七封印》。此外，伯格曼电影还存在另一种旅行模式，它们没有明确的目的，也不以到达收尾。在这一类旅行式的影片中，主角们始终找不到固定的处所，他们总在不断地运动，从一个地点到另一个地点，从一种状态到另一种状态，例如《沉默》，我们可以在这样的旅行模式里强烈地感受到人物的漂流感。旅行不只寓意了生命历程还担当了作品结构上的统合角色，赋予作品以流畅的整体性。对伯格曼来说，清晰地给出统一的时间和地点很重要，在这个方面旅行充当了严格的组织形式，使所有事件无论是精神上的还是现实中的都统一于连续的当下里，避免了结构上可能发生的混乱。当然无论是深层的寓意还是表层的结构统合，旅行都代表了一种动态的过程，这种动态的结构形式使艺术作品更接近了人复杂生命的本身。

（二）戏剧性的静态特质

或许当人们听到伯格曼的名字时，头脑中会魔法般地显现出许多古怪的、极端的、反常的、如画的戏剧性影像：《第七封印》中的死神、（国际象棋）游戏、苦修者（鞭打自己以求赎罪的宗教徒）、被火刑的巫婆；《芬妮与亚历山大》中活动的维纳斯，美妙的剧场和玩偶；《处女泉》中可怕的先知、邪恶的蟾蜍和天赐之泉；《犹在镜中》荷丽叶·安德森视野中的蜘蛛上帝等等。我们知道，孤立的细节本身不可能构成杰出的电影作品，把富于表现力的影像整合成流畅的戏剧性剧作才是伯格曼天才创造力的彰显。伯格曼可以在自己的电影中轻易地创造出许多引起轰动的戏剧性情境和影像，却丝毫不显突兀；他可以游刃有余地驾驭舞台与银屏，使两项创作活动互通有无、取长补短。伯格曼电影戏剧性的静态特质就在于：它以细致入微的表情或戏剧性影像为震撼人的武器，而不是好莱坞式的强悍的视听效果；它不宏大却能自如地凭借魔幻般的画面引起人们心灵上的共鸣与激荡。

（三）诗意的影像音乐

伯格曼的电影看上去就是情感本身，从中我们能够感受到生命力的张弛，它们带有强烈的节奏感，和音乐一样。有人说音乐是与电影最为接近的艺术，它们在表达情感上都有独特的优势，因为声音似乎比图像更容易进入人的深层空间。伯格曼总会将音乐与电影糅合在一起说："这两者均直接影响我们的感情，而不是经由理智，电影主要是一种韵律节奏，在连续的反复进行中呼吸"[①],像音乐一样。很多伯格曼影片中,音乐都是主题信息的重要来源,是共通的交流语言,也曾是电影结构的组织形式。一种艺术可以在另一种艺术身上找到灵感,并通过结合产生超越彼此的惊人效果,如伯格曼音乐性的电影(尤其是《魔笛》、《犹在镜中》、《野草莓》、《夏夜的微笑》,它们甚至采用了音乐形式的结构),它们通过两种艺术形式的融合作用,达到了情感表达的双重效果。

(四)梦幻与现实的完美结合

在体验伯格曼的电影时,人们总能或多或少地感受到梦幻与现实共营的那种流畅的整体性。伯格曼有一种能力,可以很轻松地将梦幻想象与电影的要素结合起来,创造出一种比所有的对白更令人印象深刻的场面,就像彼得·考伊说的那样,没有一个导演比伯格曼更记得梦境,或比他更会阐述和利用梦境。幻想与超自然力在伯格曼的电影里很普遍,它们常是吸引观众的亮点。伯格曼喜欢表现梦和超自然力,因为他偏爱感性和直觉,并拥有纯熟的电影技艺。在众多梦幻般的伯格曼影片里,《野草莓》是梦境与现实浑然一体的例证,它可以让人在梦境中体验恐惧与想望,徜徉于虚与实之间的游动。

三　纯熟的技艺特点

伯格曼的技艺特点脱胎于瑞典电影的艺术传统,是诗意的形式风格的创造者:音乐性对应的是节奏感和音乐的运用,戏剧性对应的是表情、特写镜头以及舞台感的运用,阴郁的乐观主义色彩则借各种符号和自然环境等摄影效果弥漫于整个电影空间。

(一)技艺传统继承

伯格曼导演电影的手法吸收了瑞典电影人的早期成就,如斯修姆《幽灵马车》的哥特式世界,斯特林堡《茱莉小姐》的精神分析倾向。尤其是斯特林堡,他是影响伯格曼最为深远的戏剧家、文学家。无论是技术手段方面,还是剧作倾向方面,伯格曼都深受斯特林堡的影响。"在我的生命中,伟大的文学体验是斯特林堡的作品给予的。他的很多创作至今仍令我肃然起敬……导演《梦幻剧(Dream Play)》是我的梦想。"[②] 他说:"对于我来说斯特林堡的宗教思想是非常原始的、自然的。斯特林堡最迷人的地方在于他对生命中每件事、每个瞬间的巨大意识,完全是超道德的——完全打开的、简单而根深蒂固的。斯特林堡更接近于我的心灵。"[③] 和斯特林堡一样,伯格曼喜欢在电影中再现人类精神的世界,在那里,需求引起了愿望,忧虑削弱了意志;记忆蒙蔽了视野,理智对抗着疯癫。电影制作方面,伯格曼像斯特林堡一样偏好梦境与真实之间的契合;偏好紧凑简单的结构和不多的几个人物;偏爱强烈的悲怆性以及人类共通的悲剧感;偏爱内心深处的心理过程和意义深远的主题关怀,并崇尚完美的处理方法。

---

① 考威:《英格玛·柏格曼》,沙永玲译。台北:财团法人国家电影资料馆,1994年版,第357、373页。

② Brother Depaul. "Bergman and Stindberg: Two Philosophies of Suffering", in *College English*, Vol. 26, No. 8 (May, 1965), pp. 620—630.

③ Lise-Lone Marker, Frederick J. Marker. *Ingmar Bergman Four Decades in the Theater*, Cambridge: Cambridge University Press, 2003, p. 222.

（二）影像符号表达

在处理内在启示时，伯格曼启用了大量的引人注目的影像，这些影像被频繁地使用于不同的影片中，或在保持一致性的条件下赋予某些变化，从而形成了一贯的符号运用，这在伯格曼电影中取得了很大成功。自然界四季的变化、舞台或竞技场、镜子或玻璃、野草莓、时钟等都是伯格曼电影的基础性画面，它们是真实的符号，影像将把它们渲染得比文字更富有表现力，它们梦幻般地勾勒了人在不断遭遇自然和社会的过程中的多样化情感。

在伯格曼的影片中水的影像显得比较突出，通过水的力量去表现形式和光，并以此服务于外景描绘和主题表达。对水的描绘有时是摄影的中心地带，因为水的影像常给人游离于精神世界和物理世界之间的感觉，它不仅暗示着个体经历永无止境的流变，还表现着个体经历在精神世界中的多彩映像。水的影像既是一种绝对的自然现象，又是一种通灵的可以展示人精神波澜的符号。例如，影片《女人们的秘密》的最后一幕，在私奔的情人面前出现了一片无际敞开的湖面，湖面宽广又泛着淡淡光亮，象征了年轻人从约束的环境中逃离，正向拥有无限可能性的未来奔去；但同时微弱的月光把所有的影像都涂上了黑色的轮廓，象征了质朴天真背后的无知与危险，也像是旁观者对迷人浪漫的短暂爱情的评说。水的影像与多样的季节背景一起，不断在伯格曼的电影中发挥着重要的隐喻作用，伯格曼崇尚自然，体味自然，在自然中寻找人自身的影子，以自然的瞬息变化诠释人主观世界的流变，有时候在伯格曼的电影中我们会感到“风景就是灵魂的状态”。

此外，镜子或玻璃、野草莓等也是伯格曼电影常见的影像符号。镜子或玻璃的出现常与自知和对质相联，它们有时暗示了自觉（或自知）的达成，有时则讽刺地揭露了自知的缺乏，大多数伯格曼影片中我们都可以看到这种隐喻性的符号，它们像是人生之旅中碰到的镜子，这镜子就安放在人类灵魂之前。春花夏果的野草莓向来是伯格曼电影中幸福与光明的代言，野草莓象征着生命、快乐、天真和自由，有野草莓的地方就蕴含生机和希望，野草莓是阴郁气氛里露出的微弱之光。除了上述的隐喻性符号外，我们还可以在伯格曼的影片中找到许多频繁出现的象征性影像，如代表时间的钟表、象征人生旅程的棋盘等，我们看到尽管符号在摄影机的操作下显得如此普通和简单，但它们表现出的不凡寓意却足以令人思量许久。

（三）演员执导策略

伯格曼在录用演员方面拥有超凡的敏锐力，他极其善于挑选他的合作者，小心翼翼地选择角色以开发演员的独特潜质。碧比·安德森曾说：“他对待演员和善，他总是全力支持他的演员，他总能做出判断挑选最佳演员，他的决定不会出错，因为他知道判断一个优秀演员就是看他脸部情绪的变化”①。伯格曼有一种超强的感受力和洞察力会引导演员们释放更大的创造潜力。“他以非常的方式看着你”福伊尔说，“我想，那是他天才的一部分……他真正在听。他听了他所听到的，理解到的，而不是评论的。”② 在影片执导过程中伯格曼常告诉自己的演员要把紧张当作炮台公园，并提醒自己不要把自身的状态传染给演员，他总是告诉演员们必须把排演当成自己的体验，当成自己的精神体验，去接触、去聆听，带着亲切，带

---

① Interview：“With One Eye He Cries.” ed. Michael Ruiz.

② The Demon Lover. “Ingmar Bergman”, in *Show and Tell*, ed. John Lahr. NY：Overlook Press, 2000, p. 242.

着爱，带着安全。他从演员那里获得信息，再把信息反馈给演员。他会告诉演员一种节奏，但我不会告诉他们怎样演，他说，好的演员会找到他们自己的节奏。“强迫演员做些事情是愚蠢的。你可以说服他，和他谈话。”[①]《第七封印》等多部影片的主要演员冯·席度曾说，伯格曼会设法给每个人一点什么，以激发演员们的想象力。他不会就某场戏给你精确的指导；反之，他只会给你一种步调、一种韵律或一段音乐来引导你。伯格曼偏爱特写镜头，尤其关注人物的面部表情，强调以特写来记录情感的细微变化，他常说眼和嘴角刻着情感的位移。“拍特写就是拍一个人嘴巴附近的表情，以及眼睛的角度和眼睛四周的皮肤。”[②] 于是，面部的特写镜头成了伯格曼电影制作的最主要利器。

伯格曼的电影通过声音和影像才华横溢地展示了人类内心世界的图景；伯格曼的作品几乎看不到繁荣或强悍，却时常带有生命的不可懈怠感，就像一股热情的泪水；伯格曼的作品很少褒扬智力或讽刺，科学在那里充当的甚至只是生命洞见的失败因由；伯格曼的电影是哲思的，它们深植于个人，关乎人类共通的情感共鸣；伯格曼的电影是泪光里的微笑，它们带着骨子里的浪漫主义和挥之不去的忧郁情节；伯格曼的电影是自然的影像诗，它们延续着北欧人的深沉与梦幻。没有沉湎于夸张，他是一位伟大的导演！

[编者附记]世界电影大师英格玛·伯格曼于2007年仙逝，特约此稿，以纪念这位20世纪伟大的电影导演对于“电影美学”的巨大贡献。

---

① Ibid，p. 243.

② 考威：《英格玛·柏格曼》，沙永玲译。财团法人国家电影资料馆1994年版，第97页。

论贝内特·雷默的音乐美学观

王力萍
（中国社会科学院研究生院哲学系）

贝内特·雷默(Bennett Reimer)是美国西北大学的教授，享誉世界音乐教育界的音乐教育哲学家。其主要著作《音乐教育的哲学》(1970，1989，2003 三个版本)对 20 世纪的音乐教育产生了重要影响。他不仅左右了 20 世纪 70 年代以来美国的音乐教育观念，而且通过两次来华访问和讲学，其思想在一定程度上也影响了改革开放后的中国音乐教育。

雷默提出，音乐教育哲学的一个根本前提是音乐教育的基本性质和价值是由音乐艺术的意义和价值决定的。因此他的音乐教育哲学思想也由两部分组成，即艺术审美观和艺术课程与教学论。其主要探讨音乐艺术的意义和价值的艺术审美观作为音乐教育的哲学基础，直接影响到具体的音乐教育实践。但遗憾的是，由于目前中国音乐理论界对雷默的著作和论文的翻译还很欠缺，因而对其思想的理解并不是很全面，有些甚至是误读。尤其是在《音乐教育的哲学》(第二版)中，在探讨音乐的意义和价值这个问题上，雷默通过分析“形式论”(formalism)和“所指论”(referentialism)的观点，最后确立了“绝对表现论”(absolute expressionism)作为音乐教育的主要哲学基础。事实上，“绝对表现论”要解决的也是一个价值问题，它等于在问：“音乐的价值和意义在哪里?”换句话就是说：“什么样的音乐才是有价值和意义的?”当音乐哲学试图回答“音乐的价值和意义在哪里?”的时候，它同时也就把自己的特殊问题跟整个艺术哲学所要回答的普遍问题“艺术的价值和意义在哪里?”贯通了起来，从而提供了一种从音乐中发现整个艺术的本质的可能性。

然而，中国音乐理论界却对“绝对表现论”的真实内涵众说纷纭，莫衷一是。鉴于此，笔者在仔细研读雷默的《音乐教育的哲学》(1989，2003 年两个不同版本的英文原著)以及他的博士论文《论审美与宗教体验的共通性》(英文版)后，对雷默的“绝对表现论”的内涵提出一些粗浅的看法，希望在一定程度上更接近雷默思想的原貌。

因为雷默认为“绝对表现论”包括了“所指论”和“形式论”中的真理因素，所以笔者在论述雷默关于“绝对表现论”的内涵之前，首先根据他提出的两个根本问题来探讨“所指论”和“形式论”的美学内涵：① 在哪儿获得音乐所给予的(where you go to get what music gives)。② 在那里你获得的是什么(what you get when you go there)。[①] 其中，“在哪儿”，雷默指的是在音乐形式之中，还是音乐形式之外。这两个问题的答案将关系到音乐艺术的本质特性，以及它所具有的价值和意义。通过分析这几种艺术审美观分别对这两个问题的

① Bennett Reimer, *A Philosophy of Music Education*, second edition, Prentice Hall, 1989, p27.

不同回答，不仅有可能厘清对这几种理论的模糊认识，而且还可能对音乐理论界长期存在的自律论和他律论二者的关系(形式与内容的关系)，这个问题所引起的纷争起到一定的调和作用。因为自从 1929 年，国立维也纳音乐学院的美学教授卡茨(F. M. Gatz)在其所编的《音乐美学的主要流派》一书中，借用康德的伦理学术语区分了"自律论"与"他律论"这两种理论的差异后，众多音乐哲学家对音乐到底是自律的，还是他律的，这个关乎音乐的特性和价值的问题上各执己见，相持不下。"自律论"认为音乐的内容就是音乐的形式，其本质特征也只能在音乐之内的音声形式中去寻找。音乐的价值和意义不体现在音乐之外的任何事物，而在音乐内部的音声形式之间的结构方式之中。相反，"他律论"认为音乐总是标志着纯粹音声形式之外的某些内容，这些内容决定着音乐的形式，因此音乐的价值与意义也依赖于音乐之外的这些情感内容。

一　所指论(referentialism)

所指论具有明显的他律论倾向，主张内容是事物的内在本质和意蕴，而形式只是内容的外在标志和呈现方式，那么内容决定形式也就成为必然。此种观点与黑格尔关于内容与形式的思想不谋而合。对于黑格尔来说，形式只是内容的外在显现，内容是客观地独立存在于艺术作品之外的。没有这些内容，形式就失去了其自身存在的前提，内容决定形式，当内容发生变化，形式必然随之改变。也就是说，形式只是承载内容的"容器"，一旦音声形式似乎没有这种音乐之外的内容时，"音乐就变成空洞无意义的，缺乏一切艺术所必有的基本要素，即精神的内容及其表现，因而就不能算是真正的艺术"[①]。同样，音乐中的所指论也认为音乐作品的形式和内容是截然对立的。音乐的意义和价值取决于音乐的情感内容，而它们只存在于音乐作品之外。因此必须深入到音乐作品自身之外的世界中所指的观念、情感、主题、语境等等中去发掘音乐的意义和价值，也就是说音乐的价值和意义体现在音乐之外所表现的社会－政治语境，以及个人情感表现等等这些非音乐的内容之中。具体来说，如果从社会－政治功用的角度切入音乐时，人们就会认为音乐在一定的语境中提出了关于民族、平等、镇压、暴力等等这些重要问题，那么与音乐的所指内容相关的情感将随之产生，不管这种情感是积极的还是消极的。这时体现音乐的价值和意义的情感就是它所指向或与之相关的社会－政治内容中所包含的情感。同时，所指论认为音乐的价值和意义也体现在卷入音乐中的不同个体所投射其中的自我情感，而这些情感也属于音声形式之外的内容。每位个体不仅在个性，情绪，心理特性等等方面都是千差万别，感受音乐的方式不一而足，而且无可选择地置身于某种特定的文化语境之中。因此不管音乐的目的或背景是什么，每位个体都有可能在以其独特的方式对音乐进行情感投射的同时，也在音乐体验中留下自己所处文化的烙印，从而于音乐中获得经过"自我"过滤的感受或思想意识。正如雷默所说："如果生活使我们选择了某个渗透了我们整个存在的特定角度，比如对种族，或性别，或宗教等等的关注，那么我们很有可能把这个角度带入到我们的音乐体验之中。"[②] 这时，借用美国著名音乐理

① 黑格尔：《美学》第三卷上册。商务印书馆 1979 年版，第 344 页

② Bennett Reimer, *A Philosophy of Music Education: Advancing the Vision*, third edition, Prentice Hall, 2003, p88.

论家西肖尔·卡尔(Carl Seashore)的话来说,就是“当你聆听音乐时,你听到的其实是你自己”。而所指论者认为这恰恰就是音乐的价值和意义所在,因为音乐作品的功能就是作为一种中介告诉或者帮助我们理解音乐之外的内容,不管是社会－政治层面的内容,还是个体情感层面的内容等等。简单地说,音乐的价值和意义只体现在那些使音乐成其为音乐的所有内在特性之外的内容当中。甚至“所指论认为一件音乐作品的成功程度取决于它把你指向非音乐的体验的程度。这种非音乐的体验在多大程度上具有意义和价值,音乐本身就有多大程度的意义和价值。”① 总之,音乐中的所指论试图在音乐的音声形式之外去发掘音乐的情感内容,但这种内容按照雷默的观点是非音乐性的内容。而音声形式只是被作为音乐之外的所指内容的提示、线索或标志,其自身并不具有任何自足而独特的意义和价值。

二　形式论(formalism)

形式概念的重要性首先在于它不是美学和艺术学的一般概念,而是关涉到美和艺术的本质或本体意义的概念,只有弄清楚艺术形式的真正含义,才能确立艺术形式的独特性和独立性。而笔者认为国内音乐美学界对自律论和他律论的分歧,以及对“绝对表现论”的不解或误解,很大程度来源于对形式概念的模糊不清,或者大相径庭。因此有必要对两种不同的形式概念进行梳理,或许这是理解“绝对表现论”之真实意涵的枢纽所在。

就西方美学史的源头来说,形式概念肇始于古希腊时代,从毕达哥拉斯学派(公元前6世纪)算起,迄今已有2500多年的历史。根据笔者粗浅的理解,形式概念包含了两种截然不同实质的形式。其一是19世纪中叶以后兴起的具有反理性主义意义的形式至上论,即唯形式论。其二是从古希腊就开始的和形而上学本体论紧密相连的具有理性意味的形式。前者中的形式论依然是建立在“形式-内容二元论”的基础上的,只不过和所指论偏重内容恰恰相反,它偏重的是纯粹的形式。这种意义上的形式只是一种毫无内容的,只有空洞外壳的外形式,因此也导致了所谓“为艺术而艺术”的唯美主义或者说唯形式主义的倾向。这种理论认为艺术是超功利的,与艺术之外的功利世界毫无关系,以此来强调艺术的独立自主性。于是,一味地追求形式技巧的雕琢和规整成为唯形式主义的艺术理想。在这种唯形式论思想的影响下,音乐界产生了一股对纯粹形式技巧盲目推崇的风潮,以至于李斯特对这种倾向提出了尖锐的批评:“没有情感内容的形式只能满足我们的感觉,只不过是手艺匠的制品。为形式而创造形式是工业的事,而不是艺术的事。”② 而后一种形式论和这种唯形式论有很大的差异。它是“形式-内容一元论”的形式概念,和形而上学的本体论密切相关,而跟黑格尔的“二元论”的形式概念无关。形而上学的本体论所认为的“形式”,不是一个跟“内容”对立的概念,而是与柏拉图意义上的“理式”同一层面的形式,也可以说是一种内形式。它是总揽万物的“精神”,是生命的本质及其显现,是人的生命力能在其中“自由游戏”的形式,它使人心在这种“自由游戏”中感悟到超尘世的终极实在。此种内形式是对艺术之本源和本质的规定,而外形式或者唯形式论中的形式则是对艺术之存在状态的规定。“‘外形式’在柏拉图看来总是低于,服从于‘内形式’。因此有人会认为柏拉图的美学‘重视内容的美,而不重视形

---

① Bennett Reimer, *A Philosophy of Music Education*, *second edition*, Prentice Hall, 1989, p17.

② 李斯特:《罗伯特·舒曼》,见《李斯特论柏辽兹与舒曼》。人民音乐出版社1962年版,第130页。

式的美。'这里所说的内容，指的是柏拉图的'理式'。而理式，意为'共相''范型'和'Form'，也是'形式'，只不过是'内形式'，与现代意义上的'内容'（题材，主题）概念不能完全等同。所谓'重内容，轻形式'，确切地说，应当是'重内形式，轻外形式'。"① 因此，形式论中的形式有两种完全不同的内涵，一种是"形式-内容二元论"意义上的外形式或唯形式主义。另一种则是"形式一元论"意义上的，与形而上学本体论密切相关的内形式。而在目前的中国音乐美学界大多数人都把形式片面地理解成仅仅是外形式，只要谁主张重视音乐形式的地位就被简单地贴上"重技巧，轻内容"的自律论者的标签，包括对雷默思想中有关形式的论述也存在这种理解上的偏差。殊不知即便都是自律论者，也有注重的是外形式还是内形式这种观念上的微妙区别。笔者认为，就音乐形式的独立自足来说，这两种形式论并没有什么区别，都反对将音乐作为达到某种政治的或道德的目的的手段，认为音乐的目的就是音乐本身，必须到音乐形式之内而不是之外去获得音乐的意义。但是它们之间的差异是，注重外形式的自律论者认为在音乐形式中获得的仅仅是一种"乐音运动的游戏"，并没有任何表现某种心灵状态的内容；而注重内形式的自律论者则认为在音乐形式中可以获得对某种"终极实在"的审美感受，而这种"终极实在"就是由音乐形式表现出来的"意味"。笔者通过研读雷默的两版《音乐教育的哲学》原著及其论文，发现在探讨形式论时，雷默明显地不赞同仅仅注重音乐的外形式，甚至把此种形式论斥为极端形式论。相反他主张在音乐形式自身中去体验某种超验的终极价值，即内形式所具有的内涵。这一点在下面的讨论雷默的"绝对表现论"时笔者将会进一步深入阐述。

三　绝对表现论（absolute expressionism）

雷默在探讨音乐的意义与价值时，认为"所指论"和"形式论"中虽然各自都有其合理的因素，但是二者中没有一种能够全面地解释大多数人在创作或者欣赏中对音乐意义的体验。所以他对这两种观点进行了仔细的辨析，完全放弃了在二者之间非此即彼的选择，而是吸取它们各自的真理性因素后，借用美国音乐美学家伦纳德·迈耶（Leonard · Meyer）提出的"绝对表现论"这个术语来全面而深入地阐释音乐的意义与价值，以期它对实际的音乐教育实践发挥有效的指导性作用。

首先，雷默认为，关于在艺术中去往何处获得艺术所给予的这个问题，绝对表现论者与形式论者抱持相同的观点。二者都坚持必须深入到使作品成为一件艺术品的那些绝对的形式特性中去，在音乐方面，就要深入到音声本身——旋律、节奏、和声、音色、织体、力度、曲式这些形式的进行，而不是切入到任何音乐形式之外的所指内容中去，这就是雷默的"绝对表现论"名称中的"绝对"这个部分的内涵。形式论者强调艺术作品中的"绝对性"的一面，以此来制衡所指论者对"非绝对性"一面的夸大。也正因为此点，雷默对"形式论"维护了艺术形式的独立自足的地位而大加赞赏，他说："形式论者对音乐的'内在性'——其依赖音声之间的相互关系而具有的独立性和意味——的关注，此种思想已经证明是强有力而又历经考验的一种理论建构。同时也证明了这种理论比在特定的文化背景中的极端表现主义有着更广

① 赵宪章编著：《西方形式美学》，上海人民出版社，第78页。

泛的效用。”[①] 但是雷默并不赞同注重外形式的形式论者，即唯形式论者为了反对过分地强调艺术的所指内容(referential content)，而坚持艺术的内容就是形式本身，甚至到了否定艺术和情感之间具有任何可能的联系。这种观点被雷默称为极端形式论。相反，他说道：“我主张‘形式’这个术语有其额外的意义，这种意义是一种超出极端形式论的限制的意义……赋予形式，或者“形式化”(embodiment)，这是音乐具有结合我们的身体，身体又结合我们的心灵和情感这种力量的根本。”[②] 很明显，雷默对“二元论”意义上的外形式并不赞同，因为这种形式只是一种心智训练的游戏。但是他认为：“如果一个人敏感于特定的艺术作品的形式关系，那么他就能感受到这件作品的意义或者说‘有意味的形式’”。[③] 那么这句出自贝尔的艺术理论“有意味的形式”中的“意味”到底是什么呢？为此笔者仔细地阅读了贝尔的论著《艺术》，其中他说到：“某种东西本身作为目的所具有的意味是什么呢？我们将某种东西与外界的各种联系，以及它作为手段的全部意义从它身上剥离之后，剩下的又是什么呢？剩下来唤起我们情感的是什么东西呢？哲学家们曾经称之为‘物自体’，现在又称之为‘终极现实’的又是什么呢？……‘有意味的形式’便是我们在其背后可以获得的某种终极现实感的形式。”[④] 由此，关于“在音乐形式中获得了什么”这个问题，雷默的答案呼之欲出，那就是一种有意味的终极感受，或者说是对某种终极实在的感受，也即与形而上学本体论相关的内形式，而绝非极端形式论单纯对于外形式技巧的雕琢。正如他自己所言：“情感的形式化——我们称之为艺术作品……它从最深刻的层面使我们人类是其所是的秘密得以赋形，艺术作品与我们分享人性的最基本的原则。”[⑤]

其次，虽然雷默认为不能到外在于艺术的非艺术性的所指内容中，而应该深入地切入艺术形式自身的内在特性中才能领悟到它的奥义，但是他并没有完全否认艺术的所指内容的意义。他赞同艺术能够表现在艺术自身范围内存在着的相互关系所具有的意义，同时也能够传达非艺术的意义。也就是说关于“在艺术中我们获得了什么”这个问题，雷默的“绝对表现论”不但大力强调艺术的内形式所具有的意义和价值，还把形式论完全摒弃在外的非艺术性的影响，或说所指内容也包括在内在性意义的一部分了。这就是其“绝对表现论”中“表现”一词所具有的内涵。因为用他的话来说，虽然“从审美体验中获得的终极价值来源于对作品的形式因素的情感反应，而不是作品所表现出来的或者听赏者的想象所构想出来的再现性或者所指性的内容。进一步说，从形式论者的角度来说，如果艺术品的各种形式因素具有足够高的品质，那么对它们的体验确实能够使我们进入一个人类价值的领域，而在这个程

---

① Bennett Reimer, *A Philosophy of Music Education: Advancing the Vision*, third edition, Prentice Hall, 2003, pp42-43.

② Bennett Reimer, *A Philosophy of Music Education: Advancing the Vision*, third edition, Prentice Hall, 2003, p47.

③ Bennett Reimer, *A Philosophy of Music Education*, second edition, Prentice Hall, 1989, p76.

④ 克莱夫·贝尔：《艺术》，薛华译，江苏教育出版社，第 31 页。

⑤ Bennett Reimer, *A Philosophy of Music Education*: Advancing the Vision, third edition, Prentice Hall, 2003, p178.

度上这些价值只能用形而上的超验性的术语来形容"[①]。也就是说,音乐形式论的超越性意义是完全不应该被忽视的,它坚持了艺术的纯洁性,使艺术得以生存的根基不被破坏,更重要的是它代表了音乐美学的本质——超越性,它要超越日常普通的情感,在"想象力的自由游戏"中体悟到那终极实在。这时我们认识到的绝非偶然的,有限的价值,而是存在于一切事物表象之中的本质性的价值。但是即便如此,"形式论者是如此专注地集中在音乐的内在特性和它们固有的独特意味,以至于否定了所有其他的各种因素,比如政治观点,特殊的人物和事件的所指内容,各种不同象征内容和信号的使用,普通情感等等,而把任何意义都归因于音乐本身或对音乐形式的体验之中"。[②] 由此可见,雷默的"绝对表现论"是肯定艺术作品中的象征内容,即所指内容也有助于作品的表现,因为人毕竟不是活在真空之中,相反,人就像无法脱离自己的躯壳一样无法脱离特定的社会－文化语境而独存。人永远是带着自己的整个"存在"而进入音乐体验之中,然后在获得的音乐感受里不可避免地留下自我情感以及社会－文化语境所带来的所指内容。但关键是如同盐溶之于水,花融之于蜜那样,这些所指内容也只有在其融入到作品的内在艺术性特性中时才会具有真正的价值和意义。正如雷默所说"艺术中的象征内容有助于艺术的表现力,但是只有当这些象征内容完全融入到作品形式的艺术性特性中时才起作用。"[③] 因此,对于雷默的"绝对表现论"来说,所指内容的意义虽然有影响,但绝对不是最重要的,它仅仅是一个更大的内在意义这个整体中的一个局部,作品的表现意义是由所指内容的意义和内形式的意义共同组成的。此点正是雷默的"绝对表现论"对"形式论"和"所指论"中的真理性因素的兼容,也可以说是对自律论和他律论的兼容。这就意味着真正永恒的音乐作品,不是内容大于形式,亦非形式大于内容,它是唯有杰出的音乐家(而非音乐工匠)才具备的一种品质而造就的灵性之物,这种品质能够将内容和形式加以统一并升华上去。关于这一点,雷默一针见血地指出:"在一个很高的层次上,如果艺术品是伟大的,人们对它的感受力是敏锐而精准的,那么这时纯粹的审美体验充满了超越于对艺术形式的直接体验的,更高品质的价值,这些价值是如此的崇高,以至于必须要以常用来说明宗教而非艺术的词汇来描述它们。在这个层次上,形式的价值和所指内容的价值开始融合统一,也正是在这个层次上艺术具有了最大的感染力和终极意义。"[④]

综上所述,雷默的"绝对表现论"对于① 在哪儿获得音乐所给予的。② 在那里获得的是什么这两个根本问题的回答是:坚持深入到音声形式本身,而不是形式之外去寻找音乐的意义和价值,虽然一部作品的所指内容也有助于构成内在意义的一部分,但是它们必须融入到音声形式的艺术性特性中才能起作用。在音声形式中我们不仅能感受到所指内容的意义,也能领悟到内形式中那不可言喻的终极实在,从而使我们提升到生活的河流之上,进入一个更为崇高的意义王国之中。

---

① Bennett Reimer, *Common Dimensions of Aesthetic and Religious Experience*, Educat · D, University of Illinois at Urbanna-Champaign, 1963,p14.

② Bennett Reimer, *A Philosophy of Music Education: Advancing the Vision*, third edition, 2003, p178.

③ Bennett Reimer, *A Philosophy of Music Education*, second edition, Prentice Hall, 1989,p42.

④ Bennett Reimer, *Common Dimensions of Aesthetic and Religious Experience*, Educat. D, University of Illinois at Urbanna-Champaign,1963, p14.

雷默作为世界音乐理论界颇负盛名的资深学者，站在高屋建瓴的位置，以海纳百川的气魄在探索音乐的存在方式和其价值和意义这个问题上，用“绝对表现论”这个音乐美学概念打破了“所指论”和“形式论”二者之间那不可逾越的鸿沟，矫正了这两种理论各自的偏执倾向，并撷取它们各自的真理性因素，兼收并蓄地为音乐的特性和价值找到了一个更为完满全面的答案，同时也有可能一定程度调和长期争论不休的“自律论”和“他律论”这两种截然对立的矛盾立场，甚至更重要的是这个答案一旦跟艺术哲学所要回答的普遍问题“艺术的价值和意义在哪里?”贯通起来时，便提供了一种从音乐中发现整个艺术的本质和价值的可能性。但是由于语言上的障碍和“绝对表现论”其本身的理论深度，目前我国的音乐理论界对雷默的这一概念虽然颇为重视，但是在理解上各有偏差，无有共识。因此笔者在潜心研读雷默的几版英文著作的基础上，对这一概念的真正内涵作出辨析，或许依然有可能是管中窥豹，但相信能起到一定的抛砖引玉之作用，希望以此引起音乐理论界进一步深入探究和了解雷默的音乐美学思想，以期尽量逼近其思想之原貌。而且，此种探讨除了具有上述理论意义之外，或许更重要的是为我国的音乐教育实践找到一个更为坚实的哲学基础，以指引音乐教育朝向一个正确而有效的方向，最后实现它的终极目标——尽可能发挥音乐的独特魅力，而最大限度地提高人们精神生活的品质。

［书评］

哲学美学，如何言说？

——评彭富春的《哲学美学导论》

张旭曙

（复旦大学中文系）

一

自20世纪初王国维、蔡元培诸贤输入西方美学学科的系列概念，现代中国美学在移译、引进西方典籍和发掘、诠解传统思想的双重运思轨迹中艰难地跋涉过百年历程，逐渐地赢获了自身的现代性和富有中国特色的学科概念、问题和方法。这当中，检验、标志一门学科发展之理论深度和成熟度的基本原理的建构，确立无疑当属最深湛最不易攻克的学术堡垒。20年代，吕澂、范寿康、陈望道的几本《美学概论》在理论架构和研究方法等方面几乎都停留于介绍西方美学，且更偏好近代心理学美学。30年代，朱光潜的《文艺心理学》《论美》不只是介绍，而意在折衷各家学说短长同异中引申发挥，建立自己的理论系统。王朝闻主编的《美学概论》起草于60年代，风行于80年代，体系更成熟，论证更缜密，论题更广泛，在注重以马克思主义的立场观点方法为指导思想的前提下，比较自觉地吸收、融洽中国传统的美学与文艺理论材料。蔡仪的《新美学》、李泽厚的《美学四讲》、蒋孔阳的《美学新论》均为在马克思主义美学的大旗下自构完整理论体系的力作，其中李泽厚抓住感性和人的哲学问题想必给弟子彭富春不小的启发。80年代至今，影响较大的美学教材有杨辛、甘霖的《美学原理》，刘叔成、汪裕雄等编写的《美学基本原理》，朱立元主编的《美学》等。"时运交移，质文代变"，这些原理类著作镌刻着鲜明的时代特点和学术风尚，从一个侧面显示了中国现代美学的历史性建构过程。不过我们有趣地发现，美、美感、艺术论这三大块却大体一脉相承地贯通了下来。

在彭富春教授的《哲学美学导论》（人民出版社，2005年，以下简称"彭著"，以下引此书只随文标注页码）中，这种情形依旧未变。从目录看，书分四章：美学、美、美感、艺术，丝毫见不出有什么过人处。但在我看来，"彭著""旧瓶装新酒"，是我读过的近年出版的美学原理类著作中观点新颖、体系性强、具有鲜明特色的好书。全书以"人的生活世界的游戏就是欲望、工具和智慧三者的相互和谐发展"作为基本命题和逻辑起点，贯彻到对美（欲望、技术和智慧[道]的游戏的显现，人的存在的自由境界）、美感（欲望、技术和智慧的自由游戏，揭示美与人共同存在）和艺术（技术、欲望、智慧游戏的发生）的本性和相关的一系列问题的揭示，规定以及相互间关联的区分、选择、决定中，层层推展，环环相扣，体系完整，逻辑严密。富春教授是

"海学"专家，体系化构筑的强烈诉求似乎有违海氏竭力反抗西方理性形而上学之工作的精神，但我要特别指出，"彭著"的艰巨努力准确地攫住了当代中国美学建设的一个重要课题，值得肯定。通读全书，我深切感受到，富春教授不满足于在中国传统(儒道禅)中寻章摘句，作些点缀；又力求避免把西方学术当作唯一普遍有效的尺度，陷入西方中心论的误区；而是立足现实、会通中西、融贯古今，明确地彰显出作者希冀在创建中国现代美学体系的思想途程中留下自己的思考印迹的创新意图。"彭著"批评当代中国美学的诸派别(主观派、客观派、实践派、后实践派)，又有所吸收、改造、重释，把美的根源，人与美的关系等重大问题上置放到存在论、生成论、整体性的维度下加以重新思考、定位。寻找美学研究的新出路，超越当代美学，"接着说"的勃勃雄心历历可见。依我的看法，这种"原创性"的努力主要体现在体系性根基性而非枝节性的问题上，因为不避艰难，故而弥足珍视。"彭著"我读的很愉快、很流畅，如审美经验论从"情感"一词中辨别出情欲、情理、情感、情绪、心境、情态、激情，擘肌分理，析义正名，写得非常漂亮。我不断地体验到思想启迪的兴奋和渴求对话的欲望相互交织、涌动而带来的阅读快感。系统的构建、缜密的分析、明晰的界定、繁复的论证、不懈的追问、流畅的表述，都给我留下很深的印象。当然，"彭著"能否实现学术上的期许，还必须接受学术思想史的残酷而公正的检验、淘汰。

二

眼下国内学界通行的美学原理教材多以"美学"、"艺术哲学"、"文艺美学"、"文艺心理学"冠名，"彭著"独标举"哲学美学"，以我的孤陋寡闻，这在同类著作中非常罕见。作者这样做，照我的理解，盖有匠心在。我们知道，自"美学之父"鲍姆加登提出建立一门研究感性认识的科学"埃斯特惕卡"(Aesthetic)即"感性学"后，它在西方学界一直作为哲学的一个分支。把感性学理解为一门研究美的本质的学问，是假道日语的翻译而造成的误解。"彭著"坚持认为美学是一般哲学对美的沉思，不但恢复了美学的本义，便于逻辑上的展开，如把感性的意义规定为感觉、可感觉之物和感性活动即人的生活世界本身，为对美和美感进行整体性研究，为一些核心命题像"作为显现活动的生活世界的游戏是感性的"等等奠定了坚实的学理基础；而且顺理成章地引入了一些当前国内美学教材很少涉及的新课题，如身体、爱、欲望、陶醉、由痛转乐的经验等等；更重要的，这给了作者较宽裕的思维空间，能在世界里人和万物的审美关系的构架内自如地掘发、吸纳、处理中国美学史中的相关的片断式的沉思。

刘小枫在《人类困境中的审美精神》一书的"前言"中曾不无忧虑地指出，近年来国内的美学研究多把审美问题转换成文艺理论问题，而对哲人和诗人们(以德意志民族为盛)提出的审美(感性生存的可能性)问题的现代主义性质较少解会。我以为刘小枫的批评虽然不能涵盖全部，但确实发人深省。其实，早在 20 世纪 80 年代，朱光潜就在对《费尔巴哈论纲》、《手稿》的进一步研究的基础上强调反对片面反映论，用实践一元论消解近代西方哲学美学中存在的主客分离的二元论麻烦，进而以人道主义和人的全面发展作为美学的伦理本体论的基础。现象学、存在哲学的译介和迅速走红，对国内的美学研究把重心从认识论转向存在论，从本质论换为生成论起到了推波助澜的作用。诸如蒋培坤、张世英、朱立元等学者的近期论著都反复申述以审美活动统融主客体，美学的生存论转向，在场与不在场的结合，审美是一种基本的人生实践，广义的美是一种特殊的人生境界等主旨。尽管如此，我仍然认为富春教授对德意志审美精神别有心解。这种精神把审美理解为面临现代社会困境的一种生存论态度,它"首先出现在哲学家们对终极性问题的探索中,出现在诗人们对感性生存的本体论位置的忧虑之中。"这不奇怪,"彭著"援引以为主要思想资源的马克思(人的本质力量的对象化,人类社会的物质生产实践,异化劳动)、胡塞尔(生活世界、现象学显现观)、尼采(生命的创造力意志)、海德格尔(天地人神四元世界的圆舞、美和艺术是存在的无蔽)清一色德国哲学家,现代性思想谱系中响当当的人物。现在我们可以理解为何"彭著"开宗明义,声言要对美与感性问题作哲学思考了。因为如此一来,在人与自然、人与社会、人与世界首先是存在的关系,然后才是感觉和认识的关系这个大前提、大原则之下,既把追寻美本身之后的某种本质的陈旧思路扭转为美如何生成、如何显示,实现了由本质论向生成论、显现论的转换,又将美感经验从人的心理活动维度引伸到对人类存在之经验的秘密的揭示上,原有的艺术论问题如内容与形式、自然与艺术等等,同样在人与世界的丰富而深刻的关系之上得到全新的透视、诠解,如"彭著"把艺术要效法的自然之"道"解释为"生生之德,是生成,是生命"(第250页)。最重要的是,存在论关系的优先地位有利于自然无碍地接绪上中国美学传统。众所周知,不管儒门道家有多大的分野,后世又经历了怎样的变化,其要旨大体能概括为怎样做人,做怎样的人。或者从形而上的道、自然或者从形而下的现世仁、礼追问、探索如何安顿人心,在短暂的人生中寻求肯定性的幸福、自由与美。这些感性生存论难题都是立足于人与自然(天)、人与人的高度和框架内提出、论证、解答的。我们看到,"彭著"在人与万物的相互生成中理解美,把人与美的本性规定为创立的生成的自由(生活世界的游戏),进而提出美是人的自由的境界,真善美是人类存在的不同表现形态的命题。虽然它把境界规定为"生活世界的境界,存在自身的发生,即欲望、工具和智慧的游戏"(第115页),我们仍然能一眼看出其与中国传统的深层精神血脉上的勾连,即美关乎人的身心束缚和世界的全面解放。

"生活世界"是"彭著"最重要的概念,全书立论的基石。它主要从晚期胡塞尔对本原的生活世界的沉思,海德格尔对存在主题的追问,后期维特根斯坦的生活世界的"语言游戏"说脱胎而来,而以海氏学说为支柱。照我的读解,富春教授想用"生活世界"(社会的存在整体,经济、政治和文化等不同方面的发展)为哲学美学奠定一个形而上学的根基和前提,一个现实的历史的存在论的基础,尽管他或许有鉴于海氏反形而上学主题而通篇不肯这样明确说。我们知道,黑格尔与海德格尔都把存在论归属广义的形而上学,存在论解决诸存在者何以存在的问题,存在论之外的形而上学解决诸存在者整体如何存在的问题。中国传统思想中没有这两门学问,但"论道"之学(《易经·系辞》"形而上者之谓道")确与西方的 ontology 在意欲阐明世界的统一性之根据这个最终目标上有可相交通、对话、融汇的可能性,当然在方法、言路和臻达的思想境界上它们有差别。李泽厚曾精辟地指出:"孔子有对形上本体的反思和对超越的追求,但他没有采取概念思辨的抽象方式,而出之以诗意的审美。孔子所追求的超越,也并不是对感性世界和时空的超越,而恰恰就在此感性时空之中。它不是'在'(being),而勿宁是'生成'(becoming)。"我们注意到,"彭著"阐述"生活世界的游戏"概念强调突出了它的感性现实面和具体的历史性,接绪上了中国人生在世的根本经验,也把中国人的精神世界的审美性质扩张到极致,这表现在:第一、在中国和西方的两个历史性的世界都没落或毁灭了之后,重建当代人类世界,不能走海氏力倡的天、地、神、人四元合一的路子,中国的世界仍旧是天、地、人三者合一。第二、生活世界的游戏"并不指向生活世界之外,而是指向生活世界之内。它是欲望、工具和智慧源于自身并为了自身的活动。”(第 94 页)存在自身就是生活世界的游戏,就是天、地、人的聚集,是自然、社会、精神的交互生成。第三、不同于宗教的外在超越(西方基督教)和道德的内在超越(中国儒学),前者忘却人的现实生命,后者压抑人的感性冲动。“只有审美的超越才进入到存在自身。在这样的意义上,审美的超越才是最真实的超越和最高的超越。”(第 202 页)问题的关键在于,生活世界的显现和生成如何可能?这一问题之实质就是如何看待古老的“天人合一”命题,因为它关涉到回到天地人的世界如何可能。与李泽厚以马克思的“自然的人化”改造和重释“天人合一”不同,“彭著”的新解释是,不是“天人合一”而是“天人相生”即天地人既是生成的又相互生成,彼此转化,生生不息,才能使回到天地人的生存世界成为可能。“彭著”以海氏的现象即显现,就是存在自身的发生这一学说解释生活世界的游戏的显现活动,但我们在此是否也能听到了《易》《庸》思想中生生化育、天人合德的形上思考的回响呢?那无穷无尽,不断生成自身,创造世界并形成历史的“游戏”是否就是《中庸》说的宇宙天地之间存在着一种内在于万物的潜存力量,至诚不息,承载万物,成就万物呢?

三

当代中国美学建设要思考的基本问题是什么?“彭著”答曰:虚无主义(否认一切存在的根据)、技术主义(将人与万物技术化)、享乐主义(超过了欲望实现的正当边界)。这提问直截鲜明,凸显出作者思维的敏锐和立意的高远。不过,这三个主义当真成了中国当代哲学美学的根本问题么?窃意以为尚有待考量。我们知道,尼采宣布“上帝已死”,要重估一切价值,海德格尔批判现代科技、虚无主义和形而上学,福柯、拉康对性态、欲望作了出色的分析,它们构成了后现代话语空间中的几道强烈的思想光束。就当代中国的思想境域而言,我以为虚无、技术、享乐似乎还只是现象,哪怕具有一定的普遍性,但尚没有哲学性地形成现代思想主题。众所周知,西方近代哲学思想的主要特征是尊重人类理性和人权,笛卡尔的“我思故我在”作为人的理性能力的思想表现,绝不单纯是抽象的空洞的哲学命题,它之能成为普遍尊崇的思想信条和理想,不但有赖于在思想领域内伸张人类理性,要求自由独立思考的精神,更赖于社会制度方面的一系列伟大变革,如反对专制、经济自由、法律面前人人平等、信教自由等等。因而席勒以“游戏冲动”弥合调和人与自然、理智与感觉、内容与形式之间的严重分裂脱节,这一审美乌托邦的设想,审美现代性启蒙方案,其思想背景也不仅是现代艺术自律论,而是“在现代性中,宗教生活、社会和国家,以及科学、道德和艺术都被塑形为主体性原则的诸多原则。”以此类推,我认为,20 世纪 80 年代,国内学界对文学主体性、哲学主体性的热烈讨论,固然意义重大,但依旧停留在思想启蒙阶段,现代中国思想语境下主体性问题的最终确立是一项未竟的伟大事业。同样的道理,还处在前现代社会,正在努力把握迈向现代化的机遇的中国,科学技术确实改变了人自身和世界本身,改变了人对自身和世界的感知方式。但技术作为一个问题才刚刚进入到哲学思考中来,还没有成为技术主义。问题不止于此。“彭著”论述三个主义是在区划现代和后现代的框架内进行的,另一方面却又不得不撇开西方尺度,把中国当代定性为告别传统的后自然时代,继而以这三个主义作为当代思想和美学的“独特话题”。既曰独特必有不一样的内涵。众所周知,回归存在,现代人无家可归的命运的思想主题最初由马克思(异化劳动)、尼采(虚无主义)和海德格尔(遗忘存在)表达出来。倘若说虚无主义意味着否认一切存在的根据，对中国人而言指自然时代的一去不复返，对西方人而言指神佑时代的逝去。那么如何克服这困境，把人类从无家可归的命运中拯救出来呢？回归存在。存在是什么意思呢？依"彭著"，它指回到生活世界的游戏。"在存在的游戏中，一切存在者都成为了同伴。不仅人，而且神与天地万物都是游戏者。于是，人成为了审美的人，世界成为了审美的世界。"（第 323 页）"彭著"描绘了一幅造成当代人类无家可归的病态世界的可怕图景，生态危机、恐怖主义、人口爆炸，等等。请注意，作者并不认为这仅是中国人的生存处境，西方人的现代上帝之死与中国人的天道衰败一样，都遇到了历史性家园的毁灭，因而我们读到了"无家可归成为了当代人类的命运。"（第 316 页）这使我们怀疑，虚无主义还是中国当代美学的独特话题吗？难道当代西方哲学美学的主题也是如此？倘若不一样，在内涵和表现上是否应该有更清楚更有说服力的界定、论证呢？倘若话题一致，在全球化、信息化、高技术化的时代，中国哲学美学的独特语境和问题还有可能吗？此外，"彭著"从这三种主义规定当代艺术，认为它不可救药。那么，未来的艺术在哪里？在生活世界的游戏中。在此游戏中，人成为审美的人。当代生活世界的美的现象的一个根本转向是生活的审美化审美的生活化，后现代打破了艺术与现实的界限。我们的时代是一个走向美的时代。从"彭著"的首页看，这个世界不是假设的而是已成的事实。我们不禁要问，当代的那个物化的非人性的病态世界与之有何关系呢？在我看来，这种前后表述的矛盾当然不是富春教授在逻辑上的无意疏漏，我更愿意把它看成在经济、政治、社会、文化乃至日常生活发生天翻地覆变革的形势下，当代中国学人在思想文化领域内面临的立场困境的表现。我们看到，"彭著"力主无立场（抛弃先有的观点）无根据（分离论题的已设立的基础、本原、目的）的"无原则的批判"，一方面坚持认为思考中国美学，应从中国美学自身的历史，而不是从某种预设的立场（西化派或保守派）出发，另一方面又不得不小心翼翼地在中西两块思想领地间保持适度的平衡，在几乎每个论题上都企图把传统的对立意见纳入到"游戏"说，在存在论的维度下加以调和、发挥、引伸。

当代中国美学有哪些问题与其他人文学科共有，哪些又是它的特殊问题；西方美学精神中有哪些我们迫切需要吸取，如何看待、处理异质经验、观念的移植、接受等等，是我近年来思考较多又倍感困惑、苦恼的议题。科学的工具理性、批判现实的精神、彻底的追问分析、独立思考的自由、怀疑权威和传统、为真理而求知等等，这些西方哲学美学精神菁华，往往被我们在思想建构的实际层面上经意或不经意地弱化了或过滤掉了，新世纪的美学建设是否应该有意识地把这个现象提升到亟需反思的问题的高度呢？富春教授在最坚硬的思想课题上作的艰难探索并不包含什么错误的成分，却让我们领悟到，异域思想课题的移植、会解除了要适应本土社会现实文化的需要，具有生长的现实土壤外，更必须面对本土思想文化传统的"在先的"规约、选择。西方近代哲学激烈地反对陈腐的经院哲学，20 世纪中国的反传统声浪此起彼伏，都没有也不可能完全和过去彻底决裂。晚年福柯居然认定自己研究的总题目是主体，那"将人变为主体的客体化方式"；德里达的"异延"概念反传统形而上学真可谓别出心裁，却被利奥塔指责为有陷入"不在场的形而上学"的危险；海德格尔读解老子，意在解决西方思想的形而上学问题。现代中国思想史上，从牟宗三、冯友兰、钱穆直到李泽厚都没有也不可能回避"天人合一"这个主题，问题是怎么解释，赋予它怎样的新内涵。天崩地裂后，传统与我们藕断丝连。"彭著"也如此，"天人合一"新解，对自然时代"物我两忘"经验的承袭，表明了传统之根从来都不曾断绝过。艺术、审美生活化，生活审美、艺术化（从基本的生存的满足转变到人存在的自由创造和享受）这个命题最直接地使我们想到，它把后期海氏“诗意安居”论对人的居住之可能性的存在美学主题推向极端，但不要忘记，它同时也是中国美学的一个深邈绵长传统的合乎情理的延展。林语堂说过，诗歌是中国人的宗教，诗歌教会了中国人“对大自然寄予无限的深情，并用一种艺术的眼光看待人生。”20 世纪的中国美学中，有一条与功利主义并行颉颃的从王国维的“孔子之美育主义”、蔡元培的“以美育代宗教”、朱光潜的“人生的艺术化”到李泽厚的“美学是未来的伦理学”的“审美主义”谱系，它发端于对席勒、尼采的审美形而上学的延揽、会解，但“无不经传统美学的改造而被中国化、伦理化了，消解了它的形上性而强调了它的现世性，成为一种以健全人格的建构和艺术化人生态度的培养为中心内容的审美教育理论。”“彭著”对“以美育代宗教”命题之现代性意义的诠解、灌注（由技到艺、化欲为情、转识成智），涤除生活世界中“神”这一元，避开伦理、宗教式的超越，将审美超越的现世性推向存在论的高度，在我看来，依然与中国思想传统貌合神不离，没有割断血脉上的渊源。耐人寻味的是，同样身为法兰克福学派重镇，同样以艺术和审美作为拯救绝望的现代人，批判现代工业文明的思想主旨的一部分，“彭著”用马尔库塞的艺术通过扬弃自身让位于现实的学说解决艺术生活化之本性的问题，却不垂顾阿多诺，这是否因为阿多诺强调个体性、差异性、非同一性的否定美学敌视大众文化，普遍化现代艺术的反现实性，批判社会更激进更不妥协，而马尔库塞以美学形式创造与现实既疏离又有关的理想性现实从而使被压抑的性欲获得升华和超越的理论似乎更暗自契合自庄子一脉而下的艺术心性论传统？这种传统追求虚静其心、物我冥合、身与境化的自由超然的非功利审美境界。

四

最后我要郑重说明，正因为“彭著”在我的眼里是力图发出自己声音的相当有分量之作，我才衡之以苛刻的尺度，悬之以更高的标准，不揣冒昧地提了一些疑虑，而不肯把书评写成“矮子看戏”，但我坚信这无论如何都不该也不会丝毫有损于此书的重要价值。或许富春教授有深意焉我未曾领会，或许我的提法基于不尽一致的思想立场，或许我的困惑本身就裹挟着误解，有过度诠释之嫌。但窃意以为，这些问题不单单“彭著”要面临，更是一代乃至几代中国哲学美学学人不得不一次次地面对的难题、大问题。欧美国家研究哲学美学的学者并不需要懂老庄孔孟周易禅宗才能坐下来谈美学，但我们不行。这就是我们的阐释学处境，一种思想文化困境。文论界对“失语症”，哲学界对“中国哲学合法性”的声动一时的讨论就是这种困境的反映、表征。我们必须在中西文化传统的交锋、夹击下做出艰难的选择。可以预见，浸透着一代代学者群体的智慧、思索、苦闷的对思想文化传统的选择、交融、整合注定是繁复的历史性的建构过程。美国学者布拉克（H. Gene Blocker）曾指出，在当代中国美学中可以“发现一种熔中国美学、马克思主义美学和其他欧洲美学于一炉的混合体”的现象。依我之见，在相当一段时间内，中国美学的基本学术谱系和知识的结构性因素莫过于此。爱因斯坦说过，提问有时比解决问题更重要，当然这一提问必须在事后被证明为合理的有效的。我还要加一句，对作为人文学科的哲学美学来讲，构成其学科的一系列基础性问题必定会被后人们反复提起，关键在于我们以怎样的方式提出来，基于怎样的现实境遇和文化传统作出尝试性的应答。套用伽达默尔诠释学的说法，这是理解者的当下视界与特定文化传统的历史视界的交流、对话直至实现融合的过程。从而一定意义上讲，哲学美学就不止应止步于传授知识学问，而更应该首先对社会现实思想文化困境葆有某种思想姿态。因为哲学美学——思者的事，思之可能性。

[学术会议]

“中国现代诗学与美学的新开端”学术研讨会纪要

杨 平 任晓寅
(北京第二外国语学院比较文学与跨文化研究所)

2007 年 9 月 15 日至 16 日,“中国现代诗学和美学的开端”研讨会在北京第二外国语学院召开,此次会议由北京第二外国语学院比较文学与跨文化研究所与中国社会科学院哲学所美学室、文学所文艺理论室联合主办,宗旨是要以王国维、梁启超、蔡元培为现代诗学美学思想开端和发展的线索,承上启下,探讨今后中国诗学和美学的发展方向。

一 中国现代美学诗学发生的历史文化语境

中国社科院聂振斌研究员从两个问题——中国诗学美学的开端为何在世纪转折时期发生以及在开端阶段中国诗学美学的表现形态——介绍中国现代诗学美学开端的历史文化背景及原因,进而阐释王国维、梁启超、蔡元培思想的产生发展及其特征,重点阐释了以梁启超为代表的“文艺救国论”,王国维的“学术救国论”和蔡元培的“教育救国论”,分述了三者各自特点的同时又精妙地阐发了三者思想的共同之处——中西贯通。这种历史的论述明晰了中国美学诗学开端的时空划分。

中国人民大学的张法教授论述了王国维、梁启超、蔡元培三人的思想在今天中国文化转折的关键时刻对中国美学和诗学发展的重要意义,以及三人的“赤子之心”在全球化语境下为中国现代美学创立的三种模式。张法教授论述了王、梁、蔡三位大师在学术、美学与社会,审美与宗教上提出的命题:王国维是超越性的心灵美学,他真正体会西方美学和学术的独立,与功利完全脱离,通过独立的真善美达到纯粹的学术;蔡元培美育代宗教的提出使美学开始走向社会,走向人民大众,使美学具有了宗教的神圣性;梁启超的“启蒙美学”,注重中西结合,更看重中国文化的关联性如何启蒙群众,推动社会前进,因此,功利性大于王国维、蔡元培。张法教授通过对三人美学命题的分析与对比,揭示了它们对于以后美学研究的重要意义。

北京师范大学王一川教授认为,在全球东扩语境下,“诗界革命”的发生是渐进的过程。王一川教授重聚焦梁启超“诗界革命”的发生,回溯王韬、黄遵宪、梁启超思想承续来显示诗界革命的渐进过程,从新的角度看“诗界革命论”在全球东扩中的线索,尤其是王韬的理论与现代全球化语境中的意义与思考。王一川教授追本溯源又不囿于历史,用历史的眼光将中国早期美学理论与当今世界话语相结合,使旧理论焕发了新的生命力量。

中国社科院的钱竞教授首先肯定了张法教授的观点,阐述了诗学美学回到开端和起点的意义:重新确立自己的学术传统和价值规范。接着以王国维为例,从两个"联系"谈中国现代诗学的起源,第一个是王国维和五四健将的思想联系,讲《人间词话》融西学于中学,《宋元戏曲史》承19世纪西方高举民间、平民旗帜民间色彩浓厚。第二个联系是王国维与不同的思潮学语的联系。钱竞教授以生动的语言和例证,将中国现代诗学的起源娓娓道来,架构起此次研讨会诗学与美学之间的桥梁。

中国社科院徐碧辉研究员发言围绕中国现代美学建构的理论问题展开,阐述中国现代美学在现代性启蒙中的作用,重点分析了王国维和蔡元培美学思想的现代性特征。对现代性的阐释和中国的社会启蒙两个角度来论述。首先,就现代性的问题,中国的现代化进程仍在继续,前现代性仍潜在进行。其次,中国现代性社会启蒙特点的根源在于中国走上现代化道路是被迫的,一开始就有要求富国强兵的整体价值观在其中,不是以理性、法则和法律为旗帜的,而是以革命为旗帜。王国维和蔡元培的思想与中国的现代性启蒙关系重大,而梁启超所做的工作只是社会启蒙的补充。王国维的审美启蒙,从艺术是对欲望的解脱,艺术的形而上学的超越功能以及"境界说"三个方面启迪人性,对20世纪中国都是不可或缺的纬度。蔡元培的贡献在于它的教育独立和美育代宗教思想,审美教育是宗教传统的补充,可惜的是蔡元培德美育代宗教的思想并没有得到很好的研究开发。

中国社科院刘方喜副研究员认为中国美学的起点究竟在哪里仍需研究,同时现代性本身也是很暧昧的。其次,我们今天的学术仍然没有摆脱技术、政治、文化决定论。而现代性问题较西方来说,缺乏张力,反思中国的现代化,它是被动的,放在全球化的语境中讨论有其复杂性,仍须探讨。

杭州师范大学金雅教授重点探讨了梁启超美学学说的功利性,他谈怎样把艺术与生活联系起来即趣味和生活的艺术化,不要执著于个人的小欲望,要将个体融化到众生和宇宙的孕化中,从小的欲望升华出来到达大的境界,要有趣味化的人生,达到劳动的艺术化,人生的艺术化。梁启超与朱光潜、宗白华美学中所表达的人生趣味进行对比分析,认为朱光潜的情趣是无所为而为的玩索,具有很浓烈的美学色彩;梁启超认为创作、实践就是美,提倡"人生的艺术化,"两人有精神上的呼应,把具体的形而下的东西上升为形而上生活,这才是梁启超美学学说的最重要的价值所在。

中国社科院丁国旗副研究员认为蔡元培、王国维和梁启超的审美观是一种非功利的,虽然他们的美学思想也有功利的一面。将功利与审美结合起来的看法,只有在特殊情况下才是合理的。但如果将二者结合起来,并在一种普遍的意义上来讲审美功利主义就是错的。

中国社科院刘悦笛副研究员试图从外来美学的思想资源方面,来探讨中国现代美学创立的历史文化语境。就日本美学对于中国的影响而言,一方面体现在"美学"的汉语辞源方面,"美学"与"审美"等基本美学语汇很可能是中日文化互动的产物;另一方面,许多本土美学建树的确都有"模仿"日本美学之嫌疑。就德国美学对于中国的影响而言,除了德国的古典哲学(主要是康德)和唯意志哲学(叔本华和尼采)之外,一方面,对中国早期美学原理建设影响最大的恐怕还得数特奥多尔、立普斯;另一方面,梅伊曼和德索阿尔的影响也非常之大。从这种西学东渐中可以看见,中国现代美学几乎是同世界美学基本同步的。

二　王国维与中国现代美学的创立

北京第二外国语学院比较文学与跨文化研究所王柯平教授探讨了王国维的跨文化参证法，陈寅恪在论及王国维的学术内容及治学方法时，将其概括为“三目”：其一是用于考古学与古史研究的“互相释证”法，其二是用于辽金元史与边疆地理研究的“互相补证”法，其三是用于文学批评与小说戏曲研究的“互相参证”法。这种“互相参证”法，主要是基于“外来之概念与固有之材料”。所谓“外来之概念”，主要是来自西方古典哲学、文论以及心理学等领域中的重要理论概念及其运思方法，所谓“固有之材料”，主要是指中国传统哲学、古代文论和诗词歌赋中的思想资源和具体材料。由此看来，这种“互相参证”的方法，可以说是一种中西跨文化参证的方法。在中国诗学与美学的开端阶段，这种方法在王国维的理论创化过程中扮演着重要的角色，其突出成就便是国人熟悉的“境界说”或“意境说”。如今，人们在解读王国维诗学与美学过程中，也照样离不开这种跨文化参政法。否则，就容易落入理论困惑，语义误读或逻辑强辩的陷阱中。但是，再还原式研究中，中译文、英译文与德语原文之间的差异需要引起足够的重视。王柯平教授从四个方面阐述了王国维的跨文化参证法，一是，境界本体说与康德的艺术美表象说和叔本华的直观理念说；二是，无我之境和有我之境说与叔本华的意志论和动静直观论；三是，意境说与尼采的精神论和叔本华的三类作家论；四是，跨文化参政法及其还原式研究的译文对照问题。王柯平教授将王国维的跨文化参证法置于多维文化背景中，纵横交错地解读了王国维哲学美学思想的国际性。

北京师范大学刘成纪教授重新探讨了中国美学意境的问题，首先是意境与境界的区别（意境的哲学发生）；其次，宗白华的意境被艺术限定的说法。一为意境的哲学发生。在这个层面上，首先是从什么是意境谈起，在这个问题上，自王国维开始，对它的定义就从来没有断绝过，但主导的意见依然存在，即境由心造。一般而言，中国美学的意境理论肇始于道家，成熟与禅宗，道家的本无之论和禅宗的空观是意境诞生的哲学前提，而意境的生成则直接依赖道禅的空、无本体像“一体之心”的内化。那么内化的途径又是什么呢，或者说，道禅如何通过心的发现促成了意境的生成的？刘教授尝试从中国古典哲学上的各个角度进行了回答，最后得出结论真纯之美与空明之心共同构成的有意味的心灵景观，就是美学意义上的意境。二为意境的历史生成。重点解析中国古典哲学和美学中意象、意境和境界这三个密切联系的范畴。最后即论哲学本体与美的本体。刘成纪教授用中国宗教的原始意味与内涵和丰富的中国古典哲学、诗词例证，重谈了中国美学意境的诞生。

北京大学章启群教授探讨了王国维对中国现代学术建立的实质意义。首先，在西学与美学方面，从政治观念和学术独立两个角度看，王国维对与美学的认识主要还是介绍西方的思想，但是，王国维即使在理论上接受了康德、叔本华等人的思想，也并没有完全否定自己的审美体验和思考，他没有仅仅满足于西方学术思想的引进和介绍，其中也有对中国古代学术思想的重新发掘、发扬的自觉和追求。后来他在优美和壮美之外还提出“古雅”的范畴，其根据也是自己的艺术和审美体验，正是由于这种艺术和审美体验的坚实基础，王国维才最终走出西方美学的领地，到达中国美学新的境界。其次，谈中国哲学辩证：中国美学的基础，主要通过两个方面来阐释：(一) 性、理、命。(二)“中庸”的解读和翻译，通过这两个方面的阐释我们可清晰地看到，王国维关于《中庸》的翻译问题和对于“性”、“理”、“命”等概念的梳理，构成了他对于中国古典哲学和思想研究的一个整体，对于现代中国哲学和思想的研究来说，他实质上开启了一个新的纪元。最后谈从“古雅”到“境界”，重点是剖析王国维的“古雅”说和“境界”说。从“古雅”的概念到“境界”的论述，呈现了王国维整体思想的一个大致轮廓，而整体性是学术思想成熟的一个内在标志，在这个意义上，我们认为王国维对于人们艺术活动的思考，是一种具有现代观念和眼光的哲学思考。章启群教授将王国维的逻辑结构、思维方式、学术传统进行了具有启发性的宣讲，留下了意味深长的思索。

中央财经大学魏鹏举博士主要探讨了王国维的现代意识。首先是语言，即学术语言，梳理依据是王国维著作中的引文、语言工具以及字数；其次，从思想上来说，谈王国维与席勒的关系，以境界说为路径对王国维的知识谱系进行梳理，我们可以清晰地看到王国维对于席勒代表的西方审美的暗合和对中国诗学意味的充分发挥，也就是清晰地展示了王国维思想中的中西化合的一面。最后一个层面讲的是王国维的现实关怀和现代意识。通过三个层面对题目的探讨，我们看到的是一个集精良学术与人文关怀于一身的学者，对我们更好的理解和探究他的意境说包括整体的学术思想提供了更加深入的引导。

北京航天航空大学的石天强博士探讨了王国维和鲁迅文学写作的异同，通过对他们文学写作和文学理论批评上的同异比较去反思我们今天理论和文学写作时间之间的关系问题。

北京第二外国语学院国际传播学院李瑞卿博士以探讨了王国维“以物观物”的前世今生，剖析周敦颐、邵庸、叔本华、王国维的诗学合流，从历史发展的角度阐述了王国维为何用以物观物代替叔本华的无为而治。（一）王国维论欲。王国维的“欲”有理学的因素，但两者又不可等同，他认为欲是与生俱来的，即“欲在性中”。理学家提供给王国维的是回归本性和超脱利害之路，叔本华则是伦理的克制和审美的解脱。（二）邵雍、叔本华的审美之路。在审美中，叔本华体味到解脱的瞬间幸福，他看来这瞬间的幸福是幻影，而在邵雍的眼中，其审美给他提供了一种与物自得的生活方式，这使他超脱生死荣辱，对于生活，叔本华是极度悲观的，而其审美解脱似乎更充满意志斗争；邵雍的审美之路幽静而长远，叔本华的审美之路激烈而虚幻。（三）王国维的审美解脱之路。王国维深知生活之欲的痛苦和烦恼，却对生活充满希冀。李瑞卿博士以及为诗化的文学语言娓娓道来一个伟人对于学术和精神崇高的狂烈追求，以及对现实生活中欲望的诗意解脱，用“观”阐尽文化主体与客体的交流。

北京第二外国语学院比较文学与跨文化研究所刘燕教授分析对比王国维的“无我之境”与艾略特的“非个性化理论”的异同：首先是“无我之境”的由来及其内涵，其次是“非个性化”理论的由来及其内涵：中西艺境在古典与现代的互动与对话。比较的结果可以发现两者之间的巨大差别以及不同的艺术追求，有三个方面的差异，通过对比揭示出差异我们可以看到王国维《人间词话》无法自圆其说、矛盾重重的内在的内在原因是在东西文化之间、在哲学与文学之间摇摆不定的立场，同样，这也是一个至今令中国学者无法摆脱的怪圈和噩梦：一方面，我们需要输入西方的新学以弥补中国文化的缺失，言说中国文化文学中不可言说的部分；另一方面，我们自成一体的文化文学却无法纳入到西方的理论框架之中，中国文学在西方话语的剖析下变得支离破碎，丧失其本真自然、活泼纯朴的状态，陷入“失语”的沉默中。王国维的诗学经验教训提醒我们，当借用西方理论来研究中国古典文学的时候，有必要从一个整体全面而非孤立片面的总体比较中发现中国文学传统的独特性及其对世界文学的贡献。

北京第二外国语学院比较文学与跨文化研究所胡继华教授认为在19世纪末20世纪初

这样特殊的历史语境下，不论西方还是东方都出现了一种结构性的文化危机，滋生了一种普遍的生命体验，不论在个体精神层面还是文化精神层面，王国维与尼采都有可比性，二者在精神层面的对话是必然的。接着实证的史料看，伴送着王国维生命之势中的“孤愤”体验以及“忧生忧世”的诗学精神看，我们都有理由认为尼采对他的影响远远大于叔本华。最后就“血书”来说，王国维直接将尼采的境界与“固将磅礴万物以为一”的儒家境界会通，从而预示着将个体与永恒同在、生命与宇宙同流的审美世界主义将烛照中国现代诗学精神的生成。这种阐释将王国维与尼采进行精神层面的沟通，呈现了西方精神与东方传统精神的碰撞所产生的火花。

北京第二外国语学院法政学院的卢春红博士在比较文化的视野中论说中西交融背景下的王国维美学。王国维的“古雅说”是在对照之中进行的，重点对古雅说的提出和特点进行梳理。王国维的古雅说与形式美作对照，这个对照主要是第一形式和第二形式的对照，在对照中作清醒的反思，看到王国维美学中中西交融由形式直达内涵的复杂性。

北京第二外国语学院比较文学与跨文化研究所杨平博士继续探讨了王国维的古雅说，要理解王国维的“古雅说”，需要深入阐释王国维所言“形式”的各种含义；同时“古雅说”的文化针对性在于王国维认识到无法用西方的学术、理论以及范畴来解释中国的传统文化艺术，他立足于中国文化艺术的体验中提炼出这一独特的美学范畴。古雅说还呈现出中国现代美学形态与西方美学形态之间的差异，以及古雅与优美、宏壮的内在矛盾，这从另一个方面说明中国现代知识分子与西方美学的内在距离。

中国现代诗学美学的当代价值

章启群教授提出，虽然说王国维、梁启超、蔡元培对中国现代学术有贡献，但是他们对中国现代学术的转型有何实质的作用，尤其是对中国美学有何种实质作用？

对此，各位专家学者见仁见智。钱竞研究员认为，首先，王国维是在关键的层面把西方美学的价值链引入了《红楼梦》，带来了学术范式的建立，建立了中国学术史。其次，王国维的二重证据法和多维证据法在方法论上的意义。张法教授认为，首先，王国维在大学学科中肯定了美学的独立地位；其次，王国维的《人间词话》中关于优美与宏壮的论述有独立于西方的审美价值；第三，王国维借助西方的学术思想在许多领域提出了新的观念，他按学术方式思考自身的行为，他所建立的学术语言范式，文章范式对当代学术影响甚深。王一川教授认为可以从三个层面上来说，第一个层面是深厚的知识型演变；第二个层面是理论概念，方法论层面的；第三个层面即体制机制层面上，蔡元培的影响为最大。聂振斌研究员为，涉及到整个社会的文化转化，对于诗学、美学的现代转化要明确现代、古代的不同，以及怎样转化。转化的途径有二，一是政治运动，一是新文化运动，而暴风骤雨式的转化也会带来弊病，真正的转化还是要靠教育和学术。而对于转化的方法，要批判的继承，要具体的分析。

彭亚非研究员回应了王国维、梁启超、蔡元培学术思想对今天到底有无学术价值以及有何价值的问题。首先，我们现在用西方的一套解读中国，往往不是不到位，就是过头，我们至今仍要探索脱离西方讨论中国问题的途径，今天的我们还能否做到《人间词话》那样回到中国文化的身份同时又带入西方视角。其次，梁启超的功利主义美学有无学术价值，价值何在？梁启超的功利主义美学还是有其价值所在的，因为它是兴民的，其社会动员的作用，把文艺作为社会动员的武器，有着现实意义。最后，对于蔡元培的以美育代宗教，它有无学术价值，为什么？美育代宗教说的意义十分重大：为中国人进行精神救赎。宗教是人的精神家园，对人的价值生存进行指引，人民必须生活在指导和关照之中。蔡元培以美育代宗教的宗旨也即在于此。

在为期一天半的会议中，专家学者们围绕着“中国现代美学与诗学的开端”这个中心议题，展开了多层次、多角度的论述，深入中国的历史层面，以王国维、蔡元培、梁启超为主线，追溯了中国现代诗学与美学的开端，并且打破时空的界限，经纬交错地将中国美学与西方美学联系起来进行对比与研究，得出不少有学术意义的新见解。会议的主题虽是重点在于追本溯源，但是在专家学者们多维视角的延展中又做到了与时代特征相结合，具有了很鲜明的时代特征，是历史与现代的交织与纵深。同时，会议提出了中国学术研究的方向和途径问题，对匡正今后中国的学术研究方向也具有积极的引导意义。

第17届国际美学大会侧记

刘悦笛
(中国社会科学院哲学所)

2007年7月9日到13日，在土耳其安卡拉召开的第17届国际美学大会吸引了来自世界五大洲的400多位美学、艺术和文化研究的学者，还有大批的艺术家也参与其中，为本次盛会增彩不少。

本次会议的主题就是"美学为文化间架起桥梁"，这顺应了当代美学和艺术发展的"文化间性"的转向的历史大势。因而，我在本次大会上的英文发言也以《观念、身体与自然：艺术终结与中国的日常生活美学》(Concept, Body and Nature: The End of Art versus Chinese Aesthetics of Everyday Life)作为题目，没想到引起了许多当代美学家的积极关注，在会场上下与他们之间的争论，我个人觉得记载下来还是非常有价值的。

在本人的发言之前，令我深感欣慰的是，分析美学家最重要的代表人物之一约瑟夫·马戈利斯(Joseph Margolis)、国际美学协会主席海因斯·佩茨沃德(Heinz Paetzold)、国际美学协会前主席阿诺德·伯林特(Arnold Berleant)、新实用主义美学的代表人物理查德·舒斯特曼(Richard Shusterman)、国际美学协会第一副主席柯提斯·卡特(Curtis L. Carter)、国际美学协会前主席佐佐木健一(Ken-ichi Sasaki)、俄罗斯美学家多果夫(Konstantin M. Dolgov)、当代哲学史家汤姆·罗克莫尔(Tom Rockmore)、日本美学协会代表小田部胤久(Mariko Otabe)等悉数到场，从而表现出对艺术终结和东方美学问题的关切。

非常可惜的是，在1984年率先提出"艺术终结论"的当代哲学家、美学家和艺术批评家阿瑟·丹托(Arthur Danto)并没有与会，这位美国哲学和美学协会的前主席现居纽约，已成为当代欧美艺术批评界的炙手可热的人物，估计他忙于奔波于各个画展和艺术界之间，分身乏术。不过他是前几次国际美学大会的参与者，在一次重要发言里面还凸现出了东方美学的重要价值。更可惜的是，本来要参与这次盛会的德国艺术史大家汉斯·贝尔廷(Hans Belting)本要来参加，还打算做主题发言，但却因故未来，这位更为严谨的艺术史研究者在1984年提出了"艺术史终结论"。与他的失之交臂真的令人惋惜，本来我想将自己的一本专著《艺术终结之后：艺术绵延的美学之思》送给他的，因为其中的第三章主要涉及到他的独特的观念及其他与法国艺术家埃尔维·菲舍尔的争辩(这位法国艺术家在1981年于蓬皮杜中心曾做了一个象征艺术史结束的行为艺术，并在1981年的巴黎出版了他的专著)。

我的发言主要想讲的意思是：在"全球化"的语境中，"艺术终结"(the end of art)不仅仅宏观地与"历史的终结"(the end of history)间接相关，而且更微观地与发生在欧美的"现代性的终结"(the end of modernity)直接相关。从东方的视角，在欧美的现代性(时间性的)

"之前"与(空间性)的"之外",现代意义上的"艺术"问题并不存在。由此而论,艺术终结的问题并非一个"全球性"的问题。然而,在可见的未来,艺术最终还是要走向终结,一种"日常生活美学"(aesthetics of everyday life)由此得以产生出来。观念艺术(conceptual art)、行为艺术(performance art)和大地艺术(land art)分别代表了艺术走向终结的几条道路:艺术终结于观念,艺术回复到身体,艺术回归到自然。由此,观念主义美学(conceptualism aesthetics)、身体美学(somaesthetics)和环境美学(environmental aesthetics)并成为了这种趋势的理论表述。与此同时,这些崭新的美学观念又是同中国古典美学智慧"相通"的,观念艺术美学与禅宗思想、身体美学与儒家思想、环境美学与道家思想都有着异曲同工之妙。既然中国古典美学在本质上就是一种活生生的"生活美学",那么,由此就可以为反思全球范围内的"艺术终结"问题提供一个新的理论构架。

此前,在另外的会场,主要致力于康德与黑格尔研究的美国哲学史家汤姆·罗克莫尔也做了题为《品评艺术终结》的重要发言,得到了许多与会者的关注,他还引用了事前送给他的论文的一段作为论据。他通过对从柏拉图到黑格尔的思想的考辩,认为要在"艺术与知识"的张力之间来考察艺术终结问题。特别有趣的是,并要关注艺术的开端和终结之间的平衡,至少有一种"感性艺术"从未也不会终结,事实上这种艺术尚未开始。

在我的发言现场,我与汤姆·罗克莫尔还有一番争论。他不仅对于全球化的理论有一番置疑(佐佐木健一先生后来还问及我对于全球化的看法),而且对于艺术终结论的还有一番"哲学化"的评论。当然,他是按照逻辑推演的方式来解决艺术问题的,但这还完全不够。我当时答辩道,艺术终结问题决不只是一个哲学问题,如果丹托在 1964 年没有看到安迪·沃霍尔的《布乐利盒子》展览,如果他不是移居纽约感受到当代艺术的"潮起潮落",我想他也难以提出艺术终结的问题。而且,许多西方学者和艺术家都是在西方的语境内部来看待艺术难题的,然而,假若我们超出西方的语境,特别是从东方的视野出发来看待同一问题,我们或许有更为有效的解决方案。后来,在邮局打跨洋电话的时候又偶遇罗克莫尔的时候,他表示同意我的看法,的确"art is over"(艺术完结了)。

约瑟夫·马戈利斯在现场也对阿瑟·丹托的思想嬗变进行了反思。他认为,丹托的思想其实到了 1997 年出现了某种微妙的变化,也就是在《艺术的终结之后:当代艺术与历史藩篱》这本书前后,丹托似乎对于终结并没有采取以前的那种激进的态度。显然,正如马戈利斯在自己的文章《艺术的未终结的未来》所言:"没有人类的存在,就没有艺术的终结。艺术的终结是开放的","艺术没有终结,正如哲学和人类历史没有终结一样"。本次大会的第一个主题发言就是马戈利斯所做的《艺术的状态》,他力图重新审视审美的本质,他强调这种对本质的探索在不同时代是持续变动的,与此同时,他对于艺术的未来仍是充满信心的。

我的发言还有另外一个重心,就是关于艺术终结之后美学的命运的。试想,假如艺术真的终结了自身,那么,将会出现什么样的状态呢?我认为,恐怕是"生活美学"会逐渐占据主导地位。这种美学是建基于中国传统美学的根基之上的,这主要是受到了胡塞尔晚年的"生活世界"观念的影响,当然还有海德格尔的作为"存在真理"的艺术观、维特根斯坦的"生活形式"的艺术观、还有杜威的"作为经验的艺术"的艺术观的影响。

对于这个问题,舒斯特曼也曾撰写过一本名为《活生生的生活:艺术终结之后的选择》(*Performing Live*:*Aesthetic Alternatives for the Ends of Art*)的专著,有趣的是,竟然与我的基本想法不谋而合。在我与他的交流当中，他充分肯定了这种想法，并认为这就是他从分析美学转向“新实用主义”之后的核心想法。他还肯定了中国文化里面的“阴”的一面(包括女性)给予他的启迪。我对他说：“的确，对于西方学者来说，西方是阳，东方是阴，分析哲学是阳，生活美学是阴……我很高兴能看到在您身上那种哲学的转向。”

当时，还有一位韩国岭南大学的教授要翻译这本书，能读懂汉语的他看到我一篇论文中将“performing live”的翻译为“活生生的生活”，就来问到底翻译成“表演生活”还是“活生生的生活”。我的回答是，表演是中文里面有特定的涵义，如果叫表演生活就好像擎着面具一般去生活一样，也是应该注重生活的活动的、行为的、述行的、活生生的特质。

尽管这种亲近于东方智慧的生活美学主张并没有得到大多数西方学者的赞同，不过，目前无论是新实用主义美学还是所谓的“日常生活美学”，都在往这条新路上前行，我相信自己的想法，也是朝着同一方向挺进的。

深谙分析传统的欧美美学家自然对生活美学采取了拒斥的态度，而且，就连不完全在这种传统内的美学家也对生活美学采取了怀疑的态度。在我发言之后，著名的环境美学家伯林特追上了我，追问我发言究竟是什么意思，其所包孕的努力究竟是什么。当时我就继续向他做解释，可是当我说到“生活审美化”的时候，他立即提出自己的反驳意见，他明确地说：“我们一直在使生活审美化呀！”然而，仔细一琢磨，他的这种取向还是有“个人审美主义”之嫌疑。

为什么这样说呢？在本次大会上，伯林特还进行了一场钢琴独奏音乐会。国内的许多人都不知道，作为美学家的伯林特同时还是一位钢琴演奏家，时常在各地进行演出，这种现象的确非常鲜见。当我和他说这种复合型“人才”并不多的时候，他毫不谦虚地说学者兼音乐家这在美国也是寥寥。当然，他对于音乐具有一种哲学的独特理解，在其演奏的几十个音乐片断的时候，穿插着他对于标题和音乐关系的理论阐释。或许，当这位音乐家兼美学家在沉浸于音乐的时候，的确对他自己而言生活审美化是“一直”持续的。然而，对于大众来说呢，并非人人都是艺术家呀，或许“生活美学”是一种建基于大众生活而非少数精英文化基础上的新的美学。

在为期四天的会议上，老朋友佩茨沃德一见到我就揶揄地说“The end of art is coming”(艺术终结来了)！我的回应会根据语境说“bad end of art”(坏的艺术终结)或“good end of art”(好的艺术终结)。这种区分是他的观点，前者是指艺术的过度商业化，后者则是我所使用的艺术终结的含义。佩茨沃德曾在接待会上邀请我共进咖啡，并介绍与其一同进行“都市美学”的德国朋友给我。后来在共同看了一个悲惨的伊朗电影之后，我们在校园的室外餐厅喝茶直到深夜，共同探讨了许多问题。他对于艺术终结是基本持赞同态度的，但是对于生活美学的诉求却提出了异议，一个是这种思想内部深藏的个人主义他不同意，另一个则是他所指责的“缺乏生活的悲剧意识”。看来，他更多是从德意志的悠久哲学传统来看待这个问题的。

总之，无论是“艺术终结”还是关于“生活美学”，在东西文化之间、在西方文化内部、在东方文化内部都有着不同的理解，关键不在于对错与否，而在于哪种艺术理论和美学更具有阐释力，更匹配于自己置身于的那种“自本生根”的文化和“与时谐行”的时代。

最后，还是采撷本次会议的五个重要主题，综述如下：

一　艺术与哲学:分析美学的东西视界

艺术问题一直是美学研究的重心,“分析美学”在20世纪为此做出的巨大而独到的贡献有目共睹,分析美学的研究者们在该问题上仍在逡巡反思。当代哲学家约瑟夫·马戈利斯在开幕式上发言《艺术的状态》,明确反对康德“超验的转向”及其所形成一种“普世性”追求,并认定这种普世性抽掉了历史,从而要最终回到一种“后康德主义”与黑格尔的“历史主义”那里来重新审视审美的本质和边界。理查德·舒斯特曼在《艺术与宗教》的主题发言里面,首先区分出在西方语境里面艺术与宗教关系的不同层级,进而提出了艺术能否在被历史上的宗教所区隔和分化的文化之间架设桥梁的问题。苏珊·菲金在《艺术中的叙事》的发言里面,从反对彼得·拉玛克的观点出发,认为叙事具有不同于纪事和编年史的独特魅力,恰恰是由于“叙事”的范畴是同对艺术的理解和鉴赏息息相关的。汤姆·罗克莫尔在《评论艺术终结》的发言中,认为要在“艺术与知识”的张力之间来考察终结问题,并要关注艺术的开端和终结之间的平衡,至少有一种“感性艺术”从未也不会终结,事实上这种艺术尚未开始。王柯平在《禅宗公案视野中丹托的艺术界理论》的发言里面,辨析了阿瑟·丹托引用禅宗公案的误读之处,并从禅宗的本义出发来呈现出中西思维的根本性差异。刘悦笛在《观念、身体与自然:艺术终结与中国生活美学》的发言里面,将艺术终结问题置于全球化的视野中来考察,认为艺术终结不仅仅与宏观的历史终结间接相联(如黑格尔所见),也非仅仅微观地与“艺术史终结”相系(如丹托所见),而是同“现代性历史的终结”直接相关。柯提斯·卡特在《纳尔逊·古德曼的视频与呈现》的专题展示里面,为人们展示并评论了分析哲学家古德曼所导演的实验电影《曲棍球所见:三个时段和突然死亡的梦魇》,从而试图将古德曼著名的“艺术的语言”理论转换为视觉形象而呈现了出来。

二　都市与自然:美学拓展的两条新径

“都市美学”与“自然美学”,是当代国际美学界被普遍关注的两个新的生长点。海因斯·佩茨沃德一直引领着都市美学的研究,他从卡西尔的符号学理论出来考察都市文化从而使得他的研究具有了哲学的品格。在他所主持“建筑与都市”的专题会议里面,一批学者都致力于在更广阔的语境里面重新考察建筑在艺术系统内的重新定位、建筑与文化精神的范式呈现、当代建筑的风格特征等问题。与此同时,关于自然美学与环境美学的探讨仍在持续。于尔约·塞潘麦在《如何理解自然美和文化遗产》的发言里面认为,面对自然就像面对文化一样,需要观照者拥有诗意的眼光,“自然之书”在人们面前始终是开放的。唐纳卡在《东西风景中的空间理论》的发言里面,从郭熙《林泉高致》“高远”、“深远”、“平远”的中国“三远”之法出发,探讨了在其影响下日本风景的空间观念及其与西方的距离。米兰尼在《作为真实景观的文学景观》的发言里面,将景观的意义和价值作为审美范畴来加以理解,他通过景观的不同类型的展示从而揭示出其中的主旨在于隐喻,由此区分出真实的景观与被呈现的景观之间的差异。

三　审美与政治:社会转型的前后变迁

随着欧美社会的后现代转型,“政治美学”及其相关问题也被再度凸现了出来。阿莱斯

·艾尔雅维茨在《艺术与政治》的发言里从历史的视角探讨了艺术与政治的关联，他认为艺术的政治地位是随着现代历史阶段的出现而产生出来的，特别与法国大革命和政治的艺术再现相关联。安东尼·卡斯卡迪在《浪漫政治与革命艺术：先锋艺术的宣言》的发言里面认定在20世纪欧美的现代主义艺术内部，一种浪漫欲望同激进的社会转型始终纠结在一起，这种“浪漫计划”植根于席勒的美学思想当中。帕特里克·弗洛里斯在《后殖民的危险：艺术现代性与国家的不可能性》的发言里面，考察了非西方世界的艺术是如何将社会状态和欲求的形象嵌置于后殖民的历史当中的。苏瓦科维奇在《柏林墙倒塌后的政治和艺术》的发言里面，展现出后现代社会、文化和艺术的多元性是如何进入到全球化时代，进而重塑了社会、政治、文化和艺术的“地域—全球”关联的。黑尼克斯在《政治与美学相联：撰写20世纪艺术哲学史的新范畴》试图就以政治美学的视角来重新审视和挑战上个世纪的整个艺术哲学的撰写范式。俄罗斯著名美学家多果夫在《反抗暴力的美学》的发言当中，也展现出自己对于伦理和美学关联的独立思考。

四　媒介与技术：电子文化的美学之思

新媒介和电子美学问题，成为了当代技术美学的前沿课题。乔斯·德·穆尔在《电子复制时代的艺术作品》的发言里面，凸现了电子时代艺术作品的新的美学价值即“操纵价值”，这种艺术品是内在不稳定的并超越了时空的必要性，最终“电子艺术的政治学”和“电子政治的美学”也由此被展现了出来。热内·德·瓦尔在《互动性：解释与设定之间》更关注于“互动电子艺术”的文化问题，他试图追问身体表演是否是电子艺术的特权，由此一种“述行的表达”的观念在某些互动电子艺术当中得以发展。朱迪思·万帕克在《论德勒兹理解电子艺术的优缺点》的发言当中，试图在德勒兹的“前电子”美学与电子艺术分析之间找到一条通道，并进而追问电子艺术真的是后现代展现自身的领域吗？安德内·努塞尔德在《空间探索的电子美学》的发言里面仍借助精神分析美学来阐释当代的一种宇宙探索计划，从而力图说明科技与幻象欲望是如何得以有机融合的。

五　美学与亚洲：多元美学的全球视野

亚洲美学在本次会议上扮演了重要的角色，成为沟通中西美学的桥梁之一，并与其他各大洲的美学一道展现了全球美学的多样性。在“亚洲多样性”的主题会议上，作为主持人的高建平重申了在现代挑战当中的亚洲美学的多样性，认定不同的亚洲美学来自不同的文化传统，其中包括儒家、佛教、印度教、伊斯兰教等等，从而走出了不同的美学之路。小田部胤久在《多大程度上是日本美学：论现代日本的自我形象》的发言里面，全面而细致地阐释了“亚洲”作为一个外来概念是如何从17到19世纪在中日文化当中被使用的，进而确认了日本美学是建基于以儒家和佛家为根据的亚洲文明基础上的，现代日本美学的两极张力就是西化与反西化。穆克吉在《走向表演的模仿》的发言当中，通过中西文化和美学的一系列范畴的比较，阐释了一种印度化的独特的模仿理论亦即“拟态”理论，从而反对一种物质化的西方与精神化的印度的二元对立。文洁华在《先秦儒家文本和女性肖像画含义中的“阴”的概念》的发言里面，试图从女性主义美学的角度来重新阐释儒家文本《诗经》和明代绘画，从而展现出“阴”概念的多样性及来自性别视野的“女性”的含义。彭锋在《呈现中的美》的发言当中，试图从现象学的角度对于中国传统美学，认定其中的审美对象是一种全面的存在。

当然，在亚洲美学之外，土耳其美学与美学在土耳其专题、地中海美学专题等等也都在本次会议当中得到了集中的探讨。诸如格尔德-黑尔格·弗格尔这样的德国学者，也对“土耳其的洛可可风格”的问题进行了全面阐释，本次会议的许多议题都是沟通东西的。

在以上列举的重要议题之外，比较重要的专题还有艺术哲学、康德美学、日常生活美学、伦理美学、解释学与文学批评、挑战全球化、地域与全球文化、跨越边界与他者、东方与西方主义、文化范式转型、新艺术与新技术、高级与低级艺术、流行艺术、艺术家、性别与女性主义、设计与教育、色彩、音乐、建筑等等。

总之，本次会议凸现出了当代美学的“文化间性转向”的基本特质，东方美学亦在其中扮演了越来越重要的角色。

《美学》稿约

20世纪80年代，由中国社会科学院哲学所美学室和上海文艺出版社共同编辑的《美学》（俗称“大美学”），在当代中国的美学建设中充当了非常重要的角色，前后出版的共7本《美学》杂志，在拨乱反正、会通中外的同时，筚路蓝缕，创构求新，成就了当代中国美学史上的一段佳话。2005年，中国社会科学院哲学所美学研究室协同文学所、外文所的同仁决定复刊《美学》，为中国美学的持续发展尽其所能，目前已经出版了回顾版、复刊第一卷（总第八期）和第二卷（总第九期）。

欢迎您将未发表的最新美学研究成果赐给本刊。来稿请邮寄到中国社会科学院哲学所美学室《美学》编辑部（邮编：100732），并务必同时将来稿的电子版发送到 liuyd-zxs@cass.org.cn。请注明真实姓名、工作单位、职称、通讯地址、邮政编码、电子邮件地址。来稿请自留底稿，未用稿一律不退，五个月内未收到录用通知，作者可自行处理。

《美学》编辑部

2005年12月12日

CONTENTS